武谷三男の生物学思想

「獲得形質の遺伝」と「自然とヒトに対する驕り」

伊藤康彦 著
Yasuhiko Ito

風媒社

武谷三男の生物学思想

——「獲得形質の遺伝」と「自然とヒトに対する驕り」——

目次

第五章　武谷三男―山田坂仁論争　82

序章

何故、武谷三男の生物学思想を取り上げるのか

第一節　武谷三男と生物学の関わり

武谷は一九一一年に福岡県大牟田市で生まれ、名前の通り三男であった。父親は三井三池炭坑の技術者であったが、六歳の時に、大阪の箕面の近くの池田に引っ越した。その時代のことを、

　池田時代で思い出すのは、ちょっと町から離れた方に行くと、桃の畑がずっと広がっていて、春になると桃がきれいに咲いていてね。その美しい景色が非常に強く印象に残っています。(1)

と回想している。

小学一年生の時に、父親が基隆炭鉱の技術者として赴任したのに伴い、台湾の北部の基隆へ行き、日本人小学校に入学した。基隆小学校で、山歩きが好きになり、山に行って色々な植物を採ってきて、庭に植えたりして、武谷と生物（学）との付き合いが始まったようだ。その後台北一中、台北高校で学んだ。武谷青年は中学校の時には天文学に大変興味があり、自分で望遠鏡を作製し、星の運行や太陽の黒点を観察していた。台北大学に地質学者の早坂一郎が教授として赴任してきたので、高校生の武谷少年は早

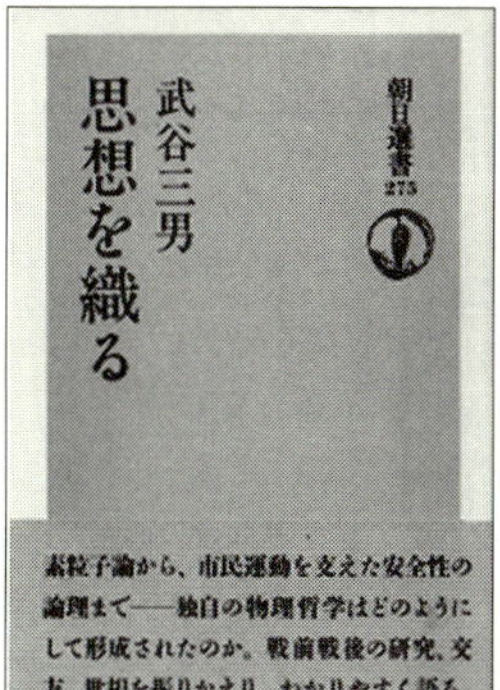

序章-１：左：武谷三男：出典（共同通信社）
右：インタビューに基づく武谷の自伝

序章-2：武谷が関係した『世界文化』の創刊号

坂研究室に出入りをし、台湾の山や海岸の地質調査について回ったりして、生物学の勉強をしていた。早坂教授は進化論について非常に興味を持っていたとのことである。後年、早川は武谷が編集した岩波講座『現代思想』に「生物の進化」[2]を寄稿している。それから、後に秋田大学の鉱山学部の教授になった丹桂之助の指導を受け、武谷は台湾のカタツムリを採取していた。その成果については、高等学校の時代に英文論文「台湾における陸産カタツムリについて」を発表している[3]。

台湾で、貝の化石を集めているうちに、地質学を物理学的にやることに興味を持ち、一九三一年に京都大学理学部地球物理学専攻に入学したが、暫くして基礎的な物理学に興味が移り、二年生の時に物理学専攻に移動した。一九三三年五月に鳩山一郎文部大臣が京大教授滝川幸辰に休職を要求し、約二週間後実際に休職命令を発令したが、これに抗議して、宮本法学部長ら三八名が辞表を提出するという、滝川事件が京都大学で起こって、学生武谷も抗議運動に参加した。この闘いを通じて、生物科の学生と付き合いができ、この付き合いを通じて、武谷は京都における反ファッショ文化運動の一翼をになった『世界文化』の同人となった。『唯物論研究』に「生物学におけるダーウィン的課題」[4]を書いた梯明秀も『世界文化』運動に関係していた。一九三四年に武谷は京都大学を卒業し、翌年から、湯川秀樹や坂田昌一が行っていた中間子理論の研究に参加した。

一九四一年に東京の理化学研究所仁科研究室に移り、そこでも村知孝一や田宮博等の生物学者との交渉が始まり、イギリスの進化学者ホールデンらの生物学思想などの議論にふけった。武谷にとっては自然の階層的把握が重要な問題だったので、素粒子から始まって、一方は天体宇宙の方へ、他方は分子から生命の起源、進化まで関心があったと述懐している。簡単な年譜を示しておく。（表―1）

表−1：武谷三男年譜

１９１１年	10月２日：福岡県大牟田市に生まれる 父親が三井三池炭坑の技術者
１９１７年	大阪池田へ引っ越し
１９１８年	小学校１年生のとき、エンジニアだった父親が台湾基隆炭坑に勤めたため台湾に移転、台北一中、台北高校をでる
１９２８年	台北高等学校入学
１９３１年	京都大学理学部地球物理学専攻入学
１９３２年	２年のとき物理学専攻に移る。木村正路教授のもとで分光学実験を学ぶ
１９３３年	京大事件（「滝川事件」抗議運動）に参加
１９３４年	京都大学理学部卒業：卒業論文「原子核物理学はどのように研究すべきか」
1934年～1940年	湯川秀樹・坂田昌一と「中間子理論」の研究をする
１９３５年	「世界文化」同人に参加（他に中井正一、新村猛、久野収、真下信一など）、三段階論に関する諸論文を発表する
１９３６年	論文：自然弁証法、空想から科学へ（唯物論研究２月号）
１９３８年	大阪帝国大学無給副手、治安維持法違反で検挙（「世界文化」グループ）
１９３９年	約７ヶ月ぶりに釈放
１９４１年	東京に移り、久野収の紹介で羽仁五郎と知り合う、岩波奨学金、服部報公会の奨学金 ４月：理化学研究所仁科研究室所属（朝永と同室）、共同研究の萌芽、中間子討論会を組織する 戦時研究に動員され原子爆弾の研究をする
１９４３年	ロシア人医師ピニロピ（バルチック艦隊艦長の孫後に武谷病院を開設）と結婚
１９４４年	治安維持法違反で２度目の検挙（技術文化グループ名目）、約４ヶ月で釈放され，自宅療養、執筆活動を始める
１９４６年	技術論（特高調書）：意識的適用説発表 「思想の科学」研究会、雑誌編集に参加（他に鶴見俊輔、鶴見和子、都留重人、丸山真男など） ルィセンコ学説支持を表明
１９４９年	（湯川、ノーベル物理学賞受賞）、日本初の共同利用研究所（京都大学基礎物理学研究所・湯川記念館）の建設提唱
１９５２年	原子力三原則（自主・民主・公開）の提唱、共同利用研究所（京都大学基礎物理学研究所・湯川記念館）の設立
1953年～1969年	立教大学理学部教授
１９５４年	死の灰反対運動、「許容量」概念批判、「ＴＨＯ」理論
１９５８年	ブラジル理論物理研究所、ボリビアに宇宙線観測所　をつくる
１９６８年	羽仁五郎「都市の論理」プロデュース
１９７５年	『現代生物学と弁証法　モノー『偶然と必然』をめぐって』を発行
１９８５年	インタヴューに基づく『思想を織る』を発行
２０００年	４月22日：午前４時12分　東京都清瀬市の病院で　死去　88才、死因は公表されていない

戦後は、ルィセンコ学説を支持し、進化論に関して論説をふるった。武谷が何故ルィセンコ学説を支持するようになったのだろうか。

どうして僕がルィセンコの考え方を評価したかというと、それまではメンデル、モルガン流の、突然変異と自然選択で生物の進化を考えていくというのが、だいたいもう正統な定説になっていたのですが、僕はどうしてもそれで進化が説明できるとは思えない。

と後年に武谷とのインタビューをまとめた本『思想を織る』[1]には述べられている。

ルィセンコ学説とは何だったであろうか。一九三〇年頃から一九六〇年以降まで「社会主義」ソ連で席巻した遺伝に関する考え方で、その核心は遺伝子学説の否定と獲得形質の遺伝の主張にあった。今では全く顧みられることのない学説であるが、何故、武谷ほどの論理を重視する科学者が支持したのかということが学生時代より気にかかっていた。また、彼が主張した科学研究における三段階理論も、かえって武谷の専門ではない生物学への武谷の考え方や研究の進め方を解析する方が、その有用性を含めて、よく理解できるのではないかと思っていた。大学を定年で辞め、実験的研究から離れ、少し時間の余裕ができたので、年来の関心事を少し調べてみた。ある本の「あとがき」で、川上武が次のように書いている。

武谷氏の生物学への関心のすべては、進化論をどうあつかうかにかかっている。進化論は生物学の重大問題だといっても、いわゆる専門家には手も足もでない分野である。進化論を〝ノー〟にしろ〝イエス〟にしろ、それを立証する材料がこれくらいにそろいにくいところはないからである。どうしても、論理の問題としてつめざるをえない本質をもっている。これは学問の対象こそちがえ、理論物理学と近似した構造をもっているといえよう。そういう意味で、日本における理論物理学の開拓者である武谷氏が、現代生物学に進化論の視角から関心を持つのは、ひどく自然なことのようである。したがって、いわゆる素人の好事家的発言とは全く異質であり、学問レベルの理論問題といってよいと思う。[5]

この発言の真偽をさぐることによって、武谷の生物学思想の内容やその背景、武谷科学方法論の意義や武谷の戦後科学思想における位置づけについて検討していきたい。

第二節　何故、武谷三男の生物学思想を取り上げるのか

私自身は六〇年安保闘争の敗北と伊勢湾台風の惨禍の残る大学へ一九六一年に入学したが、その当時、科学史や科学論に興味を持った学生にとっては、武谷三男は最初に関心を持つ思想家の一人であった。武谷は学生だけでなく、知識人といわれた人々、技術者といわれた人々、そして種々の住民運動に携わった人々にも戦後期に圧倒的な影響力を持っていたが、その武谷三男も、二〇〇〇年に亡くなり、現在では忘れられた思想家になりつつある。しかしながら、武谷の思想、「技術と科学技術政策」、「安全性と公害」、特に「原子力に対する思想」は現在でも重要な意義を有していると思われる。原子力発電に対する約四〇年前の次の発言は、東日本大震災後の今、噛み締めなければいけない。

　原子力発電は、今日までまだ甚だ未完成な試作の段階にすぎません。原子炉の安全性も、放射能その他の処理における公害に対する処置も決して確立されたものではありません。このような技術的段階にもかかわらず、日本で争って原子力発電所の建設がいそがれているのは、決して正常な考え方とはいいがたいのです。(6)

大学入学後、当然のなりゆきで、私も『弁証法の諸問題』(7)(8)を読み、「武谷三段階論」や「武谷技術論」に圧倒された時機があったし、三段階論を研究に適用することに未来を見たこともあった。しかし、在学中から疑問を持ち出し、自分が実際の実験や研究に手を染めるようになると、そこから完全に離陸してしまった。廣重徹の論文(9)(10)を読んでみると、最終的には「哲学の有効性」に批判的見地に立った人たちも、同じような経験をしているようだ。中村禎里の言によれば、

　研究室に入るとまもなくマルクス主義の哲学と決別する理科系の学生の態度は、それじたいとしてはけっして退廃ではないし、どちらかといえば正常化だと私は考える。(11)

とのことである。ただ時期的に武谷の洗礼を浴びるのが遅かったので、私は最初から分子生物学の豊富な内容を含んだ生物学の教育を受けた。だから、あの論理を強調

する武谷三男が何故ルィセンコ学説をあれほどまでに強く支持したのか、最初から疑問をもっていた。

武谷の科学方法論は物理学（史）研究がその背景にあることは明らかであるので、武谷の三段階論を批判することは、門外漢には手が出ないという側面がある。とくに武谷に次のようにいわれてしまうと哲学者でもない私は萎縮してしまう。

物理学を論じる哲学者が物理学を理解していないという事はこれは致命的である。(8)

私は一九六七年に医学部を卒業し、一時内科学教室に籍を置いたことがあるが、その後基礎医学に転じ、爾来三〇年以上、生物学、特にウイルス学の教育と研究に専念してきたので、生物学や生物学研究の歴史についての知識もある程度持っているし、生物学思想史についても少しは勉強をしてきたし、さらに生物学の研究現場の状況は熟知しているので、生物学分野の領域に武谷三男を呼び込めば、自分でも武谷理論を論ずることができるのではないかと思った。

理論家の言動というものは、自分の専門外の分野での発言や行動に、真の姿が現れてくるということはよくあることで、武谷も専門外の生物学の分野での発言に、物理学を対象とする彼の発言とは異なって、生の武谷理論がむき出しになることもあるのではないかと考えた。そこで、年来の疑問、「あの論理を強調する武谷三男が何故ルィセンコ学説をあれほどまでに支持したのか」、を解析することにより武谷の今まで論じられてきたのとは異なる別の面を明らかにできるのではないかと思った。武谷三男の生物学思想を再検討することにより、今や忘れられかけている彼の思想とその意義を再検討してみたい。

この著作のもう一つの主題は、武谷に影響を与えつづけたルィセンコ支持生物学者の多くに認められた、自分の過去の言動に責任を持たない態度を詳しく検証することを通し、戦後生物学思想史を一つの側面から総括することである。特に武谷がルィセンコ学説を支持するにあたっての情報源である八杉龍一のルィセンコ理解の変遷はその典型をなしていると思われるので、詳しく検討してみたい。

第三節　獲得形質の遺伝とは何か

武谷の生物学思想を検討する前に、獲得形質の遺伝について確認しておきたい。生まれたあとに受けた変異が遺伝するという考え方は古代からあった。獲得形質の遺伝というとラマルクが有名であるが、彼は獲得形質の遺伝を進化論のなかに取り入れはしたが、その考え自身はその当時常識に属することでもあった。ラマルクは二つの様式で、獲得形質の遺伝が進化に関係すると考えていた。一つはキリンの首で有名な用不用の説である。生物体の有用器官はますます発達し、不用器官は次第に退化する。その結果、それによって個々の個体が得た形質（獲得形質）がその子孫に遺伝するという、作用的ラマルク説である。もう一つは心理的ラマルク説といわれるもので、無毒のチョウが有毒のチョウに色や形を似せて鳥の食害を免れるというような擬態がどうして生じたかをなかなか説明できないので、彼は生物の欲求が形態的変化をさせるということを考えた。彼は、生物の進化は、その生物の求める方向へ進むものと考え、生物の主体的な進化を認めている。獲得形質の遺伝をもっと通俗的にいうと、

端的にいえば鍛冶屋の息子は、父親の努力をはじめからもう一度繰返して筋骨を鍛えなくても、他の子供たちよりたくましく生まれつく。[12]

というものであるが、ラマルクの説明は観念的であり、生物の進化という概念を広く認めさせることができなかったが、彼が主張した「内在する進化傾向」や「個体の主体性」はその後現在に至るまで人気がある。

『種の起原』で有名なダーウィンも獲得形質の遺伝を疑っていない。獲得形質の遺伝の取り上げ方は『種の起源』の各版で濃淡があり、後の版ほど獲得形質の遺伝の役割は大きくなっているとの解釈もある。[13] ラマルクの考えのうち、用不用の説は採用しているが、もう一つの説、心理的獲得遺伝は採用していない。友人 Hooker に送った有名な書簡が残されていて、その中で、「神よ、動物の長い期間にわたる希求によって適応的変化が生じるという、でたらめな Lamarck 説から私を守りたまえ」と書いているとのことである。[14]

獲得形質の遺伝の可能性としては五種類ほどあると思われる。[13]

(1) 用不用によるもので、生物体の行動の変化によって生じた変異が遺伝すること

(2) 生物体の心理的希求によって生じた変異が遺伝すること

(3) 環境の変化に対する生物体の生理的順応が遺伝すること

(4) 環境の変化によって生じた適応性のない変異が遺伝すること

(5) 病気や体の一部の切断などの病的な状態が遺伝すること

獲得形質の遺伝を支持する人たちの多くは適応的変異の遺伝を考えているので、獲得形質の遺伝を「環境の影響により生じた適応的な変異が子孫に伝わる」と定義することが、議論を分散化させないためにも必要である。

進化論は明治になって日本にその思想が導入されて以来、社会的にも自然科学的にも注目を浴び、さまざまな議論があった。そのなかで、丘浅次郎の果たした啓蒙的役割は有名である。その著『進化学講話』(15)の中で証拠は少ないかと断った上で、獲得形質の遺伝を是認する記述が見られる。「外界から生物に及ぼす影響は、その一代に限られて、子孫には少しも関係が無い理屈」と「次の代には、先代とおなじだけの直接の影響が附け加はって来れば其の結果は尚一層変化の進んだものが出来て、代々少しずつ、一定の方向へ進化する理屈」とがあるが、今日

序章-3：左：進化論に関する啓蒙書として有名な
丘浅次郎著『進化論講話』
右：丘浅次郎、出典：石井友幸『進化論の百年』

まで知られた事実から推すると、斯かる変化の中で、或種類だけは幾分か確に遺伝する様である。外界に変化が起れば、生物の体にも直接の影響を及ぼすもので、其のため生物が漸々変化することは確である。

丘自身このような意見は少数であるとも述べている。興味深いことに丘浅次郎の三男に当る実験発生学者である岡英通も次のように書いている。

彼（ルイセンコ）の学説の中には、正統派遺伝学のあまりにも形式主義的な点にあきたらぬ我々にとっては同感すべきところも少なくない。正統派遺伝学は生物の細胞を体細胞と生殖細胞とに分離し、又かく分離するが故に如何なる形の獲得形質の遺伝をも絶対に否定する。我々は体細胞と生殖細胞との相違は認めつつも、両者を絶対的に対立させることには反対する。この点生物はすべて体細胞より成るというルイセンコの説にはある程度賛成する。(16)

このように日本においても、進化論が入ってきて以来獲得形質の遺伝に関しては関心を持たれてきたが、日本においてこれを実験的に証明したということはほとんどない。一方、西欧では、近代になっても、獲得形質の遺伝の実験に成功したという研究者は多い。三つほど例を挙げておきたい。最初はカンメラーの実験(12)(14)である。

（1）ヨーロッパのマダラサンショウウオは黒と黄色の斑点を有するが、これを黄色の土の上で飼うと、次第に黄色が多くなり、これが産卵すると次代の子は最初から黄色が強く、続けるとさらに黄色が強くなる。黒い土の上で飼育したものは反対に黒色部が多くなり、二代目ではほとんど真っ黒になった。

（2）サンバガエルの実験：このカエルのメスは陸上で産卵し、オスはその卵の周囲にあるジェラチン質の卵帯を後肢にまきつけ、オタマジャクシが孵化するまで運び歩く。カエルを高温の中で産卵させるとメスは水中で産卵する。その結果ジェラチンは水のために膨張して紐状をなさなくなり、オスはそれを体にまきつけることができない。このような生活を何代も続けると、卵は小さくなり数も増し、四代もすると普通の温度で飼っても水に入るようになり、本来このカエルの種類にはなくて水中で産卵するカエルに限って存在するオスの親指のタコまでできる。

カンメラーについて詳しく紹介しているケストナーは

カンメラーの人格を非常に高く評価していが[12]、田中磨義は次のように記述している。

カムメラーの実験は多くの研究者から反対され、彼自身も余りに宣伝が多く人格的に信用が薄く、終にロシヤへ招かれて出発する直前にホテルにおいて自殺して果てたのである[14]。

序章-４：左：カンメラーを好意的に紹介しているケストナーの著作
右：カンメラー：出典『サンバガエルの謎』（岩波書店）

カンメラーの実験については偽造事件もあり、現在では信じられていない。続いて例を挙げるのは、条件反射説で高名なパブロフの実験である。駒井卓の著作[17]から引用しておく。

ロシアの大生理学者パブロフは一九二三年に、アメリカとスコットランドの学会などに出席して、自分の行なった一つの実験をひろうし、会衆を驚かした。これは白いハツカネズミに与えた条件反射の特性が、子孫に遺伝するという趣旨である。彼によれば、ベルの音を聞くと別室に走って食物を食うことをネズミに練習させたところ、ベルの音による食物に対する反射を起すのに、親の代には三〇〇回の練習を要したが、その子では一〇〇回、孫の代では三〇回、四代目では一〇回、五代目には五回と順次少なくなった。これは毎代の学習でえた心理的特性が遺伝するためと考えるほかはない。自分のペテルグラード出発のときは、ここまでになっていたが、帰ってみたら、多分六代目以下で、練習なしに走るようになっていると期待されるということだった。

駒井はモーガンらとこの講演を一緒に聴いて、皆びっくりしたとのことであるが、この実験は結局誤りであって、

これは結局、彼が自分で、この実験をせずに助手に

任せた結果で、その助手が練習を積んで、次第にネズミに早く反応させることができるようになったためだった[17]。

ということであった。この大生理学者の最後の過失であったといわれている。別の人がこれと同じような実験をパブロフより注意深くやったが、否定的な結果しか得られなかったそうである。

この本の主題であるルィセンコ学説についての実験も四例について、短く紹介しておく。

（1）バーナリゼーション：秋播性小麦を温度処理することによって春播性小麦に、逆に春播性小麦を秋播性小麦に転換でき、いずれの方向への変化も僅か一〜二代で目的を達する。即ち温度という環境を調節するだけで播性の遺伝を変えることができる。

（2）接木雑種（栄養雑種）：果実の白いトマトの品種を接穂とし、赤い品種の上に接ぎ、接穂に生えた果実からとった種子を播いたところ、多数の株は赤い果実を着けたが、少数の株は白又はバラ色の果実を生じた。その白いトマトの株から種子を採ってまいたら二代目は大部分の株が白であった。だから、遺伝は遺伝子なしでおこる。

（3）種の飛躍的転化説：生物の一つの種から他の種への変化は、中間型のない、突然的、飛躍的発展であり、たとえばコムギからオオムギへと転化する。

（4）レペシンスカヤ細胞新生説：非細胞、例えばタンパク質、から細胞が発生するという説である。直接ルィセンコ学説とは関係がないが、ルィセンコが自らの種の飛躍的転化説を理論づけるものとして積極的に評価した。

ルィセンコの実験については、今では全く肯定されていない。駒井の言によれば、

ルイセンコの論文などを見ると、彼が初歩の遺伝学の知識すら持たず、また、これを誤解または曲解しているところの多いことがわかる[17]。

とのことである。獲得形質の遺伝説は、自然界で適応的変化が自然選択によって残存・拡大していくという自然選択説と本質的に矛盾するものではないが、多くの獲得形質遺伝論者は自然選択説に反対している。自然選択説と相容れない考え方として定向進化説があり、この考え方は獲得形質の遺伝説と微妙に異なっているが、獲得形

質の遺伝の存在を前提としている考え方である。化石の進化の系列や、自然界における個々の生物の見事な適応や多様性を研究するうち、「これらを説明するためには、生物自身がそのような方向性を持っていると考えざるを得ない」とする考え方が現れた。それが内在的な進化の方向を認める定向進化説である。今西の考えによれば、

> 化石という事実に立脚し、化石の物語るところに従うかぎり、進化が一定の方向にむかって進んだことを否定できない[18]。

とのことであるが、しかし、発掘された化石が豊富になるにつれて、進化の定向性は否定される事例が多くなり、また、定向性が認められる場合でも自然選択説で理解できるようになった[13]。

今まで色々な実験が獲得形質の遺伝を証明したと報じられてきたが、現在までに検証に耐えた実験はない。現在では獲得形質の遺伝を仮定しなければならないという生物学上の必要性も要請もないが、私たちが自然について知っていることはほんの僅かであるという謙虚な気持ちをもつ必要がある。自然は私たちの知らない見事な進化機構を秘めているかもしれない。それでも、現代遺伝学が依拠している遺伝は遺伝子によって担われているという「遺伝子学説」が覆ることはない。

松永によれば、

> 獲得形質遺伝説も生物学上の仮説であるかぎりは特定の社会思想と必然的に結びつくということはないのである[13]。

とのことであるが、ルィセンコ学説はある「特定な思想」と「特定な希求」と結びついていたのではないかというのが、本書の隠れた主題の一つでもある。

最後に一言述べておきたいことがある。この本ではなるべく資料に語らせたいと考えている。多くの著作で、資料を引用する場合、非常に簡単に、時には数語の単語で本や論文を評価しているのを見かけるが、同じような主張であっても、論文ごとにそのニュアンスは異なる。特にルィセンコ支持者の主張は丹念に追跡すべきであるので、資料をできるだけ直接引用し、それに私の意見を付け加えるという方法を採用した。

[引用文献]

（1）武谷三男『思想を織る』（朝日新聞社）、一九八五年
（2）早坂一郎「生物の進化」岩波講座『現代思想』（社会と科学）一九五七年
（3）武谷三男著作集1「『弁証法の諸問題』の解説」（勁草書房）一九六八年
（4）梯明秀「生物学におけるダーウィン的課題」『唯物論研究』第五、六号、一九三三年。『物質の哲学的概念』（一九三三、一九四八、一九五八）に再掲載
（5）武谷三男・野島徳吉、「『現代生物学と弁証法　モノー『偶然と必然』をめぐって』のはしがきとあとがき」（勁草書房）一九七五年
（6）武谷三男「原子力発電の現状について」、柏崎住民の原発反対運動へのメッセージ、一九七〇、武谷三男編『公害・安全性・人権』（読売新聞社、一九七〇年）に収録。『武谷三男現代論集1、原子力―闘いの歴史と哲学』（勁草書房、一九七四年）に再掲載
（7）武谷三男『弁証法の諸問題』（理論社）一九五四年
（8）武谷三男「哲学は如何にして有効さを取戻し得るか」『思想の科学』（5）、一九四六年。武谷三男著作集1『弁証法の諸問題』（勁草書房、一九六八年）に再掲載
（9）廣重徹・水上大「「科学史の本質」についての意見」『科学史研究』（23）、一九五二年。『廣重徹科学史論文集2　原子構造論史』（みすず書房、一九八一年）に再掲載
（10）廣重徹「科学史の方法」『京都大学新聞』一九六四年三月二三日。『科学と歴史』（みすず書房、一九六五年）に収録。『廣重徹科学史論文集2、原子構造論史』（みすず書房、一九八一年）に再掲載
（11）中村禎里「科学とマルクス主義哲学」『現代人の思想10』（平凡社）一九六八年。『生物と社会』（みすず書房、一九七〇年）に再掲載
（12）A・ケストナー（石田敏子訳）『サンバガエルの謎―獲得形質は遺伝するのか―』（岩波書店）二〇〇二年（原著は一九七一年に発刊されている）
（13）松永俊男『近代進化論の成り立ち―ダーウィンから現代まで』（創元社、一九八八年）を参考にして作成した。
（14）田中義麿「後天整形質の遺伝の問題」『科学』28（4）、一九五八年
（15）丘浅次郎『進化学講話』（有精堂出版）、一九六七年（初版は一九〇四年に出版されている）
（16）丘英通「ソヴェートの生物学」『ソヴェートの科学』（日本評論社）一九四九年
（17）駒井卓『遺伝学に基づく生物の進化』（培風館）、一九六三年
（18）今西錦司『主体性の進化論』（中央公論社）、一九八〇年。『今西錦司全集12』（講談社、一九九三年）の再掲載

第二章

『哲学は如何にして有効さを取戻し得るか』

第一節　武谷三男、思想家として登場

武谷は戦後『哲学は如何にして有効さを取戻し得るか』[1]という野心的な論文を発表した。この論文は一九四二年一〇月に一部が報告され、一九四六年に『思想の科学』創刊号に掲載された。この論文の要旨をまとめてみると、

（1）理論が現実に有効であることが重要である。理論が現実に対して有効なものとなる為には理論は常に危険を冒し、成功と失敗によって自らを鍛えねばならないのである。

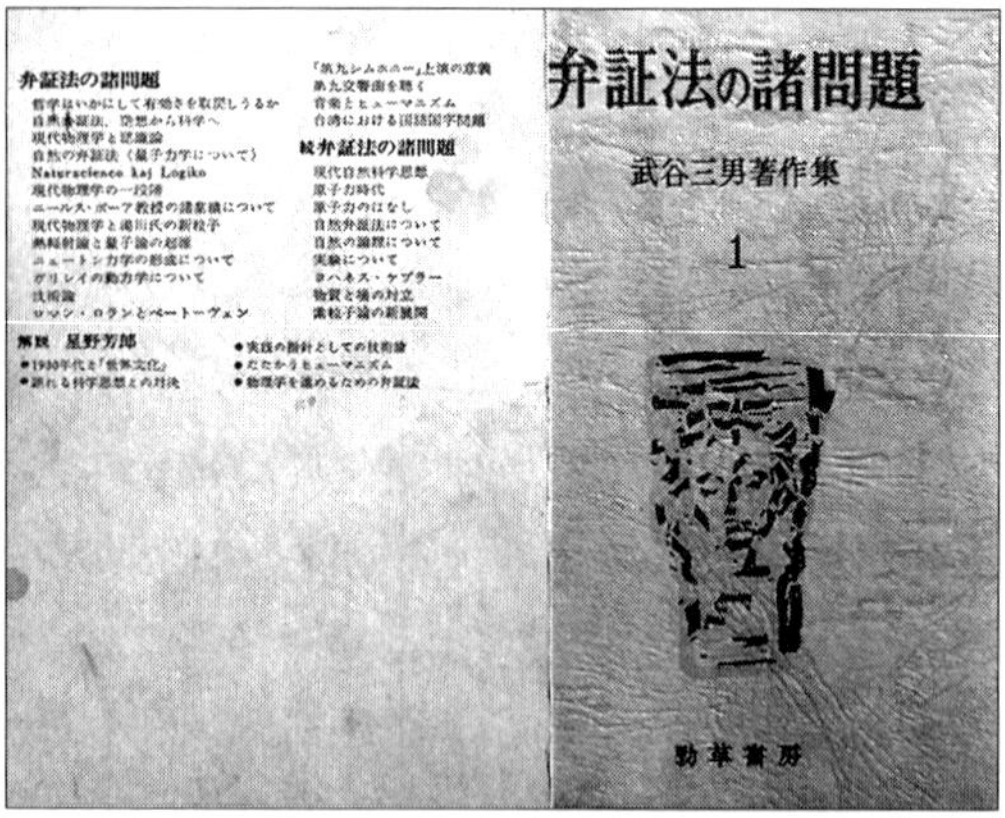

第2章-1：武谷著「弁証法の諸問題」

（2）科学が現実に対して有力であり有効であるという事は皆が認めている。一方、科学論や認識論が今まで全く有効性を示したことはない。

（3）哲学者たちは自然科学の前進に寄与したことはなく、自然科学の前進をさまざまに解釈するにすぎなかった。

（4）物理学そのものと、物理学の解釈とは全く異なる。哲学者は物理学者の解釈のみを問題にするだけで、物理学そのものには触れることがない。

のようになる。

今この論文を読むと、その楽観的言説と自信あふれ

る態度に違和感を持つ方が多いことだろう。特に哲学者が読めば、哲学の本質論から距離感を持つだろうし、科学論や認識論の役割を科学研究推進の方法論に狭めることに対しては異論も当然あるし、その当時もそれに対して多くの哲学者から反論が出された。ここでは、科学を実際進める上で、それまでの科学論や科学認識論が全く役に立たなかった、という武谷の意見を確認しておくことにとどめたい。

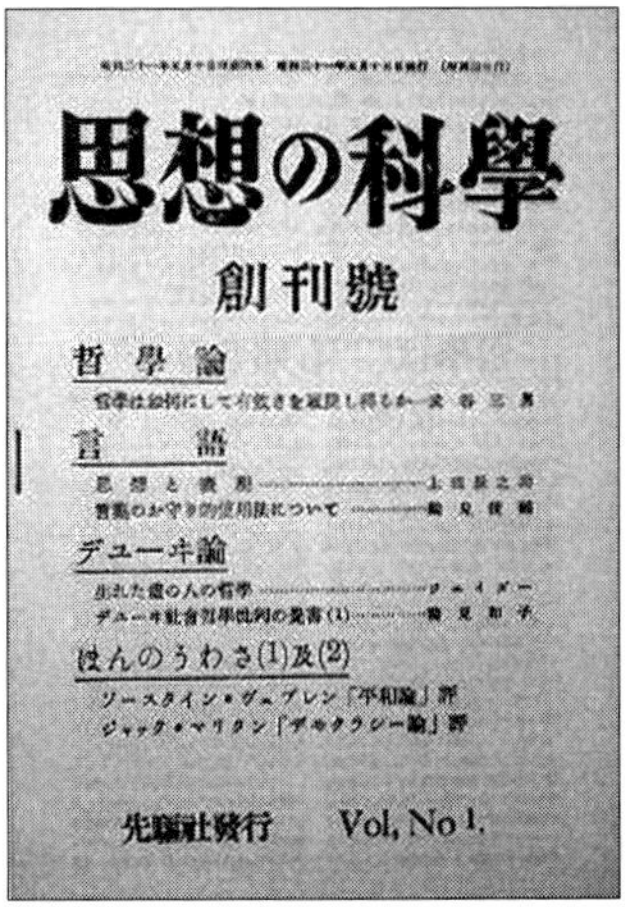

第2章-2：武谷論文「哲学は如何にして有効さを取戻し得るか」を掲載した『思想の科学』創刊号

　ただ、武谷が何故このように自信たっぷりに自説を主張できたかに関しては、理由がある。武谷は、ニュートン力学の形成過程を分析することによって、武谷三段階論という科学方法論を確立しており、この方法論によって湯川中間子論が発展したという確信を持っていたからである。(2) 後ほどの議論の進み具合に関係するので、武谷三段階論を紹介しておこう。

> 物理学の発展は第一に即時的な段階を記述する段階たる現象論的段階、第二に向自的な、何がいかなる構造にあるかという実体論的段階、第三にそれが相互作用の下でいかなる運動原理に従って運動しているかという即自かつ向自的な本質論的段階の三つ段階において行われる事を示した。自然がこのような立体的な構造をもっており、それを人間の認識がつぎつぎと皮をはいで行くのでこのような発展が得られる。すなわち歴史的発展と論理構造の一致である。(3)

ニュートン力学の形成過程の解析から、三段階理論は導き出されたといわれているが、その根拠は自然自体がこのような構造を持つからだとしたので、この三段階論は自然認識一般に通用すると主張されるようになった。武谷三段階理論の特徴として、次の文章、

> この発展を省みるとき、矛盾や困難が生じた場合に、二通りの見解があらわれ、一つは理論の変更すなわち

機能的側面より解決すべしと言うもの、他の一つは対象の構造を確立する事すなわちまた新たな実体の導入による解決を主張するものである。そしてこれらの場合すべて機能的主張は否定されて、新たなる実体の導入という主張に軍配があがった。(1)

から分かるように、三段階の中でも実体論的段階や実体の導入が特に強調されていた。その後、武谷は多くの分析で、この三段階理論を適用し、後年になって社会学の分野にも適用し、次のように論じている。

マルクス主義で、社会運動の中心的役割を持つ階級概念、—失うものとて何一つなきプロレタリアート—という階級論は、ぼくの認識の三段階論の理論からいうと実体論的段階の性格のものであって、何を原理として階級というものが構成されているかという本質論的なダイナミックスがないのです。(4)

生物学の研究においても、武谷三段階論が有効とされ、例えば徳田御稔は次のように述べている。

生物現象を物質変化の過程でとらえることはもちろん重要なことであるが、生物学の重要な問題は、まず現象として注意され研究者は次の段階でこの現象がどのような実体を通じて起こるかを明らかにし、さらに進んでその〝本質〟を究めるのが研究のすじみちである。(5)

この三段階理論を技術論に適用したのが武谷技術論であった。この技術論も戦後の最も議論をよんだ理論の一つであった。三木清は、『技術哲学』(6)の中で技術を行為の形と規定したが、それについて、武谷は、

技術は行為の結果ではないのであって、むしろ行為を可能ならしめる原理なのであります。すなわち三木の技術概念の規定は行為の現象であるところの形をもって技術としたものであって、これは現象論的な理論にすぎないのであります。(7)

と論じ、一方の戦前の唯物論研究会の主流の概念、「技術とは労働手段の体系」であるという定義に対しても、「手段という実体概念に固着した論理的観点にしかすぎない」(7)と退け、技術の本質的規定として、

技術とは人間実践(生産的実践)における客観的法則性の意識的適用である。(7)

という有名な定義を提案した。この考えを、

本質論的段階は実体を含みつつこれを否定し、機能

概念と実体概念を統一止揚した認識の段階なのであります。(7)

と論じ、技術の本質的段階の規定であるとした。このように、武谷は自然認識の三段階理論と意識的適用説といわれる技術論を携え、戦後の思想界に登場した。

第二節　武谷三男のルィセンコ支持

この論文『哲学は如何にして有効さを取戻し得るか(1)』では、少し唐突に、ソヴェト生物学の例が取り上げられた。

ソヴェトにおける特に顕著なる成果は、生物化学の大家であるオパーリンの「生命の起源」であって、これは物理化学的法則からいかにして生命が媒介されるか、生命はいかにして地上にあらわれたか、について新しい、しかも確乎たる理論を建設し、従来の一方において神秘的な生命観、一方において機械的な生命観を批判し、歴史的に形成され、自然法則によって基礎づけられた生命観を樹立したのであり、全面的に唯物弁証法によってつらぬかれ、またこの成果が唯物弁証法を鍛えたものという事ができる。

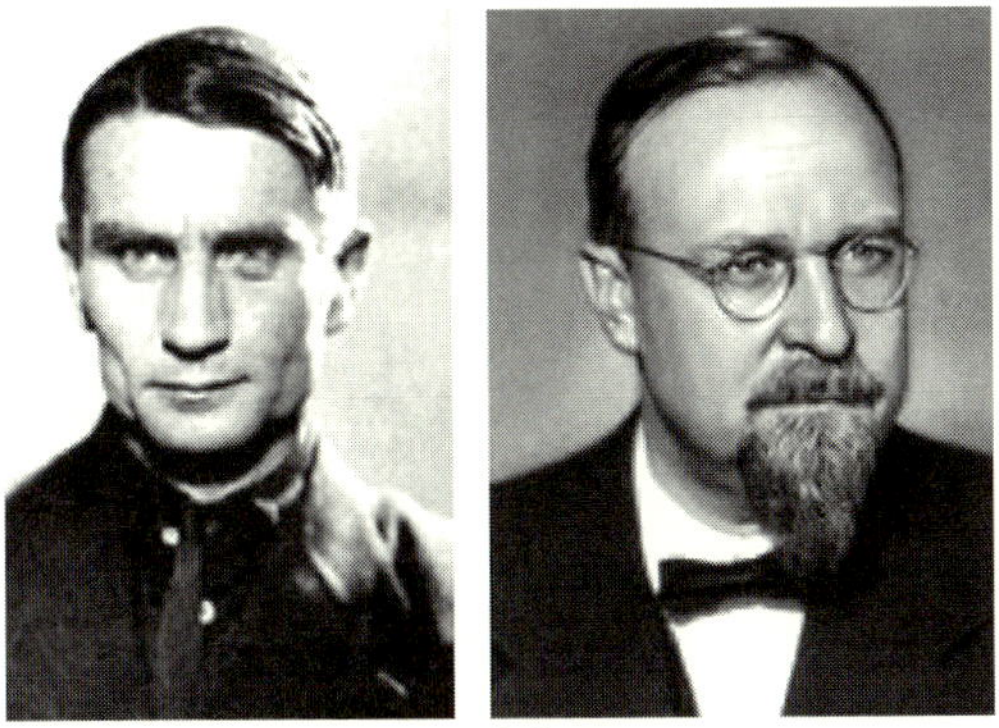

第2章-3：左：ルィセンコ、出典:http://spysee.jp/トロフィム・ルイセンコ/35098/
右：オパーリン、出典:http://www.biological-j.net/blog/2008/08/000538.html

オパーリンの「生命の起源論」は戦前に日本にも紹介されていて、一九四一年に後に武谷の論敵となる山田坂仁によってオパーリンの主著『生命の起源(8)』が翻訳されている。その後、『生命の起源』は版を重ね、その都度石本真等(9)~(12)によって翻訳・紹介され、その細部は別として、生命の起源を物質の進化に基づいて論じ、従来あった神秘的な考え方に終止符を打つという意味で今でも高く評価をされている。

さらに武谷はこの論文の中でもう一つのロシア生物学の成果を紹

介した。
もう一つのソヴェトにおける偉大な成果は、ルイセンコ一派による、農業技術の躍進である。ルイセンコはこの農業技術の展開を単にそれだけとして行なったのではなく、この仕事によって古生物学の進化論と、メンデリズムによる、染色体による遺伝学との間の深い溝を克服する道をひらき、成長の特にある一定の時期における獲得形質の遺伝を明らかにし、種が固定したものではなく、変化しうるものである事を示して、遺伝学上の画期的な業績を行なったのである。そしてこれは唯物弁証法の方法に立ち、この方法を武器としてこの仕事を完成し、またこの成果によって唯物弁証法を豊富にしたのである。

このルイセンコの方は、戦後大いに論議をよんだが、現在ではその名前もルィセンコ学説と呼ばれていた彼の業績も忘れ去られてしまった。ここで、武谷が評価しているルィセンコの功績は、次のようである。

(1) ソヴェト農業技術を躍進させた。
(2) 古生物学の進化論と染色体による遺伝学との間の深い溝を克服する道をひらいた。
(3) 成長の特にある一定の時期における獲得形質の遺伝を証明した。
(4) 種が固定したものではなく、変化しうるものである事を示した。
(5) この成果によって唯物弁証法を豊富にした。

武谷の生物学への発言の出発点が、「ルィセンコ学説」への言及であったことは不運なことであったが、ここに二つの課題が生じる。第一の課題は、武谷はルィセンコ学説についての情報をどこから得たかということである。ただこの当時、武谷自身がルィセンコの実験内容をどの程度知っていたかについては疑問が残る。後年次のように書いている。

以前から、僕は遺伝学にも関心を持って、ルイセンコについて「思想の科学」の「哲学はいかにして有効性を取戻しうるか」という文章の中に、ルイセンコの育種学から来た考え方は非常に面白いと一言ふれたんです。もちろん、詳しいデータは僕は知りませんでした。[13]

武谷のルィセンコへの言及はとても「一言」と言える程度のものではないし、「詳しいデータは知らない」という割には断定的な評価をしていた。第二の課題は、武谷は何故そこまでルィセンコ学説や獲得形質の遺伝にこだわったか、ということである。武谷の生物学思想を知るにはこの疑問に答えることが一番重要だと思われるが、この問題は最後に検討するということにして、まず最初に、太平洋戦争以前の日本において、ソヴェト生物学がどのように、そしてどの程度紹介されていたかに就いて調べてみよう。そのことによって武谷のルィセンコ理解の源泉をたどってみたい。

[引用文献]

（1）武谷三男「哲学はいかにして有効性を取り戻しうるか」『思想の科学』（5）、一九四六年。武谷三男著作集1『弁証法の諸問題』（勁草書房、一九六八年）に再掲載
（2）武谷三男「ニュートン力学の形成について」『科学』（8）、一九四二年。武谷三男著作集1『弁証法の諸問題』（勁草書房、一九六八年）に再掲載
（3）武谷三男「現代物理学と認識論」『自然科学』（7）、一九四六年。武谷三男著作集1『弁証法の諸問題』（勁草書房、一九六八年）に再掲載
（4）武谷三男「私は何を言ってきたか」『思想の科学』（9）、一九九一年
（5）徳田御稔「「進化論」学習のしおり」『現代の進化論─どこに問題があるのか？─』（徳田編・理論社）一九五三年
（6）三木清「技術哲学」『倫理学』（岩波講座）、一九四一年。『三木清全集　第七巻』（岩波書店、一九六七年）に再掲載
（7）武谷三男「技術論─迫害と戦いし知識人にささぐ─」、『新生』（2）、一九四六年、武谷三男著作集1『弁証法の諸問題』（勁草書房）、一九六八年に再掲載
（8）オパーリン（山田坂仁訳）『生命の起原』（慶応書房）一九四一年
（9）オパーリン（石本真訳）『地球上の生命の起原』（岩波書店）一九五八年
（10）オパーリン（石本真訳）『生命─その本質、起源、発展』（岩波書店）一九六二年
（11）オパーリン（石本真訳）『生命の起原─生命の生成と初期の発展─』（岩波書店）一九六九年
（12）オパーリン（石本真訳）『物質↓生命↓理性（岩波現代選書）』（岩波書店）一九七九年
（13）武谷三男『思想を織る』（朝日新聞社）一九八五年

第三章
日本における第二次世界大戦以前のルィセンコ学説の受容

第一節　戦前における八杉龍一のルィセンコ学説の紹介

最初に、太平洋戦争以前の日本において、ソヴェト生物学がどのように、そしてどの程度紹介されていたかについて調べてみよう。一九四六年に武谷がルィセンコ学説に触れた発言を開始したが、では武谷はどこでその知識を手に入れたのであろうか。この意味では、八杉龍一の次の発言が注目される。

私は戦時中にソヴェト科学紹介の一部としてルィセンコ説に触れた。しかし私のものを含めて、いずれも多くの人の注目をひくには至らなかったと思う。私の知己の範囲において当時ルィセンコを方法論的に理解し、これに関心を寄せていたのは、物理学者武谷三男、医学者草野信男の両氏であった。[1]

八杉と武谷は戦後も交流があり、八杉が有力な会員であった理論生物学研究会に武谷も出席している。

（理論生物学研究会に）武谷三男氏に話をたのんだときなどには三〇名以上も集まるが、あるときの例会では三人だけであった。

戦後に私がルィセンコ学説について最初に書いたのは、民科の機関誌「自然科学」においてである。主として紹介であり、星野芳郎氏の要請によるものであっ

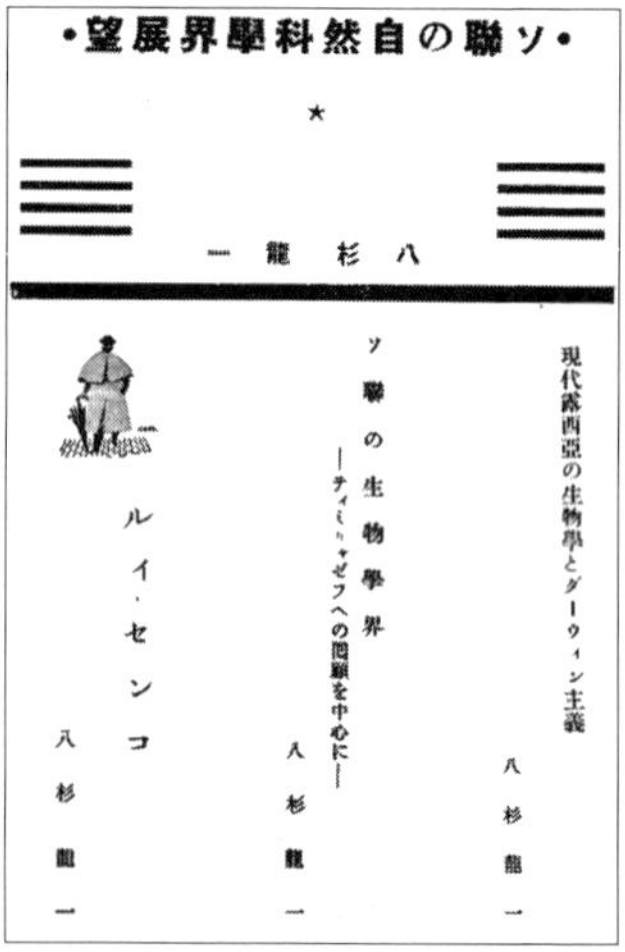
・ソ聯の自然科學界展望・
八杉龍一
現代露西亞の生物學とダーウィン主義　八杉龍一
ソ聯の生物學界　—チィミリャゼフへの問題を中心に—　八杉龍一
ルイ・センコ　八杉龍一

第3章-1：八杉龍一の戦前の諸論文

たように記憶する。[2]

星野芳郎は技術論においてもルィセンコ理解においても武谷と行動を共にした人である。武谷は戦後すぐに「現代の自然科学思想」[3]という論文を発表し、ルィセンコの功績を三点挙げているが、それは戦前の八杉論文をそのまま引き写したものである。武谷のルィセンコ理解の源泉の一つが八杉にあると推測することは間違いではなかろう。

では、八杉は戦前に何を言っていたのだろうか。ロシア語学者として著名な八杉貞利の子として東京で生まれ、若いときからロシア語に親しんでいた八杉は、ロシアの生物学についての論文を戦前に発表している。八杉も、

その時代に私はルィセンコの仕事などに関して多くを書いたわけではない。「ロシア文化の研究」の論文以外では、「中央公論」と「科学思潮」に書いた二つの紹介記事だけである。[2]

と書いているが、八杉が書いた論文は、正確には次の四つである。

「現代露西亜の生物学とダーウィン主義」(『ロシア文化の研究』一九三九年)

「ソ聯の自然科学会展望」(『中央公論』一九四〇年)

「ルィ・センコ」(『科学思潮』一九四二年)

「ソ聯の生物界—ティミリャゼフへの回顧を中心に—」(『北方研究』一九四四年)

これ等の論文の内容を解析することにより、戦前の八杉の歩みとルィセンコの日本への紹介過程を追跡することにしたい。

第二節　最初の論文「現代露西亜の生物学とダーウィン主義」

最初は一九三九年に岩波書店の『ロシア文化の研究』に発表された「現代露西亜の生物学とダーウィン主義」[4]という論文である。これはソヴェトで出版されたダーウィンの五十年祭に捧げられた記念論文集を論拠にして、ソ連における生物学の考え方を紹介したものである。これについて八杉は次のように論文作成の経由を書いている。

「ロシア文化の研究—八杉（貞利）先生還暦記念論文集—」が岩波書店からでることになり、私にも何か書

くようにと伝えてこられた。それに私が書いたのはソ連の生物学に於けるダーウィニズムの問題で、その稿は一九三七年のうちに書き終えた。その論文にはルィセンコの春化処理とコムギの播性転化についてわずかに触れてあり、それは「現代生物学の進歩」に載っていたベルマンの論文その他に拠っている。(2)

この論文の冒頭から、ブハーリンの論文を引用し、マルクスとエンゲルスの言葉を多数引用している。それらの社会主義者の意見を八杉がどれくらい理解し、賛同しているのかはわからないが、この論文ですでに八杉論文の特徴の一つが色濃く出ている。

第3章-2：ブハーリン：1928年モスクワでのブハーリン（左端）
出典：アンナ・ラーリナ著『夫ブハーリンの思いで』（岩波書店）

> ダーウィンの学説にとって最も基本的なものは、自然淘汰及び生存競争に関する理論であるが、彼はそれによってその当時まで有機科学を支配していた目的論を粉砕して自然に於ける歴史的発展を示し、それによって自然の不変性に関する形而上学的学説に決定的な打撃を与えたのである。然し其のブルジョワ的限界と経験主義の徴候とは、彼の理論の不徹底さと動揺とを来している。今やダーウィン主義をダーウィン的にでなく新しい意義のもとに把握することによってそれを充分に利用することが当面の課題であるとブハーリンは称している。

この論文全体から見るとブハーリンに対して好意的であるが、この文章ではどこまでが八杉の意見でどの部分がブハーリンの意見かが不明瞭である。八杉はこの論文以降も沢山の論文を発表するが、どの部分が八杉の主張で、どの部分が他人の意見の紹介なのか、その意見に八杉は同意しているのかどうかも不明なことが多い。

この論文では最初に、「偶然性と必然性」に関する一九二〇年代の数年間にわたる機械論者とデボーリン等の弁証法論者との論争を紹介している。ただ最初から、弁証法論者は実はメンシェヴィキ的観念論者と断定しているが、ここにも八杉の受け売りによる断定の傾向が見られる。デボーリンによればとして、

機械論者の誤謬は形而上学的に偶然性と必然性とを対置せる處に在る。彼等は偶然性と必然性との内的連関に関するヘーゲル及びエンゲルスの豊富な思想を理解することが出来なかった。

と書かれ、続いて今度は、

斯様にデボーリン及び其の派は偶然性の意義を其の反対論者達に対して強調したが、然し結局メンシェヴィキ化しつつある観念論であったデボーリン派は、機械論者と同じく、やがて『追随主義』に感染した。デボーリン派の斯かる態度と傾向とは、一はその原因を当時の社会的状態にも見出すことが出来る。当時は漸く第一次五カ年計画の着手せられようとする時期であり、産業特に農業の重要な技術的課題が、ダーウィン学説と緊密に結合して提出されることがなかった。ダーウィン学説は実践的な基準によっては測られず、ただ理論的な論争のみがあった。エンゲルスの『自然の弁証法』も発表せられた直後で、未だ充分な検討を経ていなかったことも考え得られる。

と、デボーリンを批判した。デボーリン派を八杉が真に批判しているのか、デボーリン派に対するソヴェトでの批判を単に紹介しているのかは分からない文章である。全体的に見て、とても八杉自身が咀嚼し消化した言葉とは思えない文章であるが、デボーリン派の没落の原因の一つが進化論と関係していて、彼等が農業の重要な技術的課題に答えなかったからだと指摘しているのは、その後ルィセンコ学説が出現してくることを考えると興味深い指摘であると共に、八杉がその解釈に同意していることは注目すべきである。次に、

ソ連の農業人民委員部の一指導者は、学者たちがあまり「丁寧」に動植物を扱いすぎると極めて明瞭に語った。もっと「丁寧」でなくすることが必要である。生命の弁証法に基づいて動植物の生活に干与し、吾々の好む方向にそれらの発達の方向を換え得るようにならなければならぬ。

と、一九三一年に開催されたソヴェト連邦農業人民委員部主催の会議の発言を紹介している。この箇所は、後年のルィセンコ学説の主張、「動植物をわれわれの望む

方向に変えなければならない」、を感じることはできるが、概しておとなしい表現である。この文脈で、その成功の実例として、ルィセンコに触れ、次のように記している。

> 一九三五年一〇月モスクワに於いて行なわれた農業科学アカデミー会議は、小麦の秋蒔化・植物及び果実栽培の北方への移動・動植物の新品種の創造に関するソヴェトの学者達の輝かしい業績を総計し、此等の仕事の将来の課題を指示している。そして此処には、ルィセンコの方法による秋蒔化が実例として挙げられている。

メドヴェジェフが述べているようなソヴェトにおける緊迫した雰囲気についてはまだ、八杉は知らないようだ。

> (一九三五年には)ルィセンコの名声もしだいに高くなったが、それは特に「春化処理が成功し、普及している」というコルホーズからの報告のおかげであった。スターリンが有名な言葉「ブラボー、ルィセンコ、ブラボー!」と叫んでから、ルィセンコの活動とソ連生物学の歴史は、新しい段階に突入した[5]。

その後、ボンダレンコとザヴァドフスキーに依拠して、新ラマルク主義と新ダーウィン主義の批判を紹介しているが、ここでもどれが八杉の意見かを識別することはなかなか困難である。

> 環境への合目的的応化の能力を有する単一の有機体を前面に押し出す新ラマルク主義は、進化の具体的歴史的過程を放棄して、生活条件の変化の際に於ける個体変異の事実のみを取り上げる思潮である。遺伝の諸資料の形而上学的一般化に基礎を置く新ダーウィン主義派は、前成説の中世的神秘を復活し、実際において進化過程を歴史的なものと見ないで、個体のうちに潜んでいる・淘汰のおかげで一定の方向を得た可能性の

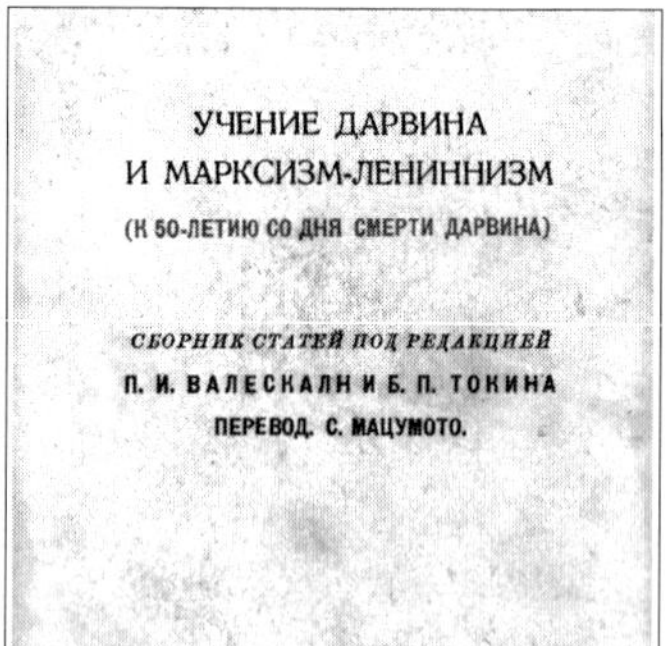
УЧЕНИЕ ДАРВИНА
И МАРКСИЗМ-ЛЕНИННИЗМ
(К 50-ЛЕТИЮ СО ДНЯ СМЕРТИ ДАРВИНА)

СБОРНИК СТАТЕЙ ПОД РЕДАКЦИЕЙ
П. И. ВАЛЕСКАЛН И Б. П. ТОКИНА
ПЕРЕВОД. С. МАЦУМОТО.

Тачибана Шотен
Токио

第3章-3:ブハーリンの進化論「ダーウィン主義とマルクス主義について」の論文が掲載されているソ連のダーウィン50年祭記念論文集『ダーウィン主義とマルクス主義』ブハーリン他(松本滋訳)(橘書店)、1934年

開展と見ている。[4]

と二つの反ダーウィン主義を紹介した。その一つの新ラマルク主義は自然における変異の偶然性を非科学的なものといっさい認めず、自然淘汰の役割を否定し、次の三点が新ラマルク主義の基本的性質であるとしている。

（1）外的環境の同一の作用に反応する生物の変異の群集的適応的性質

（2）此等の変異の応化性と合目的性

（3）獲得形質の鏡に映したような遺伝

では、新ラマルク主義のどこが間違っているのかといえば、次のように述べている。

新ラマルク主義では生物は、外的環境の物理的作用の浪にもまれて受動的に浮き漂う無定形の体制であるかのように考えられている。然し生命は外部から受ける直接的衝撃とは関係なく又それ自身の運動をも保有している。生物は不断に変化する、従って、不断の発展にある生物に対する外的環境の色々の働きかけは、この作用する物理的要因の性質よりは、むしろ生物それ自体の中に存在する複雑な内部的物質的条件によって規定されなければならない。それ故獲得形質の遺伝の思想が論理的方法論的に成立し得ぬことが明らかである。[4]

ラマルクの基本的性質であるとしている「生物の変異の群集的適応的性質」は今西錦司の『生物の世界』を彷彿とさせるが、それは第十五章で論じる予定である。獲得形質の遺伝が成立し得ないとの主張が八杉のものであるのか、ザヴァドフスキーの意見の紹介かは、相変わらず判定が難しいが、少なくとも八杉はこの意見を肯定的に述べている。このことは注目に値する。ただこの論法、「複雑な内部的物質的条件によって規定される」は一方では環境との関係を軽視するとして、染色体説や遺伝子説への攻撃の論理に転じ、結果として獲得形質の遺伝の肯定に変わりうることにも注意してほしい。このザヴァドフスキーの意見についても、石原辰郎は数年前に、

ザヴァドフスキーは決して獲得形質の遺伝を全面的に否定」しているのではなく、「ラマルク主義的に理解された斯る意想を否定」しているのだと解すべきだと思います。彼はネオ・ラマーキズムの基本テーゼの一として獲得形質の鏡に映したような遺伝ということを言っていますが、彼の言う獲得形質の遺伝はかかるラ

マーキズム的乃至ネオ・ラマーキズム的な意味のものだと解すべきだと思います。[6]

と解釈している。一方では、八杉の論文の中では、近代遺伝学（メンデル、ド・フリーズから当時までの遺伝性及び変異性の諸法則の発見）はダーウィンの学説の発展であることが書かれていて、近代遺伝学を高く評価して、次のような問いを発する。

然らば、メンデル・ドッフリーズから今日に到る、遺伝性及び変異性の諸法則の発見を其の任務とする近代遺伝学はダーウィン主義と如何なる関係に立つものであろうか。

ここでまた八杉はブハーリンを持ち出す。

ブハーリンは云う。ダーウィンの理論の心髄は反ダーウィン主義との論争に於いて峻厳な歴史的検討に完全に耐えてきたのである。（1）変異性・其の性質及び其の淘汰律に対する関係、（2）進化における一般的過程に於ける淘汰の意義、ダーウィンの此の二つの見解は近代遺伝学によって裏書きされるに到った。という意味は、変異性は厳格に方向づけられた所謂オルソゲネシス的性質をもっているものではない。進化は変異性『それ自身』によってではなく、変異性に基づく淘汰によって説明される。斯くして遺伝的配合即ちメンデルの相関法則はダーウィンの意想の中に傷つけられることなく包容される。

このように八杉はメンデル遺伝学をダーウィン主義の発展と把握しており、終生オルソゲネシス（定向進化）には反対の立場をとり続けた。この論文は、「ブハーリンによって述べられた水路に沿うて我々の考察を進めてきた」と論文の末に記されていて、ブハーリンへの親近感を最後まで示している。この論文の執筆時期にはブハーリンは存命していたが、論文発表時期には既に処刑されていた。

この論文の特徴として、

（1）八杉の論文のスタイル、即ち、他人の意見の紹介と自分の主張が混在していて、その区分けが明瞭でない。

（2）ブハーリン、マルクス、エンゲルス、デボーリンや生物学者の理論を頻繁に引用しているが、八杉自身がよく理解していないと思われる。

（3）獲得形質の遺伝に関しては疑問を呈している。

（4）ルィセンコの紹介はこの段階ではまださりげない。、（5）近代遺伝学（メンデル遺伝学）については高く評価している。
などが挙げられる。（1）については、中村禎里が、
八杉が活躍をはじめた頃には、左翼的作家、評論家にたいする執筆禁止の処置がとられている。従って、生物学史・生物学論の方面での八杉の処女論文いらい、多くは自説の主張というより、ソ連文献の紹介というかたちをとらざるをえなくなっている。[7]
と述べている事情は理解できるが、八杉の場合、「言論の自由」が一応は保証された戦後においても、この傾向は続くので、中村のいう事情だけで八杉の論文のこの性格を免罪できるものではない。
同じ「ロシア文化の研究」に永岡義雄が「果樹園芸の画期的発展とミチューリン」[8]と題してミチューリンの生涯と業績を紹介している。その内容についての真偽を確かめることはできないが、感動的な文章である。そこにはルィセンコの名前は、論文の最後に「ミチューリンの『六〇年の成果』はオデッサ遺伝育種学研究所のルィセンコ博士が説く通り、名著であろう」として出てくる。

第三節　「ソ聯の自然科学会展望」

続いて、一九四〇年に「ソ聯の自然科学会展望」[9]を『中央公論』に発表した。八杉がいうところに拠れば、「ミチューリン遺伝学についてやや多い分量で論じてある」とのことであるが、先の紹介記事と少し異なるのは自分の意見という形で、ルィセンコ学説を論じている箇所が少し多いことだろう。中身を見てみよう。最初に、ティミリャゼフを高く評価している。

アカデミヤ及びその学者達は革命に対して理解を有せず、ソヴェト機構と共に発達しない一種の異分子となっていた。ただその中に於いて偉大なる農学者＝植物学者ティミリャゼフがレニンの努力に積極的に参加し活動したことは有名である。

ティミリャゼフがロシア革命に協力したことで声望があがり、その権威をルィセンコが自分たちの学説の確立に利用したと八杉も後年書いているが、[2]この時点では好意的に扱っている。続いて、この論文においてもデボーリン派と機械論者の論争とその結末について詳しく触れている。先の論文で触れたブハーリンについては、

自然科学の領域においても理論的指導者であったブハーリンの喪失も、大なる影響を与えていない。事実自然科学の領域に於て唯物論的弁証法の浸透が些かでも弱まりつつありといふ事は見られない。

と記し、反党分子等の表現はない。ブハーリンは一九二九年に失脚し、その後一時復活することはあったが、一九三八年三月一三日に死刑判決を受け、翌々日に銃殺されている。[10] 八杉はここで、ルィセンコを登場させる。

農業科学アカデミアの事業もルイセンコの指導下に益々発展しつつある。本部をモスクワに置き、全國に一二五の支部、九一の研究所、三二一の地方試験場を有し、更にソホーズ、コルホーズに支點を持ち、其の業績は廣汎である。

革命後のソヴェトの農学者として、ティミリャゼフとルィセンコを引き合いに出し、「農業科学アカデミアの事業もルィセンコの指導下に益々発展しつつある」としている。ソヴェト学説の性格として、第一にパブロフの条件反射学を話題とし、続いて、進化論と遺伝学を取り上げた。

ダーウィンの欠陥は変異の原因を逸しているところにある。それ故反ダーウィン主義の微妙にして有力な形態がいずれもそれを狙い、其の点からダーウィンの全学説を覆そうとしている。その一つ新ラマルク主義は、変異の偶然性の概念を非科学的なものと考えて自然淘汰の役割を否定し、生物体の外的環境への適用と獲得形質の鏡に映したような遺伝とを基本的積極的テーゼとして掲げている。それ故、質的淘汰の問題を抹殺した。他の新ダーウィン主義は、生殖質の『独立性』及び胚芽過程の自主性を固執して、外的環境の『物理的』特質に『生物的なるもの』を形而上学的に対置している。その結果は有機体に対する外部の作用が個体及びその子孫にとって全く何の効果もないか、又はその効果が非常に小さいと考えて、飼育栽培の問題に際しては、新ラマルク主義とは反対の誤謬に陥り、人間と計画的経済方策との役割を制限している。

八杉は、ダーウィンの欠点は変異の原因を逸しているところにあるとし、反ダーウィン主義の微妙にして有力な形態がいずれもそれを狙い、その点からダーウィンの全学説を覆そうとしたと論じて、二つの反ダーウィン主義、新ラマルク主義と新ダーウィン主義を批判した。新ラマルク主義は「生物体の外的環境への適応と獲得形質の鏡に映したような遺伝をテーゼとして挙げている」とし、「質的淘汰の問題を抹殺した」と批判した。
一方、新ダーウィン主義は「有機体に対する外部的の作用が個体及び子孫にとって全く効果がないので、人間と計画的経済方策との役割を制限している」とし批判した。新ダーウィン主義では生物の改造に何らの寄与も期待できないということだろう。そこで再びルィセンコを登場させ、
淘汰及び遺伝に関するルィセンコの見解は、欧米の諸学者の確信から全然離れている
として、淘汰及び遺伝に関するルィセンコ学説の見解を次のようにまとめて紹介した。
（1）有機体の遺伝的基礎がそんなに不変なものではない。
（2）生殖細胞、若しくはその構成部分のみが有機体の発達に関与するのではない。
（3）全体としての有機体・全体として細胞が遺伝に関与する。
（4）発達の過程に於いて有機体の特徴のみならず遺伝的基礎もまた変化を蒙り、人間は一定の外部的条件を積極的に創造しかつ積極的に干渉することによって有機体の発達に影響を及ぼす。
（5）その発達を人間に必要なる方向に向けしめ得る。
この八杉のルィセンコ評価は武谷によってそのまま援用されることになるが[3]、戦後に議論となったルィセンコ学説の大枠は、素朴ではあるが、既にここに紹介されている。このことは、ルィセンコ学説が実験事実としてよりは、「そう在るべきだ」という理念として把握される傾向が出発の時点でも強かったことを意味している。そして、生物の発達を人間の必要な方向に人工的に向かわせるという強い希求が表に出ている。
次に、ヴァヴィロフ等のソ連の遺伝学者の批判に転じ、
他方、ヴァヴィロフは形式的進化論者の名を以て呼ばれる。彼らはゲンを遺伝の一定の確乎たる単位と認め、その普遍性を墨守する。勿論ルィセンコが実験遺伝学を否定しているわけではないのであるが、その理解及び重点の置き方に於て両者には根本的な相違がある。
実験遺伝学の内容把握において両者は根本的に異なっ

ているとしているが、「その普遍性を墨守する」という表現から八杉のヴァヴィロフ評価が推測できる。

ルィセンコの具体的成果として挙げているのは、次の点である。

（１）穀類の春蒔化におけるルィセンコの方法は大成功している。

（２）それはソ連全土の農業を飛躍的に進歩させた。

ルィセンコの春化処理によってソ連全土で農業が大躍進しているといって、ルィセンコの評価は理論よりもすでに実践において明らかであると論じる一方、形式的進化論者は、有機体と環境、突然変異と変化、へノタイプとゲノタイプ、これ等各々の間をつなぐ橋を見出さずその外部的条件の利用による有機体の性質に対する影響の道を断っているので、ヴァヴィロフらの考えでは新品種の育成の可能性は制限せられるとしていて、ルィセンコ支持の立場を明らかにしている。そしていかなる根拠があるか知らないが、

　最近ではヴァヴィロフ等も次第に自説を棄ててルィセンコの立場に近づきつつある。

という情報を載せ、さらに、

　ソヴェトの遺伝子進化学界はますます他の欧米諸国との対照を著しくし、そのソヴェト的性格を明らかにして行くものと思われる。

と、結論づけている。この八杉の予想は、残念ながら、的中した。

八杉はほとんど根拠を示さず大事な情報を書いているが、この点も、他人の意見の紹介か八杉自身の意見かをぼかして記述する手法と一脈通じるものを感じる。この論文では、八杉が生物の人工的改造への希望を再三述べているところが印象的である。

第四節　ルィセンコを直接主題とした論文

引き続き、一九四二年にも、今度はルィセンコ学説を直接的主題とし、よりルィセンコ学説に踏み込んだ形で八杉は論文を発表した。その題名もずばり「ルィ・センコ」[11]である。まず、ルィセンコはティミリャゼフとミチューリンの後継者であることを次のように論じた。

　今ソ連の農業食物学界に赫赫たる盛誉をにないつつあるルィセンコの業績も、その先行者たるティミリャ

第3章-4：スターリンの前で演説するルィセンコ
左端：ルィセンコ、右端：スターリン、出典：http://plaza.rakuten.co.jp/libpubli2/diary/201106240001/

ゼフ・果樹園芸の実際家ミチューリンよりの発展に他ならぬと言われる。

続いて、ソ連の生物学界では「ダーウィンの理論が其の生まれた当時に有していた実践性を復活擁護せんとする」としてゲン（遺伝子）の概念に攻撃をルィセンコは加えた、と紹介している。

実験遺伝学の基礎を為す遺伝単位―ゲン―の普遍性の思想に対する反対が新しい学者の側から強力に惹起されたからである。しかも此の反対はソ連が当面する農業実践の問題と密接に関連していた。ゲンが不変であれば、品質改良の可能性は極度に制限されてしまう。然し過去何世紀かの農業の歴史は斯かる理論を否定する。遺伝因子の不変性は資本主義国学者のテーゼであり、形而上学思想である。ゲンは可変であり、しかも我々の望む方向に人工的に変異せしめ得る。此れがヴァヴィロフに反対して起こったルィセンコの根本思想であった。

遺伝子説に対する反対の根拠が「ゲンが不変であれば、品質改良の可能性は極度に制限されてしまう」、「ゲンは可変であり、しかも我々の望む方向に人工的に変異せしめ得る」や「遺伝因子の不変性は資本主義国学者のテーゼ」などの主張にルィセンコの意図が窺え、それらの主張は戦後のルィセンコ論争において頻用されているが、八杉はそれについて批判はしていない。これ等の言説に色濃くあるのは、「人間の思うように生物を変えることができるし、変えるべきだ」とする考えであり、「人間の思うように生物を変えられないような学説はそれだけで間違いである」とする考えである。では、ルィ

センコの理論と成果は何かというと、

彼が最初に取掛かった実際的問題は秋蒔小麦の春蒔化であり、従って理論も此の問題に関して展開せられた。植物の遺伝的性質を人工的に変異せしめる彼の実験の基礎となったものは、段階的成長の理論である。適当なる段階に於いて適当なる方法（養育）を加えれば植物の遺伝的性質を変化なし得ると考えた。この方法を用いることによりコオペラトルカ其他の品種を僅か二世代又は三世代の間に秋蒔植物を春蒔植物に転化せしめ得る。尚これは淘汰によって得られるのではない。

春化処理により二世代か三世代の短い間に遺伝性を変化させ得たが、この遺伝性の変化は淘汰によってもたらされたものではないとルィセンコと八杉は断定した。そこで、ルィセンコはゲンのさらなる批判と獲得形質の遺伝を主張した。

ルィセンコに依れば生物の遺伝は単に不変の遺伝因子によって行われるものではない。第一、系統発生及び個体発生の間に何百万回も自己生産し増加したゲンが終始不変であったとは考えられない。各世代の個体は其の外的環境の影響に対して反応し、『其の影響の方向』に変化する。こうして変化する祖先代々の性質は其の子孫の中に累積するが、此の累積性質の遺伝は性細胞全体によって行われる。遺伝因子の不変性の否定より出発して到達する斯かる結果こそダーウィン学説の真の発展であると彼は叫ぶのである。

「ルィセンコに依れば」という語句がどの文章までかかっているのかは、判然としないが、ゲンの不変性に対する批判と獲得形質の遺伝に八杉は同意していたと判断すべきであろう。更に、八杉は「ゲンが終始不変であったとは考えられない」と「其の影響の方向に変化する」が論理的に直接結びつくものではないということを理解していないようだ。ルィセンコは次から次へと実際的成果をあげたとして、次のような例も挙げている。

次にルィセンコの挙げた実際的成功は、馬鈴薯夏期栽培の問題である。小麦と同様馬鈴薯に於いても遺伝的性質を変化せしめる事ができる。一九三九年に於いて春蒔化された種子が一千五百万ヘクタールの土地に播種せられて一億プードの増収が得られ、一方同じ一九三九年に一五万ヘクタールの土地に馬鈴薯の夏期栽培が行われ、やはり好成績を挙げた。翌年の播種作付面積は更に増加した。

このような農業上の成果の確認はどのように行ったのであろうかと現在では不思議に思うが、その当時は素朴に社会主義ソ連を信じたのであろうか。後年、ルィセンコ論争でよく使われた文章が次から次へと出てくる。例えば、次のようである。

（1）ルィセンコは斯かる植物が幾つかの発育段階を経過するものと考え、適当なる段階に於いて適当なる方法（養育）を加えれば植物の遺伝的性質を変化なし得ると考えた。

（2）系統発生及び個体発生の間に何百万回も自己生産し増加したゲンが終始不変であったとは考えられない。

（3）各世代の個体は其の外的環境の影響に対して反応し、『其の影響の方向』に変化する。こうして変化する祖先代々の性質は其の子孫の中に蓄積するが、此の蓄積性質の遺伝は性細胞全体によって行われる。

この論文では、八杉は単なるルィセンコの紹介ではなく、たとえそこに「ルィセンコに依れば」という言葉を多用したとしても、八杉自身の評価が濃く出ている。ルィセンコの農業での成功を過大に賞賛し、小麦と馬鈴薯に於いて遺伝的性質を変化させて、大収穫を勝ち得たと記載している。ルィセンコの説として、

環境を変化させる事により数世代で獲得形質の遺伝が定着する。

として、獲得形質の遺伝を八杉も肯定するようになってきている。第一論文にあった獲得形質の遺伝に対する慎重な態度が消えているのが注目される。この論文の最後で八杉はルィセンコの理論について、現代の実験遺伝学との関係やラマルキズムとの関係で疑問を出し、「彼の理論の未完成は何人の目にもあきらかである」と記しながら、

彼が生物を、現代の生物学者が兎角陥り勝ちな生物に対する枠にはまった固定化した観点を脱して、もっと生き生きした物を見ようとしている点は、我々の同感を惹くのである。

と、最終的には情緒的なそして好意的な評価を表明してこの論文は終わっている。

第五節　最後の論文

最後の論文、「ソ聯の生物界―ティミリャゼフへの回顧を中心に―[12]」を見ておこう。この論文は前半においてはティミリャゼフ中心に記述されているが、後半にはルィセンコに強点がおかれている。論文の最初でティミリャゼフの伝記的なことを述べ、農業的関心が強いことを記している。そこで、ティミリャゼフの建設的な意見「精神活動の他の形態と同様、科学的研究はただ絶対的自由の下で行わるべきである。功利的要求の重さに圧迫されては科学は貧弱な技術的仕事のみを生み出すばかりである」を紹介しながら、これに対して、八杉は評論していない。文字通りこのことが実践されたら、ルィセンコ問題も違った歩みがあったであろう。この論文の中頃に、八杉の意見として、

ただ注意して置かなければならないのは、ソ連においては政治的情勢の変化が自然科学の学説に迄かなり強い影響を及ぼす傾向が観取せられる事である。ソ連では生物学説を社会に適用することには酷しい批難が向けられるに係らず、社会的情勢によって学説の運命が影響を受けている様に思える。之は実に極めて危険なことである。

と述べられている。この記述はブハーリンの粛清と関係がありそうであるが、八杉自身がこの正当な危惧を持続したかどうかは疑問のあるところである。続いて、ティミリャゼフの生物の合目的性についての見解を紹介している。

ティミリャゼフは生理学者として、生物体の構造がその生存条件に対して多くの場合（すべての場合ではない）完全と言って良い適応を所有する。換言すれば合目的的である事、生物体構造の生理学的意義を説明するという事は該構造の合目的的性格を確立するに他ならぬ事、を特に強く感じて居り、斯る生物構造の合目的性は自然淘汰に依る生物進化の理論以外のものを以ては説明し能わぬ事を確信した。

生物体構造の合目的性を強く意識しているが、後年のソヴェト生物学の見解と異なって、獲得形質の遺伝を持ち出さずに、「自然淘汰に依る生物進化の理論」で説明できるとしている。

ティミリャゼフはラマルクの理論に対して全体的に

は否定的態度をとったが、若干の肯定的面をも認めて居る。それは特に環境の要因が生物に対して直接的影響を及ぼし之が生物の変異性の源泉としての意義を有するというラマルクの思想である。但しティミリャゼフは、ラマルキズム本来の特徴である後天的獲得形質のそのままの遺伝に関する思想は認めない。又生理が環境の条件に対して「有意志的」に反応する事も認めない。

ティミリャゼフは環境の要因が生物に対して直接的影響を及ぼし、それが生物の変異性のもととなっているというラマルクの思想を認めてはいるが、後天的獲得形質の遺伝には賛同していない。しかし、「そのまま」という表現が微妙である。心理的なラマルク説は明確に否定しており、メンデル遺伝学についても抑制された評価をしている。

ティミリャゼフはメンデルの思想を認め之に相当の地位を与えんとしたのであり、今日のソ連の遺伝学界、特にその代表者であるルィセンコに比すれば、メンデリズムに対する態度に於いていくらか謙譲であった。

として、ティミリャゼフとルィセンコのメンデル評価の差を示唆している。ティミリャゼフに依るメンデルの評価と批判を見てみよう。

ティミリャゼフに依れば、メンデルの最大功績は遺伝現象の研究に統計的方法を用うべき必要を示した事にある。多数に就て観察し蓋然性の理論より出発して現象の法則性を説明すべき事を始めて説いたのはメンデルである。然しメンデルにより発見せられた法則に普遍的な意義を与えようとするのは行過ぎである。

ルィセンコ派が統計学というものを最後まで評価できなかったのに反して、ティミリャゼフはメンデルが自分の実験結果を解析するのに用いた方法、統計的方法を、正当にも評価している。何故、このことがルィセンコ派に伝わらなかったのかが、非常に残念である。ティミリャゼフはメンデルの法則に普遍的な意味を認めていないがと、八杉は記しているが、どの法則が普遍的でないかは記述がない。ティミリャゼフはゲンの変・不変に関しては明瞭には述べていないが、遺伝子の不変を前提とするメンデル遺伝学に潜む遺伝子説には不満を持っていたようだ、と八杉は推測している。ここからヴァヴィロフとルィセンコとの論争に触れて、論争は一九三九年末に於いて終止符が打たれヴァヴィロフの敗北に帰した。論争の焦点は遺伝子の変不変にあった。ただ我々はヴァヴィロフ等の従来の哲学指導者が粛清の犠牲に上がったブハーリンであり、他方ルィセンコは実際的成功は大であるがその学説的基礎は必ずしも不備ならずとは云い得ない事を記憶して置かねばならぬ。

と述べ、ルィセンコ学説は実際的成功は大であるが、まだ理論は不備だといっている。ヴァヴィロフの犠牲に関する背景に迫りながら、それ以上言及していない。最初の論文でブハーリンを好意的に引用していただけに、そしてブハーリンの死に「粛清」という言葉を使用していることからも、ブハーリンの悲劇的な死については複雑な気持ちがあるのではないかと推測させる。ルィセンコ学説の核心の一つである獲得形質の遺伝についてのブハーリンの言葉を引用しておこう。

（ダーウィン）の意見によれば、獲得形質は原則としてすべて遺伝される。ここでは彼は科学のその後の発達が示したように明らかに誤謬を犯した。(13)

このブハーリンの発言に対し、石原辰郎はかつて次のように記している。

これは獲得形質の遺伝をネオ・ダーウィニズム的に否定する論者の月並みの言ひ草とほとんど変わらないではありませんか。寧ろブハーリンの所説こそネオ・ダーウィニズム的色彩を帯びているものだと思います。(6)

一九三七年といえばブハーリン批判も決着がついた時で、一九三八年三月にはブハーリンは銃殺されている。石原等も簡単にブハーリン批判ができたのであろう。

話がそれたが、八杉の論文に戻ろう。八杉はルィセンコの学説的基礎は十分ではないとしながらも、実験的根拠があると言っているが、それは農業上での成果が大きいということだろう。ここから主としてルィセンコについて記述している。ルィセンコはティミリャゼフと比べて、「植物の遺伝的基礎が環境の条件の方向に変化すると述べている点に於いて一層ラマルク的である」とし、その獲得形質の遺伝の機構についても次のように論じている。

ルィセンコに依れば、植物の生殖器官特に性細胞は種子や茎の生長点の細胞が受けた原形質の質的変化によって当然影響されているはずである。其等が発育し何度かの細胞分裂の結果として性細胞が生じたのであるから、各発生段階経過中に環境の条件に対し反応した結果として生じた変化は、性細胞にも伝えられている訳である。其様にして植物は環境により遺伝的変化を受ける。又我々人間が此等発生段階に就て熟知するならば之を統御して我々の望む方向に植物の種を変化せしめて行く事が出来る。

この獲得形質の遺伝の機構についての説明はその後深められることはほとんどなかった。相変わらず、「生物の人工的改造」への期待が述べられているが、それがルィセンコの意見なのか八杉の意見なのかは判然としないが、両者の意見であろう。八杉は、ルィセンコは遺伝的基礎としての染色体或いはその中の遺伝子（ゲン）を無視している、と言って、次のルィセンコの言葉を紹介している。

遺伝学者は細胞学者と共に顕微鏡を覗いてはならない。遺伝的基礎は染色体中の顆粒に在るのではなく、細胞である。

ルィセンコの形態学的追求の弱さを象徴している言葉であるが、特に八杉は批判していない。八杉は、ルィセンコの理論に未だ不備な点をあるとして、次の三点を挙げている。

（1）彼が未だ二個の（植物成長）段階しか発見し得ず、他の段階に関しては予想すら樹て得ない。

（2）段階経過に際する原形質の変化の生化学的過程が全然不明である。

（3）（最も重要な点であるが）実験遺伝学に対する関係が曖昧であり、且つ屢々矛盾して居るため之に対し決定的な態度を採り得ない。

八杉はこの時点では実験遺伝学についてそれなりの評価をしていたので、それとの関係でルィセンコ支持を留保するようなことを示唆している。ルィセンコ学説に生化学的基礎が欠けていることは最後まで解消されることはなかったが、八杉はその後この批判点に戦後も言及している。また、ルィセンコ学説は実験遺伝学に対して全面的に否定するようになるが、実験遺伝学とルィセンコ学説の関係を曖昧にしたのは八杉自身でもあった。

この章において、戦前における八杉のルィセンコ理解を詳しく見てきたが、全体的には八杉自身が余り咀嚼していない内容を紹介しているという感が強い。戦前の八杉のルィセンコ理解と彼の政治的思想的立場との関連はよく理解できない。ブハーリンに言及しているが、スターリンの「上からの革命」というスターリン主義の成立していく背景を理解していたとは思えなく、石原のように「上からの革命」に反対したブハーリンに対して批判をしていない。また、「機械論者」と「デボーリン派」の論争や、その「デボーリン派」がメンシェヴィキ化しつつある観念論者として批難される根拠についても、ほとんど状況追随にすぎないように思われる。

ルィセンコ理解の変遷を見てみると、最初の論文ではルィセンコの秋蒔化の方法をさりげなく紹介していたが、獲得形質の遺伝についても肯定的ではなさそうであった。次の論文ではルィセンコの農業実践上の業績を評価し、ルィセンコの遺伝学についても好意的に紹介した。「ルィ・センコ」というそのものズバリの論文では、さらにルィセンコの農業における実績を評価し、遺伝子を否定するルィセンコの意見を紹介し、「ゲンは可変であり、しかも我々の望む方向に人工的に変異せしめ得る」といって彼の「秋蒔小麦」の「春蒔小麦化」を詳しく述べ、「適当なる段階に於いて適当なる方法（養育）を加えれば植物の遺伝的性質を変化なし得ると考えた」と獲得形質の遺伝を承認するようになった。ルィセンコに依拠することにより、生物を望む方向に変化させるという八杉の期待感も読み取れる。最後の論文では遺伝子説批判を無批判的に紹介している。

全体的に見れば、この数年間で八杉のルィセンコ支持はより強くなってきたということができる。ただ、最後まで生化学的研究の不足や現代遺伝学が明らかにしてきた成果との関係でルィセンコ学説に疑問も持っていたようであるが、この批判点はその後八杉自身によって放棄されてしまうことになる。

ただ、戦後の武谷のルィセンコ支持の背景になった知識が、八杉の根拠薄弱な議論、単なる他人の論文の紹介、その是非への八杉の態度保留などに依拠していたことが、武谷の強気な主張の割には具体的な実験事実の提示がないことやルィセンコ学説を先に進める議論がないことの一因になっていたのではないかと痛切に感じる。

この章の最後に、八杉と同時期にルィセンコに触れた育種学を研究してきた森永俊太郎の発言「育種学の正統派と非正統派(14)」も紹介しておきたい。メンデル、ヨハンゼンを基礎として育種学を研究してきた森長がソ連の育種学の現状を報告したものである。

（ルィセンコ氏は）多数の事例―春型小麦の数年にして冬型小麦への変化、冬型硬質の小麦の遺伝性変化其他―を挙げて遺伝型の変化を証明し、その誘起に最適環境条件と淘汰の必要を説き、子孫における変化を強化する為に如何に代々を管理す可きかにつき氏のオデッサ遺伝育種全聯合研究所の多数の実験例を挙げ、農業技術と淘汰とによって予め又は強め得られない形質はないと結論した。

一方、ヴァヴィロフの意見等も公平に紹介している。

（ヴァヴィロフ氏は）その理論的観念を明にし、良種子は良環境に作られる可きではあるが、淘汰又は雑種によって生じた凡ての品種はメンデル、ヨハンゼンの教えるところに従って生じたものである。

森永の意見として、

　吾々が栽培する実用純系については更に詳細なる実験を必要とし、殊に現実に作物の改良の根底となる可き性質の突然変異については未だ殆ど研究されていないと云うのが実状である。吾々はどこまでも正統的（メンデル・モルガン流）に考えて、育種学を完成したいと念願する。

他人の意見の紹介か自分の主張か分からない八杉の論文に比較して、森永の論文はその論旨が明瞭であり、自分たちの遺伝学の不十分さもしっかり認識している。最後には、現代遺伝学に対する信頼を述べて、論文を終えている。

　次の章では武谷とも関わりの深い唯物論研究会における生物学論議を解析し、

第3章-5：左：ヴァヴィロフ、出典：http://ja.wikipedia.org/wiki/ファイル:Nikolai_Vavilov_NYWTS.jpg
右：ミチューリン：http://meddic.jp/ミチューリン学説

日本における獲得形質の遺伝思想の原点を明らかにしたいと思う。

[引用文献]

(1) 八杉龍一「批判に答える―ルィセンコ説紹介者として―」『理論』第五号、一九四九年
(2) 八杉龍一『一生物学者の思索と遍歴』(岩波書店) 一九七三年
(3) 武谷三男「現代自然科学思想」、一九四六年七月二六日・二七日、ラジオ放送、「現代思想の展望」一二月、武谷三男著作集1『弁証法の諸問題』(勁草書房、一九六八年) に再掲載
(4) 八杉龍一「現代露西亜の生物学とダーウィン主義」『ロシア文化の研究』(岩波書店) 一九三九年
(5) Z・メドヴェジェフ (金光不二夫訳)『ルイセンコ学説の興亡』(河出書房新社) 一九七一年 (原著は一九六一~一九六七年にかけて執筆されている)
(6) 石原辰郎「質問に答える。獲得形質の問題、答」『唯物論研究』五四号、一九三七年
(7) 中村禎里「日本のルィセンコ論争史・序説」、『唯物論研究』3 (18)、一九六四年
(8) 永岡義雄「果樹園芸の画期的発展とミチューリン」『ロシア文化の研究』(岩波書店) 一九三九年
(9) 八杉龍一「ソ聯の自然科学会展望」、『中央公論』55 (7)、一九四〇年
(10) アンナ・ラリーラ (和田あき子訳)『夫ブハーリンの思いで』(岩波書店) 一九九〇年
(11) 八杉龍一「ルィ・センコ」、『科学思潮』(3)、一九四二年
(12) 八杉龍一「ソ聯の生物界―ティミリャゼフへの回顧を中心に―」『北方研究』、一九四四年
(13) ブハーリン他 (松本滋訳)『ダーウィン主義とマルクス主義』(橘書店) 一九三四年
(14) 森永俊太郎「育種学の正統派と非正統派」『農業及び園芸』一九四一年

第四章

戦前の唯物論研究会の生物学思想、特に獲得形質の遺伝思想

第一節　唯物論研究会の創立

進化論は明治になって日本にその思想が導入されて以来、社会的にも自然科学的にも注目を浴び、さまざまな議論があった。ここでは前章よりも時代を少しさかのぼり、主として、唯物論研究会における「生物学／遺伝学／進化論」の論議について検討してみよう。唯物論研究会が発足する以前の一九三〇年に岩波書店から岩波講座『生物学』(1)(2)が刊行された。生物学における総括的講座で、今読んでも読み応えがある。遺伝学関係では、丘秀通「生物学概論」、小泉丹「進化要因論」、駒井卓「生物学論」、田中義麿「遺伝学の進路」が掲載されている。唯物論研究会を牽引することになる戸坂潤も有名な「生物学論」を書いていて、この時点での日本における生物学をめぐる論議が高い水準にあったことを示している。

一九三二年一〇月二三日に唯物論研究会が創立された。一九三二年は戦争の足跡がひしひしと近づいてきた年である。三月には満州国建国が宣言され、五・一五事件も起き、六月には特別高等警察部（特高）が設置され、各府県にも特高課が置かれ、治安維持体制が確立された。ドイツでは八月の末にナチスが第一党となっている。

唯物論研究会は『唯物論研究』という機関誌を、あの困難な時期に、定期的に発刊し、その後、弾圧に備え『学芸』と名を変えたが、

> それにしてもあわせて七三冊の月刊誌がひとつの欠号もなく発行されたのは、ひとつの歴史的な足跡を大地にのこしたといっていい(3)。

と、当時物論研究会の会員であった古在由重が述べているが、同感である。本当に大きな意義があったと思われ

る。機関誌上に生物学に関する論考も多く載せられている。表—2に生物学に関する論文の一覧表を示しておいた。特徴としては遺伝学や進化論に関する論文が多く、二人の筆者石井友幸と石原辰郎の活躍が目立つ。中島清之助や吉野三平は石原辰郎のペンネームであり、大川良、細川光一やH．K．は石井友幸のペンネームである。この章では八杉等がルィセンコを紹介した時期より数年さかのぼるが、武谷も関係した『唯物論研究』誌上における生物学論議をたどってみたい。

第4章-1：『唯物論研究』創刊号

表—2：唯物論研究会における生物学論考

創刊號	学会ニュース：『遺伝因子の発現する時期とその進化論的意義』	
第2号	『自然科学と唯物論：生物学の解釈—生物学の内容についてー』 学会ニュース：退化的突然変異の起因	細川光一　（石井友幸）
第3号	メンデリズムの一批判 学会ニュース：突然変異の原因	石原辰郎 内田昇三
第4号	生命とは何であるか？色々な人の意見 遺伝学と唯物論	 石原辰郎
第5号	小泉丹博士に訊く 若い生物学者 生物学に於けるダーウィン的課題	小泉丹 石井友幸 梯　明秀
第6号	生物学に於けるダーウィン的課題（下）	梯　明秀
第7号	質問に答える：生物学と自然弁証法 ニュース：再結合という言葉，遺伝子の相同性・同一性，遺伝子は生理的に独立しているか，染色体転移の吟味，染色体をネバネバさす遺伝子，優性突然変異	石原辰郎 石原辰郎
第8号	栽培植物の研究について ニュース：造化の妙－血友病、史的唯物論の誤謬（ホーレデンの紹介）	細川光一 石原辰郎
第9号	社会昆虫の多形現象 唯物論と自然科学—歴史的概観ー	山崎正武 上沢次郎
第11号	自然科学の党派性について	大川　良
第12号	パブロフの総括及二三の思索 ソヴェート同盟の自然科学	林　　讙 山本春雄
第13号	自然科学研究における二つの態度	大川　良
第14号	自然科学と自然弁証法	岡　邦雄
第15号	客観的自然法則の探求と自然科学の階級性 進化論と戦争 ソヴェート科学者の手記	 ケツラー

第16号	自然弁証法研究のために 理論生物学に関するプログラム 細胞学の基礎としての原形質学	大川　良 篠原　雄 細川光一
第17号	生物学の歴史的概観と展望 ダーウィニズムを「方法論化」する傾向について 「自然弁証法の具体化」のために マルクス・エンゲルス・レーニン「生物学に就いて」	石井友幸 中島清之助 山岸辰藏 皆川宗橘
第18号	自然弁証法に関する文献	
第19号	キリンの斑模様に関する論争に就いて 進化論の文献目録	吉野三平 石井友幸
第20号	講座進化論の話（1）―ダーウィニズムを中心にしてー 書評：ダーウイニズムとマルクシズム 書評：植物の生活 我国に於ける進化論文献目録（その二）	石井友幸 大川　良 中島清之助 石井友幸
第21号	細胞学・染色体学・原形質学	大川　良
第21号	講座進化論の話（2）	石井友幸
第22号	自然科学者は哲学に対して何を要求するのか 講座進化論の話（3）	 石井友幸
第23号	講座進化論の話（4）	石井友幸
第24号	観念論的生命観の史的考察 科学の方法としての唯物弁証法 自然科学唯物論の擁護	石井友幸 山岸辰藏 中島清之助
第25号	ソヴェート同盟に於ける遺伝学の展望	ミューラー
第26号	自然弁証法に就いて 条件反射・理論と実践	大川　良 イスライレヴィチ
第27号	男性性ホルモンの化学構造発見さる	中島清之助
第29号	ソヴェート同盟に於ける科学 現代自然科学における階級的矛盾の反映	コールマン マクシーモフ
第30号	現代自然科学における階級的矛盾の反映 進化論者は哲学に何を要求したのか	マクシーモフ 中島清之助
第31号	進化論文献（外国） 進化学における種の概念	石井友幸 石原辰郎
第35号	生物有機体説と社会有機体説 我国における理論生物学文献目録（1）	石原辰郎 自然科学部
第36号	自然弁証法と唯物史観 理論生物学文献（その2） 生物学者マラーの「マルクス主義の旗の下に」誌への手紙	岡　邦雄 皆川 マラー
第38号	エンゲルスと自然科学 生物学とマルクス主義	バナール マルセル・ブルナン
第39号	マルクス・エンゲルス・レーニン「生物学について」（その1）	
第40号	マルクス・エンゲルス・レーニン「生物学について」（その2） 自然弁証法、空想から科学へ―　―自然科学者の無遠慮な感想― 自然弁証法の具体的な研究について―　―自然学者の感想―	 谷澤一男（武谷三男） 篠原道夫
第43号	実験をめぐる問題―石原純博士による拙書批判に沿うてー マルクス・エンゲルス・レーニン「生物学について」（その3）	戸坂　潤
第44号	永井潜博士の「科学的生命観」	石井友幸
第48号	民族生物学に就いて 実験と自然弁証法 明治仏教と進化論	石井友幸 吉田　歛 堤　克久
第51号	「昆虫記」の擬人法について	石原辰郎
第52号	生命論に関する文献	石井友幸
第57号	理論生物学の現段階：小名木滋	小名木滋
第58号	心理の客観性と科学の国際性 最近における科学思想界鳥瞰	石原辰郎 石井友幸
第60号	「科学主義」と科学精神	岡　邦雄
第61号	自然観について	石原辰郎
第64号	生命存在の条件に関する一説	
第65号	さまざまな思い出	石原辰郎
第72号	生物学に数学は適用出来るのか	石原辰郎
第74号	生物学における史的方法	石井友幸

第二節　創刊号に早くも遺伝子と進化論に関する話題が登場

創刊号の「学会ニュース」に早くも遺伝子と進化論に関する話「遺伝因子の発現する時期とその進化論的意義[4]」が紹介されている。

遺伝因子が一切の生物現象の根本のものであることはいふまでもないことであるが、しかしその遺伝因子が形質となって発現しなければそれは何の意味ももって来ない。それ故遺伝進化学では、形質と因子の関係を特に深く考えるのであるが、或因子が形質として発現する場合、単に或個体に於いてそれが或形質をもつということだけでなく、その個体の生活史の如何なる時期にその因子が発現するか、それを重要視しなければならぬと最近ハールデンが強調している。進化という点からみたとき、形質によって淘汰が勿論行われるのであるが、かかる発現の時期如何がその個体の生存に重要な影響を及ぼすから、或形質のために淘汰作用があったとしても、その形質をあらわす因子に淘汰作用があったのではなく、その因子の発現の速度を決定する因子が淘汰されることになる場合も、決して少なくないのである。

この創刊号に見られる見解は現在の時点から見ても、健全な考え方であろう。遺伝因子（遺伝子）が生物（遺伝）現象の根本であること、形質と遺伝因子との関係や形質の発現時期が重要であること、その形質をあらわす因子の淘汰作用と共に、その因子の発現の速度を決定する因子の淘汰作用も考えなければならない等の見解は現在の時点から見ても、間違いのない考え方である。このような健全な遺伝に関する話題が創刊号に掲載されていることは印象的である。

第三節　石井友幸の登場

石井友幸は第二号において「自然科学と唯物論・生物学の解釈―生物学の内容について―[5]」と題する論考を発表している。

存在を他の関係から切り離し抽象化する事は、それ自身は許され得る事柄ではあるけれども、具体的に生物の存在を考察するためには許されることは出来ない。現存在的に生物界は生物と生物又は環境との関係に於いて有機的に統一せられた全体を形成しているのである。進化の概念こそは吾々が生物現象を正しく認識する為の武器であり魂である。されば我々は生物及び生物界の変化を変化の進化に於いて見るのである。生物界は全体としての姿の変化と共にまた内部的に変化を包みめぐるのである。進化は生々と変化している生物界の中で行われるのであり、それには（自然的）環境、生物と生物、生物の内的機構また人間の作用が関与するのである。進化の問題はここに始まりここに終わるのでなければならない。

全体的に進化の概念を高く評価し、生命現象を認識するための魂であると記している。生物の内的機構の重要性も指摘しているが、生物を環境との関係で全体として考察すべきことが特に強調されている。生物の内的機構としては染色体や遺伝子を考えているのであろう。進化の問題もこの視点の上に立って、総合的に、特に環境との関係を密接に解析すべきだとしているが、抽象的な出だしが気にかかる。続いて、生物についての解説に筆を進め、次のように述べている。

吾々は先ず個々の生物が一定の形態をもち、それに応ずる機能を現わしているのを見る。形と機能とは具体的には統一せられた全一体的存在として現われる。そしてそれらは環境との関係に於いてその様にあるのである。吾々は生物の存在をその発生と消滅に於いて、また変化と進化との関連に於いて研究してはじめて正しく認識せられるのである。生物はその発展に於いて、初め唯一の細胞から出発する。一つの細胞はそれ自身一つの全体である。全体の中に分化が始まる。一つの細胞としての全体は、その中に多くの部分と分化を発生せしめて低次なものより高次のものへ移り行くのである。部分が全体を構成するのではなく、反対に全体の中に部分が生れ来るのである。生物のあらわす特有の運動現象を、ある神秘な力の作用とは考えず、生物の自己運動として理解し、その複雑なる運動を合法則的なものとして掴へる。勿論その法則は生物に特有なものであり、物理化学的法則と同一なものではなく、それよりもより高次のものとして認識するのである。生物を環境との関係で全体として把握しなければならないとする意図は理解できるが、具体的な研究方法や解析法は提出されず、抽象的議論に終わっている。その典型的な例が、「吾々は生物の存在をその発生と消滅に於いて、また変化と進化との関連に於いて研究してはじめて正しく認識せられるのである」の文章であろう。「生物のあらわす特有の運動現象を生物の自己運動として理解する」というのは、第十五章で話題にする梯明秀の考えにも繋がり、戦後にも残った考え方である。ここから、遺伝学とメンデルの法則の批判に進み、

> 形質は量的に、質的に変化する。ところが現在の遺伝学は形質の規定を量的に、また質的に別々に取扱い質量としての具体的な形質について、それが量的に、質的にどの様な相互的関係に於いて変化するものであるかに就て考慮しない。メンデルの法則は全く形式的にしか取扱われていない。具体的にはメンデルの法則は進化の法則の中に織り込まれねばならないであろう。同様な事は変異の問題に就いてもいわれ得る。変異と遺伝と進化は別々ではなく相互に入り組んだ相交錯した現象として取扱わねばならない。吾々は一つの現象を他の現象との関連に於いて取扱い、そこから全体の機構を把握せねばならない。

以上の文章はそんなに的を外れているわけではないが、ここからでは研究を一歩踏み出す研究方法がやはり出てこない。生物を全体として取扱うためにはいかなる研究方法があるのかを提案しなければならない。もちろん変異と遺伝と進化は入り組んでいるが、変異現象や遺伝現象はそれ自身単独でも解析が可能であり、実際に個々に解析することにより、発展してきた面もある。メンデルの法則に対して、形式的であるという、後の全面的メンデル批判の萌芽は見られるが、全体的には抑制された批判である。進化を他との、主として環境との関係で解析する必要性を再三強調している。メンデル批判は石原辰郎が受け持ち、次の二号続けてメンデル批判の論考を発表している。

第四節　唯物論研究会のメンデル批判

石原辰郎は第三号に登場し、「メンデリズムの一批判」[6]を寄せ、メンデルの法則を俎上に載せている。

> 近代生物学に於て遺伝現象の説明にメンデリズムの

理論が圧倒的な勢力を持つようになって来ている。遺伝と云えばメンデルを想起し、遺伝の法則といえば普通「メンデルの法則」或はそれを発展せしめたものを意味し、遺伝という言葉の意味そのものも遺伝のメンデリズム的理解に限定されるといふ様な状態になってきている。私はそれが既に遠く科学の正道を外れて進んでいると思い、又生物学の観念論的歪曲と反動的イデオロギーの助長に直接間接少なからざる役割を果たしていると思うので、これを正当に批判する必要がある様に考える。

と、遺伝学といえばメンデリズムであるという遺伝学の現状を総括し、メンデリズムは既に遠く科学の正道を外れているといって、主要な攻撃対象をメンデリズムにすることを宣言した後に、メンデリズムの批判に入る。ただ、「生物学の観念論的歪曲」とか「反動的イデオロギーの助長」という言葉に、石原の心像の一端が既に出ている。メンデリズムの問題点として、

（1）形質を不変なゲンの機械的総和と考える、

（2）安定性と可変性を別々に解析している、

（3）全体を部分の総和と考える、

（4）形質を他との関連性を考慮せずに取りあげている。

をあげているが、これらの批判は後の遺伝子説批判や機械論批判の原型になっている。故に、メンデリズムは取りあげるにあたらないとして、次のように論じている。

然らばメンデリズムは、一連の特殊なる形質において、静止の法則として考える場合には遺伝法則として認める可きであるという譲歩が許されるか否かというに、形式論理学が弁証法的論理学の内に占める位置が無いごとく、遺伝法則なるものを発生の、運動の法則と解する限り、否定的に答えねばならぬ。進化を永遠に不変なゲンの結合の変化として考える思想は二重の誤に陥っている。第一にこの考えはそれ自身、不断の新生の過程としての進化の思想の否定である。そしてそれと同時にその結果として不可避的にゲンの突然変異を認める立場に追いやられる。ゲンの組合せの変化とゲンの突変によって進化を説明せんとするのはダーヴィニズムの俗物的理解に過ぎない。

メンデルの遺伝法則は発生の静止の法則であるので、遺伝法則に占める席はないとメンデリズムを全面的に否定し、「ゲンの組合せの変化とゲンの突然変異によって

進化を説明せんとするのはダーヴィニズムの俗物的理解に過ぎない」といって、メンデルの法則の背後にある遺伝子の考え方を否定する。アプリオリ（a priori）に変異は適応的変異であるべきで、無因果的変化はみとめがたいということである。形式論理学が弁証法的論理学の内に占める位置がないごとく、メンデリズムは遺伝法則の中には占める位置がない、などの言質は、言葉の遊び以外の何物でもないが、ただこの石原の発言は、主として岡邦雄vs山田坂仁や石原辰郎の間で行われた唯物論研究会における「自然弁証法と形式論理学」論争に関係している。この論文の最後にまとめとして、次のように論じている。

ある生物の形質がその生物の進化の過程によって発生し発展したものであるとすれば、それはその個体発生の必然性＝法則性がその生物の進化の歴史的産物であるという事を意味する。然らばそれは進化の法則の光の下にのみ説明理解する事が出来るものであって、それ自身進化の外に取り出しては不可解な問題であると考えねばならぬ。

このまとめも非常に抽象的で、どのような方法で、生物の形質に関する研究を進化の中で研究・解析するという実践的な方向性が全く出てこない。「進化の法則の光の下にのみ説明理解することが出来る」と言いながら、「進化の法則」の具体な内容は提示されていない。結論として、

メンデリズム的な機械論的方法は、遺伝学のみならず解剖学、分類学の領域にも勢を及ぼしている。そして同じ様な誤謬と観念論的歪曲や荒唐無稽化が往々見られる。

とメンデリズムこそが生物学全体の阻害要因であるという。

続いて石原は次の号に掲載した「遺伝学と唯物論[7]」でメンデリズムを再び取りあげた。前掲の「メンデリズムの一批判」は論議を呼んだようで、

本誌第三号の「メンデリズムの一批判」に就て様々な批判が与えられた。曰く、暴論である。曰く、メンデリズムを誤解し、かってな判断を押し付け、風車に突撃するドンキホーテである。曰く、無政府主義的な反抗であり、プチブル・イデオロギーの反映に過ぎぬ。曰く、マッハ主義的な要素がある。曰く、ダーウィニ

ズムのマントを着たラマーキズムである。曰く、形式主義的である。問題の立て方からしてデボーリン式である。曰く、史的唯物論的ではない。曰く、具体的ではない。

レッテル張り的批判のオンパレードであり、今も昔も変わらない批判のパターンである。これらの批判の反映かどうかはわからないが、この論文でのトーンは前掲論文とは大分異なり、かなり抑制的である。最初にメンデルの実験を非常に詳しく紹介し、「優性の法則」、「分離の法則」と「独立の法則」に関する実験結果を述べ、次のような結論を出している。

生物の細胞には各形質の決定に関与する相互独立的な物質的要素（ゲン／遺伝子）があり、生殖細胞はその一揃を受けとる。雑種の細胞は対等形質のゲンを両方とも持っているが、優性のゲンの効果のみが表れる。生殖細胞ができるときはこれが分離して雌雄の生殖細胞に伝わる。その時異なる対のゲンの間には何らの牽引作用も起らない。それ故N個の対等形質の雑種は2n種類の生殖細胞を生じる。これに依れば全ての結果が完全に、さらりと説明される。これがメンデルの論文の骨組である。更に、一つの形質と思われるものも実は多くの形質の集合であると考えねばならぬと付言している。

その当時のメンデル理解としては、その細部を除けば、常識的な理解である。相互独立的なかつ安定した物質的要素（ゲン）がメンデリズムの中心概念であると正確に把握している。次に「単位形質」の着想がメンデル遺伝学の不可欠な根本的な意想であると記している。では、メンデリズムのどこが間違いであると石原は考えているのか。

メンデリズムは遺伝は不変な物質即ちゲンの伝達に依って説明さるべきであるという信念に立っている。遺伝の概念は漠然とした常識ではなく、非常に精密な厳密なものとなった。然しそれと同時に非常に形而上学的なものに化石した。その（メンデリズム）の形而上学的思惟方法の不完全さは、それが発生及び進化の問題に触れる時にその全ての欠陥を暴露する。どのような根拠で、「形而上学的なものに化石した」のかは示されていないが、「遺伝（子）の概念は非常に精密な厳密なものとなった」と言っているところをみると、遺伝子説の着実な発展に対しての認識は持っているようだ。発生や進化の問題に遭遇した時にメンデリズムはどのような「全ての欠陥」を露にしたのかも、具体例はほとんど例示されないが、不変なゲノムというのは受け入れ難いようである。

メンデリズムは遺伝学の必然的段階であり、それによって大いなる発達を遂げた。然しすでにもはやこれ以上の発達の桎梏となりつつある。「独立」の意想がメンデリズムの基礎であることは私有が資本主義の基礎をなすのに例えられる。吾々は染色体上のゲンの配列やその本性に深入りする前に形質分析を正しい道に押し進めなければならない。

「メンデリズムは遺伝学の必然的段階であり、それによって大いなる発達を遂げた」と言っているが、メンデリズムの今後に生かすべき成果は何かについては言及しない。不変な独立した遺伝子というものに攻撃を加え、それは私有という資本主義の思想だとしている。この「不変な独立した遺伝子が資本主義の産物である」という主張も牽強付会な感があるが、先に引用した八杉の論文にも登場し、戦後にも頻用された言葉がここにある。

しかしながら、染色体上のゲンの配列という概念は受け入れているようだ。では形質分析の正しい道とは何か、と問い、

正しい分析とは即ち内的相互関連と発展とを見失わない様な分析である。それはダーヴィニズムによるメンデリズムの弁証法的否定によって得られる。

と、答えているが、抽象的すぎてよく分からないし、弁証法的否定の中身が示されないかぎり、解析方法としては何の意味もなさない。メンデリズムは遺伝学の今後の発展には桎梏になっているとまで言っているが、そう判断した根拠は全く示されず、結果的には大きな判断ミスを犯すことになった。

第五節 唯物論研究会における「獲得形質の遺伝」論議

メンデル遺伝学批判に次ぐ唯物論研究会における生物学論議の話題は獲得形質の遺伝に関することである。『唯物論研究』三号の学会ニュースに内田署名の紹介ならぬ独自の意見表明に近い「突然変異の原因」[8]というレ

ポートが掲載されている。

氏（＊註　ハワード大学ジャスト教授）によると、突然変異が遺伝因子の変化によるものである事は勿論であるが、外部の刺激が直接核内の遺伝因子に働くのではなく、一旦細胞質に変化を生ぜしめ、それが二次的に核質に影響を及ぼすのであるというのである。こう見てはじめて全体として細胞の有様を理解する事が出来るのである。この説は、獲得性の遺伝の問題に対し、微妙な解釈を与えるものである。即ち外界の刺激がまづ細胞の細胞質に変化を生ぜしめるのであるから、この場合、体細胞のときも生殖細胞のときも同様であるわけである。体にあらわれた変異は、それらの体細胞の細胞質の変化の総和であるにすぎない。さて次の世代に関係のある生殖細胞も、かかる体細胞と同様に、細胞質と同じ変化をしている。そしてその変化によって、核質が得饗（＊註　影響か？）され、それが次の子孫に伝わる事になる。それでその核質をもった子孫に於ては、細胞質は、親の生殖細胞の細胞質と同様な細胞質を生ぜしめる。即ち、かかる生殖細胞から分裂して出来る次代の体細胞の全部が、細胞質にその影響をもつことになる。すると親のときと同様に、体全体が或影響をあらわすことになり、その変異は親と子と同じものになることは明らかである。そこで、丁度獲得性の遺伝があったと同じ結果になるのである。

このレポートでは、遺伝子説を認めた上で、獲得形質の遺伝に関するメカニズムの説明を試みている。環境はまず最初に細胞質に影響を与え、この影響は体細胞にも生殖細胞にも起こり、その細胞質の変化は核質にも影響を与え、その変化は細胞質にかかる状態を起こさしめるような変化である。その核質をもった子孫の体細胞の細胞質は、親の生殖細胞の細胞質と同様な細胞質を生じる。だから獲得性の遺伝と同じ結果になるという論理である。この論理は以後獲得形質遺伝の機構の説明の出発点になってゆくので、注目される。

第五号に「小泉丹博士に訊く」[9]という座談会が載っている。小泉と質問者のやりとりが噛み合わない。質問者は盛んに獲得形質の遺伝にもっていこうとしている。

議長　現在ダーウィニズムはどんな風になって居ますか。

小泉　ダーウィニズムとおっしゃるのはどう云うものをさすのかと云う問題ですが。

議長　主として獲得性遺伝の問題でありますが。だから獲得形質の遺伝を否認しているのですね。獲得性遺伝の問題に就いて何か質問は有りませんか。

小泉　獲得形質の遺伝と云うのは段々外圍の感作が染色質に影響を及ぼすかの問題及ぼさないかと云う問題です。近年になってはそれがあり得ると考える学者がかなりあるようです。

石井友幸も第二三号の「講座進化論の話（4）」[10]でメンデリズムへの批判点として、獲得形質の遺伝の否定をその論拠の一つとしている。

ダーウィニズムを正しく評価し、現在迄の生物学の全成果によってそれを豊富なものにし、より発展させる道は唯物弁証法を吾々の思惟方法とする事以外にはないのである。ワイスマンは新形質の出現の源泉をもっぱら遺伝されるビオフォールの内部的再構成のみに求め、外的環境の影響に対する絶対的不変及び固定の特質を生殖細胞にきせしめて形而上学的に生物と外的環境に対置した。それ故に彼は獲得形質の遺伝の問題を正しく解決し得ずに、それを否定してしまったのである。ド・フリースによれば質の変化は全く定然に偶然に現われるもので、その場合自然淘汰は「突然変異」の適・不適を決定する役割のほかもたないものである。かくて量と質との弁証法的転換は無視され、質の変化は全く神秘的に理解せられているのである。ここでもまた獲得形質の問題は正しく理解されない。メンデリズムから出発した進化理論の主張はダーウィンの自然淘汰説の意義と獲得形質の問題の過小評価である。

第4章-2：小泉丹、出典：石井友幸『進化論の百年』

唯物論研究会に属する生物系の研究者にとっては、突然変異と偶然の篩の役割しかしない自然選択では質の変化を科学的に理解できないのと考えられるので、獲得形質の遺伝は議論をするまでもない当然の前提であったのではないかと思われる。戦後ワイスマンは獲得形質の遺伝否定の源流として目の敵にされていくことになるが、唯物論研究会におけるワイスマン評価はそれとは少し異なっていると思われ、それを指摘しておくことは意味があると思う。

　ワイスマンが初めはラマーキズム的な環境の思想を極力排撃したのに後にはそれを導入するに至ったということをこの際特に注意する必要があると思います(11)。

第六節　生物学研究における機械論批判

　唯物論研究会における現代生物学に対するもう一つの重要な批判点が機械論批判である。石原は最初の論文「メンデリズムの一批判(6)」で、「メンデリズムはゲンの機械的総和として観察している」とか「メンデリズムは生物学における機械論の他の一派である。」と述べて、機械論批判の先鞭を付けているが、石井も第一七号に「生物学の歴史的概観と展望(12)」を寄稿し、機械論批判を展開した。最初に、唯物弁証法によってブルジョア生物学をつくり変える為に、まず唯物弁証法の観点から生物学の歴史を概観し且つ将来に対する展望をしてみたいとした。その理由は、

　我々は唯物弁証法によってのみ正しく生命現象の本質を認識し得るのである。それは客観的な生物現象そのものが弁証法的であるからである。

とのことである。相変わらず唯物弁証法の具体的な展開は殆どないが、この唯物弁証法の対極にあるのが機械論的生命観であるという。

　機械論的生命観はそれが全体的な現象を単純な現象に還し、生命の本質である進化を正しく把握し得ず、所謂樹木を見て森を見得ないところに根本的な欠陥をもっているのである。我々は、生物現象を歴史的発展として考察し客観的な現象を実験と観察によって研究し更に個々の現象を一聯的な現象として統一的に把握し、その中から唯物論的に生命の本質を把握せんとするところの唯物弁証法を生物学の原理―方法とする事のみが唯一の正しい道である事を知るのである。

唯物弁証法の内容として、

（1）生物現象を歴史的発展として考察する、
（2）個々の現象を統一的に理解する、
（3）唯物論的に生命の本質を把握する、

を挙げているが、わざわざ唯物弁証法と名乗るほどの特

別な方法とは思えない。一方、ダーウィンは

種が進化して発展するものである事を科学的に、一貫して唯物論的に證明したが、唯物論を一貫して貫く事ができなかった。

と指摘し、その上で、

彼は変異の原因を正しく考察したにもかかわらず、変異の事実と生存競争とを有機的に間聯させて考察する事を忘れた様に思われる。変異についてもかなり外面的、表面的に理解したようである。

このように、変異に関するダーウィンの理解を批判したのであるが、「変異の原因を正しく考察した」というのは、ダーウィンが獲得形質の遺伝を承認していたということを指している。石井はダーウィンが「変異の事実と生存競争とを有機的に間聯させて」考えなかったと批判した。しかし、次の文章、

彼は生物進化の原因を生物自体の物質的な自己運動の中に求めているのではなくて、自己運動を支配するところの原理を観念的に求めているのである。この基本的な誤謬は彼をして進化を正しく科学的に（唯物論的に）理解せしめなかったのである。

はよく理解できない。ただ、石井がこの論文においても「物質的な自己運動」に進化の原因をもとめているのは注目されるが、ダーウィンが用いた唯物論的方法の具体的な説明は相変わらずない。ではダーウィン以後生物学はどのような発展を遂げたというのであろうか、として次の三点を挙げている。

（1）生理学及物理化学に於ける方法を生物学に取り入れ、個々の生物現象が物理化学的に究明されるに至って機械論的生命観が生気論に代わった。

（2）形態学的細胞学と細胞生理学が発展した。

（3）メンデルによって基礎を置かれた遺伝学が今世紀の僅か三十年間に文字通り発展をなし更に遺伝学と細胞学が結合し遺伝現象の機構が明らかにされるに至った。

この段階では、メンデルによって遺伝学と細胞学が結合し、遺伝現象の機構が明らかにされたと、石井は石原よりメンデル遺伝学を好意的に評価しているし、機械論的生命観も生気論と対比させて、前向きに評価している。メンデル遺伝学が機械論的生命観に基づき、遺伝現象の機構の解明が飛躍的に発展したとした石井は、その

後の現代の遺伝学についてどう把握していたのだろうか。

遺伝学の最も基本的な問題は生物形質が如何にして一つの代から次の代に転移されて現はれるものであるかといふ事であるが、現在の遺伝学は形質に対し、それを決定する様々な遺伝子（ゲン）を設定し、これによって種々の遺伝現象を説明している。そしてゲンは細胞の中の染色体中にあるものとしそこにゲンの物質的根拠を求めているのである。しかしこれは染色体中にあるゲンと形質とを機械的に結びつけそれによって様々な観念的に構成しているのであるが、これによってはたして如何にして形質が決定されるかを解決しているであろうか。否である。かくて形質の変化はただのゲンの突然の質的変化に帰せしめられてしまっている。これは何等形質の変化を具体的に科学的に説明していない。我々によればそれは生物現象の一貫した全過程の中に求められなければならないのである。機械論的方法によってつくりあげたメンデル式進化論は変異（遺伝的な）の原因をゲンの変化に求め、結局形質の複雑な生物的変化を生殖細胞中の染色体の変化に還元するか或はゲンの組み合わせの変化に単純化しているのである。

メンデル式進化論は機械論的方法によって発展したが、その中で「ゲン（遺伝子）」を観念的に考えつき、それに基づいて変異をゲンの変化で機械論的に説明していると否定的に評価した。ただその当時の遺伝学でも、「ゲンと形質」との直接的関連性は主張していたが、形質発現機構として「ゲンと形質」とを機械的に結びつけているのではなく、遺伝学の現状がその関係を説明できないにすぎない。ビードルとテータムによる「一遺伝子―一酵素仮説」の提唱まで一〇年以上の前の話である。現代遺伝学は機械論的解析の延長で、結局遺伝子概念の必然性にたどり着いたわけであるが、さらなる機械論的解析が何故有効ではないのかについては石井は述べていない。ではその機械論的限界をどう解決すればいいのかというと、「生物現象の一貫した全過程の中に求めるべきである」と述べるだけであり、さらに

我々は生存競争と結合している生物過程の全過程の中に変異の問題を解決してゆかねばならない。

と、繰り返している。どちらも全くの抽象的解決法で、やはり具体性はない。続いて、突然変異説の批判に入っ

ていく。

ド・フリースの突然変異説は複雑な生物的過程を全く無視した観念論的神秘主義である。それは量的変化を無視して、ただの質の突然的変化を抽象的に信じているのである。突然変異説が現在ゲンの偶然な突然的変化に最後の解決を求めているのは当然な事と云わねばならぬ。

ではどうすればいいのかというと、

我々はダーウィンと共に形質を「質量」として規定し量の変化の蓄積が質的転移をよび起こすものである事を信じている。そして量と質との交互的変化を生物現象の複雑な全過程の中に求めてゆくのである。

この反論が、「ゲンの偶然な突然的変化」への有効な反論になっていないのは勿論のこと、「信じている」のではなく、証明或は例示しなければ、何の反論にもならないことが理解されていない。この論文ではメンデリズムは量的変化を無視しているといい、前に紹介した論文[10]では、質の変化を神秘化していると述べている。そして、ダーウィン以後の生物学を総括して、

ダーウィン以後生物学は機械論的な細胞説の上に立ち、生物現象を弁証法的に研究する代わりに機械論的な方法論の上に立っている。生理学に於ける物理学主義、遺伝学に於ける形質とゲンとの機械的結合、進化論に於いてはネオ・ラマキズム、ネオ・ダーウィニズム、メンデル式進化論等々が発生してダーウィニズムの歪曲を行っている。[12]

と述べ、ダーウィン以後の遺伝学や細胞学を、すべて否定している。ではどのような方法に依って克服されるのであろうか、

これらの一聯の誤謬は我々が唯物弁証法を意識的に生物学の方法とすることによってのみ克服せられるのである。[12]

ここでも具体性の示されない唯物弁証法に現代生物学の誤謬克服の鍵を求めている。

石井も短い期間に機械論批判を強め、弁証法論議に傾斜していったことが明らかになった。ダーウィン以後の生物学が生気論を打ち破ったといいながら、全て機械論的方法によって進歩しているといって否定的に評価しているが、大事な事は何故機械論的方法によって生物学が進歩し、何故弁証法的方法を用いた生物学が出現しなか

ったかということを問うことだったであろう。唯物論研究会においては機械論的生命観が研究の発展を具体的にどのように阻害したのか、機械論的生命観の対抗的生命観である弁証法的生命観がどのように科学を進めたのかの論議はほとんど見当たらない。戦後、この機械論をめぐる論議は日本の「進歩的」な生物学者のよって盛んに論じられるテーマになっていく。

第七節　唯物論研究会における生物学議論

この節では、唯物論研究会における生物学議論を総括してみたい。『唯物論研究』に掲載された生物関係の論文名を一覧表にまとめたが、その表からも幾つかの点が推測できる。唯物論研究会における生物学議論の主とした話題として以下の四点を挙げることができるであろう。

（1）自然弁証法
（2）機械論批判
（3）メンデル学説批判
（4）獲得形質の遺伝と生物の有する目的論的性格

まず、自然弁証法に関する議論を検討してみよう。唯物論研究会であるので、唯物弁証法や自然弁証法の議論が一般的には盛んで、それに関する論文も多い[13]。ただ、今読み返してみると、哲学論議としては興味深い点も多々あるが、自然科学方法論としての立場からとらえると、やはり抽象的論議が多く、例えば、生物学や遺伝学、そして進化論を一歩前進させるという点においてはほとんど有効ではない。唯物論研究第七号の質問に答えるという項目で、「生物学と自然弁証法[14]」に関する質問があり、それに石原が答えている。

唯物弁証法は決して既成の公式ではなく、弁証法を適用することと、ものそれ自身から出発するということは同一のことであって、ここに真の弁証法が唯物弁証法である所以がある。生物学も亦他の科学と同じく根本的には生産の為の科学であるといふことのうちに、生物学を唯物弁証法的にとらえる鍵がある。

わかったようで理解不能な答えである。「生産の為の科学」という把握は、それ自身科学のあり方としては健全であるが、科学の内容について「生産に結びついているかどうか」を評価基準とすることを述べているのは、戦後の遺伝学の論議にも関係してくるので注目しておきたい。「唯物弁証法は既成の公式」ではないと言葉でいうことは簡単であるが、それがどの程度具体化されているか、今まで引用した論文から、自然弁証法に関係したところを幾つか抜き出して、考えてみよう。

（1）正しい分析とは即ち内的相互関連と発展とを見失わない様な分析である。それはダーウィニズムに依るメンデリズの弁証法的否定によって得られる。[6]

（2）ド・フリースによれば質の変化は全く定然に偶然に現われるもので、その場合自然淘汰は「突然変異」の適・不適を決定する役割のほかもたないものである。かくて量と質との弁証法的転換は無視され、質の変化は全く神秘的に理解せられているのである。[10]

（3）我々は唯物弁証法によってのみ正しく生命現象の本質を認識し得るのである。それは客観的な生物現象そのものが弁証法的であるからである。[12]

（4）我々はダーウィンと共に形質を「質量」として規定し量の変化の蓄積が質的転移をよび起こすものである事を信じている。そして量と質との交互的変化を生物現象の複雑な全過程の中に求めてゆくのである。[12]

（5）（メンデル説が）ダーウィニズムを正しく発展せしめる事には全く無能力である事を表明しているのである。ダーウィニズムを正しく評価し、現在迄の生物学の全成果によってそれを豊富なものにし、より発展させる道は唯物弁証法を吾々の思惟方法とする事以外にはないのである。[12]

このようなスローガンに近い文章は至る所に見出せ、「唯物弁証法の公式」というより「唯物弁証法」という言葉をただ挿入しているだけの感がする。唯物弁証法という言葉がお題目になっているのがわかる。これでは新しい科学、例えば遺伝学を進めることはできない。

武谷三男も谷澤のペンネームで『唯物論研究』に論文[15]を寄稿し、唯研的自然弁証法の論議を批判している。

自然弁証法に就いて種々の議論が醸される毎に私は、自然弁証法はどうしてこう浮いた、圧力のないものだろう、と感じた。まだ一度も自然科学を押し進めたことのないことだけは確からしかった。自然弁証法は自然科学においては意味がない。自然科学自身が自然の弁証法を反映するものなのである。自然科学を関連に於いて分析する事と、之を押し進める以外に自然弁証法はない。我々は現在の自然科学とその具体的な歴史とに面と向はうではないか。

同号に、藤原道夫も次の文章[16]を投稿している。

具体的な自然研究に唯物弁証法を意識的に適用しやうとする試みが未だ為されなかった。「唯研」誌上で行はれた（自然弁証法に関する）論議も私たちの此の重要な切実な要求に何も解決をあたえて呉れないといふ不満を絶えず持ち続けた。自然弁証法の具体的研究とは取りも直さず、研究室に於ける吾々の自然研究である事が私には端的に分ったし「自然は弁証法の試金石である」といふ言葉も現実感を持って理解できた様に思はれた。

現場の研究者は『唯物論研究』誌上における自然弁証法をめぐる論争が、実際の研究活動の何の指針にもならないことを痛感しているようだ。これらの研究現場からの切実な声に、石原は次号で答えているが、

具体的研究ということに関し、谷澤氏や藤原氏の所論はレーニンの例証論以上に何を言っているか。実質においてレーニンの言葉の引用以上の何物かであるか。[17]

などのように、切って捨てているというか、切実な声の意味を理解しようとしていない。その他でも、研究の論理について、抽象的結論で逃げている文章も多く見出せる。幾つか例を挙げてみると、

（1）吾々は生物の存在をその発生と消滅に於いて、また変化と進化との関連に於いて研究してはじめて正しく認識せられるのである。[5]

（2）変異と遺伝と進化は別々ではなく相互に入り組んだ相交錯した現象として取扱わねばならない。吾々は一つの現象を他の現象との関連に於いて取扱い、そこから全体の機構を把握せねばならない。[5]

これ等の論議では、とても具体的な研究を進めることができなかったであろう。

続いて、弁証法と密接に関係がある「機械論批判」を検討しよう。機械論的生命観では全体的な現象を単純な現象に還元し、生命の本質である進化を正しく把握しえない等と述べているが、一方では、機械論的生命観によって、生物学が飛躍的に発達したとも述べている。唯物論研究会においての機械論批判の標的は遺伝子説にあったが、それが発展した現代遺伝学の到達点でもあっ

た。機械論論議の最大の欠陥は、弁証法的世界観ではなく、機械論的生命観に依って何故生物学が飛躍的に発展したのかを解析しないことである。ただこの問題は戦後の生物学思想を扱うところで詳しく論議する予定にしているが、一つだけ紹介しておきたいものがある。「唯物論研究」には巻末に研究組織部報告が掲載されているが、一三号の報告には自然科学合同部会の報告が載っており、次のように書かれている。

一〇月八日（日）午後六時半。出席者七名。「細胞説について」と題して石原辰郎氏の報告あり。細胞説の発展史を一応説明し、細胞発見及び細胞説の生物学における役割、進化論史との関係を述べ、現在の生物学が一方では機械論的な細胞説を固守し、他方では（その裏返しの）全体説を唱えている事、これら二つの間の論争は弁証法の無知によるもので、不毛な論争であること、そしてこの方面における一歩前進の道は、細胞説の機械論的な狭隘な思惟方法を克服し、細胞説的生物学の蓄積した豊富な収穫の上に、細胞説を止揚することが問題であって、現今の全体説は打ち棄つ可きであると結論す。[18]

機械論的細胞学も全体論的細胞学も弁証法についての無知からきているといって、ここでも弁証法が万能薬として登場している。ここで論じられている「一歩前進の道」が理解できるだろうか。

「メンデル学説批判」に移ろう。唯物論研究会の生物学に関する話題では、圧倒的に進化論に関する話題が多い。石井は次のように言って、進化論の重要性を力説している。[12]

（1）進化の概念こそは吾々が生物現象を正しく認識する為の武器であり魂である。

（2）進化こそは生命の根幹をなしているのである。

（3）生命の本質は進化現象に於いて総括的なる姿をあらわしているのであるともいひ得る。

その進化論は、メンデル以後まず遺伝学としての側面が急激に進展した。唯研の研究者はそのメンデルの遺伝学のどこに不満かと言えば、まず第一に、かれらの唯物論理解によれば変化しないものは存在しないから、独立性と安定性を有するゲン（遺伝子）の着想を理解しようとしない。環境から（相対的に）独立した遺伝子を考えることができない。さらに、遺伝子の組み合わせによって、或は遺伝子の機械的総和によって形質が決まることは機械論であると断定する。ではどうするのかというと、第一は生物を環境との関係で全体として解析すること、もっと一般的に言えば、

吾々は一つの現象を他の現象との関連に於いて取扱い、そこから全体の機構を把握せねばならない。[5]

生物過程の全過程の中に変異の問題を解決してゆかねばならない。

としている。最終的には、となってしまい、ではどのように解析を進めてゆくのかということが具体的には出てこない。先程引用した読者への回答の中で石原は次のように回答している。

生物学に於ける唯物論の問題は、現段階においては進化論をめぐる論争に集中的に現われている。そして生物の進化発展をそれ自身から即ち自己運動に於いて説明することを教えるものは弁証法的唯物論の外にはない。[149]

やはり弁証法（的唯物論）が特効薬として登場する。

唯研系生物学者はメンデル遺伝学の核心をなすものとしての遺伝子説批判が機械論批判の中心をなしている。

唯物論研究会では、生物の有する目的論的性格を説明する考え方として獲得形質の遺伝に特に関心が深い。この主題に関して、「唯研」誌上で質問に答えるという形で、石井が答えているので、紹介しておく。[19]

問：「獲得性は遺伝しない」という実験的論証は我々の側から如何に理解され受けとられるべきですか？

石井：（1）多くの遺伝学者による獲得形質の遺伝の否認は生物の変化（或は進化）を機械的に理解し、遺伝現象を神秘化し、進化論をひからびたものにする様な傾向をもし（＊註 ママ）来していると思ひます。

（2）遺伝子に変化を及ぼさないといわれている獲得形質が正くさうであるかどうかは又所謂遺伝子以外のものは一切遺伝に関係しないものかどうかということが現在のところはっきり証明されてはいないと思われます。

（3）獲得形質の遺伝を承認しなければ生物の進化は遺伝子の突然的変化と遺伝子の組合せとによって行はれることになります。

遺伝子説を受け入れた上で、獲得形質の遺伝の否認は機械論に由来するとしているが、その論旨は断定的では

ない。このように面と向かって、獲得形質の遺伝を問われると、「はっきり証明されてはいない」と意外に消極的反応が見られている。石原の答え[11]も同様である。唯研系の生物学者にとっては、獲得形質の遺伝は議論するまでもないほど明白なことだったのであろう。獲得形質の遺伝に関して独特な理解を『唯物論研究』誌上で展開した哲学者に梯明秀があるが、後ほど今西錦司との関係で触れることにする。

『唯物論研究』における生物学解析の最後に第三六号に掲載されている突然変異の人工的誘導を発見し、そのロシアで研究活動を行ったマラーの手紙、「生物学者マラーの「マルクス主義の旗の下に」誌への手紙」[20]を引用しておく。

ソマチックな変化のどれも、生殖質に於ける相応した変化によって伴われ、従はれたものはない。これらの変化は確実に遺伝されていないのである。現在ではかかる遺伝の証跡はないが、或種類の体制的変換が二次的に生殖質に変化を起こさせようとすることも考えられないわけではない。しかしその仮説的な変異が、それらの原因だったソマチックの変化を繰返す（映写する）傾向を持つだろうという事を、何等信ずべき理由がない。

このような正当な議論、特に「その仮説的な変異が、それらの原因だったソマチックの変化を繰返す事は何らの根拠もない」に対する反論を『唯物論研究』誌上に見出すことはできない。この点の説明が獲得形質の遺伝にとって一番大事なところであり、一番困難なところでもあるのに、適応的獲得形質遺伝のメカニズムについては、『唯物論研究』誌上に説得力をもって記述されることはなかった。

第八節　ソヴェト遺伝学論争の日本への紹介

『唯物論研究』の最終号は一九三八年三月である。一九三八年と言えば、ルィセンコが登場してから約一〇年が経過しているが、私が調べたかぎりではルィセンコは『唯物論研究』に一度も登場していない。少なくともルィセンコ学説が議論されたということはないと思われるが、一つだけ見出されたものとして、石井の次のような言葉がある。

吾々はダーウィニズムのせんに沿ふてその後の研究を検討し、進化論を正しく発展さすべきだと思ひます。事実ソヴェトではただに理論的のみではなく、実験的にも（ミチューリン一派の研究）ダーウィニズムの正しさを証明し発展させています。[19]
また、一九三五年に唯物論研究会の全面的な支援のもとに発刊された唯物論全書の一冊として石井・石原の共著で発表された『生物学』[21]の中でも、

ソヴェト同盟に於いてダーウィニズムが正しく評価され、あらゆる生物学上の諸問題はダーウィニズムの基礎の上に正しく発展せられつつあるのを見る。そこでは進化論は産業上の実践と具体的に結合する事によって社会主義建設に奉仕している。嵐の様な生産力の発展が進化論の研究に対して十分な肥料をあたえつつあるのだ。科学に対する自然主義的、観照的態度は克服されプロレタリアートの力と共に進化論の研究が進展している。進化論がプロレタリアートによってのみ正しい科学となりうる事を現実に証明している。

と述べられているだけで、具体性はない。その頃まではまだソヴェト遺伝学論争の具体的内容については、唯研系の研究者にも余り伝わっていなかったことが推測される。

一方、一九三七年には、ソヴェト生物学の話題がいくつかの雑誌に掲載された。話題としては、

（1）ソヴェト遺伝学論争
（2）万国遺伝学会議の中止
（3）ヴァヴィロフの逮捕

の三つであった。まず、「ソヴェト遺伝学論争」を見てみよう。石原純が一九三七年の『改造』に、「科学と思想闘争」[22]という論文を発表し、科学の評価の基準を実用性におくことに反対した。

ソヴィエトの科学がプロレタリアの実用を目的とすると云うのは、その限りに於いて理屈は徹っている。だが、いくら実用を主とするからと云っても、之に利用する自然の現象を理解するのにむずかし抽象的な観念などは無用だと定めてしまうなら、それは甚だしい見当違いである。ところでこれと同じ問題が最近にまたソヴィエトで持ち上がって、注目を惹いている。それは著名な植物学者ヴァヴィロフの遺伝学上の仕事に対して、植物栽培実験に従事している若い学者リセン

コが痛烈な反駁を続けていることである。リセンコに依れば、これまでの遺伝学に於けるメンデルの法則などは全く形式的な迂遠な観念的理解に過ぎないのであって、実際上の価値を持っていない。それが（リセンコの理論）が若し本当であるなら、単に実際に役に立つという点ではなく、遺伝子説を称えていた従来の遺伝学説が間違っているという点で支持されなくてはならないのである。ソヴィエトの科学が実践に余りに重きを置き過ぎることから、どうもそこに理論の当否の問題と実用性とを混雑して、見当違いの攻撃の言葉を発する嫌いが生じるのである。メンデル法則は科学的に正しくないからいけないと云うのでなくては筋が通らない。

「科学と実用性」を安易に考えてはいけないという真っ当な意見であるが、この問題提起は、その後余り注目されたとは思えない。ただ、「科学と実用性」の関係は「進歩的研究者」の間では、かなりの意味を有し、圧力にもなった。理論と実践の間で、実践が真理性の基準であるというスローガンが安易に用いられ、多用された。理論が実際の有用性を有していることはその理論や考え方に真理性が含まれていることを示唆してはいるが、「実用性が乏しい」ということは必ずしも「理論の当否」とは直結しない。「メンデル法則は科学的に正しくないからいけないと云うのでなくては筋が通らない」という石原の主張には重いものがある。さらに、実際の有用性の評価はかなり難しく、身びいきな評価に導きやすいし、歴史的には虚偽の報告―例えばソヴェトにおける嵐のような農業の発展―も多いので、「実用性に基づく科学の真理性の評価」には注意が必要である。この石原論文に対して石井友幸が細井孝のペンネームを使って反論した。

リセンコはソヴィエトに於ける遺伝学者と農業的実践との間にギャップのあること、遺伝学者は農業的実践により接近し農業労働者の要求に積極的に答えなければならないことを主張したのである。けれどもリセンコは理論そのものを排撃したのでもなければ、ヴァヴィロフの偉大な研究を、否定したのでもなく、ただ遺伝学に於ける理論と実践とのギャップを指摘したのである。(23)

石井は現代遺伝学の内容に問題があるのではなく、単に遺伝学者と農業的実践との間にギャップがあることが問題であると述べているが、この石井論文を読むと、やはり、この段階ではソ連の遺伝学論争の実情が唯研系の研究者にも十分伝わっていないことが分かる。石井は戦後「一九四七年になって初めて、本格的にルィセンコ学説を知った[24]」と書いている。

ただこの当時でも少しずつルィセンコ学説が紹介されるようになり、例えば、『科学とペン』に掲載された「遺伝学に於ける理論と実践[25]」には一九三六年に開催されたレーニン科学アカデミーの第四回動植物飼育会議の報告が載っている。

リセンコはオデッサ植物栽培研究所での実験によって国の大きな部分に小麦の大仕掛なヴァナルゼーションを非常な成功を以て採用する様にしたが、彼は植物淘汰の活動に於いては科学者と実践の間にギャップがあること、又科学者は実験的問題では集団農業員を不充分にしか援助していないことを主張した。彼はまた中間変種交配に関する彼の理論を発表し、初期の環境を変えることによる植物の「再訓練」は植物の発達を支配する方法であって、これは実験室の中でつくりあげられた高級な方式よりも簡便なものであるにもかかはらず実践的な効果は少ししかえていないことを主張した。（＊註 実践的な効果は大きいという意味か？）リセンコは更に「遺伝子」説の有効性を否定し、遺伝的性質の基礎的媒介者は生殖細胞自体にあると主張した。

春化処理の実用的成功及びそれによる遺伝性の変化を報じ、遺伝子説への批判や「遺伝的性質の基礎は細胞全体である」という後年のルィセンコの主張が読み取れる。

第九節　万国遺伝学会議の中止

一九三七年のもう一つの話題は、「万国遺伝学会議の中止」問題である。ソ連で国際遺伝学会が開かれるようになったいきさつについて、メドヴェジェフ著の『ルィセンコ学説の興亡[26]』から引用しよう。

一九三二年にアメリカで開かれた第六回国際遺伝学会の席上ヴァヴィロフが発表したソ連政府の提案に従い、一九三七年八月にモスクワで開催されることになった。このことは、遺伝学の全ての国際組織、研究所、関係者に通知され、論文提出の申込み期限も一九三七年二月いっぱいときめられた。組織委員会はヴァヴィロフが所長をしていた科学アカデミー遺伝学研究所内におかれ——。この国際遺伝学会がモスクワで開かれることは、ソ連の遺伝学の業績が国際的に認められたことを意味し、世界の科学を背景とする、ソ連遺伝学の理論的及び実践的成果を発表する場所になるはずであった。

『科学』の二月号に「万国遺伝学会議の中止とソヴィエト政府[27]」というニュースが掲載された。

アメリカの遺伝学会はモスクワで開催されるはずであった第七回万国遺伝学会議がソヴィエト政府の命令によって中止されると非公式通知を受けた。中止の理由として推測されるのは、Levit 等は民族差別について論じているのはナチスの虚偽な非科学的な理論と一緒である。Vaviloff や Algol 等がトロッキズムに加担したことが証明された。

次の号の『科学』にモスクワの『イズベスチア』の記事が紹介された。

第七回万国遺伝学会議の中止問題に対し、モスクワのイズベスチアで弁明があり、「大会はこれに出席すべき学者側から準備期間を長くして欲しいという要求があったから」である。「Vavilov の逮捕の事実はなく、ただ彼の仕事に対し植物学者 Lysenko は、〝メンデルの法則を含む古典遺伝学が全く形式的であり、何等に実際価値を有せず、恰も将棋やフートボールの如き単なる娯楽にすぎない〟と迄罵倒しているが、これに関してはその後アカデミーに於いて両者の間の公明な論戦が行われている」

ここでは、「大会はこれに出席すべき学者側から準備期間を長くして欲しいという要求があったから」という公式見解とルィセンコによるメンデル遺伝学批判が紹介されている。さらに、『科学とペン』に一九三六年一二月のモスクワのイズベスチャの詳しい記事[29]が転載された。

国際遺伝学会議の招集の延期に関連してアメリカの「サイエンス・サービス」は、ソ連邦には「知的自由が存在しない」ということについての宣言を発表し、又ニューヨーク・タイムスはアゴール及びヴァヴァイロフの両教授の検挙を報じた。吾々はこれに対して次の様に答える。

（1）遺伝学の「自由」というのはある国家では「劣

等」という名義の下に人民を殺し、或は全民族を破滅に陥らせる様な自由として理解されているが、ソ連邦にはこの様な「自由」は存在していない。
（2）研究の真の自由、真の知的自由はソ連邦にのみ存在する。検挙されたといわれるヴァヴァイロフはアカデミーの部会で青年科学者リセンコの科学的見地を批判するはずであり、一方リセンコはヴァヴァイロフ教授の理論に於ける反ダーウィン主義的性質についての論文を読むことになっている。ヴァヴァイロフ教授が検挙されたという報道はデマである。
（3）科学とは何等の関係のないアゴール氏はトロツキー陰謀事件に関係して検察当局によって検挙されている。暗殺者のための「自由」或はテロ行為のための「自由」はソ連邦には存在しない。
（4）一九三七年に開催予定であった遺伝学会議は、会議の準備により多くの時日を望んでいる多くの研究者の要求のためにしばらく延期されたのである。最善の準備と各国科学者の最も広範な参加を得んとする希望のために会議は延期されたにすぎない。
この文章では「科学と自由」に関する誤った事実を伝えた上に、問題の本質をずらしている。これらの背景にスターリンの粛清の進行と関係しているのが示唆される。毎日新聞の昭和史全記録の一九三七年度を見ると、二月に「ルイコフ、ブハーリン粛清」、六月には「スターリン粛清、ト（トハチェフスキー）元帥銃殺刑」の文字が踊っている。八杉龍一もルィセンコの台頭とブハーリンの粛清との関係に触れていたが、ブハーリンには「ダーウィン主義とマルクス主義」[30]という論文があり、ヴァヴィロフを高く評価していた。ルィセンコは次のような通達を出していたという。

農業科学アカデミーの内部で活動していた『人民の敵』トロッキー、ブハーリン一味の妨害分子が機会あるごとに奨励してきたブルジョア科学の方法を研究所と試験場から追放しなければならない。[26]

これらの問題は、科学と自由という観点からも論じられ、これに関して『科学』の四月号には「科学的自由」[31]と題する通信が掲載されている。

アメリカ博物学会は世界のある部分に於いて研究者に対し公式に予定された原理の下に研究を行わせようと要求する傾向の増大することを遺憾に思う。当学会は研究の指導並びにその結果とこれらに基づく結論の発表に於いて完全なる自由が与えられる際にのみ知的進歩があり得ることを強調したい。

戦後ルィセンコ学説に反対する人々は、その学説を否定するばかりではなくて、その背景にある「科学的自由」を常に問題視し、常に同時に議論することになり、また一方のルィセンコを支持する人たちもイデオロギーに絡めてルィセンコ学説を論じた。その結果、残念なことにルィセンコ論争が科学論争としては過度に政治が絡むことになったが、その傾向は日本にルィセンコ学説が紹介される最初から見出される。この年の終わりには、遺伝論争の背後にあるイデオロギー闘争の側面も紹介された。

ミチューリンに於いては、メンデルの原理はエンゲルスの弁証法に適合しない故に、それは正しく無視されねばならないというにあるので、之もソヴィエットにおいて問題となった遺伝学上のイデオロギー闘争の一端の現れと見られる。[32]

国際遺伝学会の延期に関しては、ソ連は「最善の準備と各国科学者の最も広範な参加を得んとする希望のために会議は延期された」という公式見解をくり返していた。結局、第七回国際遺伝学会は、一九三九年まで延期され、しかもモスクワではなく、スコットランドのエジンバラで開かれることになった。そしてソ連の科学者は一人もそれに出席できなかった。その理由は、

二つの学派の代表者たちは、それぞれに違った感情でこの会議を待ち受けていた。すなわち一方は、希望と自信にみちていたし、もう一方の学派は憂慮の念をもって待ちうけていた。それは、新しい学派がこの会議で発表する科学的成果が、外国の科学者から承認されないことは確実だったからである。

とのことである。[26] ヴァヴィロフとヴァヴィロフ派と言われた人々の業績は国際的にはますます高く評価され、第七回国際遺伝学会はスコットランドで開かれたにもかかわらず、ヴァヴィロフは総裁に選ばれ、会議の冒頭に総裁演説をすることになっていたが、スコットランドに行く許可は得られなかった。

第一〇節　ヴァヴィロフ逮捕の誤報

一九三七年の最後の話題は、イズベスチャの記事にも触れられているが、ヴァヴィロフ逮捕の報道に対してである。この年に、レーニン科学アカデミーの副所長、学士院会員ヴァヴィロフが一九三六年の暮れに開かれた動植物飼育家及び遺伝学者の第四回会議で捕縛されたという噂が伝えられた。そこで、石井友幸が「ヴァヴィロフ捕縛の誤報[33]」という意見を寄せ、そこでヴァヴィロフ自身が送ったとされた電文を自ら訳して紹介した。

私がソヴェト政府によって捕縛せられたという貴紙の記事は全くの誤伝である。外国新聞で私に関する誤伝を読んだのはいまにはじまったことではない。私は、ソヴェト政府が私の指導する組織に対して又私自身の研究に対して大いなる注意をはらってくれていることに対しては他の多くの人々よりも一層政府に恩義を感じているのである。私はソヴエト連邦の真実の息子として祖国のために働き、ソ連邦の科学のために全身を捧げることを私の義務とも幸運とも思っている。私に関する貴紙の記事及びソ連邦には知的自由がないといっている捏造記事は全く誤伝であるといいたい。

国際遺伝学会が延期され、反ヴァヴィロフ攻撃が激しさを増し、遺伝学研究者が続々と逮捕されたことを考えると、ヴァヴィロフ逮捕もありうると思われたかもしれないが、この噂は誤報であった。ただ、この後ヴァヴィロフへの攻撃は激しさをいっそう増し、結局逮捕され、獄死することになった。稲子恒夫の労作『ロシアの二〇世紀、年表・資料・分析[34]』（二〇〇七）から引用する。

ヴァヴィーロフは世界的に有名なソ連の遺伝学者、栽培学者、ソ連科学アカデミー会員だったが、一九四〇年八月五日に逮捕され、一九四一年七月九日に死刑判決を受けたが、一九四二年六月二三日に自由剥奪二〇年に減刑され、一九四三年一月二六日に獄中で栄養失調で病死した。一九五五年八月二〇日名誉を回復された。一九九九年にヴァヴィーロフ弾圧の秘密資料を集めた文書集が出版され、それによると「反ソ団体」勤労農民党の指導者、スターリンお気に入りのルイセンコのソビエト科学への否定的見解、外国の「ブルジョア学者」との交流、が問題となっていたようだ。

これらの生々しい現実が、八杉、武谷、石原や石井等の論文には反映されていないのは、時代を考えるとやむを得ないのではないかと考えるべきであろうか。

一九三七年には八杉が最初の論文の執筆をすることになり、前章の記述とつながることになるが、八杉の紹介論文と「唯物論研究会」との関係はよく分からない。武谷が戦後ルィセンコ学説支持を打ちだす前史として、唯物論研究会による現代遺伝学に対する機械論批判、メンデル遺伝学批判、獲得形質の遺伝の擁護や抽象的自然弁証法の強調があり、他の科学雑誌に少しずつソ連の遺伝学論争の情報も掲載され始め、敗戦直前まで八杉等による具体的な科学評価には必ずしも基づかない好意的なルィセンコ紹介があった。これ等の歴史の蓄積が戦後の華々しい武谷の登場を準備した。

[引用文献]

(1) 岩波講座『生物学』(岩波書店)一九三〇年

(2) 岩波講座『生物学』補訂版(岩波書店)一九三三年

(3) 古在由重『戦時下の唯物論者たち』(青木書店)一九八二年

(4) 学会ニュース「遺伝因子の発現する時期とその進化論的意義」『唯物論研究』創刊号、一九三二年

(5) 石井友幸「自然科学と唯物論:生物学の解釈―生物学の内容について―」『唯物論研究』第二号、一九三二年

(6) 石原辰郎「メンデリズムの一批判」『唯物論研究』第三号、一九三三年

(7) 石原辰郎「遺伝学と唯物論」『唯物論研究』第四号、一九三三年

(8) 学会ニュース(内田)「突然変異の原因」『唯物論研究』第三号、一九三三年

(9) 座談会「小泉丹博士に訊く」『唯物論研究』第五号、一九三三年

(10) 石井友幸「講座進化論の話(4)」『唯物論研究』第二三号、一九三四年

(11) 石原辰郎「質問に答える。獲得形質の問題、答」『唯物論研究』第五四号、一九三七年

(12) 石井友幸「生物学の歴史的概観と展望」『唯物論研究』第一七号、一九三四年

(13) 船山信一『昭和唯物論史(上下)』(福村出版)一九九三年

(14) 石原辰郎「質問に答える。生物学と自然弁証法、答」『唯物論研究』第一七号、一九三四年

(15) 谷澤和夫(武谷三男)「自然弁証法、空想から科学へ―一自然学者の無遠慮な感想―」『唯物論研究』第四〇号、一九三六年

(16) 藤原道夫「自然弁証法の具体的研究に就いて―一自然科学者の感想―」『唯物論研究』第四〇号、一九三六年

(17) 石原辰郎「例証の問題について諸批判に答える」『唯物論研究』第四一号、一九三六年

(18) 自然科学合同部会の報告『唯物論研究』第一三号、一九三三

年

(19) 石井友幸「質問に答える。獲得形質の問題、答」『唯物論研究』第四五号、一九三六年

(20) マラー「生物学者マラーの『マルクス主義の旗の下に』誌への手紙」『唯物論研究』第三六号、一九三六五年

(21) 石井友幸・石原辰郎、『生物学』(三笠書房)一九三五年、復刻(久山社)一九九〇年

(22) 石原純「科学と思想闘争」『改造』19(5)、一九三七年

(23) 細井孝(石井友幸)「ソヴィエトとナチスの科学」『科学ペン』二巻六号、一九三七年

(24) 石井友幸「現代遺伝学とルィセンコ学説」『唯物論研究』(2)、一九四八年。ネオメンデル会編『ルイセンコ学説』に再掲載

(25) 無署名「遺伝学に於ける理論と実践」『科学とペン』第二巻第四号、一九三七年

(26) Z・メドヴェジェフ(金光不二夫訳)『ルイセンコ学説の興亡』(河出書房新社)一九七一年(原著は一九六一~一九六七年にかけて執筆されている)

(27) 無署名「万国遺伝学会議の中止とソヴィエト政府」『科学』第七巻第二号、一九三七年

(28) 無署名「遺伝学に関する思想闘争」『科学』第七巻第三号、一九三七年

(29) 無署名「国際遺伝学会の延期理由―ソヴェトと紐育タイムスとの経緯」『科学とペン』第二巻第四号、一九三七年

(30) ブハーリン他(松本滋訳)『ダーウィン主義とマルクス主義』(橘書店)一九三四年

(31) 無署名「科学的自由」『科学』第七巻第四号、一九三七年

(32) 無署名「ソヴィエト育種家のイデオロギー」『科学』第七巻第一二号、一九三七年

(33) 石井友幸「ヴァヴィロフ捕縛の誤報」『科学ペン』二号三巻、一九三七年

(34) 稲子恒夫『ロシアの二〇世紀、年表・資料・分析』(東洋書店)、二〇〇七年

第五章

武谷三男――山田坂仁論争

第一節　再び武谷三男のルィセンコ支持

第二章で取り上げた『哲学は如何にして有効さを取戻し得るか』(1)という論文の中で武谷は二人のロシアの生物学研究者の名前、オパーリンとルィセンコを挙げた。ルィセンコの名前もルィセンコ学説と呼ばれていた彼の業績も現在ではほとんど言及されることはなくなってしまったが、武谷は思いつきでルィセンコに触れた訳ではない。その後も、一九四六年に「技術をわれらの手に(2)」や「実験に就いて(3)」という論文でもルィセンコに触れている。「技術をわれらの手に」を引用する。

ソヴェートではルィセンコという農業技術のすばらしい学者が、学問と人民の生活を結びつける大事業をやっております。彼は進化学説の大発展を行い、農業技術がその為すばらしく進み、ソヴェートがその穀倉ウクライナをドイツにうばわれたとき、ルィセンコは申しました。「われわれはシベリアの零下四〇度の気候にたえる小麦をつくることができるであろう。こうしてソヴェートはウクライナなしでやって行けるであろう」と。何とすばらしい言葉でしょう。そしてこれは、人民と科学とが強く結びついて初めてできるのです(2)。

武谷はルィセンコが進化学説を大発展させ、その農業への応用も大成功をおさめていると記すだけではなく、ルィセンコ学説が既に完成の域に達しているとまで述べている。

ルィセンコ学説は唯物弁証法の方法に立ち、この方法を武器としてこの仕事を完成し、またこの成果によって唯物弁証法を豊富にしたのである(1)。

武谷のルィセンコ理解の源泉である八杉は戦前にルィセンコの理論の未完成は明らかであると記しているが、武谷がこの当時下していたこの評価について武谷は最後まで責任を持つべきである。

第二節　山田坂仁の武谷批判

これらの論文に対して、オパーリンの主著『生命の起源』の翻訳者／紹介者である山田坂仁が「哲学と科学との関係—その機械論的理解に抗して—」[4]を書いて反論を試みた。最初に「哲学は如何にして有効さを取戻し得るか」の中の有名なフレーズ「哲学者が物理学そのものと、物理学者によってなされた物理学の解釈とを区別しないために甚だしい混乱に陥っている」を引用し、武谷自身が生物学に対して同様な事態に陥っているとした。次に、「氏はソ連におけるルィセンコ一派の農業技術上の貢献について、次のごとく全く誤った評価と結論を引き出している」[1]として、第二章でも引用した武谷の言葉をそのまま引用し、次のように反論した[4]。

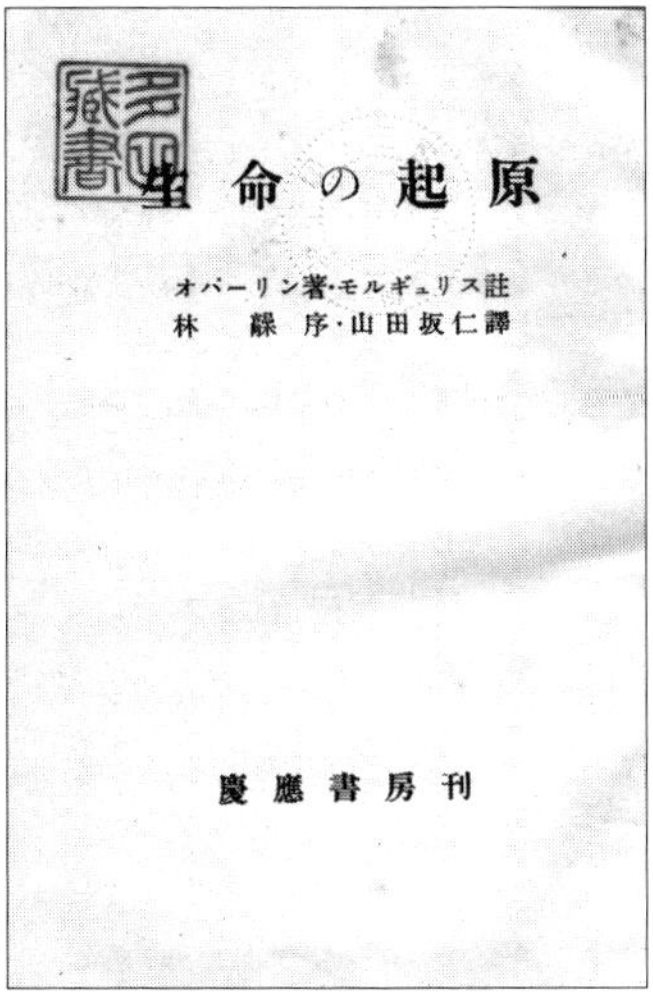

第5章-1：山田坂仁によるオパーリンの『生命の起原』の最初の紹介、1941年

（1）ルィセンコのやった農業技術上の改革は主として春化処理（フリュートライベン・ヤロヴィゼーション）によるもので、これを馬鈴薯や穀類などに応用してその収穫量を増大せしめたのである。

（2）遺伝に関係する細胞は、生殖細胞のみであり、従って遺伝は有性生殖によって代を重ねる場合にのみ見られるのである。

（3）然るにルィセンコの春化処理は栄養生殖にのみ関係した問題であって、有性生殖には関係がないし、況や種の変化の原因たるゲノタイプ又は遺伝子の変化とは全然関係がない。

（4）だからルィセンコの仕事は、ゲノタイプの変化を前提とする本来の意味での品種改良ではないし、況や獲得形質の遺伝如何に関係した問題ではないのである。

山田の批判は、現代遺伝学の成果の上に立って、ルィセンコの行ったことは遺伝学とは関係がないと正しく指摘したが、春化処理の実績に関する情報は現在から見ると正しい情報ではなかった。獲得形質の遺伝についても次のように記した。

獲得形質が遺伝することは、今日のところまだ実験によって証明されていない。遺伝子の変化による本来の意味における品種改良はすべて、突然変異を利用して行われたものである。突然変異は宇宙線や、気温の急激な変化や、その他未知の諸原因の影響によって遺伝子の変化が起こるとき現れるものであるから、これは生物界にはしょっちゅう無造作に起こっている現象であると見ることができる。そして突然変異によってできた種の間で、環境に最も良く適したものが残るのである。突然変異種の間ではいわゆる適者生存、自然淘汰、生存競争が行はれるのである。(4)

この意見は非常に素直な見解を述べている。獲得形質の遺伝をやみくもに否定するのではなく、まだ証明されていないと述べるなどその記述も慎重である。突然変異の意義やその起こる原因についても的確に触れている。

第三節　武谷の山田批判

では、もう少し武谷の主張を見てみよう。一九四六年暮れに「現代自然科学思想」(5)を発表し、再びルィセンコ学説を論じ、そこで激しい山田批判を行った。まず、獲得形質の遺伝を次のような論理で肯定した。

生物個体は、また各器官は環境に対して適応する。これは生物が長い間の歴史的産物であるからである。そして意識的ではもちろんないが、生物の生存に適するという事から見れば原初的な合目的性が出現する。このような適応は必ずしも体細胞に限定する必要はないであろう。個体の発生の特定の時期にうけた影響は体細胞のみならず生殖細胞も受ける事を先験的に否定する理由はないのである。また生殖細胞だけがその生物体内の栄養環境の影響をうけないという理由もないのである。すなわち生物は個体のみならず、その系統発生においても環境への適応という流動性をもちうるだけの歴史的産物であると考える方がより自然だという事ができる。すなわちある意味では獲得形質の遺伝が考えられるのである。

この文章は、その後、武谷によって何回となく引用される彼の考える獲得形質の遺伝のメカニズムであるが、武谷の論理展開の形式を典型的に表している。「必要はないであろう」、「否定する理由はないのである」、「理由もないのである」、「と考える方が自然だということができる」と根拠なしに明確な表現にステップアップして、さらに「すなわち」や「ある意味では」という言葉で文章をつないでゆき、最後に「獲得形質の遺伝が考えられるのである」と結論づける。そして、山田に対して根拠を示すことなく批判してゆく。

ソヴェトのルィセンコは、その農業技術の展開において唯物弁証法の立場に立って新しい遺伝学上の業績をなしとげ、ダーウィンの予想を実現したのである。これは遺伝学上の深い空白をうめるものという事ができる。わが怠け者哲学者はこのルィセンコの業績の革命的意義を全然洞察せず、ワイズマンから数十年を経た今日「誤れる目的論的な考え方やラマルキズムの偏見にとらわれて、突然変異の進化論における革命的意義を全然洞察しない所から来ている」などと古い初等教科書を初めて読んで驚いた人のようなお目出たい事を並べているのである。

ダーウィンの予想とは何であろうか、武谷の説明はない。獲得形質の遺伝のことだろうか。ここで武谷は八杉龍一の主張を借りて、ルィセンコの功績としてとして次の三点を挙げた。武谷はこの八杉のルィセンコ評価を批判なしに引用している。

（1）メンデリズムの基礎である染色体中の遺伝的基礎及びその不変性の思想に反対した。

（2）全体としての生物、全体としての細胞が遺伝現象に関与する。

（3）生物発達の過程において遺伝的基礎にも変化を生じ得る。

以上の功績を上げた上で、山田は「このルィセンコの業績の革命的意義を全然洞察」しない、と結論している。八杉の主張というのは、戦前の八杉の論文「ソ聯の自然科学会展望」[6]の中に出てくるものである。このことも武谷のルィセンコ理解の源泉が八杉にあることを示している。ここで大事なことは、（1）の「メンデリズムの基礎である染色体中の遺伝的基礎の否定」に対して高い評価を下しているということである。さらに、「人間は一定の外的条件の創造によって物体の発達に影響を与えてそれを人間に必要な方向に向けうる」[5]と断じ、「ルィセンコ学説に依れば、人間を改造することができる」というのが武谷のルィセンコ支持の底流にあるのを感じる。ただこの主張も八杉の論文[6]の中にそのまま出ている。さらに、

山田氏は、私のルィセンコの評価、すなわちルィセンコが唯物弁証法の方法によって、かの画期的な業績をなしとげたということを否定するのですが、私にはそれだけの根拠があってそう言っているのであって、山田氏はルィセンコ自身、ならびにミーチンその他の人々が再三主張していることをいかなる理由によって否定するのでありましょうか。

「私にはそれだけの根拠があってそう言っている」と言いながら、特に根拠を提出しているわけでなく、第二章で述べたように武谷自身がルィセンコの実験内容を本当にどの程度知っていたかについては疑問が残る。ルィセンコ遺伝学は、生物体のなかに、生物体の体質とはべつに遺伝物質の存在を認めない。ルィセンコの有名な言葉に、

生物体には種々の器官があり、増殖の器官もあるが、遺伝性の器官と云うものはあり得ない。染色体は遺伝器官の機能をいとなむものではない。生体内に遺伝器官を求めることは、生体内に生命の器官を求めると同じことだ。

というものがあるが、特に武谷は批判していないし、ルィセンコ学説の遺伝子理解についても直接的にも間接的にも批判はしていない。遺伝因子に関しては、彼の得意な三段階論の言葉を使用して規定している。ここから読み取れることは、

（1）武谷は遺伝因子の概念は認めている。

（2）武谷の遺伝因子が現代遺伝学の遺伝子と同一概念かどうかについては明言を避けている。

（3）形質と因子ないしは染色体上の位置という実体の単なる対応を設定するだけであるから、遺伝学進化論の実体的段階である。

（4）染色体の各位置がいかなる物理化学的作用をする事によって各形質を展開して行くのかを解明する事が本質論的段階である。

（5）対応並に因子とか染色体の位置の考えに限界が見

えてきている。

武谷が遺伝子の概念を認めるなら、ルィセンコの遺伝子説否定論を批判しなければならないのに、この点への批判はまったく見当たらない。次の遺伝因子説の三段階論上の位置づけはよく理解できない。「形質と因子ないしは染色体上の位置という実体との単なる対応を設定するだけ」なら、現象論的段階と規定してもいいとも思われる。本質論的段階の規定内容「染色体の各位置がいかなる物理化学的作用をする事によって各形質を展開して行くのかを解明する事」も、遺伝子学説を認めた上での話ではあるが、遺伝学の進歩の方向性としては武谷ならずとも誰もが考えることである。ただ、「染色体の各位置」と書いてあるから、独立した遺伝子という考え方には同意していないかもしれない。その後のルィセンコ学説の発展がこの方向に全く向かわなかったことについても、その後批判も反省もしていない。（5）で示した染色体の位置等の限界については何の根拠も内容も示していない。生物の遺伝性に関するルィセンコの定義「生物が自己の生命、自己の発育のために一定の条件を要求し、それがその条件に対し一定の反応をなすという性質、すなわち生体の本性である」についても武谷は何も言及していない。

第五章-2：古希の山田坂仁
出典：『認識論と技術論』（こぶし書房）、1996年

続いて、武谷は山田の「哲学と科学の関係[4]」の論文を直接反論した。

> 山田氏の形式論理、ディレッタンティズムはルィセンコの仕事、進化論、遺伝学の議論に到って完全に馬脚を表わす。この理解は全く初等教科書的であり、進化学、遺伝学の今日の困難など考えても見ていない。最も保守的な遺伝学者といえども、もっと困難につう切に悩んでいるのである[7]。

この文章は、罵倒以外のなにものでもないが、この論文の中で、「遺伝子の概念こそ機械論的性格をもつものである[7]」と否定的に断定してしまった事の意味は大きい。遺伝子概念の仮説設定が機械論的性格を有することを認めたとしても、それを否定的に評価するのか肯定的に評価するのでは、科学方法論的には全く異なってくる。その後の遺伝学や分子生物学の発展がこの遺伝子説に準拠し、遺伝子の本体の解明、構造の解明、遺伝子発現機序の解明と進んで行ったことを考えると、武谷の「遺伝子説」批判は妥当ではなかった。

第四節　山田の武谷再批判

それに対して、再び山田が「科学者との協力の為の条件——武谷三男君に与う[8]」、「批判と前進——武谷氏との論争について——[9]」と「再び科学と哲学との関係について[10]」と立て続けに武谷に反論した。「科学者との協力の為の条件——武谷三男君に与う」は題名からわかるように、「哲学者との協力の為の条件——山田坂仁氏に与う[7]」に対する直接的反論論文である。最初から激しい言葉が続く。

　弁証法的唯物論の功徳を並べ立てるにしても、ただそれをレッテルのように外から張りつけさえすれば、それで一つの科学的業績と哲学との関係を示しえたかのような論じかたではだめだ。こういう「悪の見本」（君の言い方を借りれば）として、而もたんなる一つの見本としてではなく、最も代表的な見本として、私は君の論文を批判の対象に選んだのだ。

このように戦闘モードいっぱいの書き出しで論文は始まっている。武谷の三段階論や技術論に対して激しい言葉を投げつけ、次のように罵倒する。

　すでに真剣に自然の研究と「とっ組む」物理学者でもなく、技術の歴史についてその史実に「鍛えられる」技術史家でもなく。それかといって真理について「苦しんで考える」哲学者でもなかった。

武谷が山田批判に用いた言葉を、逆に山田が武谷に投げ返している。ルィセンコに関しての記述は最後に出てきて、

　君は、私がルィセンコについて書いているところをすこしも理解していない。ヒステリーを起す前に、「兎に角人の論文をよく注意してよまれることをおすすめする。」君は生物学についてはもちろん哲学についても、「ディレッタント」にすぎない。君は弁証法の問題についても、「よく反省されもっと本格的に勉強される

ことを切望する。頭から（三段階の図式などをもって来て）規定せずに、実際に当ってすくなくとももっと苦しんで見ては如何。」

泥仕合の感もあるが、山田の武谷に投げた言葉は殆ど武谷自身が言った言葉であり、泥仕合の多くの責任は武谷にあるだろう。次の論文「批判と前進」[9]を見てみよう。

（武谷の）ルィセンコ盲信についてであるが、これは、彼が遺伝学説についてなんら独自の内容的な展開はおこなわず、たんに、ルィセンコをかついでいるにすぎない。ルィセンコ学説は、たしかに従来の遺伝学説に大きい反省と刺激をあたえた。また、ルィセンコがソ連の農業技術において偉大な業績をあげている点は、その学説に賛成しかねている人々も、これをみとめるにやぶさかではない。しかしルィセンコの学説によって従来の遺伝学説がただちに破れたのでもなければ、またルィセンコの学説が、すでにそれ自身充分な価値を立証しているわけでもない。それには、彼の提出しているデータが、あまりにも貧弱であるし、また、彼の立論の基礎となっているデータそのものが他の学説をも容れる余地があるのである。

武谷の遺伝子学説への曖昧さや武谷がルィセンコの遺伝子説批判に対して言及ができない、等の弱点を山田によって的確に指摘され、攻められている。またルィセンコのデータが貧弱であることにも率直に触れている。山田は続いて、「再び科学と哲学との関係について」[10]を発表し、そこでルィセンコ学説の中身に入った批判を行った。

（1）遺伝の統一的因子が染色体中の遺伝子に関係のあることの発見は、二〇世紀の初めの量子論にも比すべきものである。

（2）今日のところ染色体中の一定の物質群と生体の一定の成長の仕方や性格の形成との間に特定の関係があることは指摘されているが、この関係の本性はなお不明なままに残されている。

（3）この問題の向こう側にはさらに遺伝子の構造の問題が残っており、それは直ちに生命の起源や進化の問題につながる。

これらの山田の見解、特に、この時点で「遺伝子の構造の解明」を課題にしたことは、現在から見ても、その当時の生物学の正確な理解を示しているし、その後の生物学の展開に関する見通しも的確である。分子遺伝学の発展にワトソン・クリックの二重ラセン遺伝子構造の解明がキーポイントになった。さらに重要なことは、遺伝子の概念の提出がその後の遺伝学や分子生物学の発展の鍵になったことを考えると、「遺伝子の発見は、量子論にも比すべきものである」という山田の発言は特筆に値する。当時の遺伝子説の不十分さ、特に遺伝子と形質表現の関係がまだ不十分である、についても正しい認識を示している。また、山田の論文の表題が「哲学と科学との関係―その機械論的理解に抗して」であることも面白い。「機械論的」という言葉が「直接的」とか「単純な」とかの意味に用いられており、当時、否定の言葉の代表として「機械論」という言葉が使われていたことが分かる。「機械論的」という言葉が競争相手の主張を否定するために、お互いに投げつけられた。

第五節　事態の急変

それに対して、直ちに武谷が対応した。「哲学者の知性について(11)」「実践の問題について(12)」や「科学的謙遜について―山田坂仁の「批判と前進(13)」」の諸論文である。「哲学者の知性について」には少し知性の欠けた発言もある。

このような哲学にも効用はある。需要があるのだから、また人を楽しませるのだからと云う人もある。尤もな話である。まことにまたエロ雑誌やパンパンガールも効用がある。その需要は大したものであるから。また人を楽しませるものだから。しかしこれらの哲学が学問でない事だけはたしかである。

山田の技術論理解や哲学の有効性論議を批判し続け、ルイセンコ理解については、

第5章-3：山田坂仁論文集、こぶし書房、1996年

山田氏の遺伝学説に関する意見はすでに多くの生物学者によって批判ずみであるから此処にはふれない。歯牙にもかけていない風である。「実践の問題について」でも、山田も含めた民主主義科学者協会哲学部会に属する人たちをまとめて次のように批判した。

山田氏その他現在の大部分の哲学が何ら役に立つ総括を行なう事ができないのは、まさに具体的な問題と取っ組まないからである。この事を私は以前にも指摘したのである。

この主張は武谷自身が自分の根本にある考え方であると自負しているものであり、同様な文章はいくらでも引用できるが、もう一つだけ引用しておこう。

理論は何らかの形で現実にふれねば実践的とは云えない。現実にふれるならば成功か失敗かをするわけである。それに対して責任を負う事を私は主張する。そしてこれのみが理論を正しく、強固に鍛える事を私は主張する。(11)

ではルィセンコ学説については武谷が現実と格闘しただろうか。二つの文章を紹介してみよう。一つ目は、「科学的謙遜について―山田坂仁の「批判と前進」」の中にある文章である。

山田氏のメンデル遺伝学「盲信」はブルジョア学者にもない位だといわねばならない。山田氏が再三ルィセンコを否定し、メンデル遺伝学「盲信」を唱えるならば、山田氏の得意な階級闘争との関係を明らかにしてもらいたいものである。「遺伝学的発展の内部における闘争が、如何に独特な仕方で、外部の階級闘争やイデオロギー一般の闘争を反映し、それとつながっているかをわれわれはばくろしてもらいたいのである。」

武谷がルィセンコ学説と格闘するというより、山田の自然科学の階級性の主張に引っ掛けて、議論の矛先を替えているだけである。山田には科学の階級性に関する論文も多くあり、そのものずばりの表題「科学の階級性について」(14)の論文では色々な科学について階級的視点から論じているが、遺伝学については、次のように記しているだけで、その当時盛んに論じられていたルィセンコ学説には議論を避けた。そこを武谷に皮肉られている。

ダーヴィンの進化論についてはどうだろうか？　反動化したブルジョアジーは、今日もしつようにこれを拒否しようとしているのではないか。

この点を武谷が衝いているが、生産的な議論とは思われない。次に紹介する文章は、武谷の居直りに属するものである。

ルィセンコ学説にはデーターがないといってソ連の学術雑誌などほとんど見た事もなかったりする。ルィセンコに至るまで、すでにミチューリンの多大な育種学上の業績がつみ重ねられ、この成果をルィセンコは受けついだのである。またルィセンコとその反対者との論争は今日に始まった事ではない。すでに一〇年以上前から行なわれすでに当時大論争が行なわれ、ルィセンコが大体認められた。[15]

ルィセンコ自身の仕事は多くないかもしれないが、ミチューリンの多大な育種学の業績の上に立っているから問題はないという、その後よく聞かれる理屈を武谷も主張している。武谷がこのような意見を主張する根拠になる情報はどこから得たのであろうか。武谷の情報源のひとつと推測される八杉龍一は一九四九年の『理論』五月号に、「批判に答える—ルィセンコ説紹介者として—」[16]を執筆し、ルィセンコ学説の実験的根拠が乏しいのではないかという批判に対する反論として次の四つの根拠を挙げるたが、その後この反論はルィセンコ支持者の定説となった。

（1）従来の遺伝法則が農業に役立たないが、ルィセンコのそれは実践的である
（2）ミチューリン等の優れた実績
（3）ルィセンコ自身の実験
（4）ソ連における農業の発展

以上に加えて、武谷も言っているように、「ソヴェトでは既に両遺伝学説の正否の決着はついた」を付け加えるのが恒例になった。

一九四八年頃から、ルィセンコ学説をめぐる日本の状況は急変する。ルィセンコ学説が旧唯研系の研究者にも知られはじめた。戦前の『唯物論研究』の生物学論争の中心人物の一人である石井友幸も、一九四七年頃にルィセンコを本格的に知るようになった。石井の戦後直後の諸論文「進化論における今日の課題」[17]や「ダーウィニズム成立の諸条件」[18]にもルィセンコの名前は出てこないが、一九四八年に書かれた『唯物論研究』第二集に掲載され、同年にネオメンデル会が編集した『ルィセンコ学説』[19]に転載された「現代遺伝学とルィセンコ学説」では

次の文章が書き出しにある。

　私は『唯物論研究』第一集（一九四七年）で、メンデル式遺伝理論を批判し、その上で遺伝と変質の問題を考察したのであるが、その後ルィセンコの「遺伝とその変異性」を読む機会を得、現代遺伝学がルィセンコによってはじめて正しく批判、克服されていることを知った。

　この石井の発言が本当ならば、一九四七年になって初めて、石井が本格的にルィセンコ学説を知ったと思われる。一九四九年に発刊されたネオメンデル会編集『現代遺伝学説』に於いて石井はさらに踏み込んだ発言をしている。例えば、「最近におけるルィセンコ学説をめぐる論争は階級闘争を示している。[20]」などと言い出した。そして、決定的な論文が出現した。一九五〇年の始めに日本共産党は機関誌『前衛』で二度にわたって「ルィセンコ学説の勝利[21][22]」と題する論文を発表した。

第六節　日本共産党機関誌『前衛』に「ルイセンコ学説の勝利」という論文が登場

　日本共産党が自然科学の問題に介入することはそれほど多くはないが、一旦共産党の見解が公になると、その影響はその当時の進歩的科学者には決定的であった。一九五〇年の日本共産党機関誌『前衛』は科学に関する二つの論文を掲載した。一つはルィセンコ学説の関係する論文[21][22]で、もう一つは素粒子物理学の坂田モデルに関する論文[23]であった。この両論文は性格を非常に異にするもの

ルイセンコ學説の勝利（第一部）
――ルイセンコ遺傳學の成立過程――
中井哲三

第一部　ルイセンコ遺傳學の成立過程
一　ダーウィン主義の核心
二　ダーウィン主義の崩壊
(1) ワイズマンによる遺傳物質の永遠不變説の提唱
(2) メンデル・モルガン遺傳學の發展
(3) メンデル・モルガン遺傳學の矛盾とゆきずまり
三　生存斗爭の概念の發展
(1) ダーウィンの自由主義ブルジョア的見解
(2) エンゲルス・メチニコフの批判
四　ルイセンコ學説の成立
(1) 農業技術から再出發するダーウィン主義
(2) ダーウィン主義を守るたたかい――ルイセンコの出現を準備した人たち
(3) ミチューリンの繼承者・ルイセンコの登場
(4) ルイセンコ遺傳學の確立
五　ルイセンコによる生存斗爭の理論
第二部　ルイセンコ遺傳學をめぐる批判と反批判（次號掲載）

一　ダーウイン主義の核心

第5章-4：日本共産党機関誌『前衛』
掲載の論文（1950年）

である。坂田モデルに関する論文は武谷三段階論に依拠して、素粒子論を論じたものであるが、それに賛成する者にも反対する者にも、それなりに読み応えのある論文である。ルィセンコ学説の関係する論文は「ルイセンコ学説の勝利」という題名からして、非常に党派性のはっきりした攻撃的な論文である。第一部は「ルイセンコ遺伝学の成立過程で筆者は中井哲三で、第二部は「ルイセンコ遺伝学をめぐる批判と反批判で高梨洋一と星野芳郎が執筆しているが、中井哲三は誰かのペンネームか何人かの合成名であろう。この論文内容にも武谷の影響がはっきり表れている。目次を見てみると、次のようである。

第一部　ルイセンコ遺伝学の成立過程

一　ダーウィン主義の核心

二　ダーウィン主義の変貌

三　生存斗争の概念の発展

四　ルイセンコ学説の成立

五　ルイセンコによる生存斗争の理論

第二部　ルイセンコ遺伝学をめぐる批判と反批判

一　ソ同盟でのルイセンコ遺伝学をめぐる論争

二　欧米でのルイセンコ遺伝学批判

三　日本でのルイセンコ遺伝学批判

（1）唯物陣営での誤解

（2）唯物論哲学者の立ちおくれ

（3）アカデミーの側からの批判

四　むすび

目次からも分かるように、この論文はルィセンコ学説と遺伝学の全体について論評をしていて、共産党の立場を鮮明に出している。

第七節　「ルイセンコ学説の勝利」の詳細

詳しくこの論文の内容を見てみよう。

第一部でルィセンコ遺伝学の成立過程について詳しく解析している。最初にダーウィンの進化の要因に関する考え方を要約し、彼の考えている進化の要因として（1）生物の変異性、（2）生物の遺伝性、（3）自然淘汰の三つを示した。ダーウィン理論の問題点として、

（1）変異や遺伝が、生物体内の、どのような実体的な構造から、あらわれてくるか、ということについては、ダーウィンは、充分な解決を与えることが出来

なかった。

（2）自然淘汰の理論については、彼のつかっている生存斗争という観念は誤ったものをふくむ、不明確な概念である。

の二点を示した。次に、ダーウィン主義の変貌へと論をすすめ、ワイスマンを取り上げ、

彼のネズミのしっぽきりという環境との相互作用に全く関係ない実験に依って、獲得形質の遺伝を否定し、生殖質の環境からの完全な隔離、永遠の不変性こそが、ワイズマンの根本思想であり、のちのメンデル・モルガン遺伝学の、動きのとれぬ、形而上学的な、思想的基盤となったのである。

とした。獲得形質の遺伝の理論は、

その根底に、環境の変化が、生物の遺伝にとって、もっとも基礎的な条件である、という思想を、ぴたりとすえている。

と高く評価し、一方メンデル・モルガン遺伝学については、

不連続的で無方向的（環境の変化とはなんら関係しない）な突然変異のみが、遺伝性をもち、遺伝子がなにか粒子的なようなものであり、染色体がその集合であると考えられていること、進化の過程すなわち生物の歴史性を考慮せずに、交配の実験だけをもって、遺伝のすべての現象を理解できる、と考えること、これらの点に、モルガンの機械論が、はっきりあらわれている。

と否定的に評価した。メンデル・モルガン遺伝学の現段階の矛盾として、

（1）突然変異は、環境の変化に対応する方向をもっていず、その多くは生物の生活力を弱める方向に働くものである。この理論によると、遺伝子のくみあわせによって、わずかの変異が、あらわれるとしても、ひとつの種から他の種に飛躍的に転化するような、種の進化の事実は、まったく説明できず、したがって、原生動物から、どうして、人間が生まれてきたかを説明することができない。

（2）遺伝学の諸法則と、農業のじっさいに見られる事実とのあいだの矛盾である。農業上の純粋品種は、かならずしも純系のものではないが、農業上の主要な性質については、純系的である。ところが、これ

が、環境の変化によって、たえず変化する。の二点を挙げた。結論として、

メンデル・モルガン遺伝学は根本に、生物体と環境との相互作用の無視という大きな矛盾を、おかしていたために、遺伝の実体構造は、動きのつかぬ、固定的なシューマにおちいり、より本質的な法則の認識への進展は決定的にはばまれるにいたった。

と断定した。言葉の使い方に武谷三段階論の影響が見られる。ルイセンコの言う「種の飛躍的転化」も事実として認定している。次に、先に否定的に取り上げたダーウィンの生存闘争の概念について検討を加えている。ダーウィンの生存闘争の理論を次のように要約した。

ダーウィンの生存闘争の理論が、自然淘汰説の基礎をなしており、かつ自然選択は、生物の遺伝性・変異性とならんで、いな、それらにもまして、もっと決定的に、進化の要因をなしているとすれば、同種の個体のあいだの、容赦のない生存闘争は、生物の進化にとって、もっとも重大な要因とならなくてはならない。

それに対して、エンゲルスとメチニコフの批判を引用して、同種間の闘争より異種の個体間の闘争こそが、種の形成にとって、もっとも大きな意義をもっているとダーウィンの生存闘争の概念に疑問を呈している。要は種間内競争は存在しないというわけである。

続いて、ルイセンコ学説登場の必然性に論を進めている。「すくいようのない泥沼におちいりつつあるメンデル・モルガン遺伝学を、もとの正道にかえす」二つの道を示した。

第一は、「現実の技術的実践のなかから、それをつうじて、理論を学びなおす」ということ、第二は、「生物の遺伝性を、環境との相互作用のもとに、あらためて見なおすこと」。

この二つの道のきっかけをひらいた者はミチューリンであるとし、

ミチューリンは、生物の環境条件を、さまざまに変えることによって、生物の形質を望む方向に、変化させることができる、と信じており、また、じじつ、彼は、その方法によって、まるで手品師かなぞのように、さまざまな品種の果実を、つぎつぎとつくりだしていた。これらの実践のなかから、彼は、いくつもの、貴重な育種の法則をつかみだした。

と記している。それらの基礎の上に、ミチューリンの後継者としてルィセンコを登場させ、次のように記した。

ルイセンコの仕事が、飛躍的に発展した年は、一九二九年であったが、この年は、大衆的コルホーズ運動が、嵐のようないきおいで、全ソヴェトを、おおいはじめた年であった。メンデル・モルガン遺伝学でとられていた交配によっては、雌雄（両親）のいずれのもつ性質が、一定の条件のもとで、より強固であるかを、知ることができるだけで、生物体が、物質代謝のために、環境にたいしてむける要求を、知ることができない。そして、この要求を知れば、生物を人間の望む方向に改良することができる。

次に、ルィセンコ遺伝学の確立の状況を五点にわたって論じた。

（1）一九三〇年代のなかばになって、ルイセンコは、ついに冬コムギの春コムギへの、またその逆の転化に成功した。コムギの遺伝性は、環境条件の変化によって、完全に変化したのである。

（2）四十年代の初年から、栄養雑種（接木による雑種）の研究がすすめられた。この雑種の形成には、生殖細胞は、直接にはなんの寄与もしなかった。したがって、ゲンなしにも、遺伝がおこなわれた！ということとは、遺伝の現象を説明するのに、ゲンの存在を仮定する、なんの必要もないということである。

（3）ルイセンコの遺伝学説は、メンデル・モルガン遺伝学の根本命題—遺伝物質は、植物および動物の環境条件から、完全に独立しているという命題—をだんぜん拒否している。ルイセンコ遺伝学は、生物体のなかに、生物体の体質とはべつに遺伝物質の存在を、認めない。したがって、それだけが遺伝形質のにない手であるというゲンの存在を否定し、遺伝の物質的基礎は、生殖細胞の染色体のなかだけにあるのではなく、生物体のどの細胞にも、いな生物体そのものにあるのだ、と主張する。

（4）生物体の変化は、環境条件の変化により、環境との同化作用・異化作用の型が、それまでの基準からはなれるために、すなわち物質代謝の型が、基準から変化し、はずれるために、おこるものである。そして、この生物体あるいは、その個々の器官および形質の変化はたとえつねにではなくとも、また充分なていどにではないとしても、のちの世代に遺伝する。かつ、生物体の変化が、つぎの世代へと遺伝してゆくていどは、生物体の変化した部分の物質が、再生産する性細胞、あるいは栄養体細胞の形成をもたらす一般的な連鎖反応に、影響を与えるていどによる。つまり、この影響が充分なものあったら、生殖細胞そのものの遺伝性が変化し、つぎに生まれる世代の形成は変化せざるをえないものである。これが獲得形質の遺伝のメカニズムである。

（5）メンデル・モルガン遺伝学で、たかだか人間のできることと言えば、両親のゲンを、さまざまに組みあわせてみて、でてきた変異を、淘汰のフルイにかけて、優良品種を残してゆくていどのものである。このような見解は、本質的に、自然のだいたんな変革を拒否する見解であり、それは恐慌への不安におびえ、莫大な固定資本の損失をおそれて、飛躍的な技術の進歩を拒否する世界資本主義のイデオロギーを、きわめてはっきりと表現するものである。

続いて、〈第二部〉に移り、ロシアにおけるルィセンコ論争の歴史を総括し、一九三六年、一九三九年と一九四八年の論争について紹介している。

〈一九三六年の論争〉

一九三六年一二月、全ソ・レーニン農業科学学士院第四回総会が、モスクワで開かれた。ここで、はじめて、（ルイセンコは）メンデル遺伝学の根本的立場を、痛烈に批判した。彼は、メンデル遺伝学が、生物の形質を、不変的な粒子的な遺伝物質・ゲンにのみ帰着させることを非難し、植物の遺伝性は（生殖）細胞全体によってなされるものであり、我々は、これを方向づけて、変化させることができると主張し、ミチューリンの研究法こそが、ダーウィニズムの正しい発展方向であり、農業生物学は、この方向にすすむべきであると、結論した。

〈一九三九年の論争〉

ルイセンコの学説は、ソ同盟の農業生産に着々と適用され、人民の福祉の増大に、大きな役割をはたした。この年の春、雑誌『マルクス主義の旗のもとに』主催で、遺伝育種学討論会が開かれ、はげしい論争のすえ、ゲンの理論の形而上学的性格およびメンデル・モルガン遺伝学の、実践よりの遊離が批判され、ミチューリン主義者の勝利が、ほぼ決定的になった思われた。哲学者ミーチンは、その討論の大要をプラウダ紙に発表し、ルイセンコの学説は、科学に対する真のボルシェヴィキ的態度であると、讃えた。

〈一九四八年の論争〉

一九四八年七月全ソ・レーニン農業科学学士院の定期総会が開かれた。最初に、ルイセンコがたって、『生物学の現状について』を報告した。ルイセンコは、ここでは、とくにメンデル・モルガン遺伝学の思想的基盤を問題にした。ルイセンコは、ワイズマンの遺伝物質の永遠不変説を痛げきし、それがいかに形而上学そのものであるかと、いうことをみごとに論証した。メンデル・モルガン遺伝学での突然変異については、それが生体および生活条件とは無関係であり、したがって一定の方向をもたず、原則的に予言することができないとしている以上、かんぜんな不可知論であり、農業生産の実際を、武装解除するものであると、批判した。遺伝は、けっして生殖細胞だけによって、おこなわれるものではなく、いかに細胞ぜんたいによって、おこなわれるものであるか、ということを、あざやかに実証した。

最後に、日本におけるルィセンコ遺伝学批判、特に武谷・山田論争の問題を取り上げた。

武谷氏が『科学は如何にして有効さを取戻し得るか』でルイセンコの業績を評価したのだが、どうしたことか、唯物論者をもって自ら任ずる山田坂仁氏が、まっこうから、これに反対した。いまさらいうまでもない。山田氏の立場が、かんぜんにメンデル・モルガン主義の立場であり、それが、マルクス・レーニン主義とは、どんな意味ででも、縁もゆかりもないものであることは明白である。つぎにまた、さらに意外であり、おどろくべきことは、山田氏が幹部となっている民主主義科学者協会の哲学部会では、この山田氏の重大な誤りについて、いまだかつて一度も問題にしたこともなければ、むろん討議されたこともない、ということである。

むすびとして、ルィセンコ批判者の批判点は、ほとんど共通しているとして、次の六点を挙げた。

（1）実験の事実を疑うこと

（2）事実が疑えないとするると、それはメンデル・モルガン遺伝学でもけっこう解決できるという

（3）故意にルイセンコ学説を歪曲してうけとり、その架空のルイセンコを攻撃することによって、ルイセンコの提出している問題をその方にずらし、まともに答えないこと

（4）ソ同盟では見られないが、学問的問題を政治的問題におきかえ、まともに答えず、それどころか、学問的な問題を、政治的に抹殺しようとかかること、

（5）具体的な農業の生産的実践とのつながりを、故意に無視し、問題を概論的に、あるいはもっとスコラ的に論ずることによって、問題の焦点をずらし、まともに答えないこと

（6）方法論的な問題におよそ鈍感であり、方法論の重要性を、すこしも理解しようとしないこと

『前衛』論文をかなり詳しく紹介したのは、日本におけるルィセンコ支持派の考えの総決算ともいうべき内容で、その後の武谷―山田論争の帰趨に決定的影響を与えたと思われるからである。武谷も一九五〇年に『季刊理論』に掲載された「哲学・科学における二潮流 ―「季刊理論派」と「民科理論派」(24) ―」において、

山田坂仁氏によるルイセンコ批判については、すでに「前衛」四六号の高梨、星野氏の論文においても指摘されているが、極めて注目すべきものであるから、少し長いけれども参考資料として引用しておこう。

と述べて、『前衛』論文を引用している。

第八節　『前衛』論文の注目点とその批判

共産党論文の注目点を一〇点挙げ、それについて論評しておきたい。

（1）生物と環境との相互作用の重視：メンデル・モルガン遺伝学は根本に、生物体と環境との相互作用の無視という大きな矛盾をおかしているから、本質的な法則の認識への進展が決定的にはばまれている、としている。環境から完全に独立した生物体（臓器、組織、細胞）は存在しないが、環境からの距離は様々で、相対的に独立しているとみなして研究を進め得る場合があることを認めないことは、あまりにも固定的な考え方である。実際問題として、試験

管内で組織や細胞は培養でき、人工的環境下で実験的研究を行うことができる。「メンデル・モルガン遺伝学の根本命題は、遺伝物質は植物および動物の環境条件から完全に独立しているということだ」と攻撃しやすい標的を作り上げて、批判しているが、この「完全」という言葉がくせものである。

（2）遺伝説への徹底的批判：「ゲンなしにも、遺伝がおこなわれた！ということは、遺伝の現象を説明するのに、ゲンの存在を仮定する、なんの必要もないということである」と述べているように、ルィセンコ学説の核心は「遺伝子の否定」である。その背後には、「生物体の体質とはべつに遺伝物質の存在を、認めない。したがって、それだけが遺伝形質のにない手であるというゲンの存在を否定し、遺伝の物質的基礎は、生殖細胞の染色体のなかだけにあるのではなく、生物体のどの細胞にも、いな生物体そのものにあるのだ」とする主張がある。ここには遺伝を担う実体の解明という問題意識すらない。この点を武谷はどう考えるのか。

（3）獲得形質の遺伝の当然視とそのメカニズムの提唱：獲得形質の遺伝の理論は、「その根底に、環境の変化が、生物の遺伝にとって、もっとも基礎的な条件である、という思想を、ぴたりとすえている」と一方的に評価し、獲得形質の遺伝の存在は明白であるという前提で議論がされており、そのメカニズムが提唱されている。これは種々の議論の総決算という感じである。要約すると次のようである。「生物体の変化は、環境条件の変化により、物質代謝の型が、基準からはずれるためにおこる。生物体の変化した部分の物質が、再生産する性細胞への影響が充分なものであったら、生殖細胞そのものの遺伝性が変化し、つぎに生まれる世代の形成は変化せざるをえないものである」。物質代謝の型の変化の内容は明確でなく、抽象的な説明であることは否定しがたい。八杉龍一は戦後直後の論文でも、「生体の本性変化の原因は同化作用の型すなわち物質代謝の型の変化である」[25]と述べている。そろそろ代謝の型の変化の実体的内容の提示があってもいい頃だろう。この論文で思いつかれている獲得形質の遺伝の考え方は以前紹介した武谷の獲得形質遺伝の成立機構[5]と酷似している。

（4）生物の改造への希求：「生物を人間の望む方向に改良する」ためには、獲得形質の遺伝の存在が必要であるという論理をひっくり返して、獲得形質の遺伝を否定すれば、「生物を人間の望む方向に改良する」ことができない、として、だからメンデル・モルガン遺伝学は、自然の大胆な変革を拒否する見解であり、世界資本主義のイデオロギーであるという方向に論議をもって行っている。科学と希求が逆さまな関係にあり、ルィセンコ学説支持の背景に、生物の改造への希求があることが確認できる。

（5）スターリンの上からの革命とルィセンコの接点：「ルィセンコの仕事が、飛躍的に発展した年は、一九二九年であったが、この年は、大衆的コルホーズ運動が、嵐のようないきおいで、全ソヴェトを、おおいはじめた年であった」と言っているように、ルィセンコ台頭の背後にはスターリンの「上からの革命」という強制的集団農業推進という歴史が隠されている。この事実は溪内謙の膨大な且つ精緻な研究[26][27]にも出てこない。ここに一つの研究テーマが隠されている。実際はどうだったのか、『ルイセンコ学説の興亡[28]』から引用しておこう。「各コルホーズ、あるいはソホーズにおける数万トンの種子の春化処理は、わずらわしく、危険の多い仕事であり、特別な納屋と膨大な労力を必要とした。それと同時に、水に漬けた種子が、過度の発熱と発芽によってだめになる危険があり、事実それがしばしば起こった。実験データによれば、夏の後半に旱魃がなければ春化処理はかえって減収をまねいた。

（6）実践との関係が強調されており、「ルイセンコの学説は、ソ同盟の農業生産に着々と適用され、人民の福祉の増大に、大きな役割をはたした」と言われてしまうと当時の「進歩的な人たち」は反論ができなかったのではないかと想像される。事実は、ルィセンコ学説はソ連の農業に否定的役割をもたらした。

（7）ダーウィンの問題点として変異や遺伝がどのような実体に依存しているかが明らかでないと批判し、さらにメンデル・モルガン遺伝学は変異や遺伝のおこる実体的構造を十分に明らかにしていないと批判しているが、ではルィセンコ学説はその実体を解明したのだろうか。一九五〇年といえば、アベリーによるＤＮＡによる肺炎球菌の形質転換が報告されてから六年も経過している。

（8）メンデル・モルガン遺伝学は「種の飛躍的転化」の事実を説明できないと言っているが、ではルィセンコ学説はその事実をどのように説明するのだろうか。共産党が「種の飛躍的転化」説を承認したという意味は大きい。この「種の飛躍的転化」説はルィセンコの作り上げた学説の中で、最も馬鹿げているものの一つである。

（9）最後のルィセンコ批判者の共通点という項はルィセンコ支持者が自分たちの鏡に移った姿を書いているのではないかと思ってしまう。

（10）当然なことながら、日本共産党により、「マルクス・レーニン主義とは、縁もゆかりもないものであることは明白である」と宣言された人たちの動揺には激しいものがあったと考えられる。ただ、この「マルクス・レーニン主義とは、縁もゆかりもない」というのは共産党関係者では常套句に近い。例えば、一九五〇年一月に出された、コミンフォルム（共産党情報局）の日本共産党批判は次のものであった。「日本はアメリカ帝国主義の植民地政策のもとにある。にもかかわらず、日本共産党は平和革命を論じている。それは帝国主義占領者であるアメリカを美化する理論であり、マルクス・レーニン主義とは、縁もゆかりもない[29]」。

考えてみれば、一九五〇年は日本共産党にとって大変な年で、一月にはコミンフォルムの共産党批判が出され、それを受けて同党の拡大中央委員会でその批判を受け入れた。五月にはマッカーサーによって共産党非合法化を示唆され、六月には共産党中央委員全員が追放された。「アカハタ」も発刊停止に追いやられた。日本中にレッドパージが吹き荒れ、全労連も解散を指令された。

これらのことを考えると、この時期に日本共産党がルィセンコ学説について機関誌で論じるということは、どのような意味があったのであろうか。またどのような執筆過程があったのだろうか。

第九節　もう一つの『前衛』論文

前に述べたように、この前衛論文が発表された同年に、もう一つ自然科学に関する論文が『前衛』に掲載された。それは「素粒子論における唯物弁証法—坂田理論を中心にして—[23]」である。この論文はルィセンコ学説に関する前衛論文とは全く異なった雰囲気を持った論文である。坂田（昌一）理論、二中間子論とC−中間子論、とがどのように展開されてきたのかを、武谷三段階説に全面的に依拠しながら、論じている。この内容について納得するかどうかは別として、一つの主張として読み応えがある。そこには、階級闘争や資本主義のイデオロギーとかの言葉は全く出てこない。この両論文の違いはどこから来るのだろうか。

「ルィセンコ学説の勝利」の論文にも武谷の影響は見て取れるが、坂田理論に関するこの論文は武谷の三段階論をどう評価しているであろうか。それは予想どおり、実体重視の点である。次のように述べている。

人間の実践は、いつも、ある物質にたいしてはたらきかけるものであり、自然法則は物質を通してはじめて、具体的に私たちの前に現われてくる。このような場合この物質を『実体』と呼ぶことにしたい。実体をはなれて自然法則を考えることはできない。実体をはなれて実践ということを考えることはできない[23]。

このように実体を広く把握すれば、科学の発展の段階は常に実体論的段階と考えることができる。従って坂田理論の成功の根拠は次のように論じられる。

坂田氏の研究が、いつも矛盾にむかって勇敢にいどみかかり、そこから正しい実体の姿をつかみだそうとすること、ここに坂田氏の理論が、いつも大きな成果をもたらす一つの理由である。

特に実体の問題が忘れられてはならない。どんな自然科学上の理論の失敗にも、成功にも、そこに実体性が現われている。いつも実体性の問題として困難をとらえて、正しい方法論の重要性を意識し、方法論の示すところにしたがいながら、具体的な成果によってさらに方法論を豊富にしようとする態度、これが坂田氏の理論が、いつも大きな成果をもたらすもう一つの理由であろう。

これでは三段階論は特に要らないのではないかとも考

えられる。しかしある意味では健全な態度であろう。廣重徹[30]が言っているように、科学的認識を進める上で実体を考えることは何時でも不可避である。同じ武谷の意見を援用していながら、『前衛』の両論文の「健康度」の差は不思議でならない。

第一〇節　武谷の追撃

『前衛』論文のすぐ後の一九五〇年三月の『赤旗』に二号にわたって共産党科学技術部長の肩書きで井尻正二が「科学の党派性＝ミチューリン学説の理解について[31]」を発表した。

ソヴェト的創造的ダーウィン主義＝ミチューリン的ダーウィン主義の理解においても科学の党派性をぼかし、科学的厳密さをそこなっているものが多い。「前衛」四五、四六号の見解にもその点が見られる。ミチューリン学説は、生活する生物体から切り離された特殊の遺伝物質という考え方を拒否し、雑種の子孫における「分離」の必然性を拒否する。遺伝性をになう特殊な物質が、細胞の染色体のなかに集中化されて存在するのではなく、その反対に、生物体のすべての部分は、それが生きている限りすべて遺伝性をもつと考える。これがミチューリン学説の根本命題である。ルイセンコ学説の把握の仕方を端的に表している。ミチューリン学説は生きている自然の発展法則を正しくつかみ、それ故に農業上の実践に、正しい理論的基礎を与えうる、唯一の科学的生物学である。われわれはもはや自然の恩恵に頼り、望ましい突然変異が起るのを、手をこまぬいて待っている必要はない。この科学的生物学の基礎に立てば積極的に自然に働きかけてこれを変革する道が開かれている。遺伝因子説とミチューリン学説とを折ちゅうし、妥協させようとする試みなどは、ミチューリン学説をブルジョア遺伝学に対して、屈服させること以外の何者でもない。

井尻は「前衛論文」ですら党派性をぼかしていると言って、ミチューリン学説だけが唯一の科学的生物学であるので、二つの遺伝学の妥協等は考えるべきではないと主張し、ルイセンコ支持者と現代遺伝学者との交流を遮断した。井尻は遺伝子学説の全面否定というルイセンコ学説の核心を正確に把握しているので、遺伝子説とミチユーリン学説とを折ちゅうする試みなどは、ミチューリン学説をブルジョア遺伝学に対して、屈服させること以外の何者でもない、と断じた。さらに、「この科学的生物学の基礎に立てば積極的に自然に働きかけてこれを変革する道が開かれている」と主張して自然改造の考え方を強固に主張した。

共産党の論文以後、武谷の山田への追撃がはじまり、この「前衛」論文を引用する方式で武谷の断定的な論文が先に述べたように雑誌『季刊理論』[24]に掲載された。

ソ同盟では、哲学者ミーチンが率先してこの問題を、きわめて正しくとりあげ、しかもなおかつ、哲学者たちは、ソヴェト自然科学の達成の理論的普及に不十分であったことを自己批判している。この驚嘆すべき（わが国の）唯物論哲学者の立ちおくれは、一刻もはやく克服しなくてはならない問題である（『前衛』「ルイセンコ学説の勝利」）。（この）言は極めて正しい主張である。山田氏のこの主張はまさに完全にメンデル＝モルガン主義そのものである事はもはや読者には明らかだと思う。山田坂仁氏によるルイセンコ批判については、すでに『前衛』四六号の高梨、星野氏の論文においても指摘されている。当時はルイセンコ学説について日本にはあまり十分に紹介されていなかったので、山田氏のような誤解を生んだ事もあるいは無理からぬ事であったかも知れない。しかし山田氏は以後も自分の誤りを認めようとしないだけでなく、一九四八年夏、ちょうどソ連ではメンデル＝モルガン主義が決定的に批判されたと同じ頃にいたっても――

このようにいって、武谷は山田の一九四八年の『評論』[9]の論文を槍玉に挙げて批判した。武谷は「メンデル＝モルガン主義」という言葉をこの論文以前に使ったことは見出し得ないが、この論文では不用意か意図的かは分からないが、「メンデル＝モルガン主義」という言葉を多用している。科学に「――主義」という科学があるというのは武谷本来の意見とは思われないが、筆が走ってしまったというべきであろう。ここで武谷がこの前衛論文に全面的に賛意を示していることは強調しておきたい。ただ、先に紹介した井尻正二の赤旗の論文について、武谷が批判しているのを紹介するのも公平であろう。先の『季刊理論』の論文で、

どうやら、ミチューリン学説と呼ばずに、ルィセン

コ学説と呼ぶことも、科学の党派性をそこなうことになるらしい。中井、高梨、星野氏らの見解にも、「科学の党派性をぼかした点がみられる」なら、率直にその点を指摘したらどうだろう。ここにおける井尻氏の態度ははなはだ官僚的である。

と述べて、井尻を批判し、武谷が共産党とは一線を劃していたことを表している。このことは、共産党の見解に対しても、異議を申し立てる武谷の潔さを示しているが、少し焦点がずれている。井尻が党派性がぼけていると言っているのは、

> 遺伝因子説とミチューリン学説とを折ちゅうし、妥協させようとする試みなどは、ミチューリン学説をブルジョア遺伝学に対して、屈服させること以外の何者でもない。

というところにある。ここのところは武谷が判断を避け続けてきた箇所でもあり、井尻の指摘、「ルイセンコ学説は遺伝子説を完全に拒否する」は、正しいか違っているかは別にして、ルィセンコ学説の核心をついている。ルィセンコの考え方は、井尻のいうように、「生物体のすべての部分は、それが生きている限りすべて遺伝性をもつと」というものである。武谷もそろそろ遺伝子学説に対する立場を明確にしなければならないところに追いつめられていたはずなのに、やはり避けている。ルィセンコが言ったといわれる愚問を思い出す。「いったい遺伝子とはなにか？誰がそれを見たのか？誰が触ったり、味わったりしたのか？」[28]武谷は『前衛』論文の言う「遺伝の現象を説明するのに、ゲンの存在を仮定する、なんの必要もない」という文章への意見表明は最後までなかった。

第一一節　論争の終焉

その頃から、山田の主張の後退が始まった。山田は「反映論について（1）」[32]（一九五〇年）では次のように述べている。

> 外界の諸条件の変更は一定の段階においてメタボリズムのタイプをも変更するのである。周知のように、順応、変異、可塑性、等としてふるくから注意されていた。しかし最近ルィセンコによって、物質代謝のタイプの可動性および条件性としての意義があきらかに

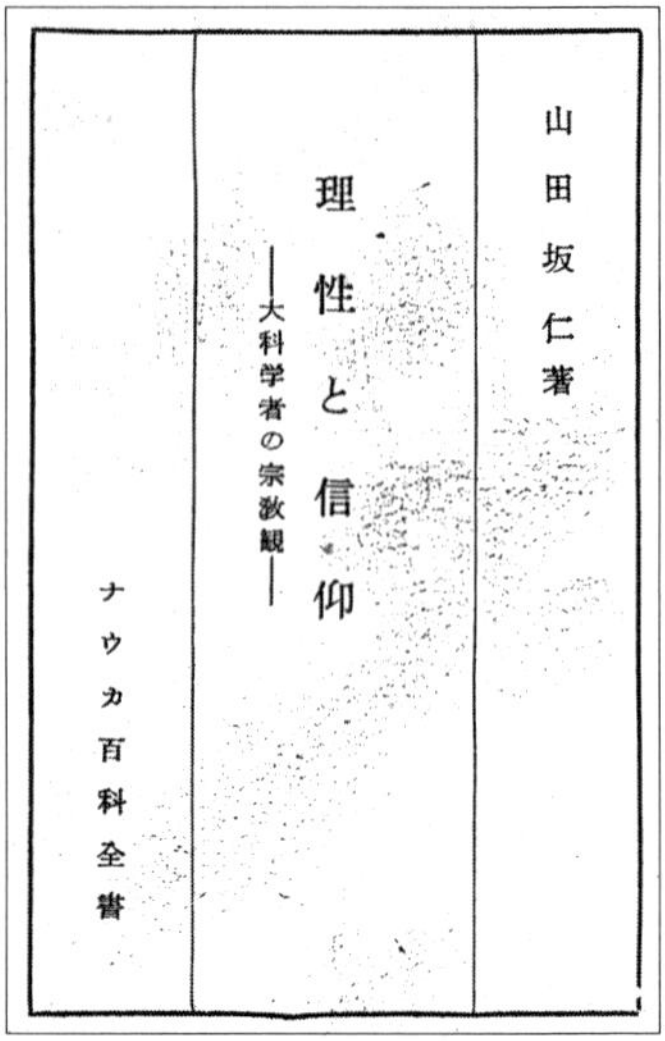

第5章-5：ルィセンコ支持に意見を変えた山田坂仁の著作『理性と信仰―大科学者の宗教観―』

> されたのである。進化とは一方において生物の自己運動が環境から相対的な独立性と安定性をうることであり、他方においては環境の変化にたいする順応性を拡大することである。

とおずおずとルィセンコにふれ、「生物の自己運動」などというものを不自然に持ち出してきた。この段階では「環境の変化にたいする順応性を拡大」という獲得形質の遺伝を示唆する文言と「環境から相対的な独立性と安定性」という遺伝子説を示唆する文言の両方を記している。続いて、「反映論について（2）」[33]（一九五〇年）でも唐突にルィセンコの名前を挙げている。

> ルィセンコの表現を借りれば、精神的遺伝学の問題も、結局、精神的なメタボリズムのタイプの問題である。

同じ年に発表された「客観主義について」[34]（一九五〇年）という論文では、自然科学には階級性があるという前振りで、かつての主張[14]から踏み込んでいる。

> 種を永久不変とする思想とミチューリニズムとはどうだろうか？　これらのものの対立は、たんに理論上、世界観上の対立ではなく、またたんに自然の論理をよりただしく反映しているかいないかという対立ではなく、いずれもその根底にその時代の社会経済的、階級対立的・闘争を蔵し、それをそれぞれ独特のしかたで表現しているのである。

と、なし崩し的にルィセンコを評価する姿勢を示し、一九五一年に『理性と信仰―大科学者の宗教観―』[35]を発表し、最終的に山田はルィセンコ支持を表明した。

> 遺伝に対する第三の態度は今日のソヴェトで発展しつつあるミチューリン＝ルィセンコの学説にこれを見ることができる。ルィセンコによると、遺伝的諸性質を決定する特殊な究局物質たる遺伝子の仮定はしりぞ

けられる。個体のあらゆる部分が遺伝性をもつ。遺伝性とは生物そのものに固有の本質にほかならない。すなわち、その生育に際して外的諸条件のうち特定のものを選択的にとりいれ、それによって自己に固有な物質代謝の様式を形成する。すなわち一定の外的諸条件を自己に固有の物質代謝の様式のための内的諸条件に転化し、かかる基礎の上に自己に固有の諸器官や諸機能、及び発育過程の諸特徴を発展させるのである。すなわち生物は、外的諸条件に任意に、あるいは無選択に反応するのではなく、相対的に独立性をもつところの自己に固有の物質代謝の内的機構によって、特定の外的諸条件に対して選択的に反応するのである。かくして、ミチューリン＝ルィセンコの学説においては、生物に固有の内的独立性が絶対化されることなく、正当に認容されるとともに、一定の外的条件のもとにその相対的独立性（すなわち生物の本性あるいは遺伝性）が変化するのである。すでにわが国にもかなり正しく紹介されているように、外的環境に対して要求する生物の諸条件をこれに対する生物の反応の全体を知ることによって、生物の生活を人為的に支配できるばかりでなく、その本性（＝種）を人間の欲する方向に変化させうることが、ソヴェトでは数々の農業上の実践にもとづいて証明されたのである。

この記述は、本質的にはルィセンコ学説の紹介に過ぎないと考えられるが、山田が敗北を認めたことには変わりがない。かつて量子論にも匹敵すると言った遺伝子説について、「遺伝的諸性質を決定する遺伝子の仮定」をしりぞけられた山田の心中はいかばかりであっただろうか。この論文でも、「生物の生活を人為的に支配できるばかりでなく、その本性を人間の欲する方向に変化させうる」と述べられており、「生物改造への希求」が山田の「転向」の底部にあるのではと想像される。これをうけて、武谷は一九五六年になって、時期外れの武谷・山田論争の勝利宣言を行った。

山田氏は一九四八年の論争まで、メンデル—モルガン遺伝学の立場からルィセンコ遺伝学を攻撃し、一九四八年以後は何のこともなしに、〝理性と信仰〟という著書で急にルィセンコ遺伝学一辺倒になっている。(36)「ルィセンコ遺伝学一辺倒」という言葉は、かつて山田によって武谷に投げられた言葉であり、今度は相手に投げ返しているけれど、あまり正確な言葉使いではない。

第一二節　武谷―山田論争の残したもの

武谷―山田論争はもともとは技術論や三段階論を主題として出発したわけで、ルィセンコ論争はその中から派生したものであるが、山田の、現在の地点から見ても、相対的に正しい主張が、共産党の介入ということで中断され、山田の自己批判となってゆくのを見ると痛々しい感じがする。これらの事態が山田のその後にどれくらい影響があったかは知らないが、共産党を離れ、「党内民主主義が日共では徹底的に無視された」[37]と述べるに至った遠因をなしているのでは考えるのは自然だろう。

武谷は最後まで獲得形質の遺伝に何の根拠もあげることなくこだわり続けたが、今に至るまで、獲得形質の遺伝を支持する実験結果は得られていない。一方、山田が支持した遺伝子学説はその後急速に展開し、遺伝子の実体が明らかになり、遺伝子組み換え技術を用いて自由に遺伝子を改変した動植物を作りだせるようになった。論争の帰趨が社会的背景によってねじ曲げられた一つの典型を武谷―山田論争に見ることができる。

この論争についての二つの評価を紹介したい。一つの評価はいいだもにによるもので、いいだは一九九六年にまとめられた山田の論文集[38]の解説で次のように記している。

山田坂仁vs武谷三男の有名な技術論論争の一つの派生系に、ルィセンコ学派をめぐる論争がありましたが、この点では、哲学者山田坂仁の慎重なルィセンコ評価は、自然科学者武谷三男博士の「ルィセンコ盲信」よりも、はるかに先見の明に富んでいたといえます。

このいいだの見解は歴史的経過を経た上での評価であるが、妥当なものである。

もう一つは後年『ルイセンコ論争』を書き上げることになる中村禎里の一九六一年の評価である。

論争が沙汰やみに成った後には、この論争を通じて一般には武谷氏の優勢は、目にみえて明らかな事実であるように思われた。各方面から、武谷支持者が続々とあらわれた。武谷氏が支持し、山田氏が拒けたルィセンコ学説は、ミチューリン運動を通じて、「リョウ原の火の如く」日本中に拡った。武谷自身も、鋭利な理論がもられた論文を、次々に発表した。これにひきかえ、「認識論」（一九五〇）発表後、山田氏の著作が、私たちの目にふれることは絶えてない[39]。

この中村の評価は、武谷―山田論争終焉後の姿をそれなりに的確に表しているが、その後生物学に関し武谷が鋭利な論文を次から次へと発表したということは正しくない。さらに、山田が『認識論[40]』発表後、山田氏の著作が、私たちの目にふれることは絶えてない、と述べているのも事実ではない。

第一三節　その後の山田の活動

ここでは論争終焉後の山田の活動を追跡してみる。前節でも紹介した『理性と信仰―大科学者の宗教観―[35]』は一九五一年に出ているし、一九五三年には『史的唯物論[41]』を新科学社から刊行している。一方、論文発表の方は、一九五〇年六月に『理論』第六号に、「客観主義について[42]」を発表してから六年のブランクをおいて、一九五六年に「生命について[43]」や「明日に生きる思想家・オパーリン[44]」を発表している。この両論文とも山田が日本に紹介した『生命の起原[45]』の著者であるオパーリンを主題としているが、そこでもミチューリン・ルィセンコ学説に触れているので、それを紹介してみよう。

オパーリンは、現在、もっとも熱心に研究しているのはヤロヴィザチアの研究、つまりヤロヴィザチアの生化学的基礎の解明に関する研究だと、はっきり言っ

第5章-6：1950年頃の朝永研究室に於ける武谷、前列左から、坂田昌一、朝永振一郎、武谷三男、出典：http://tomonaga.tsukuba.ac.jp/room/room_02_01.htm

ていた。ミチューリン・ルィセンコ学説に依ると、ある植物の種（本性）とは、その植物に固有の、一定の物質代謝のタイプのことであり、遺伝とはこの物質代謝のタイプが世代から世代へと伝えられることにほかならない。ヤロヴィザチアはこのタイプを人為的に変える方法である。だから、物質代謝の一定のタイプを人為的に変える過程の、内的な生化学的細目が解明されることは、コアセルヴェートの分裂過程の機構に対する研究と直接結びついたものであるし、またそれと相俟って、種や遺伝の秘密（生化学的基礎）を最後的にばくろするものである。この研究が完成されるときにこそはじめて、ミチューリン・ルィセンコ学説は経験的性質を脱して真に科学的な完成があたえられるわけである。(43)

この山田の言説は、それなりに健康的である。ミチューリン・ルィセンコ学説はまだ科学以前の仮説の段階にあり、それに科学的基礎を与えるためには何をしなければいけないのかということを明確に述べている。それは、物質代謝のタイプを人為的に変える過程の生化学的解明であると指摘している。ルィセンコ学説において生化学的研究が不足しているとの批判は、八杉によっても戦前からいわれ続けてきたが、結局は果たされないままに終わった。

一方では、武谷技術論に対する批判は、山田自身の見解も大きく変わっていったが、かなり後まで続行した。ただ、武谷―山田論争が終結を迎えたころは、山田自身が政治的・思想的に大きな転機を迎えていた。山田の論文集『認識論と技術論』(38)に掲載されている略年譜によれば、次のような事情があったとのことである。

一九五一年に千葉工業大学を退任してから、一九五五年一〇月に明治大学経営学部に専任講師として再就職するまでの期間は、山田論文の発表は途絶えた。病気ということもあるが、おそらくは当時の朝鮮戦争下に日本共産党の分裂、非合法化と関連する休筆、教壇退去と思われる。

ここで、もう一つ指摘しておきたいことは、現在でもオパーリンは、ルィセンコとは異なって、高く評価されていることに対する、矛盾である。オパーリンは熱烈なルィセンコ支持者であっただけでなく、ルィセンコ学説の推進者でもあったということを忘れてはならない。ここから思い出されるのは、徳田御稔が一九六三年に書いた『進化学入門』[46]に書いていた文章である。

オパーリンは、生物の適応性は、どの生物にもある基本的な性質であるから、その起原は生命の起原と結びついたものであるといい、従って適応過程で生じる変異の研究はきわめて重要であると述べている。この立場から彼は、ミチューリン・ルィセンコ派の主張する遺伝学の立場を支持して、つぎのようにいう。「この私の述べた意見は、多くの信心深い遺伝学者（突然変異の遺伝学だけを考えている遺伝学者）にとって異端と思われ、それによって私は〝破門〟されるかも知れないが、私が考えた結論は不可避的なものと考えざるをえない。」

日本の生物学者のなかには、オパーリンには好意をもつが、ルィセンコにはあまり好意をもたないというひとがいる。人物に対する興味なら、そのようなことはありうるのだが、学説を問題にしている際にはこの分離はまことに不可解といわざるをえない。そのようなひとは、オパーリンの業績を紹介する際に、ことさら遺伝学にはふれぬようにしているので、とくに読者に注意をうながしておきたい。

山田は武谷―山田論争終焉後、約一五年目に久し振りに「生命」に関する論文を発表した。サイバナティクスを援用して、機械論、それも人間機械論を再評価しようという興味深い内容である。

周知のように、生物の行動について、昔から、機械的な説明のしかたと、超自然的な、目的論的な説明の仕方が対立していた。双方の溝は、要するに、一見目的的な生物の順応行動が機械的なしかたでは説明できなかったという点にある。そしてその最大の理由は、両者の中間にある系について、これまで人間がほとんど何の経験も持たなかった点にある。古い機械論が、一方では超自然的な形而上学から、他方ではいわゆる弁証法から、排撃された理由も、そこにあった。[47]

人間機械論のもつ従来からの問題点に触れた後、サイバナティクスを含む自動制御系の発展によって、新しい〝人間機械論〟が擡頭して来たと、論じている。従来の目的論を自動制御系によって近似させようという試みは興味深く、他の分野の研究者によって現在でも研究され続いている。[48]八杉も同じような発想で、同じ頃にサイバナティクスに関する自動制御系の論文[49]を発表している。山田の論文では、遺伝子パッターンの話なども記載され、山田が「遺伝」に対する関心を後年まで持ち続けたことが分かる。ただ共産党系の研究者はサイバナティクスには否定的で、次のような見解が一般的であり、非常に保守的な感じがする。

> 現代の機械論者によって、入力と出力との一方向的な結合ではなく相互循環的な結合を示すところのサイバナティクスの理論によって従来弁証法として扱われてきた問題や人間の主体性（目的意識的行為）の問題がもはや原理的に解消されたかのような主張もおこなわれている[50]。

この章では武谷のルィセンコ支持の経過を山田との論争という形で追跡してきた。この論争は、当時では、武谷の圧倒的な勝利と見られてきたが、その歴史を丹念にたどってみると、山田は具体的な遺伝学の知識の上に立って議論しているのに対し、武谷は常に抽象的に論じ、「ソ連における農業の嵐のような発展」や「ルィセンコのソ連における勝利」という情報を背景に、政治的に対処してきたことがよく理解できる。武谷はこの論争の最後まで、論争の核心的論点である「遺伝子説」を論評することなく、ルィセンコを支持し続けた。これらの武谷の手法は、遺伝学の専門的知識の上で議論しなければならない遺伝学研究者と論争する時も変わらなかった。次の章では遺伝学者駒井卓と武谷との論争を検討する前に、その当時の遺伝学研究の歴史を短くまとめてみることにする。

[引用論文]

（1）武谷三男、「哲学はいかにして有効さを取戻し得るか」『思想の科学』（5）、一九四六年。武谷三男著作集1『弁証法の諸問題』（勁草書房、一九六八年）に再掲載

（2）武谷三男、「技術を我らの手に」『私の大学』（7）、一九四六年。武谷三男著作集四『科学と技術』（勁草書房、一九六九年）に再掲載

（3）武谷三男、「実験について」、一九四六年。武谷三男著作集1『弁証法の諸問題』（勁草書房、一九六八年）に再掲載

（4）山田坂仁、「哲学と科学との関係—その機械論的理解に抗して—」、『科学主義工業』（10）、一九四六年

（5）武谷三男、「現代自然科学思想」、一九四六年七月二六・二七日、ラジオ放送「現代思想の展望」一二月。武谷三男著作集

1『弁証法の諸問題』（勁草書房、一九六八年）に再掲載
（6）八杉龍一、「ソ聯の自然科学会展望」『中央公論』（7）、一九四〇年
（7）武谷三男、「哲学者との協力の為の条件―山田坂仁氏に与う」『理論』第一巻第二号、一九四七年
（8）山田坂仁、「科学者との協力の為の条件―武谷三男君に与う」『理論』第一巻第三号、一九四七年
（9）山田坂仁、「批判と前進―武谷氏との論争について―」『評論』（24）、一九四八年
（10）山田坂仁、「再び科学と哲学との関係について」『思想と実践』（北隆館）、一九四八年
（11）武谷三男、「哲学者の知性について」『評論』五月号、一九四八年
（12）武谷三男、「実践の問題について」『季刊理論』七月号、一九四八年
（13）武谷三男、「科学的謙遜について―山田坂仁の「批判と前進―」『評論』（27）、一九四八年
（14）山田坂仁、「科学の階級性について」『理論』六月号、一九四九年
（15）武谷三男、「批判精神について：ラッセルの論文について」『ニュー・エポック』、一九四九年八月
（16）八杉龍一、「批判に答える―ルイセンコ説紹介者として―」『理論』（5）、一九四九年
（17）石井友幸、「進化論における今日の課題」『民主主義科学』（4）46―58、（5）32―43、一九四六年
（18）石井友幸、「ダーウィニズム成立の諸条件」。『生物学と唯物弁証法』（彰考書院、一九四七年）に再掲載
（19）石井友幸、「現代遺伝学とルィセンコ学説」『唯物論研究』（2）、一九四八年。ネオメンデル会編『ルイセンコ学説』（一九四八年）に再掲載
（20）石井友幸、「ルィセンコ遺伝学説」ネオメンデル会編『現代遺伝学説』、一九四九年
（21）中井哲三、「ルィセンコ学説の勝利（第一部）―ルィセンコ遺伝学の成立過程―」『前衛』（45）、一九五〇年
（22）高梨洋一、星野芳郎、「ルィセンコ学説の勝利（第に部）―ルィセンコ遺伝学をめぐる批判と反批判―」『前衛』（46）、一九五〇年
（23）佐以良進、「素粒子論における唯物弁証法―坂田理論を中心にして―」『前衛』（50）、一九五〇年
（24）武谷三男、「批判精神について　哲学・科学における二潮流―「季刊理論派」と「民科理論派」―」『季刊理論』四月号、一九五〇年
（25）八杉龍一、「ルィセンコ遺伝学について」『自然科学』（8）、一九四七年。ネオメンデル会編『ルィセンコ学説』（北隆館、一九四八年）に再掲載
（26）溪内謙、『スターリン政治体制の成立（全四巻）』、一九七〇―一九八六年
（27）溪内謙、『上からの革命―スターリン主義の源流―』、二〇〇四年
（28）Z・メドベイジェフ（金光不二夫訳）、『ルイセンコ学説の興亡』、一九六七年
（29）コミンフォルム、「日本共産党批判」、一九五〇年
（30）廣重徹、「科学史の方法」『京都大学新聞』三月二三日、一九六四年。『科学と歴史』（みすず書房、一九六五年）及び『廣

重徹　科学史論文集』（みすず書房、一九八一年）に再掲載

(31) 井尻正二、「科学の党派性＝ミチューリン学説の理解について＝」『赤旗』、一九五〇年三月

(32) 山田坂仁、「反映論について（1）」、『理論』第四巻第一号、一九五〇年

(33) 山田坂仁、「反映論について（2）」、『理論』第四巻第二号、一九五〇年

(34) 山田坂仁、「客観主義について」、『理論』第四巻第六号、一九五〇年

(35) 山田坂仁、『理性と信仰―大科学者の宗教観―』（ナウカ社）、一九五一年

(36) 武谷三男、「「哲学は有効性を取戻したか―マルクス主義哲学者への批判と忠告―」『思想』（8）、一九五六年。『現代の理論的諸問題』（岩波書店、一九六八年）に再掲載

(37) 山田坂仁、『技術と経営』（白桃書房）、一九六五年

(38) 山田坂仁、『認識論と技術論』（いいだもも編、こぶし書房）、一九九六年

(39) 中村禎里、「「哲学の有効性」論争について」『科学論報』（第五号）、一九六一年

(40) 山田坂仁、『認識論』（三笠書房）、一九五〇年

(41) 山田坂仁、『史的唯物論』（新科学社）、一九五三年

(42) 山田坂仁、「客観主義について」『理論』第六号、一九五〇年

(43) 山田坂仁、「生命について」『理想』第二七四号、一九五六年

(44) 山田坂仁、「明日に生きる思想家・オパーリン」『理想』第二七六号、一九五六年

(45) オパーリン（山田坂仁訳）、『生命の起原』（慶応書房）、一九四一年

(46) 山田坂仁、『認識論と技術論』（いいだもも編、こぶし書房）、一九九六年

(47) 徳田御稔、『進化学入門』（紀伊屋國書店）、一九六三年

(48) 山田坂仁、「生命―とくにサイバナティクスの観点から―」、『理想』第四〇〇号、一九六六年

(49) 大塚淳、「生物学における目的と機能」『進化論はなぜ哲学の問題になるのか』（松本俊吉編、勁草書房）、二〇一〇年

(50) 八杉龍一、「生命論はいかに論じられるべきか」『科学哲学年報』（7）、一九六七年

(51) 岩崎允胤、「日本における唯物弁証法の発展」『北海道大学文学部紀要』、一九七一年

第六章

遺伝学研究小史（1〜3）

武谷の生物学思想をさらに検討していく前に、遺伝学研究の歴史を確認することにしたい。

第一節　遺伝学前史

ラマルクが獲得形質の遺伝に基づく進化論を発表したのが一八〇九年であり、その五〇年後にはダーウィンにより「種の起原」が出版されている。その六年後にメンデルが「植物雑種に関する研究」を発表し、遺伝法則の発見を世に問うた。メンデルの法則は三つの法則から成り立っている。第一の法則は優勢の法則と呼ばれるもので、同じ種で互いにちがった形質を持つ二つの系統に属する個体を交配しても、生まれる雑種第一代（F1）は

第6章-1：遺伝学研究の巨人達

みな一方の系統の形質だけを現わす。F1を互いに自家受精させて得られるF2においては、今度はF1で隠されていた形質が一定の比率（三：一）で現われる。これを分離の法則という。メンデルはさらに二対の対立した形質を持つ場合の雑種で、形質がどのように分離するかを調べたところ、それぞれの形質が互いに何らの干渉もなく、独立に遺伝されることを明らかにした。この現象を独立の法則とよぶ。メンデルの法則は長い間注目されなかったけれど、三五年後の一九〇〇年に三人の研究者によってメンデルの法則が再発見された。このメンデルの再発見という出来事が、その後の遺伝学の急速な発展を準備したのである。同じ年にド・フリースによってオオマツヨイグサの研究から突然変異の現象が見つけられ、彼は種の変化は突然変異の基づいていることを主張した。メンデルの仕事が再発見されてから、数年以内に、染色体（DNAではない）とメンデル遺伝学との間の関係が確立された。

第二節　遺伝子学説の確立

メンデルの発見によって予測された結果から逸脱する現象が見出され、注目を浴びた。そういう逸脱の最初の一つは、カール・コレンスによって見出された、異なるいくつかの形質が、予想されたように独立ではなく、一団となって分離するように見える現象であった。この現象は連鎖と名付けられ、その後、この現象は多くの研究者から報告された。このような連鎖現象の観察に基づいて、遺伝における染色体説がモルガンらによって展開された。モルガンも遺伝が染色体にその基礎を置いているという考え方を受け入れるには、最初は、躊躇したようであるが、一九一六年頃にはショウジョウバエの研究に基づき、遺伝の物質的基礎が染色体にあるという考え方の積極的な弁護者になっていたようである。一九一九年までに五〇〇以上の遺伝子がショウジョウバエのX染色体上に位置を決定された、染色体地図が作成された。一九二六年にはモルガンにより遺伝子説が体系化され、いわゆるメンデル・モルガン遺伝学が確立された。

第三節　遺伝子の実体の解明

その後ソ連で研究し、ルィセンコ論争に直接巻き込まれたマラーによって「遺伝子の人工的変換」という論文が一九二七年に発表された。ショウジョウバエの精子にX線を照射することによって、自然の突然変異率より約一五〇倍も高い率で、突然変異体が得られた。放射線が遺伝的性質を変えうるという事実は、遺伝現象には物質的な基盤があるという概念を確証することになった。その後、紫外線も同様な変化を誘導できることが明らかになり、「二六〇〇オングストローム付近が、照射エネルギーあたり致死及び突然変異誘起に関してもっとも効果的であるという事実は際立っている。これは核蛋白質、特に核酸にもっとも強く吸収される領域である」という事実もホレンダーとエモンズによって、一九四一年に発表された。しかし遺伝子が核酸に結びつくには、まだ先のことであった。その頃は遺伝物質としては蛋白質が考えられていて、核酸には遺伝現象を説明できるほどの多様性はないとされていた。一九三三年になって、ベインターはカの唾液腺細胞中に体細胞の一〇〇倍近くもある巨大染色体を発見し、これを用いて、より詳しい染色体地図も作製された。さらに興味深いことには、この巨大染色体はフォイルゲン反応に陽性（DNAに特異的反応）で、かつ二六〇〇オングストロームの光を特異的に吸収することが認められた。

第四節　遺伝子がDNAであることの同定

一九四四年にはアベリーによる肺炎球菌の形質転換因子の同定が行われた。これにはもちろん長い前史がある。一九二〇年代の初めにイギリスのアークライトは肺炎球菌に二つの型があることを初めて観察した。病原性を発揮する細菌の型は一般に滑らかな（スムーズ）な外皮に被われていて、S型とよばれた。一方病原性が弱い型は細菌コロニーの周辺がぎざぎざ（ラフ）で形も不規則で、R型とよばれた。外皮はアベリーによって炭水化物からできていることが証明された。一九二八年にイギリスのフレデリック・グリフィスは驚くべき発見を報告した。彼はネズミに、無害のR型菌と熱処理で殺したS型菌を同時に接種すると、病原性のあるS型菌

第六章-2：1932年当時のアベリーの研究室のメンバー
（前列中央がアベリー）
出典：岩波現代選書『生命科学への道』

が容易に出現すること見出した。ここに示された肺炎球菌の型の転換は、重大な意義がある実験である。次なる進展は、カナダ人のマーチン・ドーソンによる試験管の中での形質転換実験の成功である。このことによって、制御された実験室の種々の条件下で、形質転換に対する効果を検討することができるようになった。

紆余曲折はあったが、六七歳のオスワルド・アベリーによって、「ここに示した証拠は、デオキシリボース型の核酸が、肺炎双球菌の形質転換活性物質の基本単位であることを指示するものである」という結論を持つ論文が一九四四年に発表された。第二論文で、「純粋なデオキシリボヌクレアーゼは、ごく微量で肺炎双球菌の形質転換物質を完全にそして不可逆的に不活化する」ことを示し、第三論文で、「DNA分解酵素の活性を阻害する物質を加えることにより、転換物質をより効果的に分離できる」ことを証明した。ここにきて、一九四六年、アベリーの共同研究者であるマッカーティーは、「今までに積み上げられた証拠は、形質転換物質がデオキシリボース型の核酸であることを疑問の余地なく確証した」と断言した。しかしながら、他の研究者にDNAが形質転換物質という結論を承認させることは必ずしも容易ではなかった。第一の問題は、形質転換物質の標本中に非常に活性のある蛋白質、極微量でも、が無いことを納得させることはなかなか難しかった。もう一つの理由は、DNAはその当時構造が簡単で、遺伝物質として要求される特徴を持っていないと一般的には考えられ、やはり蛋白質が遺伝物質ではないかという考えが有力であった。ただ、アベリーらの研究が当時の研究者に影響を与えなかったかというと、そうでもなく、アベリーの同僚研究者であったデュボスは、アベリーらの研究に賛同した卓越した遺伝学者としてT・ドブジャンスキー、M・バーネット、パスツール研究所のルウォフ等多数の研究者の名前を挙げている。細菌に感染して増殖するウイルスは、感染の際、自分のDNAを細胞に注入することによって自己複製（増殖）するということを証明したハーシーとチェイスの鮮やかな実験（一九五二年）やワトソン・クリックのDNA二重ラセン構造モデルの解明（一九五三年）もアベリーらの研究に直接的な影響を受けたものである。ワトソンの指導者であったS・ルリアは早くからアベリーらの実験を評価し、遺伝物質はDNAであると考えていた。ハーシーとチェイスの実験やDNA二重ラセン構造モデルは速やかに研究者の認知を受けた。その後遺伝物質としてのDNAの研究は急速に進展し、一九五八年にはクリックによって分子生物学におけるセントラルドグマが提出された。この考えはタンパク質と核酸の間の情報の流れに関するもので、情報は核酸からタンパク質に流れ、タンパク質から核酸には流れないというものである。興味深いことに、この時点でクリックは当時得られていたデータに基づき、RNAからDNAへの情報の流れは可能であるが、実際には確認されていないと結論した。このセントラルドグマが成立する限り、獲得形質の遺伝は考えられない。

武谷・山田論争（一九四六年）が始まり、共産党の論文が出現し（一九五〇年）、武谷が武谷・山田論争の時期外れの勝利宣言を行い（一九五六年）、次の章で取り上げる武谷―駒井論争（一九五七年）が起きた時代の遺伝学研究の現状はこのようなものであった。表-3にもう少し年代を拡げた簡単な生命科学史年表を示しておいた。

表-3：生命科学史年表

1809	獲得形質の遺伝に関する進化論（ラマルク）
1842	染色体の発見（カール・ネーゲリ）
1859	「種の起原」の出版（ダーウィン）
1865	メンデルによるメンデルの法則の発見（メンデル）
1900	突然変異の発見（ド・フリース）
	メンデルの法則の再発見（カール・コレンス／エーリヒ・チェルマルク／ド・フリース）
1916	ゲノム概念の提唱（ヴィンラー）
1924	進化における選択の効果を数学的に解析（ホールデン）
1926	遺伝子説の体系化（モーガン）
1927	遺伝子の人工的変換（マラー）
1928	肺炎球菌の形質転換の発見（グリフィス）
1930	自然選択の遺伝学的基礎（フィッシャー）
1933	巨大染色体の発見（ペインター）
1936	地球上における生命の起源（オパーリン）
1937	ショウジョウバエを用いた集団遺伝学を実験的に展開（ドブジャンスキー）
1939	巨大染色体のフォイゲル反応陽性と260mmの光を特異的二吸収することの発見（カスパーソン）
	生物の突然変異に及ぼす宇宙線の影響に関する研究（ヨロス）
1940	ニコライ・ヴァヴィーロフ逮捕（8月6日）
1943	ニコライ・ヴァヴィーロフ獄死（1月26日）
	ファージ抵抗性の突然変異体を発見（デルブリック、ルリア）
1944	DNAによる肺炎球菌の形質転換（アベリー）
	1遺伝子－1酵素説（ビードル、テータム）
1945	ポーリングらによる分子病の発見(ポーリングら)
1946	細菌の接合と染色体組み換えの発見（レーダーバーグ）
1947	薬剤耐性プラスミッドの発見（秋葉ら、落合ら）
1948	体細胞のDNA含量は組織が違っても一定であり、しかも生殖細胞はちょうどそれの半分を含んでいる（バンドルリ）
1949	電子顕微鏡による、唾液腺染色体上に遺伝子に相当する核蛋白粒子を確認（ビーズ、ベーカー）
1950	シャルガフの規則の発見（シャルガフ）
1952	細菌に感染して増殖するウイルスは、感染の際、自分のDNAを細胞に注入することによって自己複製（増殖）するということを証明した。(ハーシー、チェイス)
1953	バクテリアファージによる形質導入はDNAによっていることが証明された（レーダーバーグ）
	DNAの二重ラセン構造の発見（ワトソン、クリック）
1955	米の物理学者ジョージ・ガモフが「DNAの塩基の配列が遺伝情報である」と予言
1956	DNAポリメラーゼⅠを発見（コーンバーグ）
1957	DNAの半保存的複製の発見（メセルソン、スタール）
1958	DNAポリメラーゼの発見（コーンバーグら）
	分子生物学におけるセントラルドグマの提出（クリック）
1960	オペロン説の提唱（ジャコブ、モノー）
	RNAポリメラーゼ(RNA合成酵素)の発見（ワイス）
1961	遺伝子暗号解明の始まり（ニーレンバーグとマティ）
1963	アロステリック蛋白質の概念の導入（モノー）
1965	人工m-RNAを利用して、遺伝子暗号を解明（コラナ）
	m-RNAに含まれる遺伝暗号を解明（ニーレンバーグ）
1967	自己増殖能を持つウイルスＤＮＡの人工合成に成功（コーンバーグ）
1968	中立進化説の提唱（木村資生）
	制限酵素の発見（メセルソンとウアン）
1969	遺伝子暗号解明（コラナ、ニーレンバーグ）
1970	人工的に遺伝子を合成することに成功（コラナ）
	遺伝子重複説（大野乾）

第五節　春化処理の農業への応用

ここで、以後の展開にも関係するので、ルィセンコの仕事のうちで評価の高かった春化処理に少し触れておきたい。ルィセンコは秋播性小麦を温度処理することによって春播性小麦に、逆に春播性小麦を秋播性小麦に転換できるというバーナリゼーション（春化処理）で有名になった。この春化処理によって遺伝性を変化させ得るという仕事は現在否定されている。

一方、ルィセンコの多くの間違った実験の中で、春化処理の農業への応用が大成功を勝ち得たことだけは真実であるかのように、多くのルィセンコ支持者は記載してきた。これは本当だろうか。中村禎里は三〇年ぶりに再刊した『日本のルィセンコ論争』[4]のあとがきで、次のように記している。

ヤロビにも相当の増収効果があったのだとしたら、多肥料・多農薬農法が自然破壊と食品汚染の一因として糾弾されつつある現在、無公害まちがいなしのヤロビが見なおされてもよいはずではないか。無害な農法として話題にのぼっている有機農業は、段当生産性から言っても、労働力吸収性からいっても、報告されたヤロビの効果にはとても匹敵しない。ヤロビ全盛時代に不足がちな唯一の設備は冷蔵庫であった。けれども冷蔵庫は、今やほとんどの農家に普及している。にもかかわらず、ヤロビはなぜ復活しないのか。ヤロビにはもともと効能がなかったのではないかという、疑念が私の心から離れない。

メドヴェジェフの本[5]を調べてみたところ、次のような記述に出あった。

ルィセンコの名前を実際に有名にしたのは、いわゆる春化処理、つまり冬作物例えば秋播き性のコムギを春播きにしても収穫がえられるような農業技術の発見であった。ルィセンコが、自然科学と農業の分野で世界的なセンセーションを巻き起こし、また彼がソ連のトップに一躍伸し上がったのも、この発見のおかげである。

秋播く作物の性質についてのルィセンコとドルグシンの論文は、ほとんど注目されなかった上、その「方法論」と「重要な発見だ」という二人の主張は、厳しい批判を受けた。(このとき批判した一人である)マクシモフはまもなくブルジョア科学者反対のキャンペーンの犠牲になり、サラトフに流された。

春化処理は、最初秋播き性コムギに用いられていたが、その後春播き性コムギにも行なわれるようになった。これは春化処理を施した場合、秋播き性小麦の収穫量が減ることが分かった。なお春播き穀物の春化処理は、戦前においてすら非常に少なくなり、その後この方法は忘れ去られ、ルィセンコ自身も、それを宣伝していない。

サナトフ刑務所はヴァイヴロフが一九四三年に獄死し

た刑務所である。別の本[6]ではもっと端的に、

　ルィセンコは「春化処理」方式で有名になったが、
　これは後に効果がないことが明らかになった。

春化処理により遺伝性が変化したことは誤りであったことはよく知られているが、どうやら春化処理の農業への応用も過去にルィセンコ支持者が言うほど有効ではなかったようだ。

（6）Z・メドヴェジェフ（熊井譲治訳）、『ソ連における科学と政治』（みすず書房）一九八〇年（原著は一九七八年にアメリカで出版された）

［引用文献］

（1）R・J・デュボス（柳沢嘉一郎訳）、『生命科学への道―エイブリー教授とDNA―』（岩波書店）一九七九年

（2）F・H・ポーチュガル、J・S・コーエン、『DNAの一世紀、Ⅰ、Ⅱ』（岩波書店）一九八〇年

（3）H・F・ジャドソン（野島春彦訳）、『分子生物学の夜明け（上、下）』（東京化学同人）一九八二年

（4）中村禎里、『日本のルィセンコ論争』（みすず書房）一九九七年

（5）Z・メドヴェジェフ（金光不二夫訳）、『ルイセンコ学説の興亡』（河出書房新社）一九七一年（原著は一九六一〜一九六七年にかけて執筆されている）

第七章
武谷三男—駒井卓論争

第一節　論争の再発見　武谷三男—中村禎里論争

一九七一年四月の『朝日ジャーナル』に中村禎里はその年に刊行された星野芳郎編『科学技術の思想』[1]の書評[2]を載せた。そこで、

> 本書のような論華集に対する批評は、選ばれた各論文の内容についてなされるべきではなく、論文の選び方に向けられるべきであろう。[2]

として、本書が武谷学派に重点をおいて選ばれている点を指摘し、次のように論じた。この論文集では武谷自身の論文が三報も掲載されている。

　収められた遺伝学と進化学にかんする武谷の論文が、掲載に値するほどの思想的価値をもっているとは考えられない。たとえば武谷は、ワイスマンのネズミの尻尾切り実験を引いてそれが後天性遺伝否定の根拠にはならないといっているが、一九五〇年代の後半になって、このような実験にもとづいて自説を主張する遺伝学者はひとりもいなかったはずだ。武谷はまた「遺伝学者は後天性遺伝を否定する」と主張しているが、慎重な遺伝学者は後天性遺伝は証明されていない、と表現するであろう。ていどの低い敵手を攻撃した論争的

第7章-1：中村禎里が問題にした星野芳郎編『戦後日本思想体系：科学技術の思想』

論文の思想がたかくなるはずもない(2)。

と論断した。中村禎里は『ルィセンコ論争』(3)の著者で、獲得形質の遺伝に関しても造詣が深い。『ルィセンコ論争』は中村が大学院生の時に書いた本で、膨大な文献を集め、整理し、まとめあげた力量は素晴らしい。武谷は一九七五年一月に発行された『現代生物学と弁証法　モノー『偶然と必然』をめぐって』(4)という本の中で、この中村の書評を取り上げ、特に「ワイスマンのネズミの尻尾切り実験は評価されていない」について、科学史家の無用心と非難した。

武谷は、

ちゃんとした教科書にはやはりワイズマンをそうという重要な意味をもたして書いているのですよ(4)。

といって岩波の『現代生物学入門三　遺伝』(ボナー著)(5)の「後天形質」の章を紹介している。では、ボナーはどのように書いているかといえば、

この問題(獲得性遺伝)はドイツの科学者アウグスト・ワイズマンによって何年も前に実験された。彼が純系のハツカネズミの尻ッポを何代にわたって生まれたときに切り続け、最後にこのハツカネズミを交配して子孫を調べた。この実験はもちろん大まかなものであるが、少なくともその時代に固く信じられていた後天形質の遺伝に疑いをもたらした(5)。

武谷の説明とは大分異なっている。この武谷の文章には二つの意識的なすり替えが見られる。一つは武谷の論文は一九五七年に発表されているのに、一九六二年に日本で翻訳・発行されたボナーの本を引用している。一九八五年に発行された『思想を織る』(6)においても、

その時代の教科書を見ると、みんなワイズマンのネズミのしっぽ切りの話が書いてあるのです。たとえば、岩波の〈現代生物学入門〉――

と書いてある。少なくとも有効な反論を示すためには一九五七年以前の論文を引用するのが公平であろう。二つ目は、ボナーにおいてもワイスマンの実験で後天性遺伝が否定されたとは書いてなく、

その時代に固く信じられていた後天形質の遺伝に疑いをもたらした(5)。

と書いてあるだけである。

では、そこで問題になった武谷の論文の内容はなんだろう。少し時代をさかのぼって、武谷と彼によって批判

された駒井との論争の中身を覗いてみよう。

第二節　駒井論文「現代進化学の概観」

ここで、武谷の批判の的になった駒井論文を最初に見ておこう。駒井卓は一九五七年の『思想』三月号に「現代進化学の概観(7)」という論文を発表した。冒頭で、進化論は進化学に変わり、素人や専門外の人々が、その内容についてとやかく議論したり、見解を述べたりし得るようなものではなくなったと次のように記している。

第7章-2：駒井卓
出典：http://www.nig.ac.jp/museum/material/01_c.html

> 初めにはっきりさせておいた方がよいと思うことは、進化学は生物学の一分科である。しかも生物学の諸分科の知識を総合したものの上に築かれるものであるということである。昔から進化論などといいならわしたところから、哲学じみた論とか説とかいった性格のものだと誤解されることが少なくない。今はよほど変わった。今の進化学は実験観察を元にし、その上に数学的推理をほどこすという手続きをとって研究を進める自然科学である。従って性質上、素人や専門外の人々が、その内容についてとやかく議論したり、見解を述べたりし得るようなものではない。現在の進化学の発達は遺伝学の発達に負うところが多く、従ってその理解と推進には、遺伝学の確実な基礎知識が必要である。

ここで、現在の進化学の発達は遺伝学の発達に負うところが多いので、遺伝学の確実な基礎知識がなければ進化学を理解したり、推進することはできないことを強調している。続いて、現在の進化学の公理ともよべる研究の出発点を四点挙げ、その四番目には、

> 生物の形質の基本には遺伝子があり、その本性は容易に変化しないものである。それが真に変化するのは突然変異により、この種類の変異のみが進化に重要な意義を持つ。生物の体組織に直接環境から受ける変異

は、突然変異とは別なもので、遺伝することなく、進化に対する意義も考えられない。それで後天性遺伝を進化の主因と考えるラマルク説およびその亜流は、今一般の進化学者は問題にしない。

と述べ、現代遺伝学の基礎として、遺伝子学説の確立とその重要さの揺るぎないことを指摘し、突然変異だけが進化に重要な意義があり、後天性遺伝などはもはや問題にしないと強調している。しかし、遺伝子と各形質の表面上の発現は必ずしも相同性を示さない事も詳述している。

その遺伝子の性質はその支配する表面上の形質には影響されずに、子孫に伝えられていく。生物の進化に本質的な関係を持つのは、主としてこの遺伝子である。従ってこの遺伝子に関係のない変化は進化には関係がない。後天性の変化はこのような変化である。生物個体の初めの受精卵には、その個体の持つ遺伝子がすべて揃っており、これらが個体発生のある時期に一定の作用を現わして、次第にその個体を形成してゆく。この途中に外部から受ける影響がすなわち後天性のものであるが、これらはその個体の発生には、若干の影響を与えることがあっても、それらは遺伝とは関係がない。

遺伝子に関係のない変化は進化には関係がないし、後天性の変化は遺伝子の変化を伴わないから、進化とは関係がない、と断定している。一方、自然淘汰説の進化に対する意義は、二〇世紀の初頭二〇年余に突然変異の進化における意義が強調された反面、近年不当に軽くみられていたが、数理上から自然淘汰の進化における意義の重要さが証明されたとして、英国のホルーデンらの名前を挙げている。従来自然淘汰における一つの難問は、

たとえ或る新しい変異を有する個体が生じても、在来のものとの交雑のため、その変異は数代もたつうちにうしなわれるのではないか。

ということだった。しかし、

遺伝の基本にある遺伝子は、一定不変の特性を有し、それは交雑によって対立遺伝子と同居しても変わらず、ホモの姿になれば、また純粋の形となって現われる。ことが明らかになり、解決された。そこで、ハーディー・ワインベルグの法則――

交配が自由に行われている大集団では、原則的にそ

の遺伝子構成は変化しない、つまり交配によって変異が失われてゆく危険性はない――が成り立ち、この結果、自然選択説も大きく進歩して、自然淘汰の理論の大難点が救われたと述べている。このハーディー・ワインベルグの法則に、突然変異、各遺伝型を有する個体の適応力の違い等の条件を考慮に入れた修正が数理学者によってなされ、集団遺伝学が成立したとしている。続いて駒井はテントウ虫やショウジョウバエの進化の実例を集団遺伝学的方法で紹介しているが、最後にすこし弁解気味に述べている。

> ただ読者はここで、私の述べたところが同一種の内の細かな差違の原因とその変化とに限られ、更に大きな種間、属間さらに綱目などの間の大きな違いが如何にして起ったというところに遠くおよばないことを不満とされるだろうと思う、正直にいって、今の進化学はこのような大きな群れの差違の起源を問うところまで発展していない。
>
> 多くは小さな種間の差違が数百万年またはそれ以上の間に、種々のこみ入った手続きを経て、或は発達し或は重複しなどして、それに自然淘汰や突然変異や移住などの影響を受け、遂に高次の差違まで発達したものだと考える。

この駒井論文は一九五七年当時の遺伝子研究と進化論研究の現状を明らかにし、科学としての進化学の立場に立って、遺伝子説が揺るぎない基盤形成をなしとげたことを宣言している。遺伝子に変化をもたらさない変異は遺伝や進化とは関係がない、後天性の変化は遺伝子に変化を来さないので、後天性遺伝は考える必要がない、自然淘汰の理論の持っていた弱点は克服され、数理計算に基づく集団遺伝学が発展と記し、その実例も示している。そして、その当時の遺伝学が、同一種の細かな差違の原因とその変化とに限られ、さらに大きな種間、属間さらに綱目などの間の大きな違いが如何にして起ったというところにはまだまだ遠くおよばないことも率直に認めている。

第三節　武谷の駒井論文批判

武谷はこの駒井の論文について反論した。武谷の『思想』論文「現代遺伝学と進化論」(8)には「主流的見解への

方法論的疑問」という副題がついている。この論文は駒井論文の掲載されている『思想』の同じ号に掲載されている。最初に、

遺伝学にしても、また遺伝学から進化論を考える場合にしても、今日の正統の遺伝学者の考え方には、われわれのように、ほかの学問の領域に携わる者から見て、さまざまな方法論的な疑問の生ずるいろいろな傾向がある。もっとも強く感じるのは、宗教やイデオロギーに制約された時代からの名残として、生物についての考え方の固定化が残っているのではないかということである。

と述べているが、武谷の強調する「生物についての考え方の固定化」というのは具体的に述べられていないので、意味不明である。さらに、

この進化論や遺伝学においては、必要条件だけでものを考え、ある特定の考え方である現象を説明できるからといって、他の考え方をすべて排除しまうというやり方があるのではないかと思われる。新しい考え方というものはしばしば現在の考え方と対立し、かつまた従来の考え方ほど上手にさまざまな現象をはじめから説明しないかも知れない。またある特定の現象を非常に都合よく説明できても、ただちにあらゆる現象を都合よく説明できるとは限らないし、多くの現象の説明に、従来の考え方の方が都合のよい場合がある。しかし従来の考え方にある限界がきている場合には、ひじょうに少数の現象といえども、従来の考え方に致命的な打撃を与えるということがしばしばある。そういう場合、新しい考え方がその新しい現象を適切に解明できるならばその新しい考え方を充分に尊重する必要があるのである。

と前置きを述べている。一般論としては、武谷のいうことは間違ってはいないが、この主題に関する限り、もっと具体的に論じないと、論争が実になるものにならない。メンデル遺伝学の限界とは何か、メンデル遺伝学に致命的打撃を与えている現象とは何か、メンデル遺伝学の限界は獲得形質遺伝を考えることでどのように打開できるのか、ルイセンコ学説がどのような新しい現象をどのように適切に解明できるのか等具体的に論じる必要がある。また、武谷の主張には、十分条件が示されていないだけでなく、必要条件も示されてはいない。後年『生

物学と唯物弁証法』の中で、必要条件／十分条件が表の論理／裏の論理と題されてかなり議論されるが、武谷のその理解は非常に曖昧であることが暴露されている。その点については、第九章の「ジャック・モノーと武谷三男―現代生物学と弁証法―」で詳しく触れたい。ここから武谷は本論に入り、

遺伝学者はいちじるしくとらわれたものの考え方をしているのではないか、某々学説にはデータがないとか足りないとかいって見向きもしない人があるのはわれわれを驚かすのである。またわれわれから見るとどうも後天性遺伝を否定する十分な証拠はないように見える。特定のはんいでは否定されうるかも知れないが、そうだとすれば後天性遺伝の否定の考えは科学でなくて哲学であろう。したがって他の哲学も自由なはずなのに、遺伝学者は何故かしらないが、その議論になると感情的になって、ただ否定されたと頭ごなしにいうだけである。これはどうも科学ではないようにわれわれから見ると見える。

と論争の前提を述べる。「われわれから見るとどうも後天性遺伝を否定する十分な証拠はないように見える」という長年の主張も、ルィセンコ学説という新しい考え方が登場して以来約三〇年が経過しているのであるから、そろそろ「後天性遺伝」を積極的に支持する証拠を出すべき時期に来ている。「特定のはんいでは否定されうるかも知れないが、そうだとすれば後天性遺伝の否定の考えは科学でなくて哲学であろう」の二つの文章が何故「そうだとすれば」で結ばれるのかが理解できない。武谷の文章の特徴の一つは接続詞や接続句で文章をつなぐ際に、時に論理性を著しく欠くことである。続いて、『思想』の同月号に掲載された駒井卓の論文を次のように要約する。

遺伝学者（駒井）は後天性遺伝を否定する。すなわち、今の自然淘汰説の内容は、かなり元のものとは違っている。生物の体組織に直接環境から受ける変異は、突然変異と別なもので、遺伝することなく、進化に対する意義も考えられない。それで後天性遺伝を進化の主因と考えるラマルク説及びその亜流は、今一般の進化学者は問題にしない。遺伝子に関係のない変化は進化に関係がない。後天性の変化はこのような変化である。遺伝子は個体発生のある時期に一定の作用を現わ

して、次第にその個体を形成して行く。この途中に外部から受ける影響がすなわち後天性ものであるが、それは遺伝とは関係がない。このことは、メンデリズムそのものから帰納されるし、また、ヨハンゼンの純系の発見によってそう明らかにされている。

駒井の論文の前半部分をキメラ的ではあるがかなり正確に要約している。ただ、武谷が記しているように、駒井は「後天性遺伝を否定する」とは書いていない。正確には、駒井の主張は「獲得形質の遺伝を無視する」あるいは「獲得形質の遺伝は問題にしない」と要約すべきである。続いて、武谷の意見を次のように述べる。

今日までどのような教科書を見ても、後天性遺伝ないしは獲得形質の遺伝を否定しているが、その証明はワイズマンの実験から一歩も出ているようには思えない。論理的にいっても、獲得形質の遺伝ということは簡単に否定できるとは思えない。

「どのような教科書を見ても、獲得形質の遺伝を否定している」という武谷の断定は根拠がないし、誇大表現である。彼は論争相手がこのような表現を用いたらすぐに反論するだろう。「獲得形質の遺伝ということは簡単に否定できるとは思えない」という武谷の反論も、中村が述べているように慎重な遺伝学者は「獲得形質の遺伝は証明されていない」、または、「明確に証明された獲得形質の遺伝の報告はない」と表現する。獲得形質の遺伝否定の証明はワイスマンの実験から一歩も出ていないと記しているが、世間で獲得形質の遺伝といわれている実験についてかなり詳しく検証してきていて、その結果検証に耐えた獲得形質の遺伝の実験は見つかっていない。しかしながら、ここから、武谷の獲得形質の遺伝も可能性があるという得意な根拠を述べ始めるが、第五章で引用した戦後直後の文章と酷似している。

生物の個体は環境に適応して変化する。個体発生にあたっては、たとえば受精された卵が次第に増殖していって、生物の個体の発生に導いていくのであるが、生殖細胞は、それが分化するまでは生殖細胞としては存在しない。すなわちいわば体細胞のみしか存在しない。そしてその後にそれから分化してくるのであろう。体細胞が環境からなんらかの影響を受けていることは認められており、したがって、発生段階ではその影響を受けた体細胞の一部が生殖細胞になっていくということからして、生殖細胞がその後天的な影響を蒙らないという理由は、先験的には考えられない。また、からだの一部をなしている生殖細胞が、からだ全体が受けた影響を受けないという理由も考えることは困難である。獲得形質の遺伝というものを否定するためには、非常に多くの、さまざまなヴァラエティのある実験が必要である。そのような実験を行わずに一挙に後天性遺伝を否定することは早計であるといわねばならない。

武谷のこの獲得形質の遺伝の成立機構にかんする論理は、戦後直後に述べた考え方[9]を一歩たりとも進歩していない。獲得形質の遺伝というものを完全に否定することは、たとえさまざまなヴァラエティのある実験を行っても難しい。できることは獲得形質の遺伝であるという実験結果が出たらその実験を一つずつ詳しく検討して正否を判断していく以外にはない。それでも「獲得形質の遺伝は証明されていない」、または、「明確に証明された獲得形質の遺伝の報告はない」と表現する以外にはない。武谷の論敵であった山田坂仁も「獲得形質が遺伝することは、今日のところまだ実験によって証明されていない[10]」と述べているにすぎない。一方、武谷は獲得形質の遺伝以外では説明ができないという例を提示する必要がある。もちろん遺伝学研究者も環境が生殖細胞に影響を与えることがあることは認めている。放射線の影響が生殖細胞に影響を与えることは誰もが否定しないであろう。ただこのような場合は後天性の遺伝とはいわない。後天性の遺伝という主張には「適応」というニュアンスがあるが、武谷は故意にそれにふれるのを避けている。駒井の論文を読んでも、駒井自身は獲得形質の遺伝を考慮する必要性を全く感じていないが、獲得形質の遺伝というものを頭から否定するのではない。実際に突然変異を発生する遺伝子が優勢な場合もあり得ることを例示し、小進化と大進化の関係についても慎重に論議している。武谷の論理の展開の仕方の特徴は「曖昧な推理の連続上に確定的な結論を出す」にあると述べたが、この論文も典型例の一つであり、この特徴は戦後初期から変わらない。これは後ほど再び触れる積もりである。

ここで読者は奇妙な現象、武谷が同一雑誌に掲載されている論文を引用して反論を加えていること、に気づかれるであろう。この秘密を、『現代生物学と弁証法[4]』の中で得意げに書いている。

この秘密を申しますと、実は一九五七年三月の「思想」に駒井卓先生に書いてもらったのです。その当時「思想」のその特輯号は、ぼくがこれの全体のマネージャーなんです。書いてもらってきた論文を見てその反論を書いたのです。

編集者のモラルに極端に反しているという意識はまったく感じられない。一九八五年に出たインタビューに基づいて書かれた『思想を織る』(6)にも自慢げに話している様子がうかがえる。

実はこれには裏話がありましてね。当時「思想」の編集に僕はタッチしてまして、駒井先生に論文をお願いしたのですよ。それを僕はカンニング、つまり現代の遺伝学者はどんなことを書くかということをチラチラと見て、それで僕の論文を完成して、同じ号に載せちゃった。そしたら駒井先生がカンカンに怒ってそれに対する反論を次の号にお書きになったんです。

このような武谷の開き直りを知ってしまうと、『現代の理論的諸問題』(11)（一九六七）の序に書いてある、

この私の論文に対して、正統派遺伝学者の駒井先生が〝思想〟のその次の号に反批判を下さったのですが、これはかなりイデオロギー的色彩のあるものでした。私はこれに反論をしようと思ったのですが、〝思想〟の adviser から止めた方がよいだろうという忠告を受けて止めたのです。

という文章も白々しい感じがする。『現代生物学と弁証法』(4)の中でも、次のような話

この「程度の低い敵手」というのは誰かといいますと、これは駒井卓先生なんだ。駒井卓先生は五七年には非常に程度の低い敵手なのでしょうか。

を言って、対談相手の野島徳吉に、「当時の遺伝学の大家ですね」と言わせている。ここにも武谷特有のすり替えがある。中村は「ワイズマンの実験に基づいて後天性遺伝学を否定する」遺伝学者を程度の低い敵手と呼んだわけで、ワイズマンのその実験を評価していない駒井をさしているわけではない。どうやら武谷は相手像を自分の論理でつくり上げて、つくられた相手の像を徹底的に攻撃するという傾向がある。

ここで武谷は獲得形質の遺伝があるという論理を展開するが、それは一〇年以上前に発表した「現代自然科学思想」(9)の文章をそのまま引用している。この文章は先ほ

ど引用した獲得形質の遺伝も可能であろうという文章とほとんど同一である。さらに、この文章も以前紹介したように、曖昧な根拠を連続させ、根拠なしに明確な表現にステップアップし、最後に「ある意味での獲得形質の遺伝が考えられるのである」と明確な結論をえる論理展開も同一である。『現代生物学と弁証法[4]』の中で、上記の主張について、

それは何も証拠がないといえばないし、あろうはずもなかろう――だからぼくは要するになんでもいいんです。

と、非論理的な発言をしている。もうひとつ指摘しておかなければならないことは、武谷は遺伝学や分子生物学の獲得した最新の成果に殆ど触れていない。駒井に反論するのに一〇年以上前の文章をそのまま引用するだけでは反論にならない。その武谷の主張については駒井も充分承知をしている訳であるから、その後の遺伝学の進歩を前提として武谷も議論しなければならない。一九五七年といえば、アベリーのDNAによる肺炎球菌の形質転換の報告から一三年、速やかに研究者に受け入れられたワトソン・クリックのDNA二重ラセン構造モデルの解明から四年も経過している。

第四節　駒井卓の武谷批判

駒井は『思想』の次の号に、「遺伝進化学進歩の要件[12]」という論文を執筆し、反論に出た。武谷に依って「かなりイデオロギー的色彩」といわれた論文であるが、ほとんどイデオロギー的色彩を見出すことはできなく、このような決めつけ方は武谷式攻撃方法の一つの典型である。駒井はどのような反論を書いたのか。最初にちょっと皮肉を書いている。

『思想』三月号に、いわゆる主流遺伝進化学者の見解について、武谷君の批判が出ている。その中に同号に載った私の考えに対する批判もある。

駒井の反論の中から、後天性遺伝の問題を取り上げてみよう。カンメラーの実験、パブロフのハツカネズミの仕事やルィセンコの仕事を取り上げ、

後天性遺伝の明らかに証せられた実験というものは今までに一つもない。後天性遺伝を否定したという実験は、ワイズマンのネズミの尾を切った話が古典的で

あるが、これは誰にも分かるように、くだらない実験である。今の遺伝学者でこの価値を認めるものは恐らく誰もいない。

ワイスマン自身[13]も、

獲得形質が遺伝されるということは決して証明されていない。また、獲得形質の遺伝を考えなければ生物界の進化が理解出来ないということも決して証明されていない。

と記していて、やはり、「獲得形質の遺伝は証明されていない」という意見を述べている。駒井には、

もとより百万以上もある動植物のあらゆる種について、さまざまな実験を行なって見れば、あるいは後天性の遺伝の事実の見られることもないとは誰も保証し得ない。殊に生物の各形質の分化について遺伝子の行う役目については、我々の知識は極めて乏しい。この大切な問題が完全に解明されるまでは、後天性遺伝の可能不可能は十分に断定するわけには行かないだろう。一体このような一般的の問題については完全な否定というものは殆どできないものであることは自明の理である。私たちも後天性遺伝の証拠が続々示されて、「それ見たことか」とからかわれるまで生きていたいと祈っている。

と書かれてしまっている。その他にも、「小進化の経過について」や「突然変異の進化についての意義」についてなども今日的見地から見て、当時の事情を考慮しても、適切な指摘である。駒井は一九五八年の『科学』三月号の巻頭言に「昔の進化論と今の進化学[14]」を書き、

遺伝の基礎には遺伝子があり、生物個体の表現形質と関係はあってもこれとは別に、高度の安定性を持っていて変化しがたいものである。そのために表現形質が外部から影響されても遺伝には無関係である。すなわち後天性遺伝の可能性は考えられもせず、証明された事もない。

と、「遺伝の基礎には遺伝子がある」ことが今の進化学の基礎であると断言している。武谷―駒井論争の前に、その当時の日本における遺伝学理解の現状を見るに格好の座談会が『科学』に掲載されていて[15]、非常に公平な討論がなされている。ソ連の研究についても、次のような公平な発言がある。

野口　今度の会議（遺伝学の国際シンポジュウム）には

ようです。

辻田　ソヴェトからも学者がきて、混成受精の話をすると思います。ソヴェトの研究は、よく聞き吟味する必要があると思います。会議の席上でもおそらくいろいろな質問が出るそれに対して何人も納得できるような、はっきりした証明があるならば、そういう研究は貴重な資料になると思います。

その座談会では、遺伝子と核酸についても論議されている。

篠遠　吉川さんは遺伝子と核酸は同じと見てよいというお考えではないですか？

吉川　いわゆる核遺伝子は染色体の中にあると考えてよいと思います。遺伝子と核酸特にＤＮＡが密接な関係にあるという証拠はたくさんあるのですが、一番はっきりしたのは形質転換という現象がはっきりしてからでしょう。これは或る細菌の核酸（ＤＮＡ）だけをとって別の細菌に作用させると、はじめの細菌の形質があとの細菌に移るという現象です。そのほかファージが感染するときにはＤＮＡだけが細菌の中に入って、それが菌体内で増殖してまた新しい蛋白やＤＮＡを作っていく、その他たくさんの理由で最近ではＤＮＡこそ遺伝子の本態と考えられています。

このように遺伝子の実体に迫る研究が着々と進んでいるのに、武谷は遺伝子説に対する論議を避けているために、駒井に対して正面からの論争は結局できなかった。武谷の遺伝学、分子生物学や進化学についての知識に遅れが目立つ。

第五節　論争の残したもの

武谷の『思想』論文を読んでもう一つ奇妙なことがある。あれほど持ち上げていたルィセンコについての言及がないことである。獲得形質の遺伝という言葉が頻繁に出てくるし、オパーリンの生命の起源、ラマルク説、メンデルの遺伝学説、あるいはメンデル－モルガン理論等の言葉も出てくるが、不思議なことにルィセンコ（学説）のことが出てこない。武谷の生物学（思想）についての発言が、ルィセンコより始まっていることを考えると、武谷の説明なしの退却の姿勢が感じられ、無責任と言われてもしかたがないだろう。武谷が時期外れの武谷—山田論争の勝利宣言を行ってから、まだ一年しか経っていない。

この論争で明らかになったことは、武谷のカンニングは別としても、武谷は生物学に関して論理的な議論ができないことであり、また、戦後発展した遺伝学や分子生物学の知識を十分に習得しているとはとても思えないことである。駒井が遺伝子論を基礎とする進化学の進歩の上に立って具体的に論を進めているのに、武谷はそれに具体的に反論するのではなく抽象的な議論で対応しているし、論争相手を反論しやすい姿に作り上げ、その作り上げた姿を攻撃している。武谷が一〇年以上前の自分の意見を主張するのはいいが、その一〇年間の科学の進歩もとりいれた議論をすべきであった。ここに見られるのは明らかに武谷の不勉強の姿であった。

[引用論文]

（1）星野芳郎編、『戦後日本思想体系』第九巻「科学技術の思想」（筑摩書房）、一九七一年
（2）中村禎里、「武谷学派に重点—星野芳郎編『科学技術の思想』」『朝日ジャーナル』一九七一年四月
（3）
（4）中村禎里、『ルィセンコ論争』（みすず書房）、一九六七年
（5）武谷三男、野島徳吉、『現代生物学と弁証法　モノー『偶然と必然』をめぐって』（勁草書房）一九七五年
（6）ボナー（陶山義高訳）、『現代生物学入門3　遺伝』（岩波書店）、一九六二年
（7）武谷三男、『思想を織る』（朝日新聞社）一九八五年
（8）駒井卓、「現代進化学の概観」、『思想』三月号、一九五七年
（9）武谷三男、「現代遺伝学と進化論—主流的見解への方法論的疑問—」『思想』三月号、一九五七年。『現代の理論的諸問題』、（岩波書店、一九六七年）に再掲載
（10）武谷三男、「現代自然科学思想」一九四六年七月二六・二七日、ラジオ放送、「現代思想の展望」一二月
（11）山田坂仁、「哲学と科学との関係—その機械論的理解に抗して—」、『科学主義工業』（10）、一九四六年
（12）武谷三男、『現代の理論的諸問題』、（岩波書店）一九六七年
（13）駒井卓、「遺伝進化学進歩の要件」『思想』四月号、一九五七年
（14）A. Weismann, *"Essays upon Heredity and Kindred Biological problems"*, Clarendon Press, Oxford, 1889,（ポーチュガル・コーエン（杉野義信、杉野奈保野訳）『DNAの一世紀』岩波書店、一九八〇年より引用）
（15）駒井卓、「昔の進化論と今の進化学」『科学』三月号、一九五八年
吉川秀男、野口彌吉、辻田光雄、田中克己、森脇大五郎、篠遠喜人、「遺伝学の最近の動向」『科学』、26（10）、一九五六年

第八章
一九六〇年代以降の武谷の生物学思想

第一節　『自然科学概論』にみる武谷の生物学思想

　武谷とその仲間達は、自然科学について長年熱心に議論し、その成果を『自然科学概論』全三巻として発表した。最初の巻は一九五七年に『科学と日本社会』[1]と題して発刊され、第二巻は『現代科学と科学者』[2]（一九六〇年）、第三巻は『科学者・技術者の組織論』[3]（一九六三年）で、多くの研究者や技術者に読まれ、武谷の影響力が一番あった時期ではなかったかと思われる。その第二巻の第四編は「諸部門における科学論の試み」と題され、八つの話題が掲載されている。その四番目は「生命の起原」についてであり、五番目は進化学に関するテーマで、そこに佐藤七郎は「遺伝学と進化学の諸問題」[4]とする論考を寄せ、武谷とその仲間達の遺伝学についての見解を発表した。

第8章-１：武谷編『自然科学概論全３巻』

　最初の話題として、メンデルの科学的素養と題して、ウィーン大学の聴講生時代や国家検定試験の成績をもとに、

　以上私は、メンデルの生物学者としての能力を低く印象づけるためにかいた。その反面、非生物的な自然現象をみる眼は、なかなかするどいものがあり、かれの考え方は合理的であった。

と記している。珍しい出だしであるが、その意図も何となく推測することができる。その論文の全体を要約してみよう。

（1）メンデルの方法の新しさは、雑種のもっている特徴を「型」として抽象化してとらえ、この型を「明確に決まった類」に機械的に分け、その比率を計算するというやり方である。この思い切った抽象化、機械的に割り切った類型化、質を無視した数的取扱い、これが当時の生物学の分野には全く見られない新しい方法であった。

（2）メンデル律は自然淘汰説を救うものとしてあらわれたが、この発見の時点ですでに自然淘汰が生物進化のメカニズムを説明する原理としては不十分であることが証明され、さらに進化のメカニズムについてはダーウィン自身が獲得形質の遺伝を認めて自然淘汰説に修正を加えている。

（3）メンデル遺伝学の功績は、生物の形質を全体としてバク然ととらえるのではなく、個々の形質に分解し、そうすることによって極度に単純な形の遺伝法則を抜き出したことにある。その結果は、核酸の生物学的意義の認識に一役買い、ウイルスやタンパク質合成の研究に寄与した功績はきわめて大きい。

（4）メンデル遺伝学はゆきづまりつつある。第一にメンデル律は末梢的な形質についてしか適用できない。第二としては生存競争に有利に作用すると思われる突然変異は稀少である。さらに、メンデル遺伝学では変異の成因に突然変異をもってくるだけであるが、変異はまったく偶然的にあらゆる方向に向かって起こる。

（5）適応の説明の困難を打解する道は変異に方向性を認めるか、獲得形質の遺伝を認めるかしかない。ルィセンコはコムギの発育の過程で人為的に環境条件を制禦することによって、秋まき性のコムギを春まき性にかえることに成功した。さらに、ルィセンコは接木雑種の成功等から染色体によらない遺伝の重要性を指摘した。かくてルィセンコ学説は、自然淘汰説とメンデル律との硬直した縫合の枠からみずからを解放して、新しい自由な立場から進化と遺伝の大問題を見直していこうとする、弾力性のあるものであった。

（6）ルィセンコ説についても批判がある。ルィセンコが自説の根拠とした実験に不備があり観察に誤りがあったことは事実である。

（a）実験に対照区をおかない。

（b）統計的処理の意味を理解していなかった。
（c）生物集団の変異と個体の変異との混同していた。
（d）染色体研究の成果を過少評価していた。
（e）種の形成の理論では環境との関係を重視する本来の立場と矛盾する飛躍的種転化の説を出す。
（7）しかしながらルィセンコの犯した誤りは、彼が提起した新しい遺伝観の体系にとって致命的なものであっただろうか。そうではない。ルィセンコによってはじめて、遺伝性が発育の内的法則を媒介として環境との統一において把握されたのであって、この新しい生物学の立場にとって、ルィセンコが犯したどの誤りも本質的ではない。彼の誤りはむしろ、先駆的な新しい理論を提唱する者の、だれでも犯す誤りであった。

メンデルの法則が一定の範囲で正しいことを認めざるを得ないので、それを批判するために、「メンデル律は末梢的な形質についてしか適用できない」と記しているが、それはルィセンコ支持者の常套句で、石井友幸も一〇年以上前に、「メンデルの法則はきわめて特殊な遺伝現象にあてはまるものにすぎず、一般的に遺伝現象にあてはまる普遍的法則ではない」と述べている。[5]

一九六〇年における遺伝学、生化学や分子生物学の現状を考えると、その遅れは明白である。ルィセンコへの批判点として、「実験に対照区をおかない」という点を挙げているが、この点は武谷が戦争直後に対照実験の必要性を力説したのではなかったのか。[6] 実験についてのこの基本的な誤りは重大である。対照が取っていない実験は、そもそも、評価に値する実験を形成していない。「この新しい生物学の立場にとって、ルィセンコが犯したどの誤りも本質的ではない。彼の誤りはむしろ、先駆的な新しい理論を提唱する者の、だれでも犯す誤りであった」という主張は、武谷や八杉等のその後のルィセンコへの評価への先駆けをなすものである。

この論文への批判点を幾つか挙げてみる。

（1）「自然淘汰が生物進化のメカニズムを説明する原理としては不十分であることが証明された」
と記述されているが具体性がない。

（2）「あらゆる真理、法則は全て限界を持っており条件づけられている。真に科学を発展させるやり方と言うのは、その法則の固有な限界と成立条件を明確につかんで、新しい条件には新しい法則を求めてゆくことだ」

と記述されている。しかしながら、メンデル律の「固有な限界と成立条件」とは何かについての具体的展開がない。そして、ルィセンコ学説の「固有な限界と成立条件」も示すべきである。

（3）「形質がそのような複雑な相関のもとにあるならば、形質発現機構の間の相関こそが解明の主要な対象となるべきであっても、遺伝子を仮定することが何ら意味をもたないということになるだけなのである」

と書かれているが、その論理こそ意味がない。その当時でも、遺伝子とそれに関係する形質の発現機構の研究もかなりのことが解明されていた。ポリジーン説が遺伝子説の自己矛盾と記しているが、その説明がない。

（4）「検証の可能性をもたない仮説は作業仮説となりえないのである」

と記しているが、ルィセンコ学説はどんな検証可能性を提示しただろうか。

（5）「ルィセンコの犯した誤りは、ダーウィンでさえ、パストゥールでさえ犯したあの部分的な誤りにすぎなかった」

と述べている佐藤自身が本当にそのように思っていたのであろうか。この本の三年後の出版された、『講座戦後日本の思想　4　科学思想』に発表されている佐藤の論文[7]にはほとんどルィセンコ学説の話は出てこない。

（6）「ルィセンコの研究によって、獲得形質の遺伝を証明する実験をくむための有効な仮説が提出された」

と主張されているが、具体的実験の提案はどこにも見出せない。

一九六〇年における遺伝学、生化学や分子生物学の現状を考えると、佐藤や武谷の遅れは明白である。「染色体研究の成果を過少評価していた」と述べているが、一九六〇年には遺伝子の本体も明らかにされていたし、遺伝子発現機構も明らかになりつつあったし、突然変異についてもその機構や誘発因子の研究も進んできていた。従って、「遺伝子研究の成果も過小評価していた」と書かねばならないところではあるが、ここでも遺伝子学説には触れたくないという気持ちが出ている。

佐藤らの獲得形質の遺伝へのこだわりや期待感は理解できるが、その可能性に言及している現象や獲得形質の遺伝を持ち出さなければ説明がつかないという事実は当時なかった。

第二節　森下によるルィセンコ批判

前説で解析した佐藤論文の最後には次のようなコメントが載っている。

ルィセンコについては、森下氏がDNAによって否定面を強調しているのに対して、佐藤氏は積極面を評価している。(4)

このコメントは武谷の研究会の中でも意見の相違があったことを示唆している。森下原稿は却下されている事実と武谷のその後の主張を考えると、武谷の意見は佐藤のそれと近いと考えられる。

その森下周祐の論文(8)は五年後の一九六五年の『生物学史研究ノート』に掲載された。この論文の「あとがき」に次のような記載がある。

これは、武谷三男編「自然科学概論」第二巻、Ｖ科学的応用編に載せるべく書かれたものであったが、ルィセンコに対する評価の違いからのせられなかった。〝メンデル・モルガン遺伝学〟対〝ミチューリン・ルィセンコ遺伝学〟としてとりあげられながら、これを日本に導入した人達の批判は聞かれず、唯、沈黙を守るに終始している中で、問題点を指摘してゆくことは大きな課題である。

一読して、完成度はそれほど高くない論文と思えたが、かえって一種の熱気を感じた。「あとがき」の文章を読むと、それが納得できた。

〝偉大なる社会主義国ソ同盟〟及び〝我々の偉大なる指導者スターリン〟に傾倒し、ミチューリン・ルイセンコ説を中心とした遺伝学の研究をした。しかしルィセンコ派の方法論の誤り（それはスターリン哲学とも関係）に気づいた彼は、分子遺伝学もとり入れてルイセンコ説をみなおした。

この論文を武谷が受け入れなかった理由はどこに在るのだろうか。一つは、ルィセンコ説を全面的現象にたつ仮想的本質論と名付けたことではないだろうか。

栄養雑種の研究段階は皆どんな変異がおこったかおこらなかったかという現象論的段階であって、つたわるもののうち変異をおこすものは何か、変異とはなにがかわるのか、といった実体的段階に踏み込んでおらず、「可塑性物質の伝達による代謝系の転換」（ルィセンコ）とかいった仮設した実体による解釈の段階にする。いろいろな生物に当って現象記載するのも無駄ではないが、解析しやすい典型をひとつでもよいからとらえて意識的に実体導入をはかることが、技術の有効性をより一層保証するためにも決定的に大切な方向であろう。実体をつかむ努力がよわく、ただちに仮想的本質論をくりひろげるから、安易な類推から擬人的表現が多くなり、無規定のからっぽの概念を哲学用語を（？）もっともらしくあやつらなければならなくなる。ルィセンコ学説の実体論の決定的欠落や実体をそもそも追求する動機のなさを森下は鋭く指摘している。森下論文の最後の章は、「細胞化学と「一つの遺伝学」への道」と題されていて、現代生物学の進歩が具体例をあげて、記述されている。その総括として、次のように述べた。

かくして、物質代謝＝酵素蛋白系を生合成するにはRNAが必要であり、RNAの特異性はDNAの構造単位ヌクレオチドの排列に規定されている。遺伝現象の実体として仮設された遺伝子は実はDNAの構造だということになったのである。ルィセンコが批判しようとしまいと、このメンデル形質についての研究は実体さがしを徹底的におしすすめ「特別な遺伝の器官」をここまでおいつめてきたのである。

森下は現代遺伝学の実体追求の試みを高く評価し、モノー・ジャコブ・ウォルマンの適応的酵素生合成能をうけわたす遺伝単位にも言及している。佐藤論文のなかにもメンデル律の実体論という項で、「遺伝子の本体はDNA」であるということについても検討がされているが、その結論は、メンデル律は末梢の形質にしか適用できないので、問題にならないとしている。一九六〇年の時点で、森下によって的確に指摘されているにもかかわらず、武谷がルィセンコ学説の最大の弱点、実体的研究の欠如を批判しなかったこと、さらにそれを認めようとすらしなかったことを確認しておきたい。なお森下は中村禎里の議論仲間であった[9]。

第三節　その後の武谷の生物思想展開

武谷は一九六五年になって、ようやくルィセンコへの距離を少しずつ置きだした。講座量子生物学Ⅱの月報(一九六五年一一月)に「分子生物学と進化論[10]」を寄せて、次のように述べている。

ルィセンコはこの頃甚だ評判が悪い。しかし彼のメンデル―モルガン哲学に対する批判は、進化という観点に立つ限りなかなか鋭いもので、認めるべきものを多くもっている。ルイセンコを頭から否定するような態度が、遺伝学と進化論のギャップに対する認識をそこない、反省を阻んでいるのではないか。メンデル―モルガン哲学は機械論的性格をもっているのではないか。ルィセンコも、逆に進化論と遺伝学のギャップを甘く見すぎた欠陥をもっているようである。彼の考えには私が前述したような実体論的段階として遺伝学をとらえる考え方がぬけているといえるだろう。

この文章の前半は、一九六五年という時代を考えると、相変わらず武谷の現代遺伝学に関する理解が立ち後れていることを表している。メドヴェジェフは『ルィセンコ学説の興亡[11]』のなかで次のように記している。

「農作物の遺伝性の定向変化の理論的基礎(プラウダ、イズベスチャ、一九六三年一月二八日)」と題するルィセンコの大論文が中央紙に掲載された。この論文は、痛々しい印象を与えた。その中でルィセンコは、厳しい批判を受けた従来の主張をくり返した。すなわち、種の相互転化、ダーウィン、モルガン、ワイズマンに対する批判、遺伝性についての新しい法則を発表した。一九六三年は、遺伝の暗号、タンパク質の合成、染色体の活動などの問題に大きな関心が寄せられた年であり、そのことを考えれば、まことに恥ずべき時代錯誤の産物であった。

この時点でルィセンコの欠点は、進化論と遺伝学のギャップを甘く見すぎたところにあると武谷は言うである。その理由は、実体論的段階として遺伝学をとらえる考え方がぬけているからだという。武谷は戦後直後の自分の論文[12]を再び引用している。

　遺伝学は遺伝因子という実体論的な考えをつくりあげ、染色体の研究においてその実体を見出し、物質的基礎を得たのであるが、しかしこの段階は遺伝学進化論の実体的段階といわねばならない。

　武谷は当時遺伝子の考えに限界があるとしていたし、遺伝現象を担う遺伝子の存在自体をルィセンコが認めてこなかったことを武谷は批判しなかったわけで、「実体論的段階として遺伝学」の欠落をこの時点で言い出すのは公平ではない。また二〇年後の自己評価として、「ワトソン―クリックモデルなどはこの方向に進んだと言える。しかしまだ実体論的である」と本論文でのべているが、何の説得力もない。ワトソン―クリックのＤＮＡの二重ラセンモデルが、実体論的段階かどうかは知らないが、その後の分子生物学や分子遺伝学の発展において基本な立脚点になっていたことを考えると、武谷は見通しを誤ったというべきだろう。武谷はまたここでも、「ルィセンコのメンデル―モルガン哲学に対する批判は、進化という観点に立つ限りなかなか鋭いもので、認めるべきものを多くもっている」と述べ、理論的、思想的には間違いがなかったという立場を取っている。星野芳郎はこの短い月報について、

　ルィセンコ理論や現代遺伝学の位置づけについては、さらにたちいって論じられている。[13]

と述べているが、褒め過ぎである。

　一九六七年に武谷の後期の代表的論文集である『現代の理論的諸問題』[13]が刊行された。武谷は『思想』の一九五七年の論文を、一〇年後にふりかえり、「序に代えて―栗田賢三氏との対話」という体裁で触れている。

　この文はルィセンコという言葉は一つも入っていませんが、ルィセンコをめぐるいろいろな議論の論理的

第8章-2：武谷の後期の代表的論文集『現代の理論的諸問題』、1968年

基礎の問題を分析したものです。戦後分子生物学特に分子遺伝学が非常に成功をおさめたということで、あたかも進化論までも全部解決されたように誤解している人もいるけれども、進化論と分子遺伝学の間には非常に深いギャップがあるのですね。それは論理の問題です。私が、ルィセンコなどをもち上げたのはそういう意味があって、遺伝学と進化論とのギャップに挑戦し、論理的な問題として提出したという点なのです。

「あたかも進化論が全部解決された」という研究者はまずいなかったので、もしいたとすれば実例を挙げるべきであろう。進化論と分子遺伝学の間にギャップがあることは事実であるが、戦後初期のギャップと一九五七年時のギャップと一九六七年時のギャップは違うわけで、「非常に深いギャップ」という同じ言葉を使用するのは正確ではない。ギャップの内容こそ解析すべきであろう。またルィセンコの考え方によって、このギャップがどのように埋まったかも論じるべきであろうし、武谷自身もこのギャップを埋めることにどのように努力したのかも反省すべき点である。しかし、武谷はルィセンコ批判者に対する批判を次のように行った。

ルィセンコ論争について批判的に書く人たちは、二つの点で欠けているのです。一つは遺伝学と進化論のギャップを私が問題にしたことを忘れるか理解しないかの何れか。もう一つはソ連や左翼の政治主義だけを問題にし、米国を中心とした反ソ反共の政治に正統派遺伝学者達が乗ったために論争を不毛にしたという面です(11)。

武谷以外の多くの研究者も「遺伝学と進化論のギャップ」は認めており、それらの間でギャップがないと主張した研究者がいたならこれも例示すべきであり、武谷だけがそのギャップを指摘したわけではない。また、もちろん一部の研究者に主として政治的意図を持ってルィセンコ批判をした人もいたであろうが、それでもって、一九六七年当時に、「ソ連や左翼の政治主義」を免罪することはできない。イデオロギー批判の観点から論議した人は、ルィセンコ支持派に圧倒的に多いし、より声高であった。

一九五四年三月一日、太平洋ビキニ環礁近くでマグロ漁をしていた第五福竜丸の乗組員がアメリカの水素爆弾実験で被爆したビキニ事件に関して、『現代の理論的諸問題』の冒頭の座談会で奇妙な論理を展開している。

八杉さんがルィセンコとメンデル—モルガン流の遺伝学は矛盾するんだが、どういうことになるのでしょうかという質問をわたしにされたのです。わたしは八杉さんに、これは問題が違うと考える。メンデル—モルガン流の遺伝学は放射線の害という点では正しい。進化という点では、メンデル—モルガン流の遺伝学はなにも説明していないけれど、遺伝を破壊するという面ではちゃんとしたサイエンスとして樹立され、当然メンデル—モルガン流の成果に従わなければならない。この流れで、以下の武谷の発言が続く。

わたしはやはり概念分析で、正統派流の遺伝学の成立する領域、適用領域と、ルィセンコ的な考え方の適用領域と、それぞれの考え方の適用領域が存在する権利ですね、それをはっきりさせたことです。

武谷の論文を読んでも、私はどこにもルィセンコ的な考え方の適用領域を見出すことができない。ルィセンコ的な考え方の適用領域とはどの領域であろうか。「八杉さんにとっては当時はこの問題は余り明らかでなかったと思うのですが」と述べているが、遺伝と進化、遺伝学と進化学をきっぱり分けてしまう論理は理解ができないし、間違っている。現代進化学は現代遺伝学の発展によって支えられているわけで、二つの学問領域をきれいに分離して考えることはできない。また、遺伝子概念をルィセンコは否定してきたわけで、武谷はこの点の評価を避け続けてきた。それに一致するように、ここでは放射線は遺伝を破壊すると言っているが、遺伝子を破壊するとはいっていない。

一九六八年に、武谷三男著作集が刊行され、第一巻は『弁証法の諸問題』で、その解説[13]を星野芳郎が書いている。その解説は星野と武谷の対談と星野の文章から成り立っている。

星野　生命論というものを考えると、現代の分子生物学は、実体論的段階の一部を多少明らかにしてきただけの話であって、生命の本質までには相当距離があるといえますね。

武谷　そうです。そういうことをやらねばならんということは、この『現代自然科学思想』にちゃんと書いてある。ルィセンコと現代遺伝学の対立を明らかにしているし、それから染色体の問題の実体論的な位置づけをやっている。それを本質的にどう攻めていくかということで、生物物理学みたいなものをちゃんとやれということも含めているけれども、進化の問題はまた別で、これは現代の遺伝学との間に大きなギャップがある。だから一面においてぼくはルイセンコを支持しているけれど、だからといって決して分子生物学を否定しているのじゃなくて、その方向を指し示し、こうやらねばならんということを言っているのです。

「本質的にどう攻めていくかということで、生物物理学みたいなものをちゃんとやれ」と言って、一九四六年当時の武谷が分子生物学の方向性を指し示したというのは、誇大表現というより間違った表現である。ルイセンコ学説によって進化学と遺伝学とのギャップはどのように埋まったと一九六八年当時武谷は考えているのかについては何も語っていない。現実的には、ルイセンコ学説と分子生物学は鋭く対立しているわけで、武谷はどのようにこの矛盾を考えていたのだろうか。次の節では、星野芳郎の武谷理解や生物学理解を分析することにする。

第四節　星野の生物学理解

星野芳郎は長年にわたる武谷氏の研究仲間で、特に技術論に関して、武谷技術論をさらに展開した（一部では堕落させたとの意見もあるが）とされる研究者である。その星野氏が一九七一年に『戦後日本思想体系9　科学技術の思想』を編集し、武谷派の人達の論文を中心にまとめた本を発行した。中村禎里によって論文の選択に疑問が出されたあの本である。その本の最初に星野は長い総括的な解説「戦後科学技術の思想[16]」を書いて、その中で「統一的な生命像の形成」と題して生物学を概説している。

まず最初は、「分子生物学の発展」と題され、以下のように現代生物学の発展をまとめた。

第二次世界大戦中に、細胞核にある核酸の基本成分の一つＤＮＡが遺伝を左右し、もう一つのＲＮＡがたん白質の合成にかかわるものではないかという仮説が欧米で究明され、肺炎双球菌に関して、ＤＮＡが遺伝のにない手であることが証明され、ＤＮＡとＲＮＡのそれぞれの機能が明らかにされた。メンデルが一つの仮説因子として提出した遺伝子が、今は明確に分子レベルでの物質的根拠を持つに至ったのである。この発見は、生化学史上ひいては生物学史上、最も画期的な意義をもつものである。生物学の難問題が、分子レベルで解決される兆しを見せたのである。一九五〇年頃から、核酸も構造のＸ線回折による研究がいちじるしく進み、一九五三年にはワトソン等によるＤＮＡの二重らせんモデルが提出された。

ここには比較的正しい生物学史の知見、例えば「メンデルが一つの仮説因子として提出した遺伝子が、今は明確に分子レベルでの物質的根拠を持つに至ったのである。この発見は、生化学史上ひいては生物学史上、最も画期的な意義をもつものである」と述べられているが、自分たちの過去の主張、判断や予想、生物学の現状把握やその後の発展への展望と実際の生物学の発展との関係についての記述はない。特に遺伝学説の確立が最も画期的な意義をもつと述べているが、星野は一九五〇年の『前衛』論文[17][18]の執筆者のひとりであるので、あの内容「ルイセンコ学説の勝利」に責任を持つべきである。『前衛』論文では、遺伝の現象を説明するのに、ゲンの存在を仮定するなんの必要もないと声高に断言していた。

次は、その「ルィセンコによる遺伝学批判」と題されて、ルィセンコ学説を無批判的に紹介している。まず、

ヤロビの過程で植物の遺伝性が不安定になり、ついに植物に別の新しい遺伝性があたえられると解釈されざるをえないとルィセンコは主張した。さらに、いわゆるメンデル＝モーガン遺伝学が、遺伝子の不変性の立場に立って、そうした粒子の発現する形質の総体によって生物体が組み立てられているとする考えを非難した。

という前置きの後に、武谷の「哲学は如何にして有効さを取戻し得るか」のルィセンコを評価している部分を引用している。この小節の結論として、

生物の種が、もっと流動的に、かつ計画的に変異できる可能性が必要であるし、また一般的に言って、自然にはそれだけの流動性があるはずではないかと考えられる。また、それでなければ、これほど多種多様で複雑をきわめている生物の世界まで進化が行われたとは考えがたい。

と述べ、もし獲得形質の遺伝を否定するとすれば、

(1) 生物を変異できる可能性が無くなってしまい

(2) これほど多種多様で複雑な生物進化を考えることができない

という主張をした。この主張は、獲得形質の遺伝の必然性を主張するひとたちの従来からの代表的な意見でもあるが、星野の前述した分子生物学理解との矛盾についての言及はない。

続いて、「遺伝学者たちの反論」と題して、遺伝学者の意見を紹介している。多くの遺伝学者は、当然のことながら、ルィセンコの主張を認めなかった、として、その根拠を挙げている、

(1) モーガンなどのショウジョウバエ遺伝学に見るように、染色体に基礎をおく遺伝子説は、数量的にもかなりきれいに、遺伝子と遺伝形質との対応関係をあらわしており、これをくつがえすほどの明確な実験結果やまとまった議論を、ルィセンコ説に見出すことができなかったからである。

(2) 進化論と遺伝学とのあいだの矛盾については、従来の突然変異、自然淘汰などの概念をもって解決しうるし、それらの通説を変更しなければならないほどの明確な反証を、ルィセンコ説がもっているとは思えなかったからである。

(3) 欧米の生化学の新しい動きに関心をもっていた遺伝学者たちは、微生物の形質転換の因子がDNAであり、遺伝子の存在も機能も動かすべからざる事実となりつつあることを理解していたからである。

(4) ソヴェトにおいてメンデル遺伝学者たちが政治的圧迫をこうむっていると伝えられていた。

「モーガンなどのショウジョウバエ遺伝学」という言葉は、八杉龍一も一時盛んに使用したが、現代遺伝学の評価を下げようとする意図が見え隠れするが、星野はこれらの遺伝学者の批判に特に反論していない。

その後、一九四八年の全ソ・レーニン農業科学学士院の決議と吉川秀夫の「ルィセンコ説の問題点」を紹介している。全ソ・レーニン農業科学学士院の決議紹介の最後の文章は次のようになっているが、何のコメントもついていない。

ソヴェトの生物学には二つの方向があり、その一つは、進歩的唯物論的なミチューリン的方向で、他方は、反動的・観念論的なワイズマン的(メンデル・モルガ

ン的）方向である。ミチューリン的方向は、生活条件の作用により獲得された形質が遺伝することを認め、計画的な育種を可能にする。ルィセンコがより高い段階に発展させた。これらは社会主義農業の実践で支持されている。

星野がこの決議をわざわざ引用した意図がよく理解できない。一方、吉川の論文の最大の主張は遺伝子説の擁護であったが、それらに対しても星野の見解は出されていない。ソ連の農業科学院の決議と吉川の主張は正反対であるので、星野はただ単に紹介するだけではなく、かれ自身の評価を記す必要がある。

そこで次の話題「科学に対する科学思想の機能」に移り、突然、次の文章が挿入される。

遺伝のメカニズムをこのようにとらえうるならば「生物は個体のみならず、その系統発生においても環境への適応という流動性をもちうるだけの歴史的産物である」という武谷氏の主張と致命的には相反するわけではない。

「致命的には相反しない」というのは、殆どは相反しているけど、ほんの一部はまだ救えると言っているわけである。「致命的には相反しない」などと武谷を弁護するのではなく、武谷の主張は現在考えられている遺伝のメカニズムとは相容れないと書くべきである。さらに、何故武谷の考え方と逆の方向に遺伝学は発展したのかを、率直に認め、失敗の根拠を解析すべきである。しかしながら、自分達の過去の言動を開き直り、

ルィセンコの主張は、もともときわめて思想的なものである。ルィセンコのメンデル遺伝学に対する批判は、その個々の理論や実験に対する批判ではなくて、遺伝学者たちの遺伝や生命や進化にかかわる思想に対する批判であり、徹頭徹尾イデオロギー的である。つまり科学者は、個々の理論や実験については、自然に強制されて一歩一歩真理を獲得して行くが、それらに対する解釈となると、自然の客観性から遊離して神秘主義になり、自然の立体的な構造を無視して現象的になり、あるいはまた、実体論的段階に固執して形而上学となり、機械論となる。

と述べている。かつて星野らは二つの遺伝学と言って、生物学／遺伝学としてルィセンコ学説を支持したわけで、また、メンデル遺伝学の個々の理論や実験に対する

批判を徹底して行ってきたわけで、今頃になって、「ルィセンコの主張は思想的なものである」と言って、自分たちの判断の正否については言及しないのは全く公平ではない。また、反ルィセンコ学者の態度はイデオロギー的であるとルィセンコ支持派は非難してきたが、ここでは、ルィセンコ学説は「徹頭徹尾イデオロギー的である」と居直っている。このことは、ルィセンコ学説は遺伝学そのものではなく、単なる遺伝学の解釈であったと言っているに等しい。次の文章もさらに無責任である。

思想（科学の方法論）は科学者の次の研究方向や手の打ち方を大きく左右し、誤った思想は研究を袋小路に負いこみ、正しい思想は、科学者が困難に突き当たるつど、なんらかの突破口とみとおしをもたらす。

と書いて、メンデル・モルガン遺伝学を硬直していた例に挙げているが、検討すべきはルィセンコ学説が「科学者が困難に突き当たるつど、どんな突破口や見透しをもたらした」かでなければならない。下記のように論じるなら、まず自分たちの言動を点検した後にすべきであろう。

科学の思想が実験上あるいは観測上の客観的事実を無視し、個々の理論の成功と失敗の事実を無視してひとり歩きするならば、それは空理空論にほかならず、そのような「思想闘争」は、科学の進歩に対して有害であることは明らかである。科学理論の正否は、その理論がさまざまな実験や観測を、致命的な矛盾におちいることなく説明しうるかどうかにかかっているのであって、思想上の立場によって一義的に決まるものではないこともまた明らかである。

星野や武谷こそが現代遺伝学の研究成果を無視して「思想闘争」を行ってきて、特に武谷は「思想が実験上あるいは観測上の客観的事実を無視し、個々の理論の成功と失敗の事実を無視してひとり歩き」をしてきたわけである。武谷や星野が現代遺伝学の成果に基づいて自分たちの主張を点検した跡はどこにも見出すことができない。

筆者をふくめて、ルィセンコ支持者たちが、思想的立場だけによって、科学理論上の対立が解決されるなどと考えたことはない。科学理論の正否は、現実との対決での成功か失敗かで決まるのであって、一つの思想上の立場を守っていれば、それで万事解決するなどとは、よほどの観念論者でもないかぎりは、考えようがないであろう。
メンデル・モルガン遺伝学の思想的基盤を、ブルジョア観念論にあるとか、遺伝子説は恐慌を恐れる資本主義の主張であるとか、ルィセンコ学説をめぐる論争は階級闘争であると星野らは従来主張してきたのではなかったのか。例の『前衛』論文の筆者とはとても思えない発言である。さらに武谷を擁護して、
　武谷氏は、ルィセンコ理論の積極的哲学的意義を認めると同時に、氏の方法論にもとづいて、遺伝学研究の次の手のうちかたを示している。その後の分子遺伝学の発展は、客観的には武谷氏の見とおしと一致しているが、まだ実体論的段階にとどまっていて、氏の言う本質論的段階にはほど遠い。したがって、獲得形質の遺伝の是非にせよ、栄養雑種の解釈にせよ、まだルィセンコ説を否定するかどうかの決め手はない。
「実体論的段階」とか「本質論的段階」の内容規定をしなくて、「ほど遠い」という言葉は何の意味もなさない。少なくとも現代遺伝学は「メンデル・モルガン遺伝学」の線上に発展したわけで、ルィセンコ理論はなに程の貢献もしていない。これについて、武谷・星野はこの事実を認め、ルィセンコ学説が破綻した根拠を解析しないかぎり、その主張は検討に値しない。少なくとも武谷の手のうちかたを手がかりにして遺伝学は発展したわけではなく、「その後の分子遺伝学の発展は、客観的には武谷氏の見とおしと一致していた」という言葉は、星野は武谷のエピゴーネンと言われても否定のしようがない言葉である。戦後から四分の一世紀も経過した一九七一年当時に星野に問われているのは「獲得形質の遺伝の是非にせよ、栄養雑種の解釈にせよ、まだルィセンコ説を否定するかどうかの決め手はない」というのではなく、「ルィセンコ説を肯定する」実験事実を示すことであり、星野自身も認めている現代遺伝学の成果とルィセンコ説との矛盾を解析すべきである。現代遺伝学の思想と獲得形質の遺伝は本質的に相容れないことを、星野は認め、自分はどちらの立場に立つのかを明確に示さなければならない。現代遺伝学の到達点も認め、ルィセンコ学説も認めるということは成立しない。結局は、
　ソヴェトにおけるその後のルィセンコ説の発展は、その思想上、実験事実上のすぐれた問題提起にも拘わ

らず、正しい方法論に徹することができなかったようである。
と述べ、ルィセンコは正しかったのであるが、ソヴェトが正しい方法論に徹しなかったから悪いと、責任を転嫁している。ルィセンコのどの実験が優れていたというのであろうか。自己批判風にみえる次の発言も同様な自己責任放棄である。

当時筆者が、ソヴェト生物学が正しい方法論に徹しえず、イデオロギー闘争がその機能をはたしえない事態に立ち至る可能性について考慮しえなかったことは事実である。

この「統一的な生命像の形成」という概説は、最後に興味ある文章で終わっている。

遺伝は親から子への遺伝子の伝達だけによって左右され、品種改良といっても、しょせん種内の交配の枠をこえることができず、他方ランダムな突然変異をあてにする程度であるならば、生産力の発展に致命的な欠陥があると言わざるをえない。しかし生態系が大きな不安定要因を持ち、進化に方向性があるのであれば、ずっと生産性の高い生態系を人為的につくりうるかもしれない。この点でも、進化論と遺伝学の矛盾を解決しようとするルィセンコ説は、改めて注目されなければならない。

この文章は、「生産性の高い生態系を人為的に作り出す為には、進化に方向性がなければ困る」という逆説的な論理に基づいていて、後に詳しく論じる予定であるが、獲得形質の遺伝を支持した人々の心象を表している。一九七一年当時は、遺伝子説はさらに発展し、遺伝子暗号も既に解明されていたし、遺伝子発現機構も基本的には明らかになっていた。遺伝子説を認めないことがルィセンコ学説の主要な柱であることを考えると、この時点での「ルィセンコ説はあらためて注目される」などという星野の結論は星野が自己批判ぎらいの武谷とそっくりであることをあらためて示している。

この星野の解説は、一九七一年になってもルィセンコ学説に好意的評価をしている点に関しては、貴重な文献であるが、解説の最初に記しているように現代遺伝学や分子生物学の諸成果を承認するということとルィセンコ学説への甘い評価との整合性を説得力をもって解説しないと、自分達の過去の言動についての無責任な居直りになってしまうし、事実は居直りになっている。

『自然科学概論』二巻に「遺伝学と進化学の諸問題」とする論考を寄せた佐藤七郎は一九七六年に大月書店から発刊された『現代人の科学 一〇』に、「生命現象の科学[19]」を発表した。

　偶然的な方向選択をかさねながらすすんできた生物学も、一世紀もたってみると、たんに生物学にとってだけでなく、自然科学ぜんたいにとっても、貴重な成果を残した。自然発生の否定、生物進化論、メンデル遺伝、地球上における生命の起源などは、たんに自然科学の内容を豊かにしたにとどまらず、現代人の生命観・世界観に無視できない影響を与えている。

この論文では、このように、「たんに自然科学の内容を豊富にしただけではなく、世界観にも影響を与えた」とメンデル遺伝学を高く評価し、ルィセンコ学説などは全く出てこない。ただ、佐藤はルィセンコに触れない理由については何の説明もしていない。佐藤は文献的にみるかぎり、六〇年度の始めには現代遺伝学にかなりの親近感を示すようになるが、かつての自己のルィセンコ支持に対しての根元的な批判は最後まで行うことがなかった。武谷とその仲間達の「ルィセンコの名前隠しのルィセンコ擁護」については、一九七五年に発刊された『現代生物学と弁証法』を検討する次章で再び触れたい。

[引用論文]

(1) 武谷三男編、『自然科学概論』第一巻、『科学と日本社会』、一九五七年
(2) 武谷三男編、『自然科学概論』第二巻、『現代科学と科学者』、一九六〇年
(3) 武谷三男編、『自然科学概論』第三巻、『科学者・技術者の組織論』、一九六三年
(4) 佐藤七郎、「遺伝学と進化学の諸問題」、武谷三男編『自然科学概論』第二巻、『現代科学と科学者』、一九六〇年
(5) 石井友幸、「ルィセンコ遺伝学説」、ネオメンデル会編『現代遺伝学説』、一九四九年
(6) 武谷三男、「実験について」、武谷三男著作集1『弁証法の諸問題』（勁草書房）
(7) 佐藤七郎、「科学と思想—戦後生物学の展開を軸に」『講座戦後日本の思想4—科学思想—』（廣重徹編）（現代思潮社）、一九六二年
(8) 森下周祐、「「一つの遺伝学」への道」『生物学史研究ノート』、一九六五年
(9) 中村禎里、『近代生物学史論集』「あとがき」（みすず書房）

二〇〇四年
(10) 武谷三男、「分子生物学と進化論」『生物物理学講座8　量子生物学Ⅱの月報』(吉岡書店) 一九六五年
(11) Z．メドヴェジェフ (金光不二夫訳)、『ルイセンコ学説の興亡』(河出書房新社) 一九七一年 (原著は一九六一〜一九六七年にかけて執筆されている)
(12) 武谷三男、「現代自然科学思想」一九四六年七月二六・二七日、ラジオ放送、「現代思想の展望」一二月
(13) 星野芳郎、『武谷三男著作集1『弁証法の諸問題』の解説』、一九六八年
(14) 武谷三男、『現代の理論的諸問題』(岩波書店) 一九六七年
(15) 武谷三男、「序に代えて―栗田賢三氏との対話―」『現代の理論的諸問題』に掲載、(岩波書店) 一九六七年
(16) 星野芳郎、「戦後科学技術の思想」、星野芳郎編『戦後日本思想体系9「科学技術の思想」解説』、一九七一年
(17) 中井哲三、「ルィセンコ学説の勝利 (第一部) ―ルィセンコ遺伝学の成立過程―」『前衛』(45)、一九五〇年
(18) 高梨洋一、星野芳郎、「ルィセンコ学説の勝利 (第二部) ―ルィセンコ遺伝学をめぐる批判と反批判―」『前衛』(46)、一九五〇年
(19) 佐藤七郎、「生命現象の科学」『現代人の科学 10』(大月書店) 一九七六年

第九章
ジャック・モノーと武谷三男
——現代生物学と弁証法——

第一節　ジャック・モノー

ジャック・モノーは一九一〇年にパリで生まれ、第二次世界大戦中はレジスタンス運動に身を投じ、文字通り闘士として活躍した。戦後の一九四五年にパスツール研究所のルウォフの研究室に入り、大腸菌を使い、「酵素の適応」の問題に取り組んだ。ジャコブと組んで、遺伝子発現制御におけるオペロン説を提案し、その後、酵素基質のアロステリック効果をシャンジェー等と報告した。このオペロン説とアロステリック効果によって、モノーらは遺伝子と酵素の発現調節機構を明確にした。モノーとジャコブは彼らの説の鍵となるべき実体を単離することに成功しなかったが、その理論はその後の分子生物学の方向性に決定的な影響を与えた。モノーの研究は実験と理論が調和していて、理屈っぽいのが特徴的であるが、この章の主題である書物の論理立ての特徴もそれである。一九六五年にノーベル賞を受賞した後、有名な著書『偶然と必然』[1]を書きはじめ、その骨子をコレージュ・ド・フランス院長就任講演で話し、一九七〇年に出版された。この本は様々な視点から読むことができる

第9章-1：モノー著『偶然と必然』

が、進化に対する問題提起も一つの重要な柱になっている。

生物という、きわめて保守的なシステムにたいして進化への道を開くきっかけを与えた基本的な出来事は、たんに微視的な偶然的なもので、それが目的論的な機能にどんな影響をもつかどうかには、まったく無関係なものであった[1]。

と述べている。モノーらしい回りくどい言い方であるが、要は進化のもととなる変異は偶然の突然変異であるということである。この言明は獲得形質の遺伝をきっぱり拒絶しているが、それには深い意味がある。進

第9章-2：モノー　出典：『偶然と必然』

化の問題に対してはこの本の主題であるルィセンコ説というイデオロギー的には力を持った考え方が戦後あり、とくにヨーロッパではそれへの態度表明が科学的な考え方や政治的な考え方の試金石になった。

一九四八年七月に、ソヴェト同盟レーニン農業科学アカデミア総会においてルィセンコ主導の公開討論会が開かれ、反ルィセンコ派の科学者は徹底的に非難され、ソヴェト学士院はルィセンコ支持を表明し、ロシアの生物学者は遺伝子とか染色体の考え方を棄てることを声明させられた。西欧の共産主義的知識人は一九三九年の独ソ不可侵条約以来の最大の試練を受けることになった。モノーはその年の九月に、「ルィセンコの勝利は科学的には根拠はまったくない」という文章[2]を発表した。モノーの非難は徹底したもので、フランス共産党に対する公然たる攻撃でもあった。ルィセンコ学説に反対することは、ソヴェトに反対することを意味するだけではなく、フランス共産党と対決することを意味していた。その当時の左翼的知識人にとって、共産党と決別することは、日本においてもフランスにおいても、多いなる決断を要した。このときの経験が、『偶然と必然』の核心のひと

つを形成している。この当時のモノーの判断は、武谷の熱烈ルィセンコ支持とは好対照をなしている。

一九六八年、パリの学生は大学の現状への不満から反抗に立ち上がった。あのパリの五月である。モノーは当初から学生と当局との間に入り、学生の急進的指導者とも論争した。サン・ミシェル通りで傷ついた学生を連れ

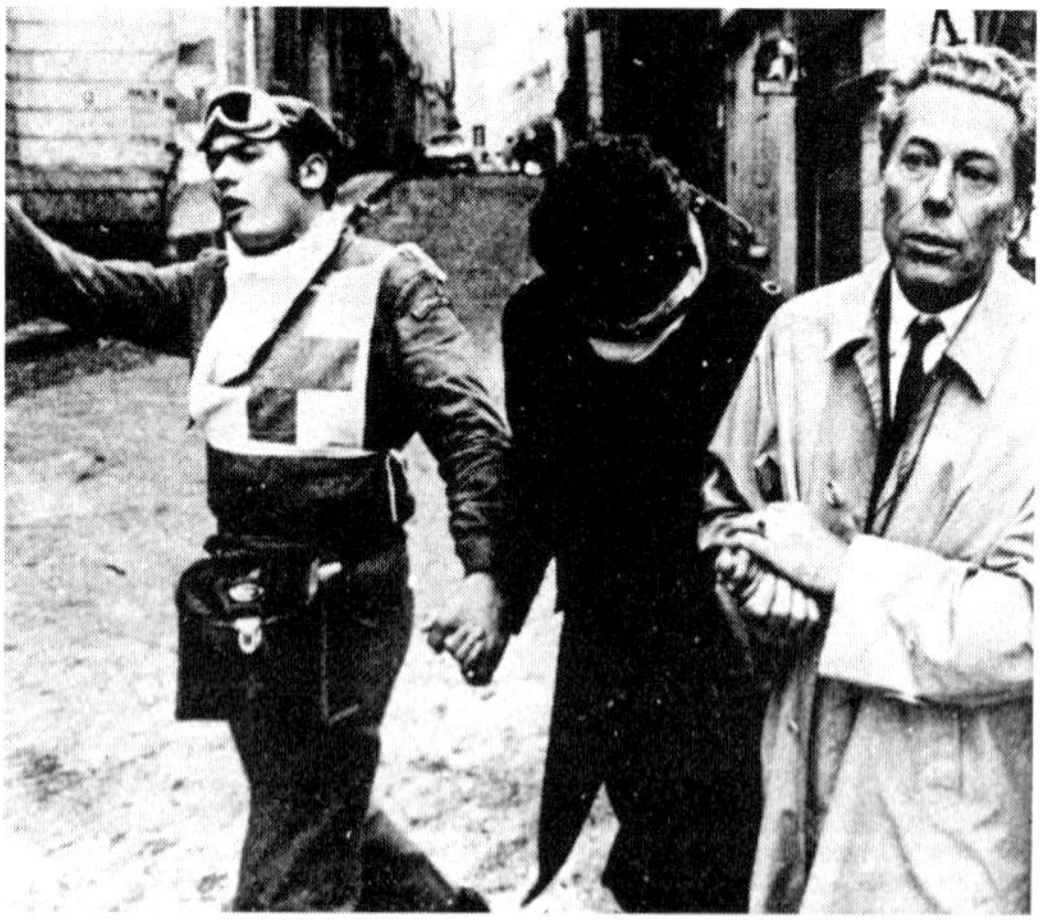

第9章-3：1968年の5月10日の深夜、学生と警官との衝突のあとで、モノーが目に傷をした学生を連れて歩いている
出典：『分子生物学の夜明け』（東京化学同人）

ている有名な写真が残されている。モノーは一九七一年からパスツール研究所の所長になって、研究の現場からはなれた。研究所長としてのモノーは尊敬されているが、かなり強引に研究所の運営を進めたらしく、人気があるとは思えなかった。一方、研究室での活動を継続したフランソワ・ジャコブは皆に好かれているとのことであった。モノーは私のパスツール研究所滞在中にも時に、食堂に現われていたが、多発性骨髄症におかされているという話を聞いた覚えがある。一九七六年の五月にカンヌの家族を訪ね、そこで肝臓からの大量出血があり、五月三一日にカンヌの病院で死亡した。数日後、シモーヌ・ヴェーユ厚生大臣の出席のもと、パリのパスツール研究所で研究所葬がしめやかに行われ、私も出席した。

第二節　『現代生物学と弁証法』
—モノー『偶然と必然』をめぐって—

ヨーロッパの左翼的知識人に比較して日本における進歩的知識人のルィセンコ受容は武谷に見られるように悲

惨であった。一九五〇年に日本の共産党は機関誌『前衛』[3][4]で「ルイセンコ学説の勝利」という論文を二回続けて発表し、「ルイセンコ批判者はマルクス・レーニン主義とは縁もゆかりもない」と断罪した。論争の初期においてはルィセンコ学説に批判的であった「共産党系の科学者」の多くも最後は自己批判の形をとって、不自然に屈服した。『偶然と必然』は日本においても大きな話題となり、進化における偶然の重要性を人々が認知するのに大きな影響を与えた。かつてのルィセンコ支持者は殆ど発言しなかったが、この本に対して特異な反応をしたのは武谷三男であった。一九七五年に武谷は免疫学の研究者であった野島徳吉とその他武谷の仲間達とともに座談会を行い、それを『現代生物学と弁証法―モノー『偶然と必然』をめぐって』[5]として発刊した。ここでは、この本の内容を分析することにより、武谷の後年における生物学思想をさぐってみよう。この本の発刊の意図は「あとがき」に書かれている。

　武谷三男編『自然科学概論・第二巻』が刊行されてから既に十数年をへている。この間の科学技術の進歩を反映させるために、まず変貌のはげしかったと思われる〝生命の起源〟、〝遺伝学と進化論の諸問題〟にかかわる領域をどうするか話しあわれた。ちょうどその頃J・モノー著『偶然と必然』が出版され、専門家ばかりではなく知識人の間にも大きな話題をまきおこした。そこで『偶然と必然』を素材として、モノーの提起した問題を武谷氏の考え方で究明してみようとする方向に、研究会のむきがかわってきた。

第9章-4：武谷三男・野島徳吉の座談会『現代生物学と弁証法　モノー『偶然と必然』をめぐって』

第一章は「現代生物学の論理的基礎について」という仰々しい題が付いている。最初に武谷はアカパンカビの栄養要求性の突然変異の話題を出すが、どうやら突然変異の頻度ということが全く理解できず、X線を照射して栄養要求性変異株を得る方法の意義が分からず、放射線を照射しようがしまいがランダムに起こるべき突然変異は全て検出できるという観念から逃れられない。私たちは特定の実験において起こっている突然変異を特定の方法で検出しているわけで、起こるはずの変異を全て検出しているわけではない。ここでの武谷の意図は、

武谷　X線をかけて突然変異によってできた栄養要求性変異株ですね、そういう株はまたもとに戻ることもあるのですね。

野島　またに戻ります。

と、突然変異が可逆性ではないかと言いたいことらしく、次のように述べている。

野島　集団では、変異して、かつ戻る頻度は$10^6 \times 10^6$ですが、A、B集団で、A→B、B→Aの起きる頻度は10^6です。

武谷　なるほどね、それは一つわかりました。結局、突然変異は可逆的だということですね。

この突然変異の可逆性を主張するにもある意図があって、不可逆的な生物進化を可逆的な突然変異では説明ができないと言いたいらしい。

次のサブタイトルは〈突然変異は進化のもとになりうるか〉であり、その発言を見てみよう。

武谷　こんどは一番根本的な問題ですが、突然変異の選抜をずっと続けてゆくと、全く新しいものができるかという問題です。

武谷　はっきりさせるためにいいなおしましょう、いまある生物ａから突然変異でできるあらゆるものの集団をＡとします。そのＡの中のｂを選抜して、ｂをたくさん培養するのです。ｂから出発してＸ線かなんか当てて、できるあらゆるものの集合をＢとします。ＡとＢは完全に重なるのか、あるいはＡにないものがＢにできているのか…

野島　変異をさせても、ある範囲内と考えているのです。

武谷　そうするとこれいくら選抜やってもどんどんずれていかない…

野島　そうです。

武谷　つまりＡとＢは完全に重なる。したがって可逆的である。これは非常に重要な問題と思うんで

す。つまり細菌とかなんとかは、突然変異と選抜でうんと進化を進めることができるはずでしょう。一世代の時間が短いから。ところがこれができないということになると、やはり突然変異と進化とはあまりかんけいないのではないか。

野島　関連するとはおもいますが、いまいったことはほんとうです。

野島の不正確な反応もあるけれど、武谷特有の論理展開がある。上の討論でも、「どんどんずれていかない」と「つまりAとBは完全に重なる」は論理的に結びつかなく、「可逆的」という結論を出すための牽強付会の論理である。もう一つの問題は「いまある生物 a から突然変異でできるあらゆるものの集団をAとします」にある。あらゆる突然変異が一度のX線照射で起こるわけではない。一度に起こるのは、起こる可能性の中の部分的な突然変異グループであり、そのグループの中から選択されたbにまたX線照射をすれば、一度には『あらゆるもの（突然変異）の集合を』はできず、あらゆる変異を全て検出できるわけではない。その結果できたB'はAとは重ならない。この操作を次々と行っていくと、かなりAとB'^{n}は離れてゆくわけで、武谷の論理は成り立たない。武谷は「あらゆる」という言葉を頻用し、検出可能性ということを全く考慮しない。

次は〈耐性菌はすべて突然変異でできるという証明はあるのか〉という主題で議論をしている。一九七五年当時細菌の薬剤耐性獲得機構はかなり分かっていて、染色体上の遺伝子の突然変異のほかに外来性耐性遺伝子の獲得や耐性プラスミッドの獲得などが知られていた。特にRプラスミッドは多剤耐性の赤痢菌から、日本の研究者（落合国太郎等、一九五九年、秋葉朝一郎等、一九六〇年）によって世界に先駆けて発見された。彼らは患者由来の赤痢菌の薬剤耐性という性質が、混合培養することによりほかの腸内細菌にうつることを見出した。このことを考えると武谷の設問の仕方がすでに間違っている。次の会話は野島の迎合する発言が混乱を与えている面もあるが、とても論理的とは思えない。

武谷　耐性菌がすべて突然変異でできるという証明があるかどうか。耐性菌はたしかに突然変異でできますよ。だけど突然変異でなければ耐性菌はできないのか。

野島　という証明はないと思います
武谷　そういう逆の証明はないのですね。
野島　突然変異だけで耐性菌ができると言い切っている人はいませんよ。
武谷　いない。それがあたかもそういうふうな印象を受けるね…。
野島　しかし、突然変異で耐性菌はできるといいますが、それ以外はないというふうにいい切っている人はいるかな。
武谷　モノーなんかそういう感じね、そうは書いていないけれども、論理の組立てがだいたい。
野島　そうだろうとは思いますけど。
武谷の論理のいい加減さと知識のなさと、野島の迎合振りが印象的な会話である。武谷の攻め方として「裏」が取られていないというものがある。
武谷　世間で裏側の証明について何も言わないのはどういう訳ですか。やはりそれだと、こういう方面を扱っている人たちの論理があまり厳密ではないのじゃないかという印象を受けるのですが。
武谷の言っている「裏の論理」の内容もよく分からない。突然変異で耐性菌ができ、その突然変異を感受性菌に挿入すると耐性菌に変換されるということは証明できるし、現在では耐性菌にその変異が同定できているが、そのことと突然変異でなければ耐性菌はできないということは全く異なった問題であるし、現実には突然変異以外の他の耐性菌獲得のメカニズムも一九七五年当時でも明らかになっていた。武谷の「裏の論理」が一貫していないのは、次の発言からもよく分かる。
野島　アジアウイルスの場合だったら、十年間のウイルスの運動は、変異ということで説明できます。
武谷　いまのはつまり表の論理ですね。だけどそれが裏の論理になりうるかどうか。
野島　裏の論理というとなにがありますか。
武谷　例えばこの変異がいろいろゴタゴタ起っているのに、それが全部表面に出てきているかどうか。たとえばX線をあてると…。
野島　それはあるものしか出てきていないのです。
この発言で、武谷の「裏の論理」が分かるだろうか。どうやら全部の変異は表に出ているかどうかが問題であるようだ。普通は、ある特定の遺伝子変異があるものは特定の変化が表に出ていて、ある特定の変化が表に出ているものに、その遺伝子の変化が見つかるというのを「表と裏」を証明したと言うと思われる。武谷は表面上の全ての変化が突然変異と対応していることを証明することが、「裏」の証明のように考えているようだが、遺伝学の初期の頃から「遺伝型／ゲノタイプ」と「表現型／へノタイプ」の区別はされていたし、一九七五年当時には、アミノ酸の変化を伴わない突然変異というものも明らかになっていたわけで、武谷の論理は論理をなしていない。

武谷　「突然変異」という言葉はあくまでも生物学的なものであって、分子レベルで「突然変異」という言葉をつけていいのかどうか、

という武谷の発言はその当時の分子生物学の水準を全く理解していないと思わざるをえない。その「裏の論理」は、武谷の専門領域、物理学、ではどういう風になっているのか。

野島　物理学ではどうですか。裏もやりますか。
武谷　裏もやりますよ。
野島　でるだけのものしかやらないいんじゃないか。
武谷　いや、そんなことはないですよ。裏に対してちゃんとどのぐらいあったか、バックグラウンドにたいしてどれだけポジティブな——
野島　バックグラウンドですか——。
武谷　裏がバックグラウンドになるのですよ。
野島　そのバックグラウンドが裏の論理というと——。
武谷　いや、その範囲の実験ではバックグラウンドになるのだけど、そういうものがあったというのは、まだほかのもので追っていかなければだめです。だから藤本・長谷川の宇宙線の実験も表だけでは誰も承認しないですよ。
野島　もう裏やっちゃたの——
藤本　やりかけた。

専門の物理学でも武谷の「裏の論理」ははっきりしていないようだ。続いて、武谷の得意な進化に関係するところを検討してみたい。

第三節　進化の分子機構

〈翻訳の非可逆性〉というところを紹介してみよう。

まず最初に武谷がモノーの「翻訳の非可逆性」の文章、

翻訳機構が厳密に非可逆的であることである。〈情報〉が反対方向に、すなわちタンパク質からDNAにむかって逆流するなどということは、観察されてもいないし、考えられもしないことである。この確信は、今日までの完全でしかも確かな観察の集積で支えられており、その影響は、とくに進化論に及ぼした影響はじつに重要なものであるから、これを現代生物学の根本原理のひとつと見てもよいであろう。

を引用した。これは情報の流れはタンパク質からDNAに向かって逆流することはないという有名な「セントラル・ドグマ」であり、この「ドグマ」が成立する限り、獲得形質の遺伝は成立し難い。モノーの意見に対して野島が発言しているが、その発言は、議論の過程での武谷の言い回しに影響されて、次のようなことを述べている。

野島　だから進化までいえば、環境と生物の相互作用によって淘汰され、選択されているというところまでいえば、広義の逆向きの情報というのが実際にあると云ってもいいのではないか。ある選択が確定する過程は、環境によって選択されているのだから、あるDNAによって実現するものとの間で、片方が実現されないというのは、結局、広い意味で、生物という形であるいは細胞という形でいえば、逆向きの情報をうけているということですね。じゃなかったら進化はないのではないか。

この発言は野島らしくなく、「広義の」とか「広い意味で」とかの言葉を入れることによって、論理展開を非常に曖昧にし、「実際にあると云ってもいいのではないか」と非論理的に話を進めてゆく。これは先に紹介した武谷の論理展開そっくりである。

また、野島は最初に引用されたモノーの「セントラル・ドグマ」とは別の階層の問題で疑義を提出しているわけだから、全く反論になっていない。次のような野島の正しい指摘に対しても、

野島　（進化）実現の過程をふくめた変異のつみかさね（DNAの変化）により進化してゆくと、現在では、考えざるをえないでしょう。

武谷　だがそれは理論的に考えられるというだけで、実

際に実現しているわけではないのでしょう。何れにしてもこの間申しましたぼくの戦後まもなくから書いていることは、全部、今日もまだウソではなかった。

この武谷の居直りには感心してしまう。野島は念押しでもう一度発言している。

野島　進化の話をする場合には、つまり結局新しいたんぱくができるためには、新しくDNAの構造上の変化がなければならないということはもう裏もあると思いますが――

武谷　ええ、そっちはそうでしょう。

ここのところを武谷に認めさせたら、「僕の戦後まもなくから書いていることは、全部、今日もまだウソではなかった」などと言わせてはいけなく、戦後初期の遺伝子の存在や遺伝子の概念に対して疑念を示していた意見との矛盾をつかなければならないのだが、でもすぐに、助け話を出し、

野島　進化の話になりますと、いっていることは単にDNAレベルの変化があるということに尽きているのですね。それは偶然的に起きる。それはそのとおりだと思うのですが、進化というのはDNAをもった生物のある新しい種ができてくるのですから、DNAだけの話じゃすまないですね。

変異の誘導機構、変異の分子機構と変異が残ってゆく機構を区別して論議をしなければならないのにそこをすぐに曖昧にして、武谷に迎合している。この本の中でもゲノムの存在に対して不信を表明している部分があるから、武谷の本心は、「新しいたんぱくができるためには、新しくDNAの構造上の変化がなければならない」ということも素直には認めていないのではないか、と疑いたくなる。

第四節　獲得形質の遺伝

この本の第三章は「現代生物学と弁証法的唯物論」と題されているが、冒頭から、約三〇年前に発表された「現代自然科学思想[6]」からかなりの部分を引用してから、議論をはじめている。最初は月並みな機械論批判である。続いて、以前にこの本でも引用した、遺伝学研究の手のうちかたを示したという文章をここでも引用している。

約三〇年前の文章を繰り返すだけで、「この対応並に因子とか染色体の位置の考えにすでに限界があることが示されつつある。(6)」という言説に対しても相変わらず何らの根拠を示していない。この部分は前章で検討した星野芳郎の解説の中にも出てきて、武谷が次の手の打ち方を示したというものであるが、ここからの進展は全くない。次にお得意の獲得形質の遺伝について例の文章の引用をしている。この文章は武谷の論理展開の形式を典型的に表していると以前述べたものであるが、この本においては、さらに「これはおそらくあまり書き直さなくてもよさそうな感じがする」と次のように発言している。

武谷　というふうな話ですが、どうも、多少問題はいろんな人にあるでしょうけども、今日ぼくがいろいろ質問したりしたことによると、これはおそらくあまり書き直さなくてもよさそうな感じがするのですが、どうですか。

野島　ま、そうでしょうね、いろいろ問題はあるでしょうけれども。

佐藤七郎も柴谷篤弘を批判するときに、同じ論理で批判していたことがあるのを見出した時は、少し苦笑した。(7)

柴谷の『二〇世紀後半』の生物学への見通しの根拠を論理的にたどることは困難である。それはかれの主張がかならずしも十分に整理された形で進められていないで自由な形式をとっているからでもあるが、それよりも、かんじんの所が「かもしれない」「の様に思われる」「のではないかとおもわれる」などと保留をおいたまま論が進められ、しばしば飛躍し屈折し、また類推でつながれているからである。(8)

次に「細胞質遺伝」の項に入り、佐藤が武谷と問答している。

佐藤　細胞質遺伝のことは、だいたい遺伝子が核以外にもあるということでわかっちゃたのですね。それから獲得形質の遺伝のことは、依然としてのこっていると

武谷　当時のモルガン派が染色体だけが遺伝をになうものだといっていたから、ぼくはわざわざ——

しかし、細胞質遺伝の機構についても、モルガン派の

発想の直接的な延長上で解決されたことを考えると、この発言も武谷の居直りのような気がする。では、当時遺伝子について武谷はどのように発言していたのか、一つはルィセンコの意見を借り、

　ルィセンコはメンデリズムの基礎である染色体中の遺伝的基礎及びその不変性の思想に反対し、全体としての生物、全体としての細胞が遺伝現象に関与する(6)

と主張し、さらに、

　遺伝子の概念こそ機械論的性格をもつものである(8)

と否定的に断定してしまっていた。これ等の発言を武谷は一度も取り消してはいない。佐藤は続けて、

佐藤　獲得形質の遺伝の方はどう…。

野島　その遺伝はちょっとむずかしいね。

と述べているが、野島に簡単に獲得形質の遺伝を否定されているが、そこには武谷は口を挟んでいない。次は、「遺伝がＤＮＡだけでおこるのか」という項目に移り、佐藤が口火を切っている。

佐藤　遺伝子、つまりＤＮＡに、生殖細胞以外の外の環境が変化を与えるであろうことは、かなり考えにくいことのように思います。しかし遺伝がＤＮＡだけできまるかどうかという問題はあるのではないだろうか。そこに環境の影響は及びうる。可能性はあると思います。

野島　もしそうだとすると、それが伝わるためには

と、野島に言われてしまい、細胞膜を取り上げ、相当苦しい議論をしている。

佐藤　たとえば卵細胞からつぎの世代へと、細胞膜なんてのはそのまま伝わるわけですね、細胞膜が新しくできるときに、前にあった細胞膜の分子構成がなんらかの形でつぎの細胞膜を規制するとすれば、ＤＮＡを通じない情報が――

野島　それはそうだけれど、細胞膜のいちばん骨骼をなすたんぱくのアミノ酸組成がだいたい細胞膜の性質を決定しちゃうと思うのです。そのコードは――

佐藤　それが決定するんですかね。

野島　それはそうでしょうね。

野島は武谷以外の相手のときはかなりはっきり発言していて、迎合感がない。しかし、武谷は彼特有な（非）論理で、

武谷　ですからそういう意味では変わったっていいのじ

ゃないかと思います。それは一種の獲得形質みたいなもの

というような逃げを用意していて、そこで、先程引用した部分を再び取り上げている。

武谷　『すなわち生物は個体のみならず、その系統発生においても環境への適用という流動性をもちうるだけの歴史的産物であると考える方が自然だという事ができる。すなわちある意味での獲得形質の遺伝が考えられるのである。』これはどうですか、これは何も証拠がないといえばないし、あるはずもなかろうにといったらそうかもしれんし…

野島　それはなんともいえないでしょう。

この武谷が引用した部分は、前節で触れたように、星野芳郎によって現代遺伝学と致命的には相反しないと無理矢理弁護されたものであるが[10]、この非論理的な武谷の発言は、彼の生物（学）理解に内容がなく、進歩もないことを示している。ただ、遺伝子がＤＮＡであるという佐藤の発言には武谷は反論していない。

この節の最後に、獲得形質の遺伝を主題として取り上げているが、ほとんど理屈にもならないことを述べているだけで、このような事実が証明できれば獲得形質の遺伝が証明されるとか、獲得形質の遺伝を証明するためにはここを攻めたらいいというような、前向きの議論は全く出てこない。ここでも武谷の有名な意見、

一つの認識論を主張する人は、その認識論をあらゆる局面にわたって馬鹿正直に適用することを私は要求するのである。その場合とくに重要な事は、科学の現在の問題に対して、現在の困難に対して右に行くべきか左にゆくべきかの指導を求むる事である[9]。

を武谷自身も思い出す必要がある。武谷自身は自分の昔の主張を忘れたかのように話し続ける。

武谷　だけどほんとうにないという証明は、つまりこれを否定するのは非常にむずかしいわね。ほんとうの意味でエクスクルードは。

野島　それは不可能。

佐藤　非常に考えにくいことで――。

武谷　考えにくいでしょうか――。だからぼくは要するになんでもいいんです。

野島　なんでもいいて――。

武谷　なんでもいいんです。要するにたんぱくから、も

っと広い意味で逆にいくことを完全にエクスクルードできるかという――。
野島　できていないのです。
非論理的な会話が続く。「もっと広い意味で逆にいくことを完全にエクスクルードできるかという」というように相変わらず、「広い意味で」という逃げをあらかじめ打っている。私達が生物について知っていることは限られていて、私たちが知らない、非常に巧妙な方法で進化というのはあるのではないかということは、常に可能性としてはありうるので、完全にエクスクルードできるかと問うことは公平ではない。野島もそれは不可能だと言っているぐらいである。ただ、その場合であっても必ず、遺伝子が変わるということがなければ遺伝に関係する変異や進化は成立しない。ここはもう変わらない。

この本の第四章は「現代生物学と社会」と題されていて、生物学と社会との関連について議論されているが、ほとんど武谷の従来の主張の繰り返しで新味はない。この本で検討している武谷の生物学思想という視点から見ると、関連する発言は少ない。この書物全体に対する武谷自身の評価については、後年次のように語っている。

耐性菌はすべて突然変異でできるという証明はあるのかということとか、突然変異という概念についてずっと理詰めに押していったんです。これには誰も反論できないんですね。[11]

これは非常にご都合主義的評価である。この書物を解析して明らかになったことは、現代生物学は戦後爆発的な進歩を遂げたわけであるが、武谷は戦争直後の論文を無批判に繰り返すだけで、生物学の理解に関して思考停止を来していたのではないか、ということである。

第五節　面白い記述

本筋からは少し外れるがこの本には奇妙な面白い発言が随所にあるのでそれを幾つか紹介したい。

（1）

武谷　生命、これモノーは複製ということと、あとで合目的的な代謝みたいな話がはいるでしょう。私はそれだけで生命の定義は十分でなく、生と死、死ぬことが生命の非常に重要なもの。ウイルスは放っておきゃ死なないでしょう。そういう点からいくとウイルスは生命ではない——

生命を考える上で、生だけでなく死を考えることは重要であるが、ウイルスも放っておけば死（不活化）に至る。

（2）

野島　フランスの左翼ってそうじゃないですか。あそこは労働運動が非常に強いわけでしょう。文化人はチヤホヤされている傾向があるんじゃないですか。

（3）

野島　こうみていると、エンゲルス批判をしても、エンゲルスを読んでいるとは思えないですね。

武谷　思えない。ただイチャモンつけるために適当にエンゲルスの自分に気にくわないところだけもってきた。

野島　なんかフランスにそういう本があるのか、サマリーみたいになっているのがあって、そういうものを読んでいるのじゃないかという話を聞いたことがある。

武谷　『毛沢東語録』あれか——（笑）

野島　フランス人はそういうのを好むのだそうです。

武谷　フランス人はほんとう根本的に形式論理なのです。非常に好むのですね。

このような決めつけを武谷は嫌っていたはずなのに、フランスの左翼についての論理的な話とはとても思えない。フランスの左翼が知ったらあきれるであろう。

（4）

武谷　普通の化学者には形式論理的な考え方をする人が多いと思うんです。それはどうしてかというと、化学は現象論的段階と実体論的段階とでだいたいいけるんだね。つまり立体とか、そこに何があるかとか、どういう構造になっているのか。その立体識別法だってそうでしょう。ほんとうに電子はどうなって、どういう運動をしてどうなるという話までしなくたって、ほとんど全部だいたいすんじゃうわけだ。これが実体論的段階の話なのです。

野島　そうですね。

その昔物理学帝国主義という言葉が流行したことがあるが、まだ武谷の意識の中で、一九七五年になってもそれが残っていることを示している。

（5）

野島　同じ細胞から抗原の種類によって違った抗体ができる、指令理論というのですが、つまり抗原の情報（指令）が細胞（ないし抗体）に伝わって、それでAという抗原に対するA抗体ができる。B抗原がいけばB抗体ができる。指令説じゃなかったら、僕たちの研究はできないわけですよ。

かつての熱烈な抗体産生指令論者の面目躍如なものがある。

（6）

武谷　実践というのはせんじ詰めれば手の打ち方ということになってくるんでね。いろいろ高遠なる議論するのは必要なんだが、やっぱり最後にはその時点、その時点でどういう手の打ち方をやるかということにもって行かない限り実践とはいえない。

武谷　ぼくは実際に手が打てないようなものはあまり興味がない。

是非、武谷の手の打ち方を獲得形質の遺伝の研究に適用してほしかった。この本の最後に出てくる面白い記述、

（7）

武谷　（結核の抵抗性の話が出ると）そうすると、獲得形質の遺伝のごときものが、はたしてないといえるかどうか。

すぐに獲得形質の遺伝に話を持ってゆく。武谷の生物学理解の一つの原点がここにあるのを痛切に感じる。

第六節　続面白い記述：武谷と木村資生の中立説

武谷は後年『思想を織る』[11]で自分と木村資生の「分子進化の中立論」との関係を次のように述べている。

『現代生物学と弁証法』が出たころにそれまでメンデル、モルガン流の戦闘的遺伝学者だった木村資生氏が、これまでの突然変異、自然淘汰の流儀だけではだめだということから、中立説というのをつくり上げたのです。つまりメンデル、モルガン流とそれに対立するのとの中立ぐらいなところで数学のモデルをつくりあげたんです。だから、大体、僕の言っているのと似た話になっちゃった。[11]

驚いたことに、武谷の考えていたことは木村資生の中立説に近いとのことである。かつて木村のお弟子さんが、名古屋大学で武谷の講演にたまたま同席、質問した

第9章-5：木村資生
出典：http://www.s-yamaga.jp/nanimono/seimei/shinkaron-01.htm

ところ、武谷は木村の説は突然変異ありきの理論だ、もとが間違えていると、それに依拠した説も間違いだと批判した。この『現代生物学と弁証法』でも次のように述べている。

　このあいだ名古屋大学で話をしたら、木村資生氏の系統の人が一生懸命、質問していたけれども、私にいわすとああいう集団遺伝学は、「進化に結びつく突然変異がありとせよ」というところから始まるのですね。あるか、ないか分からない、それは問題にしないで、ありとせよだ、そうしたらちゃんといけるという話でしょう。それはそのありとせよが、まだありとせよになっていないのだといったら黙っちゃったですが。

大分話が違うようだ。では木村の中立説とは何か。

中立説は一九六八年に木村資生によって提唱され[12]、大いなる議論を呼びながら発展していったが、一九八三年にはそれを精緻な理論としてまとめ、英文著書『The Neutral Theory of Molecular Evolution』[13]として発刊された。この著作は一九八六年には日本語に翻訳されて、『分子進化の中立説』[14]と題されて、発行された。木村によると中立説は次のように定義される。

　分子レベルにおける進化的変化と多型は、主に自然淘汰に関して、殆ど中立でその行動と運命が主として突然変異と偶然的浮動によって決定されるような突然変異遺伝子によるものであるという説[14]。

それは二つの原理によって成り立っている

（1）現存種のゲノムを比較すると分子レベルでの違いの大部分は自然選択に「中立」かほぼ「中立」である。つまり分子レベルでの違いの大部分は生物個体の適応度に何ら影響を及ぼさない。この結果中立説は、ゲノムの分子レベルでの変化が、自然選択を受けないし、また、自然選択によって説明されない。

（2）進化的変化の大部分は中立遺伝子に働く遺伝的浮動の結果であるとする。

木村も中立説は適応進化の決定要因としての自然選択

説の役割を否定するものではないと述べ、その後の研究と論争により、中立説と自然選択説は並立する概念であることが分かり現在に至っている。分子進化の量的な研究が始まって十年ぐらい経過した時、すなわち『現代生物学と弁証法』が発行された頃、木村はそれまでに得られた結果を法則の形でまとめている[15]。

（1）それぞれのタンパク質分子について、機能と構造が本質的に変わらぬかぎり、進化におけるアミノ酸置換率は1年あたりアミノ酸座位あたり生物種によらず一定である。

（2）機能的重要性の低い分子または分子の部分は重要性の高いものより突然変異の置換率ではかった進化の速度が大きい。

（3）分子の機能を乱さないような置換の方がそうでないものより進化の過程で起りやすい。

（4）新しい機能を持った遺伝子の出現には遺伝子の重複が先行する。

（5）進化の過程で有害遺伝子の除去および中立または微小有害突然変異の集団内へのランダムの固定の方が、はっきり有利な突然変異遺伝子の自然選択による固定より数が多く起っている。

もう一つ大事なことは、木村が言っているように、「中立な」対立遺伝子のあるものが適当な環境条件の下とかの異なった遺伝的背景で有利となる可能性も無視すべきではない。従って、中立突然変異遺伝子は淘汰を受ける潜在的能力を持っている[14]。

中立という概念は柔軟性に富んでいるが、やはり遺伝子説や突然変異説の延長に基づいて木村の中立説は提唱されている。この分子進化の研究は定着し、多くの研究分野で通常的に使われるようになった。私もウイルスの分子進化の研究をした時に、この考え方に準拠した。この説のどこが武谷の考えていた進化説と近いのだろうか。偶然の突然変異に依拠している中立説とルィセンコ学説のどこに共通点があるのだろうか。武谷は、戦後初期の遺伝学や進化の研究について提唱した彼のストラテジーに依って、ビードルの一遺伝子＝一酵素説[16]もワトソン・クリックのＤＮＡモデル[17]も生みだされたかのような話を書いているが、それらも木村の中立説が自分の主張していた説と同一というのと同様に、武谷に生じた幻想、いやはったりにすぎない。

この章においては、多くのルィセンコ支持者が触れることのなかったモノーの『偶然と必然』に果敢に取り組んだ武谷の発言を解析したが、ほとんど三十年前の戦争直後の意見を繰り返すだけで、武谷自身の生物学理解の進展を見ることはできなかった。この時点においても遺伝子説に対する評価を明確にしていなく、避け続けているが、一方では武谷が戦後直後の自分の発言に、居直りに近い形ではあるが、こだわり続けたことも明らかになった。次の章からは武谷に影響を与えたルィセンコ支持者のルィセンコ評価の変遷をたどることにするが、そこでは自らの過去の発言に対して責任を取らない進歩的知識人の姿が明らかになり、皮肉な形ではあるが武谷と好対象をなしていた。

[引用文献]

（1）J・モノー（渡辺格、村上光彦訳）、『偶然と必然』（みすず書房）一九七二年
（2）J. Monod, *"La victoire de Lysenko n,a aucun caractere scientifiqué estime le Dr. Jacques Monod"*, *Combat*, 1948, September 15
（3）中井哲三、「ルィセンコ学説の勝利（第一部）—ルィセンコ遺伝学の成立過程—」『前衛』(45)、一九五〇年
（4）高梨洋一、星野芳郎、「ルィセンコ学説の勝利（第二部）—ルィセンコ遺伝学をめぐる批判と反批判—」『前衛』(46)、一九五〇年
（5）武谷三男・野島徳吉、『現代生物学と弁証法　モノー『偶然と必然』をめぐって』（勁草書房）一九七五年
（6）武谷三男、「現代自然科学思想」一九四六年七月二六・二七日、ラジオ放送、「現代思想の展望」十二月
（7）佐藤七郎、「科学と思想—戦後生物学の展開を軸に」『講座戦後日本の思想4　—科学思想—』（廣重徹編）（現代思潮社）一九六二年
（8）武谷三男、「哲学者との協力の為の条件—山田坂仁氏に与う」『理論』第一巻第二号、一九四七年
（9）武谷三男、「哲学は如何にして有効さを取戻し得るか」『思想の科学』（5）、一九四六年。武谷三男著作集1『弁証法の諸問題』（勁草書房、一九六八年）に再掲載
（10）星野芳郎、「戦後科学技術の思想」、星野芳郎編『戦後日本思想体系9「科学技術の思想」解説』、一九七一年
（11）武谷三男、『思想を織る』（朝日新聞社）一九八五年
（12）Kimura M., *"Evoluttionary rate at the molecular level"*, *Nature*, 217, 624-626, 1968
（13）Kimura M., The Neutral Theory of Molecular Evolution., Cambridge University Press, Cambridge,1983
（14）木村資生（向井輝美、日下部真一訳）『分子進化の中立説』（紀伊国屋書店）一九八六年

(15) 大田朋子、木村資生、「分子進化」岩波講座・現代生物学7『生命の起原と分子進化』、一九七六年
(16) 武谷三男、「現代遺伝学と進化論—主流的見解への方法論的疑問—」『思想』三月号、一九五七年。『現代の理論的諸問題』(岩波書店、一九六七年)に再掲載
(17) 武谷三男、「分子生物学と進化論」『量子生物学Ⅱの月報』、一九六五年

第一〇章

八杉龍一のルィセンコ評価の変遷（1）

=ルィセンコの紹介者、熱狂的支持者として登場=

日本におけるルィセンコ論争の推移を全体的にまとめる力量は私にはないので、ルィセンコ支持者の三名についてルィセンコ評価の変遷を個別的に検討してみようと思う。取り上げる三名とは、八杉龍一、石井友幸と宇佐美正一郎である。八杉が日本へのルィセンコ学説紹介の中心的役割を果たしたことは誰もが異論がないので、最初に八杉のルィセンコ評価の変遷をみてみたい。戦前の八杉の言質については第三章で解析したので、戦後の八杉の考え方を検討してみる。ただ八杉は非常に多くの論文と著作を発表している。それらは同じような内容と文章の重なりがみられるが、詳細に解析してみると、微妙にニュアンスの異なるところがあるので、そこに視点をおき、八杉の全体像を把握することに努めた。また、八杉の中に、武谷とは異なるもう一つの戦後の進歩的知識人の典型を見ることができると考えられるので、彼のルィセンコ評価の変遷を詳しく追跡していきたい。

第10章-1：八杉龍一、
出典：朝日ジャーナル、1973,2,23

戦後初期は、八杉自身ルィセンコ紹介者として自負していたように思われる。例をあげてみると、

> 私が紹介の発表を急いだのは、当時すでに武谷三男、山田坂仁氏等の間にルィセンコが論争のテーマとして取上げられていたので、少しでも正確な資料を提供することが私の義務であると考えたからである。[1]

では、戦後の八杉の考え方、主としてルィセンコ学説についての主張を追跡していきたい。

第一節　戦後直後の八杉によるルィセンコ紹介

八杉は民主主義科学者協会・自然科学部会の機関誌『自然科学』三号（一九四六）に、紹介記事として「生物学を通じてみたソ連邦の学界」を載せている。この文章は、一九四六年七月に行われた第三回自然科学部談話会における講演をもととしているが、「進歩的科学者」の敗戦直後のソ連観が率直に出ている。

進歩が極めて困難であるかに見えたソ連邦の科学を今日の発展段階に高め得た力は何処より生まれたか。この原因即ちこの力の母胎は、聡明にして決断力に富み且つ不撓の努力を惜しまなかった政府の最高指導者にあった。嘗ってのレーニン或は今日のスターリンを指してソ連邦では彼等こそ「科学の巨匠」であると言っている。戦後翻訳され出版されたスターリン首相の演説集に於いて、如何に困難な状勢の下に於いても常に厳密な分析と将来に対する確固たる見透しが語られている。(2)

八杉は戦後のソ連を絶賛し、レーニンやスターリンを「科学の巨匠」と紹介しているが、本当に八杉はスターリンの演説集を読んで「確固たる見透し」を感じたのだろうか。戦前の八杉は、ブハーリンやエンゲルスをよく引用していたが、その名残と戦争直後のソ連に対する憧れの高まりが八杉をして、スターリンを「科学の巨匠」と紹介させたのであろうか。この論文の中で、八杉はルィセンコについても数回触れている。例えば、

（ソ連邦における）学界の論争に就いて多数の例を挙げることが出来るが、その一つとして生物の遺伝因子の変不変に関するエヌ・イ・ヴァイヴィロフ等とルィセンコ学説の対立を挙げて置こう。ソ連の学界に於いても遺伝学説としてメンデルの思想を基礎とする近代の実験遺伝学が支配的であることは他の国々と同様であったが、一九三〇年代になりルィセンコは秋蒔の小麦の春蒔化等の実際問題から進んで、生物の遺伝に関して異なった説を立てた。彼の思想はダーウィンの思想に対する高い評価をその基礎として居り、正統的メンデリズム或は所謂モーガニズムに於ける遺伝因子の絶対性を否定している。(2)

とルィセンコの登場を紹介し、その思想は遺伝子学説の否定であるとしている。ルィセンコの業績や学説に就い

ては多くを述べないと言いながら、

彼がメンデリズムの基礎である染色体中の遺伝的基礎及びその不変性の思想に対し反対しつつあることを述べるにとどめて置く。彼は全体としての生物体・全体としての細胞が遺伝現象に関与すること、生物発達の過程に於いて遺伝的基礎にも変化を生じ得ること、人間は一定の外的条件の創造によって物体の発達に影響を与えそれを人間に必要な方向に向け得る事を唱えている。(2)

と彼のルィセンコ学説を紹介している。そこでは、ルィセンコ学説として、

(1)遺伝子学説への批判

(2)細胞全体が遺伝に関係している

(3)獲得形質の遺伝の承認

(4)生物を人間の必要な方向にかえうる

の四点が挙げられているが、考えてみればルィセンコ学説の殆ど全ての内容がこれら数行の文章で表現されていることになる。またソ連邦の生物学の特徴として、

ソ連の生物学者が『自然の弁証法』の豊富な思想を次第に身に付け自己の実践の武器とすることが出来るようになったことに依っているとも云える。従来の世界の生物学者達の思惟は機械論的科学の典型であった。(2)

等とまとめている。講演ということと戦後すぐということで、「世界の生物学者達の思惟は機械論的」であるなどと素朴に断言しているように、八杉の素直な気分がこれらの文章には出ている。

次には、同じ『自然科学』に掲載された戦後最初の本格的論文である「ルィセンコ遺伝学説について」(3)を検討してみよう。

筆者は戦時中にルィセンコ博士の人及び学説について紹介し、戦後においても二三の論文及び講演においてルィセンコ学説に言及した。しかし私のこれまで所有していた文献が僅少であったため、それらはきわめて不十分であったうらみがある。最近になって主要な文献の多数を閲読することができたため、改めてまとまった姿で紹介を行うことを自分の義務と考え、このペンをとった。

という前書きで、この論文を始めている。主要な文献の多数を閲読した上で書かれた論文ということなので期待がもてる。最初に植物の段階的発生を取り上げ、その前

提を、

植物においても動物においても、発生と成長との両過程は、これを区別しなければならぬ。ル氏によれば、成長とは同じものの再生産過程であり、発生とは成長と同時に一環の変化の連鎖のつづく過程である。更に生物の発生は、環境条件と深い関係を有している。

として、段階発生理論を詳しく紹介していき、続いてルィセンコの進化学説へと筆を進めていく。

メンデル的遺伝学においては、ゲンの不変性が固く信じられている。それは突然変異を起こす以外に変化することはない。したがって人間の手によって生物の遺伝的性質をわれわれの望む方向に変化せしめることなどは思いもよらない。しかるにルィセンコ学説はこれらの可能性を主張する。それのみならず染色体のゲンが遺伝的基礎のにない手であることを否定する。すなわちこの学説は、メンデル的遺伝学と明白な対立をなすものである。ル氏の学説は総合的な体系の建設に到達した。

ルィセンコ学説に依拠すれば、人間の手によって生物の遺伝的性質をわれわれの望む方向に変化させうるが、メンデル的遺伝学においてはそんなことは思いもよらないという言葉の中に、生物を自由に変えられない学説はそれだけでも間違いであるという思想が潜んでいるのを感じる。八杉は「生物の人工的改造への希求」への支持を戦前にも記していたが[4]、そのことがルィセンコ支持の基底にあることをこの論文も感じさせる。また、八杉は戦前の論文では、「ルィセンコの理論の未完成は何人の目にも明らかである[4]」と記しているが、戦後のこの時点で、「ル氏の学説は総合的な体系の建設に到達した」と評価していることに注目したい。武谷も完成の域に達している旨の主張をしているのを思い出す[5]。ただ、この種の発言が、当人たちが何らかの根拠に基づき、熟慮した結果出した判断であったかについては疑問であるが、ある学説が総合的な体系の建設が終了したとか、完成に域に達したとの発言には、その評価の責任をとってもらう必要がある。

ルィセンコの学説を論じる前に出発点となった初期の実験ついて紹介するとして、一九三六年に行われた「コムギの性質の転化」の実験を紹介している。

最初二本の木から出発した実験ではあまり確かでな

いと思われるかもしれない。しかしその後多くの実験がこれを確証し、春播品種を秋播性に転化することも可能であることが分かった。このように、ヤロヴィザチヤの段階において一定温度を強制的に与え、この温度下において段階経過を終えさせることによって、コムギの該段階における、温度要求を変化させることができる。云いかえれば遺伝性の変化を、われわれの望む方向に、起さしめることができる。

たった二本の木の実験であっても、その背後に膨大なソヴェト農業成功の蓄積があるという、この八杉の主張はその後のルィセンコ支持派の「ルィセンコは少数例の実験に基づいている」という批判に対する、反論の元をなしている。この文章でも再び、「遺伝性の変化を、われわれの望む方向に、起さしめることができる」と記している。

ここから、ルィセンコの「遺伝性すなわち生物の本性」という特異な考え方の紹介に入る。

ル氏によれば、遺伝性とは「生体が自己の生命、自己の発生のための一定の条件を要求し、それにその条件に対し一定の反応をなす性質、すなわち生体の本性である」である。メンデリストが強調する遺伝における自己再生産は、生物体全体、細胞、細胞の部分を通じての、すなわち生命あるものすべてに共通する特性であり、遺伝だけの特性ではない。

最も普通の遺伝の定義は「生殖によって、親から子へと形質が伝わるという現象」というものであるが、このルィセンコの遺伝の定義は従来のそれと全く異なるわけであるから、八杉はこれに対する科学的な評価を行わなければならないはずである。八杉はルィセンコの定義についていかなる評価をすることもなく、なし崩し的にその前提に立って次の論を進めてゆく。八杉の論文の読みにくいところは、戦前の八杉の論文を紹介したところでも述べたように、単なる紹介なのか、八杉も賛同しているのか、八杉自身の意見なのかがよく分からない点にあるので、「遺伝現象というものは生命現象そのものだ」ということに八杉が同意しているかは明瞭ではないが、少なくとも否定はしていない。次はこのルィセンコの定義の延長線上で、生体の本性は変えうるというふうに話を持ってゆく。

遺伝現象を取り扱うに際しては相似ならざるものの

生産（変異性）と云う面を忘れてはならない。生体は、その必要とする条件を発見なし得ず、多少の程度にあれその本性にそわぬ外界の条件を同化せねばならぬとき、その体の部分は多少とも先代と異なったものになる。そしてもしこの部分が新しい世代の出発点になるなら、それはすでに要求すなわち本性が先代と異なっている。そしてこの条件が生体にとって必要なものとなる。すなわち、生体の本性変化の原因は同化作用の型すなわち物質代謝の型の変化である。外的条件は生体物質にとりこまれ同化されると、すでに外的ではなく内的条件になる。生体の要求すなわち遺伝性の変化は、もし外界の条件が生体によって同化されたならば、これらの外界の条件に対し常に適合したものである。

「生体の本性変化の原因は同化作用の型すなわち物質代謝の型の変化」あるいは「外的条件は生体物質にとりこまれ同化されると、すでに外的ではなく内的条件になる」という主張が何の実験的根拠もなく次から次へと出てくる。「生体の要求すなわち遺伝性の変化」などのように「すなわち」という文字で二つの語句が結ばれるが、まったく理解できない。ここで注目したいのは、遺伝は常に適合的変化であるということをこっそり挿入していることである。このような抽象的文章でよくルィセンコ学説について納得がいったものだと却って感心する。その後も「生殖細胞は全生体の発展の産物である」とか「生物体中の種々なる細胞は、メンデリスト＝モーガニストの云う如く同一の本性を持つものではない。それらは異なる本性すなわち異なる遺伝性を有する」という意味不明な文章が続く。また、「遺伝性とは代謝の型の変化である」という、これ以後、ルィセンコ支持者によって頻用される語句も登場している。

生物と環境を論じたところでは、「正常の行程と異なる個体発生が実現せられるならば、遺伝性が変化する」と結論を述べ、後は「余儀なくされる」、「すなわち」、「かくして」で文章が構成され、最終的には「生活条件の変化が、遺伝性の変化の原因」と結論している。ただ、この主張は獲得形質の遺伝に話をもってゆくための前振りになっている。

次の「生物の系統の方向付けられた変化」の項では、生物の遺伝性の変化の具体的な途を示すのは、ミチューリン学説であると言って、生体の質的変化が生体の遺伝性変化の唯一の途である。生命及び発生の維持―これはすなわち生体の変化でもある―の源泉は外界の条件である。それ故生物の本性すなわち遺伝性を管理する唯一の方法は、それこれの器官あるいは部分には必要な外界条件を適当に管理して作用せしめることである。

と、後天性の遺伝を無批判的に紹介している。「生物の本性すなわち遺伝性」とか「心要な外界条件を適当に管理する」などの理解困難な語句が相変わらず並び、結局のところ獲得形質の遺伝に無理矢理つなげていく。

続いて、注目を集めていた栄養雑種に移り、次のように紹介して、染色体が関係しなくても遺伝は成立すると主張している。

接木の場合には原形質も核の染色体も交換されないが体液は交流する。従って臺木と接枝によってつくられるプラスティックな物質もまた本性すなわち遺伝性の性質を所有している。

ここから、愁眉の論争点に内容に入っていく。それは「遺伝学の二つの途」と題されていて、まずミチューリン的遺伝学を次のように定義する。それは「生活条件が系統の変化の質に、すなわちゲノタイプの変化の質に、影響することを実証すること」、すなわち獲得形質の遺伝がルィセンコの学説の根幹であることを明確にする。そして、

メンデル的＝モーガン的遺伝学は各種の周知の実験を根拠として獲得形質の遺伝を否定し、生活条件が遺伝性を変化せしめないと考える。しかしモーガニストの手にある事実をミチューリン的遺伝学の立場から批判すると正反対の結論に到達する。

と述べているが、「モーガニストの手にある事実をミチューリン的遺伝学の立場」で解釈した具体例は挙げられていない。続いて獲得形質の遺伝を証明している例として八杉が次の例を紹介しているが、全く理解ができない。

キビは栽培条件によって一〇〇〇倍くらいの大きさのちがう木になる。しかし大小のキビからできた種子をまいて生じたキビはたしかに大きさに認められる差異を示さない。この場合、親木の大きさは非常にちがっても種子の大きさは、そんなに異ならないことを注意せねばならない。

これを読んで獲得形質の遺伝との関係を理解できるだろうか？　その後で、二本の木で行ったルィセンコの実験を無理矢理理由を付けて高く評価した八杉が奇妙な文章を書いている。

通常の実験における少数で小規模の栽培では、他の条件の影響のため、一層不明瞭な結果をきたすだけであろう。

どういう意図かわからないが、この論文の後半でも、

少数種子の実験では誤謬におちいる危険がある。

とまたもや書いている。ルィセンコの実験は二本でも良いが、他の実験では少数種子の実験や小規模の実験は意味がないとするのはどういう論理だろうか。さらにルィセンコの有名な言葉「生体内に遺伝器官を求めることは、生体内に生命の器官を求めると同じことだ」が出てくる。八杉はこのルィセンコの主張に対しても何のコメントもしていないが、この言葉の上に立って、「生物体の遺伝的基礎とは一体何であろうか」と問いかけ、その答えは、

遺伝的基礎は特殊の自己生産物質ではない。遺伝的基礎は、発生して生物体となる細胞である。この細胞の中において種々の細胞器官はその意義を異にしているが、進化の発展に寄与せぬ断片は存在しない(3)。

生体のいかなる細胞も器官全体として平等に遺伝に関係しているというわけである。あげくの果てに、「進化の発展に寄与せぬ断片は存在しない」とまで述べている。「純系及び三対一分離比」に対する批判内容もよく解読できないが、ルィセンコ及び八杉が統計学というものをまったく理解していないことだけは明らかである。

ルィセンコの実験は少ないが、ルィセンコ学説だけは多くの農業実践で確かめられていることを再び次のように述べているが、特に根拠をあげているわけではない。

ル氏の学説の発展に当っては、その実験的成果が直ちにソ連各地の研究所や試験場、更にソホーズやコルホーズにおいて、廣汎な試験と実践に移され、またそこから新たな問題が絶えず提起されつつあり、学説が農業の実践と緊密に結びついているのであることを強調しておかねばならない。

この文章にはル氏によればという言葉がないから、八杉の意見／断定と考えるのが普通であろうが、この情報の根拠を明確にしていない。

最後に八杉がルィセンコ学説の不備な点をとってつけたように指摘している。

（1）発生段階経過によって成長点の細胞にどの様な生化学的変化が起るのか明確ではない。

（2）自家受粉によって純粋品種が退化すると主張しているが、受け入れることのできる説明が与えられていない。

（3）血清学によって明らかにされた蛋白質の特異反応が取り入れられていない。

（4）動物においてルィセンコ学説を支持する結果がない。

（1）については、戦前の八杉の論文[6]に既に指摘されているし、他の点もルィセンコ学説にとっては末梢的なことである。以上の不備を指摘した上で、

ルィセンコ学説が生物体の現象をすべて物質代謝の基礎の上に、理解しようとする態度は根本的に正しいと思う。それは遺伝進化学及び育種学に対して新しい道を開くものであると云える。

と、ルィセンコ学説を高く評価しておる。またルィセンコ学説が特に強調する栄養雑種についても、物質代謝の変動によって遺伝が成立し、遺伝因子は必要がないと結論している。

栄養雑種に場合には、臺木と接枝の間に染色体や細胞の原形質の交換は行われない。両者の遺伝性の統一は物質代謝によって起るのである。

後年八杉は、自分はルィセンコ学説を紹介しただけであるというようになるが、戦後初期からルィセンコ学説の積極的な支持者であったことをこの論文は証明している。

この八杉論文の欠陥をまとめてみると、

（1）新しい資料でルィセンコ学説を紹介するという意気込みにも拘らず、具体的な実験の話が少ない。「二本の木から出発した実験」とそれに関連した実験だけで、後は抽象的議論の紹介に終わっている。

（2）他の研究者の実験には「少数種子の実験では誤謬におちいる危険がある」と批難するが、ルィセンコの実験については、「最初二本の木から出発した実験ではあまり確かでないと思われるかもしれない。しかしその後多くの実験がこれを確証している。」と強弁している。

（3）ルィセンコの遺伝についての特異な考え方「遺伝は生体が自己の生命、自己の発生のための一定の条件を要求し、それにその条件に対し一定の反応をなす性質、すなわち生体の本性である」や「生体内に遺伝器官を求めることは、生体内に生命の器官を求めると同じことだ」についての八杉の評価がない。

（4）「つまり」や「すなわち」等の副詞や接続詞の使い方が滅茶苦茶であるので、多くの文章で意味が通らない。

（5）八杉の論文に共通することであるが、どの部分が紹介で、どの部分が八杉の意見かは判別し難い。

このように多くの欠陥を有する論文が日本におけるルィセンコ理解の基本資料になったということは現在からは考え難いが、それが当時の状況であったのだろう。

この論文に対して、多くの批判があったので、一九四七年一〇月に「ルィセンコ学説[7]（再報）」を発表した。批判は、

> ル氏の仕事について多くの人がまず問題にするのは実験が信頼するに足る方法で行われているかどうか

であった。そこで八杉は苦心してルィセンコ学説に関する三編の論文を見出した。

> ル氏もしくはその学派の人の実験報告を各所でさがし求めたが、ほとんど発見できなかった。わずかに農林省の農事試験場の書庫に「ヤロヴィザチャ」一九四一年第一号が埋もれているのを見出し得たのみである。これにはル氏学派の仕事のうち確実性のもっとも疑われうる栄養（接木）雑種に関する三論文が掲載されている。

ただそれらの論文も、八杉が見るところ、

> 三報文とも組織学的ないし細胞学的研究にわたっていない。それゆえ結果及びその説明の真実性に疑点が残らざるを得ないと思う。

という正直な感想を漏らしている。多くの疑問に対しては、

> 私自身は実験しているのではなく十分な文献ももっていないから、これに断定的に解答できない。

と逃げている。八杉の膨大なルィセンコ学説に関する論文の根拠となった事実は本当に少ないということは驚くべきことである。八杉の次のような指摘、

> モーガン学派を中心とする世界の遺伝学者のなしと

げてきた仕事は立派なものだ。だが遺伝学者をそのとらわれた立場から解放しなければ、遺伝学及び育種学が新しい道をひらいてゆくことができない。

も、モルガン学派のどの業績が高い評価に値するのかを明らかにし、遺伝学者は何にとらわれているのか、それとルィセンコ学説との関係を議論しなければ、ただ単に言葉だけで従来の遺伝学の成果は評価するといっているに過ぎないのではないだろうか。

第二節　その他の一九四七年八杉論文

一九四七年には前述した論文以外に、幾つかの仕事を発表している。ここでは『種の起原・ダーウィン』(霞ヶ関書房)の五節「種の起原」の現代的意義―再説」の「ソ連の生物学界とルィセンコ学説」[8]と「ダーウィニズムの諸問題」の中の「ソ連におけるダーウィニズムの発展」[9]を見てみよう。そこでは八杉の意見らしきものを少しは見出すことができる。幾つかの例をあげてみよう。

(1) メンデル的遺伝学の立場においては、自然淘汰、ひいては人間の手による淘汰が、積極的な創造的な作用を有することが否定せられるからである。

(2) ルィセンコの実際上の業績は、すべて農業の実践と密接に関連している。彼は常にコルホーズやソホーズのために、またそれと連絡を取って仕事をしている。

(3) 彼はネオラマキズムやネオダーウィニズムが、人間のなし得る能力をきわめて制限されたものと考えているのを、打ち破り、植物の品種を人間の目的のためにはるかに自由に改良し得ることを実証してみせた。その功績は否定されない。(以上「種の起原」の現代的意義―再説)

(4) (ヤロヴィザチア) 處理によって、植物の遺伝性がまず不安定になる。そしてこの處理が繰返されることによって、植物に新しい遺伝性が与えられ固定せられる。

(5) ルイセンコの仕事から二個の結論が得られる。すなわち、(a) 遺伝性の変化の原因は、同化の型すなわち物質代謝の型の変化である。(b) 生物体の遺伝性の要求の変化は、常に外界条件の作用に対して適合的である。

（6）ルィセンコにおいては「適合的」に生じる遺伝的変化に妥当な説明と実証とが与えられている。
（7）メンデリストにおける獲得形質遺伝の否定が全く観念論的になされて居り、この問題についての実験が妥当性を欠いている。獲得形質遺伝の問題にあらわれた、メンデリストの理解における抽象的同一性（?）がルィセンコによって完全に克服されている事を見なければならない。
（8）ルィセンコにおける遺伝性とその変異性の理解においては、自然淘汰（その原因となる変異）及びラマルクの両要因が改めて批判的に統一せられている。これほど見事な弁証法の例は、現在の生物学においてあまり多くはないと思う。
（9）ルィセンコ学説は武谷三男氏のいう「現象論的段階」にある。発生段階経過に際し成長点の細胞における生化学的変化や栄養雑種の際の物質代謝過程などが具体的に示されるに至っていないのだから、そういうことが出来るであろう。（以上「ダーウィニズムの諸問題」）

これらの意見の特徴的なことの第一は、（1、3）のように生物体の遺伝性を人間の目的のために自由に変えうるという願望を執拗に表している。これがメンデル批判やルィセンコ支持の心情をなしている。第二は（4）～（7）に示すように、適合的変異や獲得形質の遺伝の肯定である。その肯定も「ルィセンコが「適合的」に生じる遺伝的変化に妥当な説明と実証を与えた」とか「メンデリストにおける獲得形質遺伝の否定がルィセンコによって完全に克服されている」と述べるなど、ルィセンコの見解を完全に断定的に支持しているが、具体的な実験結果やその機構などは提示されていない。ルィセンコが獲得形質の遺伝のメカニズムを明らかにしていると八杉が述べた事実は重い。特に適合的遺伝変異の明確な実証があるなら、またそれが生じる明確なメカニズムについても、この点が獲得形質の遺伝にとって最も艱難な点であるので、具体的の記すべきである。第三は「これほど見事な弁証法の例は、現在の生物学においてあまり多くはない」に見られるようにルィセンコ絶賛である。この言葉は武谷の言葉、

　ルィセンコは遺伝学上の画期的な業績を行ったのである。そしてこれは唯物弁証法の方法に立ち、この方

法を武器としてこの仕事を完成し、またこの成果によって唯物弁証法を豊富にしたのである。(5)

を再び彷彿させる。武谷を援用して、ルィセンコ学説は『現象論的段階』にあると主張しているが、武谷は、遺伝学は実体論的段階にあるとの意見を出している。前節で記したように「ルィセンコ遺伝学について(3)」で八杉は「ル氏の学説は総合的な体系の建設に到達した」と主張していたし、武谷も「完成した(5)」と述べている。「完成した学説」や「総合的な体系」が現象論的段階であるというのもよく分からない話である。これらの論文において、八杉はルィセンコ紹介者だけではなく、ルィセンコ支持者としても明確にその立場を明らかにしている。ただ、八杉は発生段階や栄養雑種成立の過程についての生化学的研究が不足しているとの認識は持っているようだ。

第三節　八杉の高飛車な態度

「ルィセンコ論議について：生物学への反省(10)」という論文を『思想』に発表し、ネオメンデル会編『ルィセンコ学説』に再掲している。この論文では八杉の高飛車な態度が印象的である。

すべてこれらの（ルィセンコについての批判）見解や企画は、ルィセンコの立場、彼の実際の仕事、彼の学説、あるいは広く自然科学のあり方に対する愚かしい誤解に基づいている。もしルィセンコの実験がまやかしであり、彼の理論が根本から間違っているなら、ソ連の学界、ソ連の国民、ソ連の政府の利害の差引はどうなるであろうか。ルィセンコの理論の場合においては、ソ連の農学の体系をうちこわし、はたんさせ、農業生産の実際に破滅的な影響を与えるだろう。農業生産力の上昇に必死となっている国の政府の当事者が、この大きな危険をあえてするであろうか。このような単純なことに気付かないのは、生物学と農学との強固な結合が忘れられている国の学者ばかりである。

このような主旨を述べた人は少なくないが、科学の真理性と実用性をここまで安易に結びつけた文章はそう見当たらないし、ここまでの脅迫的主張も珍しい。ルィセンコの思想的立場についてもより明確な支持をあらためて表明している。

いずれの時代の科学者も背後の社会的制約を受けな

いものは無く、いかなる科学、いかなる学説にも時代の刻印がうたれ、学者の社会的階級的立場が反映している。問題はルィセンコが意識して適用した科学方法論、ならびにその基礎が、正しいかそれとも誤っているのかにある。しかしこの一般的問題はくどくど論ずるまでもない。

重要なことはルィセンコの用いた方法が正しいかどうかで、彼の実験結果ではない、またルィセンコの適用した科学方法論の正しいことは論議するまでもなく明らかになっていると八杉は主張している。八杉自身の思想的立場はよく分からないが、ルィセンコの適用した「唯物弁証法」への支持は表明している。しかしながら、八杉自身は農業実践に手を染めたこともないようだし、次のような文章を『一生物学者の思索と遍歴』（一九七三）[11]の序に書いている。

落葉樹や白樺の幹に秋の日ざしがちらほら揺れ、冷えた風が草いきれをはこび去った北軽井沢の山荘で、いまこの稿をおこすことになった。過去四十年近く、私は多くの夏をここで過ごした。

「いかなる学説にも学者の社会的階級的立場が反映している」と述べている八杉は自分自身の社会的階級的立場に思いやったことはないようである。また最終的にはメンデル遺伝学はルィセンコ学説に解消されるであろうと語っている。

ルィセンコの立場とメンデリズムの立場とは、根本的に相いれない。両者の対立はせん鋭である。しかしこのことは、ルィセンコがメンデル遺伝学の法則をすべてひとからげにしてすて去ろうとすることを意味しない。両者の関係は、ニュートン力学と相対性理論にとの関係に一致する点がある。メンデリズムの立場の誤謬が克服されたあかつきにおいて、メンデル遺伝学の諸事実および法則が、新しい光のもとに解明され、新しい意義をおびることになるだろう。

八杉自身の精神の高揚が感じられ、ルィセンコ学説を相対性理論に比すべきであるという意見は印象的であるが、千島喜久男[12]はメンデル・モルガン遺伝学をユークリッド幾何学に、ルィセンコ学説を非ユークリッド幾何学にたとえたことがある。『生物学の方向』（アカデミア・プレス）[13]においても、ルィセンコ学説について論じているが、繰り返しの論が多い。獲得形質の遺伝を肯定するために、「もし（生体部分の）変化が生殖細胞形成の過程の連鎖の中に入ると、それは遺伝的変化となる。物質代謝の型の変化は環境条件の変化に応じてその方向に起り、従って後者に対して適合的である」と述べているが、生体部分に生じた変化が、いかにして生殖細胞形成の過程に入るのかについての具体的な説明はない。また「従って後者に対して適合的である」の「従って」が何の論理性もなく、説得力がない。遺伝現象と形態に関して次のような注目すべき意見を記している。

（1）従来の遺伝学においては、遺伝の定義はまったく形態学的性質にもとづいてなされている。形質の概念はもっぱら形態学的性質をさしている。これに対してルィセンコの定義は二つの点において革命的である。第一に形態と機能とを切はなすことなく、ともに遺伝性の概念の中にふくませていること。第二に、上のことと関連して、生物と環境との関係を定義の中に入れていること。

（2）これまでの学者はすべて形態あっての機能という考えにとらわれており、両者を抽象的に分離していた。これは物質あっての運動という考え、すなわち物質と運動とを分離するところの思惟に相応する。しかるに物質はまさに運動するがゆえに存在し、運動と切はなされて物質は存在しない。ルィセンコの定義は遺伝現象の上においてこのことを鋭くとらえている。

（1）の引用から明らかのように、この論文において、ルィセンコの遺伝性の定義を非常に高く評価しているが、この八杉の解説とルィセンコの定義の関係の理解は困難である。遺伝性を生体の本性であるとしたことで、生体の一般的性質に遺伝を解消しまっている問題についてはどのように考えていたのだろうか。「これまでの学者はすべて形態あっての機能という考えにとらわれており」という批判点はルィセンコ学説にとって重要な視点である。後年、八杉は、生命の本質に関するエンゲルスの有名な定義を物質的基礎についての面を捨象してしまって空疎に理解しているという中村禎里の批判を、受け入れているが、「生体内に遺伝器官を求めることは、生体内に生命の器官を求めると同じことだ」というルィセンコの有名な言葉を八杉は一貫して受け入れている訳で、そもそも遺伝に関与する形態を求めないことにルィセンコの本質があり、構造を軽視していたという問題ではない。八杉もそれを批判なしに強く肯定していたわけであるから、中村の批判に、「構造を軽視していたのは誤りであった」というのは一種の居直りに近い。後に述べる論文の中で、

> 遺伝学においては形態学的思惟にとらわれたがために行きづまりを生じたのであり、ルィセンコ遺伝学の出現の意義が高く評価されるべき理由がある。[1]

とすら述べている。ただ、（2）の意見のそれ自身の論理を追跡することは困難である。

次に引用する文章、

> 私は唯物弁証法の形式的機械的適用がきわめて危険であること、ソ連の生物学者の思惟にいまだ唯物弁証法が完全に浸透してはいないからこの危険性がソ連の生物学の一部には見られることを述べた。

は、八杉自身は唯物弁証法を完全に習得しているが、ソ連の学者はその把握が不完全であるというように理解ができ、あまり愉快ではない文章である。次の論文では、さらに開き直って、

> 学説の論述に当たって私はむしろルィセンコ自身の言葉から「唯物弁証法」ならびにそれに関連する言葉の多くを取りのぞいた。私のこの態度こそ誤りではなかったかと今は自らを疑っている。なぜならはじめから方法論的問題の理解がなければ、結局ルィセンコの理解には到達できないからである。[1]

と述べる始末であるが、一年後には、「わたしは弁証法的唯物論の十分な理解者ではない」と逃げている。[14]

第四節　八杉のルィセンコ支持の絶頂期

一九四九年の三号の「ニューエポック」に「ルィセンコ学説に就いて—脚注的に—」という短報[15]を掲載した。これは短いが八杉氏の文章の特徴がよく出ている。それはいつものようにどの部分が八杉の意見かが全く分らない文章であるが、

> 生体と外界との間に、および生体の部分間相互に、いとなまれる物質代謝とその変化の法則を我々が把握するなら、生物の性質を計画的に変化せしめることができる。[15]

という意見は少なくとも八杉自身の考えとは異なってい

ないと思われ、「生物の性質を計画的」に変革することへの希求を示している。

続いて、その年の『理論』五月号に「批判に答える―ルィセンコ説紹介者として―[1]」を発表した。「私はルィセンコの科学を最初に紹介したものである」とルィセンコ学説の紹介者としての自負を示し、その批判に答える責任があることを述べた論文である。最初に、

　私はルィセンコが現代生物学の本質に対して与えている批判と、彼が生物学の将来の方向についてなした指示とが、根本的に正確であると信じている。

とルィセンコ支持の立場を明確にした。ただ、ルィセンコ反対者による批判に対する答えは具体性を欠く。例をあげてみると、

（1）ルィセンコが育種学の領域から同時に遺伝学の改革者として出現したことには重大な意義がある。またこの意義から考えて行かなければ、彼の実際的業績も理解されない。たとえば遺伝子（ゲン）の概念に対する批判は、育種の実践上の必要に迫られて生まれたものである。

（2）ルィセンコは播性の問題の解決のために、どうしても遺伝学とくにゲン概念の批判に向かわねばならなかった。だから彼の仕事はその最初から遺伝学批判の要素をふくんでいた。ルィセンコの方法および業績は、自然科学と生産的実践との緊密な結合を背景とし、かつそれの理解を基礎として、はじめて達成され得るところのものであった。

（3）彼（モーガン）の科学の中に生じた一面性のためにそれは有効な結実を得なかったし、彼の亜流はこの一面性をますます固定化してしまった。

読んで分かるように相変わらず、いずれも具体的な内容なしの批判である。「ルィセンコの方法および業績は、自然科学と生産的実践との緊密な結合を背景とし、かつそれの理解を基礎として、はじめて達成された」との発言も根拠を提示していない。どうやら、ルィセンコ学説は実践から出発し、実際の育種と結合しているから正しいと主張したいらしい。ここでも戦前の石原―石井論争[16]が生かされていない。モルガンへの批判も抽象的で、何が一面的であるかが明確でない。モルガンのゲン概念は何であり、どこが問題で、それに対するルィセンコのゲン概念の批判点はどこであるかと具体的に論じな

ければ、理解は進まない。特にルィセンコの場合は実験に問題があるとの指摘が多く出されているので、その批判者に対する批判は具体的である必要がある。それに対する八杉の答えは、ルィセンコの実験の背後には、

（1）従来の遺伝法則が農業に役立たない
（2）ミチューリン等の優れた実績
（3）ソ連における農業の飛躍的発展

等があり、ルィセンコの実験を追試しなければ分からないと考えること自体が間違っているといわんばかりであり、それが批判者には説得力を持たないことの自覚はない。後年、八杉は、

一九三六年の会議におけるルィセンコの報告にでてくる、コムギの播性の遺伝的変化を示す例が一株か二株であるということは、それを読んだとき私に不審の念をいだかせた。[11]

と書いているが、二四年後のこの発言には説得力はない。ここのあたりの状況についてのZ・メドヴェジェフの意見を聞いてみよう。[17]

秋播き性コムギを春播き性に転化させる実験の結果を簡単に紹介しよう。実験に使われたコムギは「コオペラトルカ」と「リュテスツェンス」の各二本である。だがこの実験を科学的実験として討論の材料にすることは絶対にできない。というのは、この実験が、一株のコムギ、一個の個体、一個の種子の子孫しか対象としていないからである。再現性のない実験は、科学的な実験とはいえない。

さらに、八杉は、ソ連では結果が求められるが、日本ではそのようなことはないために間違った説も信奉している、とも書いてもいる。

染色体説の信奉者は、育種の実践に当たって、突然変異や倍数体の偶然的成功を期待するほかはなくなる。だから日本では染色体説を信奉して居られるが、ソヴェトではそれができない。

全く見当違いの批判であるが、この時点では染色体説を明確に否定していることが分かる。後年八杉はもっと奇妙な発言をしている。「生物学の歴史と現代の課題」[18]（一九五五年）の脚注で、資本主義国では実践はあまり重要視されないという次のようなご都合主義的な発言をしている。

メンデル＝モルガン遺伝学が機械論的＝観念論的で

あるというが、アメリカのような実際的な国では、そのような空疎な科学が発達するわけがないではないか、という疑問がしばしば提出される。しかし資本主義国の農業では、育種による増産という要請があまり大きくないのではないか。

何の根拠もない空論にすぎない。「批判に答える」の論文[1]に戻ろう。そこでは、かなり強い調子で、ルィセンコ批判者を恫喝している。

（1）ルィセンコを追試しないで支持したという非難の口裏には、「ルィセンコの思想を単に思想的もしくは政治的立場から取上げているのだ、ルィセンコ自身がもともとそうなのだ」、という非難の意味がふくまれている。非難する人たちがほんとうに言いたいのはそのことなのだ。ルィセンコ学説というものは、唯物弁証法を頭から生物学におっかぶせ何もかもそのわくにうまく嵌るようにねじ曲げてしまったものだと言いたいのだ。

（2）たしかに遺伝学の新しい発展は従来の遺伝学諸概念を動揺させ、それらに変更を要求するところまできた。学者がこの時期においてなお舊来の根本概念から脱却し得ないでいること、そして新しく生じた矛盾を姑息な解決ですまそうとさえしていること、これらのことにこそむしろ問題があるのである。

とても冷静に批判に答えているとは思われないが、この当時の八杉の正直な気持ちでもあり、この時期が八杉のルィセンコ学説支持の絶頂期であった。

ただこの八杉の熱狂も長続きはしなかったようだ。ネオメンデル会編『進化学説の展望』[19]に載せた「ラマキズムとダーウィニズム」では早くもルィセンコ学説に対して少しさめた調子になっている。

最近にソ連の学者ルィセンコが変異性に関するダーウィンの見解を復活せしめんとしていることは注目に値する。ルィセンコの思想のすべてがダーウィンの継承もしくはダーウィンからの発展であるかと言えば、そうではない。なぜならルィセンコは生存競争についてダーウィンを否定しているからである。ルィセンコはダーウィンにおける生存競争の概念を批判している。ルィセンコはさらに農業生物学上の事実から同種内競争の否定を実証しようとしている。生物学において否定の実証はきわめて困難な仕事であって、この場合にもルィセンコが実証し得ているかどうかについては問題がありうると思う。

この論文中にはラマキズムやネオラマキズムの関連で獲得形質の遺伝もかなり取り上げられているが、獲得形質の遺伝との関係ではルィセンコは取り上げられていない。取り上げられているのは、ルィセンコがダーウィンの触れた同種内生存競争を否定しているという文脈であるが、それも「ルィセンコが実証し得ているかどうかについては問題がありうると思う」と結ばれている。何か八杉の中で転回があったようにも思われる。

第五節　雑誌『自然』に掲載した三つの論考

一九五〇年に発表した『近代進化思想史』[20]の脚注で、『自然』に寄稿した二つの論文、「ルィセンコの主張」[21]と「ルィセンコ学説の新展開」[22]の二論稿も「ルィセンコ学説の概要を伝えるには足りていると思う」と述べているので、次にこの二論文を見てみよう。第一の論文は「ルィセンコの主張—その意義とそれをめぐる問題—」と題されている。はしがきで、

ルィセンコの仕事を検討するための資料が一層精密に紹介される必要が痛感されているが、私はこの希望を実現する見通しはいまだ立っていない、だから進化論史と関連するルィセンコの思想に重点を置いて紹介する。

と、記しているが、以前の論文でルィセンコの思想は既に体系をととのえたと宣言した割には地味な書き出しである。「仕事の概観」の項は、八杉が以前に書いてきたものの繰り返しが多く、新味に乏しい。次の「研究の方法」の項では、

ルィセンコの仕事の意義は研究の方法の面から見るともっとも理解しやすい。従来の遺伝学で採用してきた主な方法は交配である。これに対しルィセンコは植物の遺伝的性質の発生生理学的分析の方法を採用した。発生生理学的方法をとれば、そこに同時に植物の生活条件、換言すれば植物と環境との関係が問題になってくる。かくて生物の正常生活と環境条件との密接な関係—これまでの学者が見失いがちであった関係をとりあげざるを得なくなる。

と実験結果より方法の重要性を指摘し、これも従来の八

杉の論文と変わりはないが、「方法」と言っていて「方法論」と言っていないところが注目される。従来なら唯物弁証法というところを発生生理学的方法と言い換えている。

続いて、「理論」の項に入り、

生物体が与えられた条件（本来要求しない条件）を同化できたなら、同化した部分の物質代謝の型が変化し、したがってまた、その部分の代謝産物が変化する。変化した部分は、あたかも生体外の部分であるごとく、他の部分に対して孤立する。しかし他の部分のいずれかが変化した部分の代謝物質を利用しなければならず、また利用することができるなら、これを利用した部分の物質代謝の型が変化する。このような変化の環が続いて、生殖細胞の形成過程に介入すると、生物の遺伝的性質の変化が起る。以上がルィセンコの理論の根本である。

と述べている。この意見もいままで八杉が繰り返してきたことであり、特に実験結果を示さずに、「生殖細胞の形成過程に介入すると、生物の遺伝的性質の変化が起る」と述べるところは、戦前の論文と比較しても、発展がない。興味を引くのは、脚注で、「ルィセンコの理論のこの部分（特に前半）には、根本的ではないが、やや飛躍があるようにも考えられる」と記している。八杉が「思われる」ではなく「考えられる」というところは多くの場合否定的なニュアンスが感じられるが、この場合も八杉のルィセンコ学説に対する弱い批判を示していると推測できる。

「進化の問題との関係」の項では、

現在メンデル遺伝学が進化の説明に多くの困難を感じていることを思えば、進化の問題におけるルィセンコの仕事の意義は明らかであろう。

ほとんど説明抜きの断定があり、メンデル遺伝学が当面している困難の具体的な実験結果は相変わらず示されず、その困難性をルィセンコの仕事がどのように克服しているかについても具体的な記載はない。ここで、獲得形質の遺伝を強調している。

ルィセンコおよびその派の人々は獲得形質の遺伝と云う言葉を避けていたように思われるが、それはラマルキズムすなわち非科学であるという印象から、彼等も脱し得ないでいたためであろう。最近では〝獲得形質の遺伝〟という言葉が明確に使用されて承認されているし、昨夏の会議で哲学者ミーチンはラマルクが後世の誤解を受けていると述べて、その学説の思想史的意義を明らかにした。

と述べ、ラマルキズムを科学的と判断し、八杉自身の獲得形質の遺伝の肯定を再度明らかにした。それをさらに哲学者ミーチンが獲得形質の遺伝を哲学的に高く評価したので、早速それによって「(生物学的な) 獲得形質の遺伝」を補強している。後年八杉は獲得形質の遺伝について触れることは少なくなったが、この論文ではそれを明確に支持している。

この論文の興味深いところは、「飛躍的な種形成」とよばれたルィセンコの新しい主張を紹介していることである。

ダーウィンは進化の説明にあたって変異の連続性に重点をおいたが、最近ルィセンコは硬質コムギに播性転化の処理を行うと軟質コムギに変化する例をあげて、種の進化に不連続（飛躍的）過程があると述べていることは注目される。

特に批判的なコメントも述べていないことが印象的である。この種の飛躍的転化説が提唱された当時のソヴェトの状況を『ルイセンコ学説の興亡』から引用しておく[17]。

ルィセンコの仲間は彼の主宰する「農業生物学」誌上で、誰が種の転化を一番多く発見するかという一種の競争を始めた。一九五〇年から五五年までのこの雑誌には、コムギとライムギの相互転化、オオムギからオートムギへ、エンドウからカラスノエンドウへ、カラスノエンドウからレンズマメへ、キャベツからカブカンランへ、モミからマツ、ハシバミからシデ、ハンノキからカバノキ、ヒマワリからマメタオシへ、と言った転化を真面目に報告する論文がほとんど毎号のようにのった。

第二論文は「ルィセンコ学説の新発展─防風林と畜産の問題─」[22]で、新展開と題しているので期待が持たれる。

ルィセンコの学説の新たな生産的問題への適用、ならびにそれに関連する学説としての新たな発展について、若干の資料を検討する機会をえたので、紹介として読者に提供する。とくにわれわれの関心をひくのは、ルィセンコが、畜産上の問題から、動物の遺伝について具体的に発言したことである。

ますます、興味を持たせる書き方でこの論文は始まっている。かつて動物においてルィセンコ学説を支持する結果がないことがこの学説の不備だと指摘していたので[3]、やっとその不備が取り除かれたのかと期待がもてる。続いて、防風林の巣まきと畜産へのルィセンコ学説の応用例を紹介しているが、ただこの論文で目立つのはルィセンコ学説の新展開ではなく、ルィセンコ学説への疑問を提示していることで、動物の実験も十分なものではないらしい。例を挙げると、次のようである。

（1）ソヴェトの生物学において、ミチューリン生物学の方向は、確実におし進められているのであろうか。すこし道を急ぎすぎていると思われるふしもないではない。

（2）ルィセンコの学説が動物に対してどのように適用されるかについては、我々は以前からその問題にふかい関心をよせていた。ルィセンコが動物と植物とをたえず類比している点に、問題がのこる。もちろん、動物と植物とに見られる現象が根本的にちがうものではないけれども、生殖細胞の形成過程、それに独立性などについても、かなりの差違があるはずである。しかして、その差違が、単なる量的な差違にとどまらない場合も生じてくるであろう。

（3）動物における獲得形質の遺伝に関するサハロフの研究には不備の点があることを指摘できるし、文献の論議にあたってもいちじるしく無批判的である。そのうえ、体の物質代謝の変化の過程が、生殖細胞の形成過程（その際の物質代謝過程）とどのような関連があるかについて、全く示すところがないため、われわれに納得できないものを残している。急ぎすぎている場合があるといったのは、サハロフの論文ごときものをさすのである。

（4）動物についても、植物についても、ルィセンコの学説は、生殖細胞の形成ならびに生化学的研究によって検討され、推進され、実証されなければならない段階まで、来ているように感じられる。

（5）古い科学のとらわれをすて、新たなイデーのうえにたって科学をすすめるために、ひとたびは顕微鏡から眼をそむける必要があったであろうが、もはやふたたび微視の世界にも眼を向けなおす時期である。そうでなければ、ルィセンコの学説は終局的な勝利を得ることはできないであろう。

思わせぶりの表題と期待を持たせる前置きにもかかわらず、ルィセンコ学説の新展開の紹介にはなっていなく、八杉のルィセンコ批判の一歩となるような論文である。多くの批判が、常識的ではあるが、的を射ている。とくに（3）の批判は以前八杉自身がこのような主旨で獲得形質の遺伝の機構を語っていたわけで、過去の自分の意見への批判でもあるし、獲得形質の遺伝に対する密かな疑問を提示した論文でもあるし、八杉自身が答えなければならない問題でもある。八杉がやっと本音を少し表現し始めた感がする。ただ、（3）の動物における獲得形質の遺伝については、後年、

さらに獲得形質の遺伝ということについて、ソ連の動物学者の実験報告（温度によるネズミの尾の長さの変化などの実験）は実際に信用されうるものとは思われなかった。[11]

と述べているが、このような強い否定の調子はこの論文からは感じられない。ルィセンコ学説に対する生化学的研究の必要性は戦前においても戦争直後においても八杉は指摘していたが、それをもってルィセンコ学説への疑問としたのははじめてである。従来はルィセンコ学説の不備との指摘にとどまっていた。一方では、ルィセンコ学説における形態学的研究の不備にも気が付いたようで、それなくしてはルィセンコ学説の最終的な勝利はないと述べていることは、八杉の中でルィセンコ学説の敗北の可能性が頭によぎったのかもしれない。

一九五〇年の『自然』に遺伝学者の木原均が「リセンコの遺伝学とその反響」[23]を二号にわたって掲載したが、それに対して早速八杉も「ルィセンコ論議への私見―木原教授のルィセンコ批判を読んで―」[14]を同雑誌に寄稿し、反論した。一年前の八杉の論文を既に読んでいる者には、全体に消極的に感じられたであろう。最初に語句の翻訳問題に紙面を費やし、次は方法論と実験の関係について余り意味のない議論を展開している。弁証法的唯物論論議についても、

わたしは弁証法的唯物論の十分な理解者であると自負する気をもたないし、また私がそれについて論じることは、かえってこの哲学の真義をそこなうものであるとの批難を、一方から受けるかもしれない。

と述べながら長々と、その論議を始めている。以前、ソ連の生物学者は唯物弁証法に通じていないと批判した意見[13]はどこに行ったのだろうか。その後次のように述べ弱々しく自分の立場を記している。

ルィセンコの学説の体系がいかに見事であっても、彼の実験がことごとく誤りであり、或は従来の説明で完全に説明がつくなら、彼の学説はむりごしらえのものと認めざるを得ないではないかと、いわれよう。それは、当然のことであり、私も何ら反対する根拠をもたない。ルィセンコの実験の主要なものがあやまりであるなら、それは同時に、彼の学説に飛躍と誤謬があることを意味する。[14]

ルィセンコ学説への評価は実験事実よりその方法（論）のもっている正しさ故に支持する、と言っていたことからすると、この文章は、八杉の中でルィセンコに対する確かな疑念が生じつつあることを明らかに示している。特に、ルィセンコの実験が誤りなら、ルィセンコ学説が誤謬だといったことは重要である。八杉のルィセンコからの後退が始まったことを感じることができる。ここで八杉は自分がルィセンコ説を紹介したり、支持したりした理由を弁解気味にまとめている。

（1）従来の生物学に対する私のいだいていた批判的見解とほぼ一致する。

（2）ルィセンコのぜんぶの仕事はヴァーナリゼーションの研究からの直接の発展であり、ヴァーナリゼーションについてのルィセンコの学説は、すでに広く承認を得ている。

（3）ソヴェト農業の実践において多大な成果を上げている。

（4）私は紹介する以前に若干の育種学者の意見を求めたが、農業における経験的事実と従来の生物学の法則との間の矛盾が、この学説によって解決されることを知った。

（5）ルィセンコの実験の一、二とほぼ等しいものが日本でもされているが、ルィセンコ説による説明の方が無理が無いと考えられた。

「私は農業上の成果と実験的検証を同一視はしない」と従来の主張を変えても来ているが、これだけの弱い根拠でよくもあれほど積極的に、その後も膨大な論文を発表し続けたものだと思う。一方では、相変わらず科学者

の追放問題はルィセンコの考えを支持し、
イデオロギーの対立がするどくなればなるほど、学者たちは観念論的生物学の傾向を固守しようとする。しかしそれでは客観的真理を正しくつかむことができない。そして、これがつかめなければ、科学を生産的実践のために役立たせることができない。われわれは社会主義的社会の建設を急務としているのだから、この際断固とした処置をとる必要がある。
このように記述しながらも迷いが生じてきているようで、
自然を対象とする科学の内容は、それほど単純ではない。学者の社会的立場とは無関係に、客観的真理の反映はありうるのである。この意味で、ルィセンコの断定をそのまま承認することは、事情をもっとよく知ってからでなければと言う、ためらいの気分になっている。
これも二年前に高圧的に述べた主張[10]、
いずれの時代の科学者も背後の社会的制約を受けないものは無く、いかなる科学、いかなる学説にも時代の刻印がうたれ、学者の社会的階級的立場が反映している。

からの後退は明らかである。でも、実際のソ連の科学者追放問題では、再び問題をすり替え、居直っているが、ここにもかってのの強気な八杉の姿はない。

もし私たちがソヴェトの学界に不正があると考え、それに抗議しようとするならば、まず自分の足もとをみなければならない。はたして私たちの学界は完全であろうか。研究者の地位と人権をただしく守っているだろうか。日本の研究者たちは、国外の問題を批判し、これに抗議するにさきだって、まず私たちの学界の実情を冷静に観察し、そうすることによって、外国に於ける論議や問題に対する正しい批判の基盤が得られるであろう。

以上述べてきたように、これらの『自然』掲載論文では、時を経過するごとに、八杉の動揺が強く表れている。ほんの少し前なら、ソヴェトに抗議すること自体に強い異議を示していた。

八杉は一九五〇年の五月に哲学者を含む一般の知識人や文化人、そして大学の教養学部生や高校生向けの生物学の教科書[24]を執筆した。教科書の執筆ということは私にも経験があるが、一般の論文を書く場合と違って記述が抑制的になり勝ちである。八杉のこの教科書にもその傾向が窺えるが、特にルィセンコの触れたところは極端である。「生物の歴史」の項は進化論を扱っていて、その前半はラマルク、ダーウィンやメンデルを取りあげ、普通の書き方であるが、ルィセンコ関連になると非常に慎重な書き方になっている。例えば、

（1）彼は、染色体の重要性をみとめているが、それは、今までの遺伝学者がみとめてきたものとはちがう、とも言っている。

（2）私たちが、生物のいとなむ物質代謝と環境条件との関係をしらべていけば、その知識を利用して、環境条件の適当な変化をもちい、私たちに予定した変化を生物におこさせることができる、ととなえる。

（3）彼は、メンデル、モルガンの遺伝学が交配だけの遺伝学であると言って、ひなんする。

（4）ルィセンコの説、実験、および彼がじっさいに農業のうえでつくった品種については、いろいろの批評がされており、いま生物学者たちによって、しきりに論議されている。

（5）私のルィセンコ解釈にまちがいがあるかもしれないが、私の考えるとおりを言えば、彼は、なによりも、いまの遺伝学者の変異にたいするみかたがあやまっているというのであろう。

これらの記述は、「とも言っている」に象徴されるように、自信が全く感じられない。このような伝聞調の書き方は教科書では珍しい。八杉は論文等での強気な発言に反して、心の中ではかなりルィセンコ学説に疑問を感じていたのではないだろうか。一方では、八杉は自らの方法論論議には自信があるらしく、「はじめに」で武谷ばりの意見を述べている。

生物学の問題はみな実験で解決されるから、方法論などいらない、という人が多い。しかし、どういう目的のために実験をどのように組みたて、得られた結果からどのような結論を引き出すのか、ということのために、役立たない方法論であるなら、それは、ほんとうの方法論ではないのである。

この章において、八杉の戦後直後から一九五〇年までの仕事を追跡してきた。戦後直後から積極的にルィセンコ学説について発言を続け、ルィセンコ学説の本質が遺伝子学説の否定と獲得形質の遺伝にあることを正確に把

握してきた。この点は武谷が遺伝子学説への言及が殆どないのとは好対照である。八杉は論文を発表するごとに、ルィセンコ支持への傾斜を深め、高飛車な発言を繰り返し、一九四九年の「批判に答える」[1]頃がルィセンコ支持の絶頂であった。ただその熱狂も長続きせず、同年に発表した「ラマキズムとダーウィニズム」[19]では少しさめた論調になり、その後はこれも論文を発表する毎にルィセンコらの仕事に疑問を呈するようになった。一度は獲得形質の遺伝のメカニズムについてのルィセンコの説明は妥当であると判断したけれど、[9]すぐに、その機構についてのルィセンコ学説の説明にも不十分さを指摘するようになり、八杉のルィセンコからの後退した姿勢を感じとることができる。このような雰囲気の中で、同年に、八杉は進化論の通史を発刊した。

[引用論文]

（1）八杉龍一、「批判に答える―ルィセンコ説紹介者として―」『理論』第五号、一九四九年

（2）八杉龍一、「生物学を通じてみたソ連邦の学界」『自然科学』（3）、一九四六年

（3）八杉龍一、「ルィセンコ遺伝学について」『自然科学』（8）、一九四七年。ネオメンデル会編『ルィセンコ学説』（北隆館、一九四八年）に再掲載

（4）八杉龍一、「ルィ・センコ」『科学思潮』（3）、一九四二年

（5）武谷三男、「哲学は如何にして有効さを取戻し得るか」『思想の科学』（5）、一九四六年。武谷三男著作集1『弁証法の諸問題』（勁草書房、一九六八年）に再掲載

（6）八杉龍一、「ソ聯の生物界―ティミリャゼフへの回顧を中心に―」『北方研究』、一九四四年

（7）八杉龍一、「ルィセンコ遺伝学について（再報）」『自然科学』（12）、一九四七年。ネオメンデル会編『ルィセンコ学説』（北隆館、一九四八年）に再掲載

（8）八杉龍一、『種の起原・ダーウィンの五節』「『種の起原』の現代的意義―再説」（霞ヶ関書房）一九四七年

（9）八杉龍一、『ダーウィニズムの諸問題』の中の「ソ連におけるダーウィニズムの発展」（理学社）一九四七年

（10）八杉龍一、「生物学への反省」『思想』（289）、一九四八年。ネオメンデル会編『ルィセンコ学説』「ルイセンコ論議について」（北隆館、一九四八年）として再掲載

（11）八杉龍一、『一生物学者の思索と遍歴』（岩波書店）一九七三

（12）千島喜久男、「獲得性遺伝の諸問題」『生物科学』二（4）、一九五〇年

（13）八杉龍一、『生物学の方向』（アカデミア・プレス）一九四八年

（14）八杉龍一、「ルイセンコ論議への私見―木原教授のルイセンコ批判を読んで―」『自然』（5）、一九五〇年

(15) 八杉龍一、『ニューエポック』「ルイセンコ学説に就いて―脚注的に―」三号、一九四九年
(16) 石原純、「科学と思想闘争」『改造』19（5）、一九三七年
(17) Z・メドヴェジェフ（金光不二夫訳）、『ルイセンコ学説の興亡』（河出書房新社）一九七一年（原著は一九六一～一九六七年にかけて執筆されている）
(18) 八杉龍一、「生物学の歴史と現代の課題」『科学史研究』(33)、一九五五年
(19) 八杉龍一、「ラマキズムとダーウィニズム」、ネオメンデル会編『進化学説の展望』（北隆館）一九四九年
(20) 八杉龍一、『近代進化思想史（初版）』（岩波書店）一九五〇年
(21) 八杉龍一、「ルイセンコの主張―その意義とそれをめぐる問題―」『自然』(10)、一九四九年
(22) 八杉龍一、「ルイセンコ学説の新発展―防風林と畜産の問題―」『自然』（2）、一九五〇年
(23) 木原均、「リセンコの遺伝学とその反響」『自然』（2、3）一九五〇年
(24) 八杉龍一、『生物学―生きているということはどういうことか―』（光文社）一九五〇年

第一一章

八杉龍一のルィセンコ評価の遍歴（2）

＝ルィセンコ評価の揺れと離陸への準備＝

第一節　八杉による進化論の通史
『近代進化思想史』（初版、一九五〇年）

この書物[1]は近代の進化思想史をラマルクからはじまりルィセンコまでを論じたもので、教えられる点が多かった本である。ルィセンコは第九章の結びのところに出てきて、歴史の回顧と将来の展望に引き継がれる重要な位置づけがされているが、以前の「批判に答える」の頃とも大分ニュアンスが異なっている感じがするし、分量的にも少なくなっている。

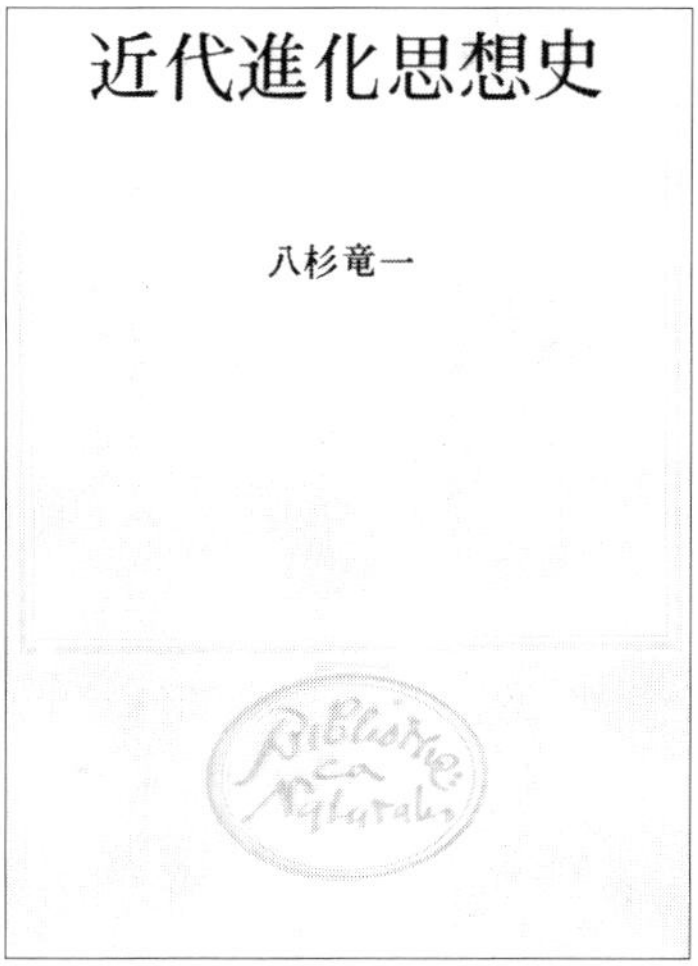

第11章-1：八杉龍一による進化論の通史『近代進化思想史』、1950年

> 私もルィセンコの提出する学説の実証的基礎が完全であるかどうかについては疑義を残しているはいるが、従来の生物学に種々の欠陥があり、ルィセンコの学説がこれらの欠陥を的確についているところから考えて、これが取りあげるにたらない暴論とは思わない。

総合的に体系化されたと八杉が判断したルィセンコ学説の実証的基礎を疑いだしている。「取りあげるにたらない暴論」とは積極的には取り上げる必要のない学説ともとれ、八杉の従来の姿勢から考えるとかなり消極的な態度である。また八杉はルィセンコの政治的な問題についても発言してきたのだから、次の意見は困難な問題から逃げていると言われても仕方がない。

一九四八年の夏に、モスクワで二つの会議が開かれ、討議の結果、ソヴィエット生物学がミチューリン生物学の方向をとるべきであるとの決定がなされた。この会議の結果ルィセンコ反対の学者たちが指導的地位を失ったり実験室を追われたりした。私は今それについて討議する資格もない。

ただ、次の引用からわかるように、彼は人間が生物を自由に変えることができるし、変えるべきだという思想はこの段階でも堅持しているようだ。

もしわれわれが生物と環境との関係を分析して環境条件にたいする生物の要求を知り、また生体内の物質代謝の連鎖過程を知るならば、生物の性質を人間の意図する方向に向けることができる。

第二節　八杉のルィセンコ支持の動揺期

一九五一年に木原均と岡田要編の『現代の生物学』第四集に「進化論史」(2)を執筆している。ギリシャ時代の生物進化の思想からラマルク、ダーウィン、ネオダーウィニズム、ネオラマルキズムと、最後に「実験遺伝学と進化論」まで触れられている。何故か、あれほど強調していたソヴェト生物学やルィセンコ学説については全く触れられていない。ここで注目すべきはルィセンコ派から強く批判されているワイスマンに関する肯定的評価である。

ヴァイスマンの大きな功績は、遺伝における染色体の重要性を認識し、遺伝の基礎物質がこの中にふくまれていると考えて説を立てたことである。

ワイスマンの染色体説や遺伝子説を大きな成果だと述べていることは、遺伝子学説の否定というところにルィセンコ学説の核心の一つがあると考えると、これは八杉のルィセンコ批判がさらに一歩が進んだことを意味しているだろう。しかしながら、ルィセンコ支持と遺伝子説評価の矛盾については何も述べていない。ルィセンコ学説のもう一つの核心である獲得形質の遺伝に関してもところどころで述べられているが何か控え目である。例えば、

ネオダーウィニズムの学者とネオラマルキズムの学

者の間に、獲得形質の遺伝について論争が行われた。しかし本書においては〝後天性の問題〞と題して別項目として取扱われるから、ここにはそれらの問題について述べることを省略する。今世紀に入ってからは理論的にも実験的にも新しい取扱いが、獲得形質遺伝の問題に対してなされた。前記のとおり、その記述は別項にゆずる。

一見すると内容の単純な執筆分担に思えるが、「後天性の問題」[3]を執筆しているのはルィセンコを強烈に批判している田中義麿で、獲得形質の遺伝全体、特にルィセンコの実験については、に否定的なことが充分予想されるので、ルィセンコが新しい遺伝学、進化学を切り開いていると八杉は判断するならば、ルィセンコについてそれなりに述べるべきだろう。事実、田中は今まで獲得形質の遺伝を証明したと言われる実験を丁寧に検討し、いずれも疑問点が多いことを指摘している。ルィセンコ説についても、批判を五点について行っている。

（1）実験の記述が区々ではっきりしない、

（2）材料の遺伝的純粋性に疑問がある。コムギの播性の変化し易いことは四〇年も前に知られている。トマトも変わりものの出易いので有名な植物である、

（3）甚だ乏しい実験から極めて重大な結論を引き出している。実験の結果ある法則を見出したというよりは、まず理論が形作られ然る後実験がそれに随伴するというように見える、

（4）ルィセンコ氏等の言説には政治的色彩が強く出過ぎている、

（5）ソ連以外にはルィセンコ派の実験を復試してこれを確証したもののあるを知らない。

段々と八杉がルィセンコ学説になし崩し的に否定的になってきていることを私たちに確信させる。しかし、後に八杉は、この当時の自分の判断を、次のように述べているが、必ずしも当時執筆された論文内容とは一致しない。

（1）一九四八年にソ連でなされたルィセンコ学説の確認、それを正しい生物学の道であるという決定、反対派の学者の「追放」という措置は、私にとっても衝撃であった。それほど強い政治介入には納得しかねた。[4]

（2）一九五一年にルィセンコが発表した飛躍的な種形

成―コムギの穂にオオムギの穂がつくというような―の理論は、なんとしても受け入れがたいものであった。だが、その少し以前から、私はルィセンコ学説に消極的になりかけていた。[4]（八杉氏は既にルィセンコの飛躍的種の形成を一九四九年の『自然』論文「ルィセンコの主張」[5]で記載しているので、一九五一年というのは八杉が意識してずらした年号だと思われる）

この当時の八杉の置かれていた立場を象徴している記事があり、それは一九五二年の徳田御稔の「『進化論』の批判に答える」[6]という自著に対する批判に答えたものである。

私は、八杉氏の緻密な科学史の検討あるいは生物学方法論の反省の結果として、Lysenko説が日本に紹介されていることに深い敬意を表していたが、私はこの著書の中での態度は、Lysenko説をさけようとする印象を与え、まったくふがいないものであったことを陳謝したい。私は、この著書を書いた時よりも、いまはもっとLysenko説を理解する立場にたっている。

ルィセンコ支持者の間で、八杉が高圧的な位置に居たことがよく分かる記述である。

一九五三年には「政治と科学の自由」ということでルィセンコがしばしば取り上げられた。それについての八杉のコメントをみてみよう。日本経済新聞「政治と科学の自由―ルィセンコ遺伝学の投じた問題点―」[7]である。

（1）これまでの遺伝学で否定されている獲得形質（生まれてからあとでつくられた性質）の遺伝をみとめたり、反対にこの遺伝学で認められている遺伝子の存在を否定したりするのがソ連のルィセンコ遺伝学である。

（2）ルィセンコ遺伝学に関連する第一の問題は、政治との関係における科学の自由ということだが、考えてみると、どこの国でも政治家が一定の科学政策をとらないということはありえない。第二の問題は科学と生産の問題で、これも一つの政治問題である。農業体系の破壊の危険を犯してまで政治家が一学説の権威を支持することはなさそうだ。

八杉は自分の支持してきたルィセンコ学説の核心が獲得形質の遺伝と遺伝子学説の否定であることを明確に述べている。「ソ連における科学と自由の問題」を一般化して解しているが、「ソ連における科学と自由の問題」が特異的問題であるとの認識は示していない。八杉の後年の意見とは異なって、この当時はルィセンコとソ連における科学の自由を擁護しているが、「農業体系の破壊の危険を犯してまで政治家が一学説の権威を支持することはなさそうだ」の意見も、「なさそうだ」に象徴されるように、かつてのように強圧的表現ではなくなってきている。ルィセンコ学説を支持する実験についても後年ほどは否定的ではないが、より消極的姿勢が目立つようになった。

一九五三年には「生物学における比較的方法—とくに進化学との関連において—」(8)を発表したが、オパーリンに言及しているだけで、その他のソヴェト生物学には全く触れていない。

同年には強固なルィセンコ支持派である井尻正二や徳田御稔と「進化の内因と外因」に関して論争している。井尻と徳田は定向進化説を認める立場であるが、八杉は遺伝子説も定向進化説もともに、内因説で支持しがたいと言う。ここでは遺伝子説を余り使われない因子遺伝学と呼んでいる。

(1) 因子遺伝学を基礎とした自然淘汰説と、定向進化説とは、ともに内因論であり、両者のちがいは、前者においては変異が無方向性であるゆえに環境(生存競争)による選択を必要とするのにたいし、後者では変異がすでに定方向的であると考える点にある(9)。

(2) 定向進化説とは、生物が自己に内在する原因によって環境にかかわりなく変化し発展するという考え方である。それは因子遺伝学とともに、内因論であり観念論である。定向進化説と因子遺伝学とは、同一の観念の、姿を変えた発現であると認めざるを得ない(10)。

この時点でも八杉は遺伝子説を内因説の一つとして定向進化説とともに明確に否定していたということは確認しておきたい。もちろん遺伝子説も広い意味では因子説と呼んで間違いではないが、この時点の遺伝子学説は、アベリーの「遺伝子はDNAである」という第一論文(11)が発表されて一〇年近い年を経ており、それらの研究の積み重ねがあるわけであるから、因子説としてひとまとめにして論じることは正確ではない。また、「定向進化説と因子遺伝学とは、同一の観念の、姿を変えた説にすぎない」というのは、定向進化説を批判する為に、井尻等が批判している遺伝子学説を取り上げることで、定向進化説批判を補強したのだろう。続いて井尻と徳田のいう「生物固有の自己運動」を批判してゆく。

環境に対する一応の独立性をもつゆえにこそ生物でありうるので、環境どおり変化しつくすものであるなら、無生物と異なるところがなくなる。(9)

とルィセンコ支持者の一部にある、「生物はすべて環境のままに変化するものだ」と言う考え方を批判し、

環境に対する生物の主体性、能動性を生物の自己運動とよぶことは正しくないであろう。またかかる主体性、能動性を一方的に強調することにも、問題がのこるであろう。(10)

と述べ、最終的には「自己運動の亡霊は消滅せしめてもいいのではないか。」とも記している。さらに、

生物はその体系の保持、いいかえれば出生と成長と生命の保持のために、それぞれ一定の環境を必要とし、たえず環境とのあいだに、ならびにそれ自体の内部においても、物質の代謝を行う。(9)

と全く常識的な論議を進める。「それ自体の内部」とは何をさすのかは明確化されていない。次のような議論もしている。

環境の変化、またほんらい必要とするものと異なる環境が与えられた場合に、生物は保有する調節能力を発現させ、また自体の特殊性に依存する物質代謝の変化をおこなう。調節能力の限度を超えた環境の変化にたいしては、死をもって服従するほかはない。(9)

これも非常に常識的な議論であるが、八杉は従来の主張を巧妙に変えている。「調節能力の限度を超えた環境の変化にたいしては、死をもって服従するほかはない」と述べているが、従来の考え方を維持するなら「調節能力の限度を超えた環境の変化にたいしては、代謝の型すなわち遺伝性を変化させる」と書かなければいけない。

次に井尻の第三者的発言に抗議している。

〝獲得形質遺伝をとく側では、外的なものが生物体内にとりいれられ遺伝されるととくが、その際に内的なものはどのような条件にあり、どのようにして内的なものになるかといった、内因的な反省は十分に行われているであろうか〟という(井尻の)言葉は、ルィセ

ンコ学説にかつて発言した井尻氏としていささか無責任である[9]。

井尻が無責任かどうかではなく、八杉自身もこの問題を回避してきていることこそ反省をすべきであった。これらの論文は八杉がルィセンコ学説から離陸し始めていることを改めて印象づける論文であるが、まだルィセンコに愛着もあるようだ。

一九五三年の一〇月に『人間生物学―科学は生命をどう見るか―』[12]を発刊し、まえがきで、

この書物ではことに著者の意見が大胆にかかれてあります。私はあえて未完成の意見まで吐いて、読者のみなさんにいっしょに考えてもらいたいとおもったのです。

と記し、八杉はこの本に対する思い入れを語っている。ソヴェト生物学についても多くのページを割いていて、特にレペシンスカヤの奇想天外な細胞新生説を詳しく記しているが、大変好意的な紹介である。

細胞のないところからも細胞が生じる。蛋白質と、それにはたらく物質とがあり、適当な条件があたえられるなら、細胞が新生する。これがレペシンスカヤの説である。細胞がこのように新生できるとすれば、染色体や遺伝子のもつ意味も、これまで考えられてきたより、はるかに小さくなってしまう。断定的な結論は、おそらく急にはでないであろう。

一九四八年のソヴェト同盟レーニン農業科学アカデミア総会についても、後年の評価と異なって、次のようにこれも好意的である。

ソ連の学界の首脳者も、また為政者も、すでの二〇年ちかく議論がつづいたのだから問題の本質はもう明らかになった、と判断したかもしれない。好意にとれば、もはやよけいな討論に時日を空費せずに、国家の建設のために学者の力をあつめるべき時期だと考えたのであろう。

後年、「それほど強い政治介入には納得しかねた」というような八杉の意見とは大分異なっている。

一九五四年にはモルガンに焦点を当てた論文「T. H. Morgan の発生学と機械論」[13]を発表した。モルガンは現代遺伝学の創始者の一人で、ルィセンコ支持者からメンデル―モルガン遺伝学と名指しで批判され続けている遺伝学者であるが、残念なことに遺伝学の業績の解析では

なく、実験発生学の解析にとどまっており、評価も余り高くない。

T.H.Morgan の実験発生学的研究が、単に機械論的であるばかりでなく、きわめて素朴で典型的で、またほんらいの機械論、すなわち力学的機械論によってつらぬかれていることがわかる。

このモルガンへの八杉の低い評価は、その後も続いている。

第三節　一九五〇年代後半の八杉論文

一九五五年に「生物学の歴史と現代の課題[14]」を『科学史研究』に発表した。その論文は、

生物学の領域に例をとって、現代的課題の解決のためにいかに科学史的検討が必要であるかを、考察したいと思う。

という出だしではじまり、「現代生物学における思想的対立」、「現代生物学への歩み―一九世紀末における生物学の転回」、「機械論的生物学の成果」、「機械論的生物学とはどういうものか」と論を進め、最後に、「ソヴェト生物学の性格」を取り上げて終わっている。この論文は、八杉が自らのルィセンコ支持してきた過去をもう一度ふりかえって思考している八杉のこの時期の代表的論考である。

「現代生物学における思想的対立」の項では、

現代の生物学の内部に大きい思想的対立があることは、だれの目にも明らかである。この対立は遺伝学において最初に表れ、しかも最も鮮明に表現されている。しかし、生物学の他の分科でも、対立もしくは性格の差違が、しだいに顕著の度をくわえた。その根本には、個々の研究者の社会的立場や世界観の差違がある。

と述べているが、生物学は多様な領域を含む分野で、生物学の他の多くの分野にもソヴェト生物学が影響し、その性格上に顕著な差が生じたというのは必ずしも事実ではない。明らかにソヴェト生物学の影響を過大に評価しているが、ただ八杉はかつてのように声だかには叫ばなくている。この段階でも、生物学における対立は社会的立場による差違に起因していると、素朴に考えている。

われわれは、現代生物学の道をさだめるためには、二つの生物学の対立の根源をつきとめ、その上で、正

しい生物学のありかたについての、われわれの見解を決定しなければならない。二つの生物学の対立について考える場合にも、両者の成立および発展の歴史的条件を分析し、それらの条件によって両生物学の構造がいかに規定されているかを解明することが、まず必要となる。

二つの生物学というように対等な質と量をもった生物学があると判断することは、この当時であっても公平な判断ではない。遺伝学に限った場合でも、具体的実験の結果と成果は、量的にも質的にも、現代遺伝学とルィセンコ学説との間で、極端に違う。しかしながらこの八杉の態度は一般論としては間違っているわけではない。ただこの両者の対立の行く末についていては、この論文では、暗にルィセンコ学説の方に根本的な正しさがあり、ルィセンコ学説に軍配が上がるだろうと予想している。

「現代生物学への歩み―一九世紀末における生物学の転回」の項を見てみよう。まず、

「ソヴェト的生物学」は、一九一七年にソ同盟が成立し、その国家的建設が進行してからのものである。

と述べ、「ソヴェト的生物学」は一一月革命後出発したとしているが、従来はミチューリン等のロシア革命前の仕事も含めていたわけで、ここでも八杉の「ソヴェト的生物学」の範囲を狭めようとする意図を感じる。ダーウィンの『種の起原』発刊後、約一〇年でダーウィニズムは衰退したという歴史的事実を指摘し、「ダーウィニズムの衰退によって、生物学はいかなる方向へむかったであろうか」と問い、実験生物学が成立したが、それとともに歴史性が軽視されたと、次のように述べている。

このさいに生物現象の歴史性、すなわち進化という事象に対する注目が希薄したことが、その後の生物学の発展に問題をのこすこととなった。

この歴史性の希薄さをルィセンコ克服したと言わんばかりに、

とにかく、一九世紀末において実験生物学が成立してから、ソヴェト的生物学をのぞいて、生物学の性格に根本的の変化はなかったように思われる。

以上の議論を前提にして、「機械論的生物学とはどういうものか」の項に入る。最初に、

実験生物学は、しばしば〝機械論的生物学〟であるといわれる。このさいに、〝機械論的〟という言葉は、

この生物学への批判の意味にも、実験生物学者が自己の立場を鮮明にする旗印としても使われている。

と述べ、一般論的には現代遺伝学を含む実験生物学総体を機械論と把握している。実験生物学者でない八杉には機械論的というのは従来の生物学に対する批判の意味があることを図らずも認めているが、機械論の積極的側面を論じるのは後年になってからである。生物学の機械論には二種類のあるといい、一つは現代実験遺伝学の粒子論的機械論であり、もう一つは実験発生学であるという。これはモルガンの生物学を分析した論文[13]で、八杉が指摘しているように、この二つの研究分野はモルガンの研究分野そのものである。まず、粒子論的機械論を取りあげ、

粒子論的機械論は、生命の根本的特徴を生命粒子に負わしめ、それによって生命現象を説明しようとするものである。古来、生物学には、宇宙にひろがる胚種の説がついてまわった。胚種と近代的生命粒子（遺伝擔荷体）との間に一脈の関連のあることは認められている。生命粒子のかかる本質の故に、粒子論が機械論であると同時観念論であるといわれるのである。ルィセンコが指摘するのも、そのことであろう。

と、粒子論的機械論が生気論と同時に観念論であると批判したが、原子論の系譜としての遺伝子論には明らかに唯物論的側面もあるが、なぜか八杉はこの点について、一貫して触れてこない。次は実験発生学に現われた機械論を取り上げるが、

原形質の物理化学的性質にあらゆる生命現象を帰そうとするいきかたは、生命のオーガニゼーションを無視するという難点はあるが生気論的要素は少ない。だから、それは徹底した唯物論であるようにさえみえる。

と、実験発生学に現われた機械論は唯物論的であると述べた。八杉は生物学的機械論のうちでも、遺伝子学説は観念論であると強調しているが、ルィセンコ学説を何とかして評価したいという八杉の気持ちが手に取るようにわかる。『一生物学者の思索と遍歴』[4]でこの論文の機械論論議を次のように要約しているのが、機械論に対する批判的側面が抜けており公平ではない。

私はその論文で生物学における機械論的方法を、きわめて複雑な段階もしくは次元において構成されている錯綜した立体的な現象を、いわば最下級の、単一の

平面に投影して理解することであると、考えてみた。この投影のしかた、平面のとりかたに、二つの様式がある。一つはその平面を構成するものとして生命粒子の単位を考えるいきかたであり、もう一つは原形質の物理化学的性質にすべてを帰する考えかたである。前者は遺伝学、後者は実験発生学によって代表されるとした。

この主張が出てくるこの著書においても、「Morganの実験発生学的研究が、単に機械論的であるばかりではなく、きわめて素朴で典型的で、またほんらいの機械論、すなわち力学的機械論によってつらぬかれていることがわかる」と以前の論文の主旨を再録している。実験発生学は生気論的要素が少なく、徹底した唯物論であり、遺伝子学説は観念論であるという八杉の評価はやはりよく理解できない。前に述べたように、遺伝子説には唯物論的側面もあることは明瞭であり、その面の解析を抜きにして、観念論的側面だけを強調することは、次のような意図があったと思わざるをえない。それは、遺伝子説を否定してきた八杉にとって、粒子論的遺伝学を否定するために、遺伝子説は観念論であるから反対であるといわざるを得なかったのではないかと推測される。この論文で新しいのは、「機械論的生物学の成果」という項を設け、機械論の積極的側面について議論していることだろう。しかしながら機械論的見解ならびに方法の成果もあるといいながら、すぐに次のよう述べている。

機械論的生物学においては、いろいろな現象を、すぐに低次の、物理化学的法則の段階にひきおろしてしまいがちである。これはソヴェトの生物学界で批判されたことでもある。

機械論的生物学の欠陥はソヴェトの生物学で取り除かれたといわんばかりの主張をした後、「ソヴェト生物学の性格」の項に入り、ルィセンコを本格的に取りあげる。

ルィセンコのいわゆるミチューリン生物学は生物と環境との問題をとりあげるものであると同時に、生命現象の歴史性の認識を復活するものである。ミチューリン生物学において例が見られるように、生産的実践との関連において問題がとりあげられ、見なおされ、科学が新しい道にむかって進められていることも、ソヴェト生物学の特色をなしている。ソヴェト生物学（すなわち弁証法的生物学）は、機械論的生物学の諸欠陥を克服しようとするものである。あらゆる意味において、それは弁証法的生物物（＊註 学）の典型をなしている。

ルィセンコ学説の実験的事実には疑問をもちながら、生物と環境との関係を取り上げ、生命現象の歴史性を深く認識していると称している方法（論）的意義は高く評価し、特に抽象的議論ではルィセンコ支持が強調されている。ルィセンコ学説は弁証法的生物学の典型であるという評価は以前だと最高の賛辞であったが、どこか「お愛想」の感がしないでもない。一方では、実際のソヴェト生物学の現状については疑念を表している。

ソヴェト生物学による機械論の批判と克服は、多くの成果を上げているように思われる。ただ、ある一つの方法論は、それがいかに根本的に正しいものであっても、形式的公式的に適用されるならば、かえってわるい事態に転落する危険性をはらんでいる。ソヴェト生物学にも、かつてこのような過誤があって、現在でもその危険性が全くないといえないであろう。

「多くの成果を上げているように思われる」という紹介は具体性を欠いた記述であるが、ソヴェト生物学の成果を高く評価している。ここでは、ルィセンコの方法論や初期の実験結果は正しいがその後の適用に問題があるかもしれないということをいっている。一方、その危険性については、「現在でもその危険性が全くないといえないであろう」と過去より現代の方が危険性は少なくなっていると主張していて、矛盾した論理である。後年の八杉は、次のように、ルィセンコに誤りがあったが問題提起的だけは正しかったという立場をとったが、この当時の心情を正確に表しているとは思われない。

私はルィセンコが正しかったといっているのではない。彼の最初の、基本的な考えかたのなかに、少なくとも重大な問題提起が含まれており、それはルィセンコ自身とその周囲によっては正しく解決ないし発展させられなかったかもしれないが、発展させられてよい、またそうあるべき要素が存在していると思うのである。[4]

八杉は遺伝子学説が生気論の一種であるという主張についてはかなり気に入っているらしく、後年に至るまでこの解釈は妥当性があると言っているぐらいである。[4] 一九五六年に『理想』に発表した「生命論のあり方」[15] にはその見解が率直に語られている。

生命の胚種が宇宙に広がっていて、それが生命現象の根本原因になるという思想は、生気論としてきわめて古くかつ素朴で、同時に一種の典型をなすものである。かかる胚種の離合集散が力学的位置変化と並行的に考えられるなら、それは同時に機械的でもある。ヴァイスマンのビオフォア、更にそれの後継者ともいうべきゲン（遺伝子）も同様であり、それであればこそ、ヴァイスマン＝モーガン遺伝学の観念論的＝形而上学的性格が問題となるわけである。

現代の遺伝子学説はワイスマンによって思弁的に考えだされたビオフォア説とは異なり、確固たる実験によって支えられているものであり、速やかに認知されたワトソン・クリックのＤＮＡ二重ラセン構造が報告されて二年も経っている。八杉は遺伝子学説を支えている分子遺伝学や分子生物学の発展にはこの時期殆ど触れていない。現代の遺伝学説を約七〇年前のヴァイスマンの説と一緒にすることはそれ以来の科学研究の歴史が無視されていることを意味する。この論文ではレペシンスカヤの奇想天外な細胞新生説も相変わらず無批判で紹介している。次に記す最後の結論については、八杉は責任を取らなければいけない。

進歩的生物学者たちでさえも、しばしば生命論的論議にふけることは無用であり、実験的研究をおしすすめれば、おのずから正しい生命論が樹立されると考えている。正しい生命論にもとづく正しい生物学的方法論の確立は、一切の実験的研究に先立つべきものである。

八杉のような間違った生命論や方法論で研究した場合はどうなるというのだろうか。この論文から十一年後に八杉は「生命論はいかに論じられるべきか[16]」という表題で、この論文を引用することなく、この論文を批判している。次のように記している。

＜生命とは何か＞という問いは、今日のわれわれにとって、そらぞらしく聞こえる。われわれが—すくなくとも私が—そのように感じることについては、いくつかの理由をあげられるであろう。その一つは、過去にあらわれた生気論と機械論の議論の内容がみのり多いものであったとはいいがたいことである。いずれにしても、過去の生命観の混乱と空疎さとは、一般的に生命論の必要性あるいは何かの点でのその有効性にたいして、われわれを懐疑的にさせるのである。

ただ、八杉は自分の過去の論文を引用したり、過去の自分の意見を自己批判したり、自分がその生命論論議の中心にいて、かつそれを牽引したことなどは決して述べない。八杉には過去の論文を批判的に反省する習慣はないようであるが、これは八杉に限ったことではなく、多くのルィセンコ支持者は過去の発言、それも明らかに間違っている発言、に対しても否定的に反省することは非常に少ない。この一九六七年論文[16]でははっきりと、

遺伝子はDNAの分子であることが確定され、それがタンパク質生合成に支配権をにぎるものと認められた。

と述べ、八杉が現代遺伝学や分子生物学の基本的コンセプトを受け入れたことを明らかにしているが、過去のルィセンコ支持との矛盾については触れられていない。

議論を少し戻したい。一九五六年にルィセンコが農業科学アカデミー総裁の地位から退任したという報道がなされ、多くのコメントが発表されている。コメントの中身も多彩であるが、熱烈なルィセンコ支持者のコメントは柘植秀臣の意見[17]に代表される。柘植は一九四八年から約七年間民主主義科学者協会の幹事長を務め、このコメントを出す時点では民科の副会長であった。

ソ連へいったのですが、ルィセンコは遺伝学研究所の所長になって元気にやっているし、グルシェンコ氏も〝ルィセンコが科学アカデミー総裁の地位に長く留まって、雑務に追い回されることがなくなったのはいいことだ〟と話され、私も同感だったわけです。〝批判〟＝〝追放〟と考える人たちは、ソ連における批判というものが分らないと思うんです。ソ連では厳しい批判が学問を高める上で非常にたいせつなものだ、ということが常識になっています。ミチューリン・ルィセンコ学説の基本が教科書の中心になることはこれからも変わらないと思うんです。

これほど無邪気にルィセンコを支持していた柘植は、一九八〇年に『民科と私—戦後一科学者の歩み—』[18]を出版しているが、そこではルィセンコに会ったという話は二、三ヶ所出ているが、ルィセンコ学説については殆ど触れていない。

八杉も引っ張り出されて幾つかのコメントを出しているが、それは一九五三年の「政治と科学の自由」に関す

る『日本経済新聞』の八杉のコメントとはニュアンスを異にしている。四月一一日付『毎日新聞』「ソ連学界の脱皮か―ルィセンコ退任の意味―」のコメント[19]では、

（1）環境の変化に応じた生物体の変化が遺伝的性質になりうること、したがって飼育栽培の技術によって生物の遺伝的性質を意図した方向に変化させうることが、ルィセンコの遺伝理論の根本である。

（2）新しい思想や学説は、その創始から日を経るにつれて創始者自身および亜流によって固定され硬化することが多い。ルィセンコの生物学もその道をふんでしまったのではないだろうか。

（3）ソ連の生物学界は、ルィセンコのすべてを葬って古い道にただ後戻りすることはないであろうとわたしは思う。

次の「波紋投じたルィセンコ辞任―その意義と展望」（『図書新聞』四月二一日号）のコメント[20]も同様な内容であるが、次のコメントが付け加わっている。

ルィセンコの退任は、改めてより自由な学術的討議を行うべきだというソ連学界の空気ないしは要求を背景としているものである。

これらのコメントは、ルィセンコ辞任の真の意味を探りながら、一方ではルィセンコに対する思想的な意味での支持を続けようとしているが、ルィセンコ等の実験について疑問を表明しつつあることを考えると、これらのコメントが八杉の本心の全体を表しているとは思われない。以前の『日経新聞』のコメント[21]とは異なって、ルィセンコ遺伝理論の根本として、遺伝子学説の否定には触れていない。ルィセンコ学説の意義はソ連の将来において否定されることはないというルィセンコ学説の将来展望に関する八杉の考え（希望？）は歴史的検証に耐えなかった。

同年に八杉が編集した『生命の科学Ⅰ』に「進化その必然と偶然」[22]を執筆した。この論文はモルガンの遺伝学についても公平に紹介しているが、モルガンの遺伝学をショウジョウバエ進化学と執拗に呼称しているところはモルガン一門の業績を狭めようとする意図を感じる。モルガン一門の仕事については、具体的な実験例をあえて詳しく述べられている。その理由として、

ソヴェトの学界においては、遺伝子説にとらわれた立場でのショウジョウバエ進化学などは何ほどの価

もないと考えられている。それはともかく、遺伝子説を一応承認する立場をとるならば、これほど発展をとげたショウジョウバエ進化学を無視してとおりすぎるわけにはいかない。

「遺伝子説を一応承認する立場をとるならば」という言葉は遺伝子学説に対してもそれなりに配慮した言葉だととれないこともない。ただ、「ショウジョウバエ進化学」への反省として、

本質的に問題がのこされているのは、遺伝学に関係のある部分のようである。メンデル遺伝学と進化学との間には、なお架橋が完全におわっていないのではなかろうか。

ショウジョウバエ進化学と呼んでいる理由は、モルガン等の仕事は遺伝学としては重要だけれど、進化学とは結びついていないと八杉は判断しているからであろう。ただ、モルガン進化学ではなく、モルガン遺伝学の方に本質的な問題点があるという意見はよく理解できない。異なった学問、ここでは進化学と遺伝学であるが、の間に完全な架橋がかかった分野など存在しないわけで、八杉の批判は批判になっていない。

「現代における諸説の対立」の項では、色々な流れを説明しているが、なお「遺伝子説」を批判の中心においているので、少し引用してみると、

（1）遺伝子の変化のうちで突然変異は建設的ではない。

（2）ポリジーン説は、生体活動におけるポリジーンの役割と進化におけるそれとの間にやや空隙があることを感じさせ、難点がないわけではないが、遺伝子説の内部からあらわれた遺伝子説への批判とうけとることもできて、われわれの注目をひくのである。

ここでは遺伝子説を直接批判するのではなく、突然変異説やポリジーン説への批判と論点を移している。ただかつてあれだけ非難したポリジーン説については否定的側面が薄められているように感じる。また、遺伝子説と同じように八杉によって内在的原因を仮定するといわれている定向進化説に関しても、あらためて否定的評価をしているが、特に具体的な例証が挙げられている訳ではない。

最後にソヴェト進化学を論じる。

ソヴェト進化学とは、思想的観点からすれば弁証法的唯物論にもとづいた進化学にほかならない。弁証法

的唯物論の立場からいえば、自然そのものの構造が弁証法的なのだから、それをすなおに反映した科学は弁証法的にならざるをえないし、また弁証法的方法によらなければ自然界の法則を正しくつかみえないというように考えられるのであろう。ルィセンコによって体系づけられたソヴェトの遺伝学は、メンデル遺伝学とはまったく異なった行きかたをしているのだから、ソヴェトの進化学が、メンデル遺伝学すなわち遺伝子説の遺伝学にもとづいた進化学とは異なった学説体系となっているのは当然のことである。ルィセンコの学説を具体的にいうと、かれは生物が環境条件の変化におうじて、無方向にではなく変化しうることを説いている。

ルィセンコ学説をこのように要約しているが、相変わらず、具体的実験結果の報告はまったくなく、第三者的表現である。ただ、「かれのいうところによると」とか「かれは――ことを説いている」と伝聞的に表現する八杉得意な言葉が頻用され、八杉も信頼できるルィセンコの実験をあげる自信がないのではと思われる。ルィセンコ登場以来約三〇年の歳月が経過している訳だから、「遺伝性とは生物の本性そのもので、生殖細胞全体が遺伝の性質をになっている」と過去の文章を繰り返すだけではなく、具体的な遺伝機構を提示すべきである。ここでは、明快に「メンデル遺伝学すなわち遺伝子説の遺伝学」と述べているのは意外な感じがするが、八杉にとっても遺伝子概念が重要さを増してきているのは痛切に感じられているのだろう。ただ思想的立場が異なれば、異なった生物学の大系になることは、全く「当然」ではない。また、ルィセンコらによって明らかにされた物質的基盤（例えば、生化学的知見など）がいかに少ないかについても、さらにその成果が出ない理由についても八杉はそろそろ考えなければならない時機であろう。最終的にはルィセンコ学説を非常におとなしく、生物が環境条件の変化に応じて、無方向にではなく変化しうる説として紹介している。ただ、この論文の例外的な記述はルィセンコの新しい説、飛躍的種形成説、を紹介するところでは妙に具体的結果を記していることである。

ルィセンコは、最近において、進化に関して、また新しい学説を出した。それは、種の進化というものは不連続であるという説である。突然変異説に似ているようだが、それとはちがう。量から質への転化が起り、発展が飛躍的に起るというのが、弁証法の一つの法則である、ルィセンコの新しい進化学説は、それの適用であるといえるであろう。

具体的に、春まき硬質コムギに軟質コムギが発生する例や冬コムギにライ麦の粒が育成される例をあげ、

このような事実は自然界にはいくらでもあるのだが、ふだん人たちはそれを見のがしているのである。

というルィセンコの意見を紹介している。この「飛躍的種形成説」に対しては弁証法の適用といっているぐらいであるから、この当時においては高い評価をしていたと判断せざるを得ない。だが、自然弁証法を用いれば何でも正しいわけではないので、八杉は自然弁証法の適用によってルィセンコ学説が築かれていると頭越しに述べるのではなく、実際のルィセンコ学説の中にどのように自然弁証法が生きているのかを述べなければいけない時期であった。

第四節　「生物進化論における仮説と実証」

武谷が駒井への反論論文「現代遺伝学と進化論―主流的見解への方法論的疑問―」を発表した『思想』の同一号に八杉も「生物学、特に進化論における仮説と実証」[23]を寄稿している。生物学、特に進化論における仮説の意義を述べた論文であるが、モルガンの遺伝子説、集団遺伝学や進化の説明としての突然変異説を例にあげて批判をしている。どれもルィセンコが標的にしている考え方で、ルィセンコへの八杉の執着が相変わらずなお強いことを示している。六〇年代後半以降、八杉は集団遺伝学については高く評価することになるが、ここでは遺伝子説と共に否定している。ただ、遺伝子説に対する八杉自身の評価も問われ出しており、弁解気味にそれに対して疑問を提出している。

モーガンが遺伝子を体系づけたときに、はたしてかれは、一つ一つ粒状なした遺伝子というものの存在を、どうしても考えなければならなかっただろうか。そう考えざるをえない必然性は、どの程度あったのだろうか。単に染色体上の一定の座位の作用として、現在い

わゆる遺伝子の作用を考えておくことはできなかったのだろうか。

八杉はメンデルの独立の法則や分離の法則をどのように見ていたのだろうか。それらの法則の実験事実を認めるなら、独立した遺伝子の仮定はそれほど無理がない。そこを認めると「粒状なした遺伝子」という考え方は必然的に導かれる一つの仮定である。八杉はメンデルの法則について数えきれないほど触れているが、評価はいつも曖昧であった。八杉の『近代進化思想史』[1]でのメンデルの取扱いも少ない。ルィセンコとの関係で遺伝子学説を見るならば、染色体説を認めることでルィセンコの否定には十分だろと考えられるが、少なくとも遺伝をになう染色体の重要性をこの論文で八杉は認めている。八杉は、かつては、染色体説すら否定していた。その後の染色体説から遺伝子説までの進展は、染色体説を認めてからの話である。同様に、

　多くのメンデル遺伝学者は、今日すでに、遺伝子の存在は分子及び原子のそれと同様に、疑問の余地なきものとしている。しかし、かれらのいう遺伝子の概念そのものに、しばしば変化がある。

という主張も、ルィセンコとの関係で見れば「遺伝子の概念」ではなく遺伝子の存在を認めるかどうかがまず大事なことであろう。そして、ルィセンコに直接言及し、

（1）メンデリズム的自然淘汰説は機械論であり生命不滅の信仰の尾をひいている。他方ソヴェトのルィセンコの提唱するミチューリン生物学は、弁証法的唯物論を基礎としてたつことを、みずから宣言している。

（2）現在生きている生物について、変異の生成に関して、なんらかの手がかりをつかむこと、あるいはもし可能ならば明らかに計量しうる建設的変異を人為的に生成させることを、まず試みるべきである。ルィセンコのミチューリン生物学は、その可能性を与えている。ルィセンコの学説および実験に不備の点は指摘できるにしても、それだけでこれを偽科学とよぶ態度は正しくないと思われる。

メンデリズムは機械論であり観念論であり生命不滅の信仰の尾をひいていると批判し、ルィセンコ学説は弁証法的唯物論に基づいていると、相変わらず好意的に評価しているが、「現在の遺伝子学説で進化を相当に説明できるものなら、ルィセンコの学説を顧慮しないという立

場も一応許容される」とか「これを偽科学とよぶ態度は正しくない」との表現は、ルィセンコ学説の評価としてはかなり控え目である。先にも記したが、弁証法的唯物論を基礎にしていると宣言すれば正しい生物学が生まれるわけではないので、ルィセンコ学説が如何に自然弁証法を適用しているかを解析しなければならない。「生物の人為的改造」への希求については相変わらず保持している。一方、獲得形質遺伝への願望の方も色濃く残しているが、それも従来の主張とは大部異なっている。

もしも生物の各個体が環境に適応して変化し、その変化がそのまま次代に伝えられるという、いわばきわめて単純な獲得形質の遺伝が普遍的な現象であるというなら、進化の説明は非常にしやすく、また一見すれば合理的のように思われる。しかし今日においては獲得形質の遺伝論者とよばれる学者たちでも、現象をそういう単純な形態では認めていないし、われわれのふだんの観察だけでもそれを否定する。

この文章は獲得形質の遺伝に関しては半ば否定に近い表現であるので注目される。獲得形質の遺伝に対する明確な否定的な表現は、たとえその表現が控え目であろうと、八杉の論文の中で初めて見いだされた。ルィセンコの学説についても、「ルィセンコ支持する実験が正しくなされているということを前提として」支持するといっていることに、ルィセンコ学説からの離陸準備もかなり進んだことが垣間見られる。かつてはルィセンコ学説のよって立つ方法論や思想がより大事だという高圧的な見解は影を潜めている。後年の発言からはこの当時すでにルィセンコの実験への不信感が根付いていたようであるし、また本論文でも「ルィセンコの学説および実験の不備の点は指摘できる」といっているぐらいである。

一九五二から五三年頃に、八杉はルィセンコ支持の強硬派である井尻正二やかつて八杉がルィセンコ支持派に導いた徳田御稔を、定向進化説や生物の自己運動をめぐって批判するようになったことに関しては以前に触れた。その論争の内容については、本論文においても詳しく紹介されているが、若干の自己批判もしている。

ただ私は、自己運動の原因である内部矛盾の解明という方向に問題を進めないで、混乱を生じている自己運動の概念を当面の進化の議論から除去するように提案したが、これは私の誤りであった。生物は一定の外部条件なしには発生し成長することができないが、その環境自身はたえまなく変化するという矛盾が、それへの適応を生物に要求し、生物の発展をうながすのである。生物の自己運動は、環境への適応が進化の主因であるという概念と、背馳するものではない。

生体の自己運動を認めつつ、でも「環境への適応が進化の主因」という考えは放棄していない。しかし、生体の自己運動を認めたからといっても、定向進化説にはやはり否定的である。

このような立場にあるミチューリン生物学、そしてまた生物の自己運動を、形而上学的に固定された観念の上にたつ定向進化説と結合させることの危険は、明らかであろう。

八杉は、定向進化説は認めないが、遺伝に関係する生体の自己運動は承認する、と言っており、このことをさらに解析したら、遺伝子学説の再検討にも到達できうると思われるが、自己運動と遺伝子説との関連については触れていない。

この『思想』の論文の全体を総括してみると、生物進化学における仮説と実証の対象としてほとんど現代遺伝学に焦点を当てて論じており、ミチューリン生物学やルィセンコ学説は偽科学とよぶ態度は正しくないとか、実験は不備だとか、ルィセンコを支持できるためにはその実験が正しいと思われるときだけだと述べ、明らかにルィセンコから離れつつあり、遺伝子説への接近の道が少しずつ切り開かれようとしている。

第五節　遺伝子説の放棄を迫る

先の論文と執筆時期がどのように異なるか分からないが、同年岩波講座『現代思想（社会と科学）』に「生物進化の理論」[24]を寄稿している。岩波講座『現代思想』は一九五六年から発行され、全一二巻で、さらに別巻と掲載論文に内から海外の研究者の論考をまとめている『人間と歴史』まで刊行され、広範な反響をよんだ講座であった。第七巻『社会と科学』には湯川秀樹、井上健、武谷三男、畑中武夫や坂田昌一などの物理学者の論考とともに生物学関係の論考も多く寄せられている。「現代の生命観」の項では、江上不二夫が「生化学的生命観」、岡本彰祐が「生理学的生命観」そして八杉が「生物進化の理論」の論文を寄せている。「現代科学の自然像」の項では野島徳吉が「生命の起原」、早坂一郎が「生物の進化」を書いている。早坂一郎は武谷が台湾の高校生の頃に進化論を教えてもらった人である。この論文は武谷の盟友、星野芳郎の「科学と技術」にも掲載されている。このように見ていくと、武谷の影響の強い人達が執筆者に選ばれている感じがする。この頃は物理学帝国主義と言われた時代の最後の頃でもあるが、生物学関係の論文が十三編中五編を数えていることを考えると、生物学の時代の到来を予期させるものである。私は一九六一年に大学に入学しているが、志望学部を決める際に、これからは生物学の時代だと言われ、一度は理学部生物学科への進学も考えたことを思い出す。

巻頭論文は菅井準一の「科学思想の発展」であるが、そこにはページ数の関係で、「進化論」についての論考を割愛したと述べられ、八杉の『近代進化思想史』[1]を参考文献に挙げている。

八杉の「生物進化の理論」[24]は、八杉の従来の論文の読書対象と異なることを意識したのか、さらにもまして八杉自身の見解が分かり難くなっている。最初が「現代進化学の概論」と題されている。ダーウィンからワイスマンを経て現在までの自然淘汰説の変遷を記した上で、次のように述べている。

自然淘汰のこの歩みは、たんなる変貌ないし思想的変化としてとらえられてはならないであろう。それが全体として真に発展したものかどうかは、これをみる学者の立場によって異なる。

八杉自身はどう考えているのか？

進化学は総合化に進んで手をひろげるよりも、遺伝学の新しい成果や基本的な概念をもう一度、進化学の場において検討し、現代進化学の偉容のかげに意外な危機がかくれているのではないかを考えてみることが先決だ、という意見も成りたつのである。

八杉自身はどのような意見なのか？「という意見も成りたつ」と記して、結局のところ八杉自身が考える「現代進化学の概論」は示されないままであるが、ダーウィンの『種の起原』以降約一〇〇年の進化理論の歩みを脇道にそれていると言いたいのだろうか。続いて、「ネオ・メンデリズムの問題点」に入る。ここでも、八杉は「学者の立場によって異なる」とか「という意見も成りたつ」を文章の最後に置き、自分の意見は述べていない。「ネオ・メンデリズムの問題点」では、まず最初に「遺伝子の起原」と題して論じられている。

複雑な生物形態を要素的形質の組みあわせと考え、ひいては遺伝子のよせあつめとみなすことは、極度の機械論的思考の所産であるという非難が、一方では弁証法論者から、他方では生気論者や全体論者から、はなたれた。染色体地図を見ると、あたかも数多くの遺伝子が多数の染色体上に偶然にばらまかれたごとくであるので、生物の遺伝的性質のこのようなもとめかたには、どこかに欠陥あるいは誤謬があるのではないかという疑念が強められた。

ここでも、「はなたれた」とか「疑念が強められた」という語尾であり、だれが強めたのか、八杉自身かほかの誰か、かもはっきりさせていない不明確な表現である。また次のようにも述べている。

遺伝子学説が、一方ではヴァイスマンの生命永久説に、他方ではド・フリースの物理化学主義とでもいうべきものに、根ざしていることは、見かたによってはその後の発展において矛盾を生じる原因となりうるものかもしれない。

どんな矛盾が生じるかについて具体的には決して述べいなく、文章の終わりは「なりうるかもしれない」とどうとでもとれるような書き方である。この項の結論として、

環境条件に応じた遺伝子的変化の生起をみとめない遺伝子説が、進化の説明に多大な困難を感じていることは、とくに新遺伝子の起原という問題において、明らかにあらわれている。

としている。この論文では遺伝子説の問題点として「新遺伝子の起原」という新たな問題を出している。遺伝子説を原則承認した後でなければ、「新遺伝子の起原」という課題は出てこないはずなのに、八杉はその点は明らかにしない。遺伝子の起原という問題をその後八杉は殆ど論議していないので、遺伝子説を批判するためにあえて持ち出したような気がする。もちろん遺伝子も進化してきたわけであるし、その起原もいつかは解明される必要があるが、そう一足飛びにはいかない。大野乾により提唱された「進化における遺伝子重複説[25]」も新遺伝子の起原との関係で論じられている。遺伝子コードの進化に

関して、私も一九九〇年代に大澤省三の研究班に参加したことがあり、大澤は一九九五年に『Evolution of the Genetic Code』(26)をオックスフォード大学出版から刊行し、二年後にはその翻訳『遺伝暗号の起源と進化』(27)を出版している。大澤の退職記念にその内容の印刷物を送っていただいたことを思い出す。

次の項は、「ソヴェト・ダーウィニズム」で、二ページにもたらない。ルィセンコの学説は詳しく説明する必要がないといって、次のようにまとめている。

要するに、それは環境条件の変化にあい応じた遺伝的変化がおこりうることをみとめ、その法則性の利用によって生物体に方向づけられた遺伝的変化を生じさせうると説くものである。

非常にあっけない表現である。獲得形質の遺伝に対しても、

たとえばソヴェト生物学の立場にたつとしても、それほど単純に断定をくだしてよいとは思われない。

と述べ、否定的ニュアンスを感じさせるが、八杉自身が従来「単純に断定」してきたのではなかったか。またこの論文では、自身が「ソヴェト生物学」の立場にたっているのか、いなかったのかすら曖昧にしている。かれ自身第三者的立場に立って、次のように主張する。

では、進化学における諸説のこのような対立が統一される道は、どこにもとめられるであろうか。それは、進化現象の基礎を生化学的過程の変化ないし発展として把握することである。

かって八杉は、

二つの遺伝学の正否は思想的に一方はが根本的に正しく、他方にはその基礎に誤謬が認められる。(14)

と記していたことに比較すると、これは一見すると正しいと考えられるかもしれないが、「進化現象の基礎」を生化学的に研究するだけでなく、もちろん形態学的にも、生理的にも、生態学的にも解明しなければならないわけで、急に生化学だけを重視するのは間違っているし、不思議な感じがする。八杉が一貫して支持してきた「ソヴェト生物学」にはそもそも「遺伝現象を生化学的過程の変化ないし発展として把握する」姿勢がないか非常に弱い。また、八杉が実験生物学総体を機械論的生物学と否定的に考えてきたわけで、「進化現象の基礎を生化学的過程」と把握することに反対してきたのではな

かったのか。ルィセンコは、進化を物質代謝の型ないし発展としてとらえるべきことを強調していると八杉は述べ、さらに次のように述べている。

この型という言葉の解釈について意見の相違があるが、だいたいにおいて右と同じ内容（進化の基礎となる物質的過程）を含んでいるものと思われる。

この文章は八杉のご都合主義的文章の典型をなしている。「だいたいにおいて同じと思われる」という表現は判断を避けているとしか思えない。ただルィセンコが物質代謝の生化学的基礎や進化の基礎となる物質的過程を明らかにしたことは聞いたことがない。そして、ルィセンコの種の飛躍的転成説をここでも紹介しているが、八杉自身の見解は述べられていない。

種の転成の理論は、量から質への転化という弁証法の適用とみなされうるものであろう。種の転成そのものは真理であるかもしれないし、そうでないかもしれない。

この八杉の記述を読むと、種の飛躍的転成を聞いたとき、とても真理とは思われないという後年の述懐[1]はやはり信用できないが、ここで「真理であるかもしれないし、そうでないかもしれない」と述べているところをみると、飛躍的転成説を最初に紹介した時点とは評価を異にしつつある。この論文での八杉の遺伝子説への評価は次のような意外なものであった。

現在では、遺伝子はまだ電子顕微鏡の視野にもはっきり映っていない。仮説に仮説をつみかさねる以前に、いったんそれらの仮説を放棄して新たな説明を根本から考えなおしてみることも、無益ではないであろう。

ここには、ネオ・メンデリズムのもっとも重大な問題点があり[14]、

この文章がこの論文で八杉が明確に自分の主張を出している唯一といってもいいところであるが、遺伝子説を否定するのに、その当時の技術レベルではできない新たな根拠「電子顕微鏡で検出されていない」を持ち出していることが新しい。しかしながらこの当時の遺伝子説は仮説に仮説を積み重ねていたわけではなく、着実な実験結果の裏打ちがあった。ここで、八杉は遺伝子説を放棄して新しい仮説を考えてみたらどうだという突拍子もないことを言い出した。このように言うなら、自分の仮説を提案すべきであろう。この論文の中で八杉は、

遺伝子そのものの物質的組成も、デオキシリボ核酸（DNA）が本体をなすことが承認されるにいたった。

と述べているということを考えると、八杉の遺伝子仮説を放棄してみたらどうかということこの提案が出された根拠がよく分からないが、この提案がその後の歴史的試練に全く耐えなかったことだけは確かであるばかりではなく、もしこの八杉の提案に基づいて研究を進めたらどのようになっていたかと思うと、八杉の時代錯誤は明らかである。この論文での八杉の遺伝子説に対する馬鹿げた意見は、遺伝子説支持に至る躊躇の現れではないかとも考えられる。

第11章-2：八杉が遺伝子説の放棄を迫った論文を寄稿している本『現代の思想　VII 科学と科学者』、1957年

この『現代思想』Ⅶに武谷三男も「現代の物質観[28]」という論文を寄稿している。論文の前半は生命に関して論じている。アリストテレスの生命の自然発生を当然視する考え方からパスツールによる微生物の自然発生の否定に関する実験までの歴史を述べ、最後に、「生命と生命のないもの、生物と無生物、そのギャップが、果たして根本的なギャップであるのか、それともじつはつながっているものであるかということに対して、一九世紀以来非常に多くの議論が重ねられてきた」と記しているので、それ以後の展開に期待をもったが、それ以後は専門の物理学を中心の話題で終わり、生物（学）に関する記述は登場しなかった。

一九五八年の『科学』四月号に掲載された「DARWINの進化学説と現代の問題[29]」は現代の課題と題しているが、ルィセンコ学説についてはさらにトーンダウンしていて、ルィセンコに関係して取りあげられている点は二点である。

（1）今日でも、獲得形質の論者はなお存在するし、またそれを別としても、かなり根本的な意見の相違がいくつかある。それゆえ、今日においても進化の要因を論じるさいには、どうしてもこの問題（獲得形質の遺伝?）をのがすわけにはいかない。

（2）同種内の生存競争の原則的否定がソヴェトのルィセンコにより、かれの遺伝学説と関連して唱えられた。

獲得形質の遺伝に関してまだ執着が感じられるが、かつてのような熱意はない。ルィセンコの業績として同種内生存競争の否定が言及されているにすぎないが、かつて同種内生存競争の否定の実証は十分ではないと言って(30)いたのはどうなったのであろうか。メドヴェジェフのよれば、

ルィセンコの戦後最初の、しかも最も大きな被害をもたらした仕事は、彼の種内競争否定説に端を発している。(31)

とのことである。同号の『科学』で「現代の進化学」という座談会の記録(32)が掲載され、八杉は司会を務めている。その中では獲得形質の遺伝についても少し話題が出ているが、八杉は全くそれに参加していなく、ルィセンコの名前にも触れていない。八杉は「進化の根本問題は新しい遺伝子がいかにしてできるかということでしょう」などと述べているぐらいである。これらの『科学』論文を見てみると、全体的には、八杉はルィセンコ学説やソヴェト生物学をあまり強調しなくなっていて、ほぼルィセンコからの離陸準備が整った感じがする。

第六節　ルィセンコからの離陸準備完了

一九六二年の『生物科学』四号に、「ソビエトでの生命論（談話室）(33)」を寄稿し、ソビェトの科学普及誌『科学と生活』（一九六二年四月号）の中身を紹介して、さらに八杉の意見を追加している。

私見にすぎないとことわってもよいが、ルィセンコによるミチューリン生物学の提唱には、やはり重大な意味があったとわたしは思う。問題は、生物学前進への寄与として、いまわれわれがそれから何をくみとるべきかである。それをはっきりさせなければ、ソビエトでなおいわれているミチューリン的方向の内容を具体化することも不可能であろう。

非常に客観的にソ連におけるミチューリン生物学を紹介しているが、できれば何らかの形でミチューリン生物

学が残ってほしいという八杉の希望が透けて見える。でも、「ルィセンコによるミチューリン生物学の提唱には、やはり重大な意味があった」という発言にはその熱意が感じられない。ミチューリン生物学の生物学的前進への寄与を明らかにすることが大事であると述べながら、八杉自身が生物学前進への寄与として、ルィセンコから何をくみとるべきかを相変わらず明らかにしていない。一九六三年の生物科学コラムにソビエトの科学あるいは科学論、またマルクシズムとそれらとの関係についてのアメリカやその他おける国々の批判的義論を紹介し、[34]

ソビエト生物学の歴史や現状にかんするいろいろな問題は、われわれに考えさせるものを多くふくんでいることに、おそらく異論はないと思う。

と書いているが、ここでも「いろいろな問題」とするだけで、具体性はない。ルィセンコやミチューリン生物学について語ることに飽いてきたのではないかと思われるほど、淡々とした書き方である。

一九六四年と一九六五年に『科学的人間の形成[35]』と『科学的人間の形成（続）[36]』を発刊しているが、殆どが進化学については触れていないが、その中に「生命科学の進歩」という項があり、少し遺伝学に触れている。

発生学が比較発生学から実験発生学に転回し、そして実験科学として遺伝学がひろく注目されだしたのは、一八九〇年を中心とするところである。このように成り立った実験生物学の時代が、こんにちまでつづいているといってよいのである。[36]

もしルィセンコ学説やソビエト生物学にいまだに意味があるとするならば、このような青少年向けの書物にこそ、八杉は自信をもって書くべきだろうが、そのようなことは全く出てこない。一九七一年に『児童心理』によせた「科学的思考力の育成[37]」の中でも「実験の経過を注意深く観察することが非常にたいせつ」といっているが、「科学的人間の形成」や「科学的思考力の育成」とは八杉にとって皮肉な題名ではないだろうか。

あれほど高圧的な態度でルィセンコ支持を打ち出しながら、早くも一九五〇年には少し熱が下がり、一九五三年にはルィセンコ支持強硬派である井尻や徳田とも論争するようになったが、ルィセンコへの愛着は六〇年代まで捨てきれないようであった。獲得形質の遺伝に触れることが少なくなり、ルィセンコ派の実験結果にもほとんど言及しなくなった。それでも、遺伝学説に対する批判はかなり長くもちつづけ、遺伝子説のもつ唯物論的側面は無視し、生気論だとか観念論だとかと批判を続け、電子顕微鏡で遺伝子は観察できないから、遺伝子説を放棄してほかの仮説を立てたらどうかとまで言いだした。六〇年代に入るとルィセンコ学説の中身ではなく、思想的立場には評価に値するものがあったという立場をとるようになり、ルィセンコからの離陸の準備を完了させた。八杉のルィセンコ学説への支持の変化にはなにがあったのかは余り明らかではないが、自身が後年述べているようにルィセンコの「飛躍的な種の形成」論に違和感を持ったことも一つの原因ではないかと推測させる。次の章では、八杉のルィセンコ学説からの自己批判なき完全離陸までの軌跡を追いたいと思う。

[引用論文]

（1）八杉龍一、『近代進化思想史（初版）』（岩波書店）一九五〇年

（2）八杉龍一、「進化論史」『現代の生物学』（木原均・岡田要編、共立出版）第四集、一九五一年

（3）田中義麿、「後天性の問題」『現代の生物学』（木原均・岡田要編、共立出版）第四集、一九五一年

（4）八杉龍一、『一生物学者の思索と遍歴』（岩波書店）一九七三年

（5）八杉龍一、「ルイセンコの主張—その意義とそれをめぐる問題—」『自然』（10）、一九四九年

（6）徳田御稔、「『進化論』の批判に答える」『生物科学』4（1）、一九五二年

（7）八杉龍一、「政治と科学の自由—ルイセンコ遺伝学の投じた問題点—」（日本経済新聞）一九五三年

（8）八杉龍一、「生物学における比較的方法—とくに進化学との関連において—」『生物科学』（2）、一九五三年

（9）八杉龍一、「進化の内因と外因—井尻、徳田両氏の所論によせて—」、『自然』（4）、１９５３年

（10）八杉龍一、「自己運動とは何か—徳田氏への再論—、『自然』（6）、１９５３年

（11）O. T. Avery, C. MacLeod, and M. McCarty, "*Studies on the chemical nature of the the substance inducing transformation of pneumococcal types*", J. Exp. Med., 1944

（12）八杉龍一、『人間生物学—科学は生命をどう見るか—』（光文社）一九五三年

（13）八杉龍一、「T.H.Morgan の発生学と機械論」『生物科学』（発生特集号）、一九五四年

（14）八杉龍一、「生物学の歴史と現代の課題」（一九五五年）『科学史研究』（33）、一九五五年

（15）八杉龍一、「生命論のあり方」『理想』（２７４）、一九五六年

(16)八杉龍一、「生命論はいかに論じられるべきか」『科学哲学年報』(7)、一九六七年

(17)柘植秀臣、「おかしなルィセンコ騒ぎ」図書新聞、六月二日、一九五六年

(18)柘植秀臣、『民科と私―戦後一科学者の歩み―』(勁草書房)一九八〇年

(19)八杉龍一、「ソ連学界の脱皮か―ルイセンコ退任の意味―」毎日新聞、一九五六年

(20)八杉龍一、「波紋投じたルイセンコ辞任―その意義と展望」図書新聞、一九五六年

(21)八杉龍一、「政治と科学の自由―ルイセンコ遺伝学の投じた問題点―」日本経済新聞、一九五三年

(22)八杉龍一、「進化　その必然と偶然」『生命の科学Ｉ』(八杉編集、中山書店)、一九五六年

(23)八杉龍一、「生物進化論における仮説と実証」『思想』(3)、一九五七年

(24)八杉龍一、「生物進化の理論」岩波講座『現代思想』(社会と科学)一九五七年

(25)Ohno S., "*Evolution by Gene Duplication*", Springer-Verlag., 1970

(26)大澤省三、"Evolution of the Genetic Code.", Oxford University Press, 1995

(27)大澤省三、『遺伝暗号の起源と進化』(共立出版)、一九九七年

(28)武谷三男、「現代の物質観」岩波講座『現代思想』(社会と科学)、一九五七年

(29)八杉龍一、「DARWIN の進化学説と現代の問題」『科学』(4)一九五八年

(30)八杉龍一、「ラマキズムとダーウィニズム」、ネオメンデル会編『進化学説の展望』(北隆館)、一九四九年

(31)Z・メドヴェジェフ(金光不二夫訳)、『ルイセンコ学説の興亡』(河出書房新社)、一九七一年(原著は一九六一～一九六七年にかけて執筆されている)

(32)早坂一郎、丘英通、須田昭義、田中克己、八杉龍一、「座談会　現代の進化学」『科学』(4)、一九五八年

(33)八杉龍一、「ソビエトでの生命論(談話室)」『生物科学』(4)、一九六二年

(34)八杉龍一、「ソビエト科学についての議論」『生物科学』(1)、一九六三年

(35)八杉龍一、『科学的人間の形成』(明治図書)、一九六四年

(36)八杉龍一、『科学的人間の形成(続)』(明治図書)、一九六五年

(37)八杉龍一、「科学的思考力の育成」『児童心理1』(5)、一九七一年

第一二章
八杉龍一のルィセンコ評価の変遷（3）
＝ルィセンコ学説からの批判なき離陸＝

第一節　『進化学序説』『進化論の歴史』と『近代進化思想史』（再刊）

一九五〇年に思想史的研究を主とした『近代進化思想史』を発刊してから一五年目に方法論史的研究を主とした『進化学序説[1]』を発表した。はしがきで、

進化論の方法論について検討するためには、科学史的観点に立ってそれを（先入観）ときほぐし、生物学の現代的発展と照合しつつ再組織ことが必要である。

と述べているので、八杉としてはルィセンコ問題のみでこの書物を評価されるのは心外かもしれないが、本著作の性格上、ソヴィエト生物学やルィセンコに言及している項についてのみ触れてみる。八杉はかってルィセンコ学説はその持つ方法論から考えてみた場合に理解しやすいと述べていたように、方法論史といえばルィセンコに特に強点が置かれるべきだと八杉は考えているのではないかと期待するには一理あると思われる。ただ、期待に反して、全体としてはルィセンコについての記述は極端に減少している。「進化の概念」や「生物学方法論の諸問題」など当然ルィセンコに触れなければならない項目でも全くその名前は出てこない。

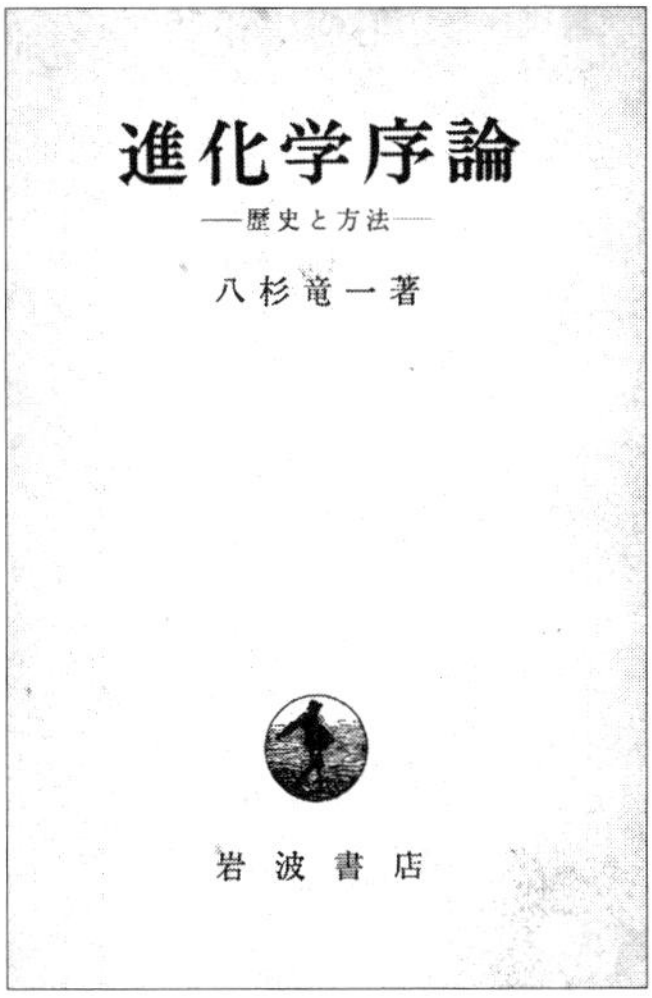

第12章-1：八杉著『進化学序説』、1965年

序言において進化生物学の歴史的発展を四区分してい

る。
第一は、ラマルクの学説を中心とするダーウィン以前、
第二は、ダーウィンによる進化論の確立、
第三は、ダーウィン以後、実験生物学の成立まで、
第四は、実験生物学の時代である。

八杉の戦後初期の主張と期待が正しければ、最後の時代はルィセンコの時代となっていたはずである。この本の中でルィセンコに触れている箇所は二ヶ所しかない。第一はルィセンコの種内生存競争の否定に関することである。

　ルィセンコは、農業上の実際問題を基礎として、「種内競争は原則として存在しない」という意見を提出した。かれのいうとおり種内競争が原則として存在しないかどうかは、急いで断定はできないが、少なくとも種内競争の普遍性と過剰繁殖の概念に関しては、ルィセンコの批判―かれの遺伝学上の問題点とは別に―は若干の妥当性を有していると、私は考える。

ルィセンコ学説の核心は獲得形質の遺伝を認めるかどうか、「遺伝子学説」を認めるかどうかであったはずであり、それを取り上げないことは、その評価がより冷めてきていることを推測させる。それもルィセンコの遺伝学上に問題点があることをわざわざ断っているぐらいである。一方では、「種内競争は原則として存在しないかどうか」はルィセンコ学説の核心ではないが、八杉がルィセンコの同種内競争の否定を妥当性があると判断している。ただ「若干の妥当性を有している」ということは、殆どは妥当性を有していないということも意味しており、ここに八杉の隠れた気持ちが出ているとも示唆される。最後の結びが、「考える」であって「思われる」でないこともそれを裏付けている。メドヴェジェフによれば、[2]「種内競争が存在しない」というルィセンコの実験の一部は一回しか行われていないとのことである。この説はソヴェト国内でも評判が悪く、

　一九四七年末には、ダーウィン主義論争に火をつけたルイセンコの旗色が悪くなり、科学者としての彼の権威は、急速に失墜してしまった。[2]

と、メドヴェジェフは記している。[2]

次にルィセンコが登場するのは、ソ連における「生物進化の問題の哲学的議論」の項である。他の場面では、八杉は自分の意見、主張、判断を珍しく頻繁に述べてい

るが、この項では紹介に徹している。ルィセンコによれば、ミーチンによれば、ルパシェフスキーのよれば、などである。ここで種の転化説に触れ、「ルィセンコの色々な個別的理論のうち、後期の提唱である種の飛躍的転成の説はソ連の学界内でも多くの批判を招いた」と述べているが八杉自身の評価はやはりどこにも見当たらない。同様に、ルィセンコに依ればとして、

　多型性は種の存在の本質的条件であり、変種は種から種への移行形態ではない。新種は、コムギの穂にオオムギの粒がつくというように、飛躍的に生じる。

と紹介しているだけである。以前言及した「飛躍的な種形成の理論は、なんとしても受け入れがたいものであった」という八杉氏の一九七三年の感想(3)に関連することはこの時点でも記載されていない。

　この八杉の著作ではルィセンコの個々の実験事実や考え方を批判的に検証するという作業はすでに放棄されていて、八杉は次のような結論を述べている。

　スターリン政権と結合したルィセンコの政治行動のいきすぎは、かれ自身の科学の発展をゆがめてしまったにちがいない。ただ、一九二〇年代後半以降にかれの学説があらわれたことには必然性があり、遺伝学を中心としたかれの主張が当時およびその後の生物学にたいしてまったく逆行的ものであったとか無意義であったとかいいきることも、むずかしいように思う。ルィセンコの思想については、正しい発展を持つべき要素があったと思われる。だが、その問題についての私の考えは、すでにこれまでに触れてきたことで了解されるであろう。一九世紀初頭に確立された原子説および分子説を大きな背景とし、その流れにつつまれた生物学のなかから（一九世紀後半において現われた遺伝に関する諸観念は）生まれたものであるとみることが可能である。それを見のがしていたということが、ルィセンコの誤謬の因であったように思われる。学説や主張の「将来の見とおしをふくんだ」科学史的判断のむずかしさを、ルィセンコ問題は痛切に感じさせるものである。

八杉が「いきすぎた」と批判しているのはルィセンコの政治行動であって、その学説ではないことがまず注目される。この内容では、ルィセンコの説は「逆行的ものであって、かつ無意義ものであった」と言っているに等

しいが、そこを八杉は曖昧にしている。分析すべきは、八杉は自分がどこで、何故見通しを誤ったかについてであるが、それは全く出てこない。ルィセンコの誤りの元は、遺伝子説が原子説の流れにあったことを見のがしていたことにあるというのは八杉の今までの主張をたどってみれば正直ではない。八杉自身が「遺伝子学説」について生気論だとか観念論だとかの評価を下しており、その唯物論的側面については全く認めてこなかった。デモクリトスの原子論を中心とする彼の学説が古代ギリシアにおける唯物論の典型であることはしばしば論じられているが、八杉自身が遺伝子説のもつ唯物論的側面を無視し続けてきたわけであるから、その誤りをルィセンコのせいにすることはできない。遺伝子説の誤りの根拠の一つは環境との相互作用の無視であると八杉は再々述べてきたが、この環境との相互作用についてはこの書物ではあまり触れられていない。獲得形質の遺伝に関しては全くの無視どころか、「獲得形質の遺伝であるという非難が、たちまちあびせられるであろう」などと記しているぐらいである。遺伝子説に対してもポリジーンについてはあれほど批判していたのに、

遺伝現象、従ってまた進化におけるポリジーンの重要性は、ますます大きくみられてきているのである。

などと述べ、かつてポリジーンを否定した自身の意見との関連は避けて議論している。ポリジーンが重要であるとするなら、まず最初に遺伝子説の承認を明確にしなければならないのに、そうするのではなくて、結果的に、なし崩し的に遺伝子説への支持の準備を始めているようだ。

ルィセンコの思想については、正しい発展を持つべき要素があったと思われる。だが、その問題についての私の考えは、すでにこれまでに触れてきたことで了解されるであろう。

とも述べているが、正しい発展の可能性のある要素が何であり、正しくない要素が何であるかを具体的に記さないと意味がないし、この時点においても過去のどの主張を八杉が維持するのかを明確にしないと、彼の言い分はまったく了解できない。結局、

スターリン政権と結合したルィセンコの政治行動のいきすぎは、かれ自身の科学の発展をゆがめてしまったにちがいない。

と書くことによって、悪かったのはルィセンコ学説ではなく、スターリンの政治体制であると結局は自分の責任を逃げている感が強い。

最後の文章、

　学説や主張の科学史的判断のむずかしさを、ルィセンコ問題は痛切に感じさせる。

は誤った表現である。自然科学の階級性を論じる視点は昔からあり、今も少ないながらあるが、ルィセンコ学説の場合はそのような一般的論議からはかけ離れていた。重要な科学領域全体、この場合は生物学／現代遺伝学全体をブルジョア科学として非難するということは今までの歴史にはなかったことである。ルィセンコ学説とメンデル・モルガン遺伝学をめぐる論争は階級闘争であるなどという事態は過去にはほとんどなかった。科学の発展の歴史は直線的ではないので、間違った実験結果もあるし、狭い範囲の学説で間違いも生じる。階級的立場から誤った主張もありうる。それに対しては聡明な科学史家といえども間違えることはありうるし、見通しを誤ることもありえる。例えば、一九五〇～六〇年代にかけて、抗体産生機構について二つの考え方が対立した。それは、鋳型説（指令説）とクローン選択説であった。この論争はルィセンコ学説と現代遺伝学との対立とは性格を異にしており、科学的土壌の上に立って論争が行われ、最終的にはクローン選択説が正しいということが確認された。このような論争においては、科学史家が将来を見通すことに間違える可能性は十分にある。しかしながら、八杉はルィセンコ学説をめぐる問題が、そのような一般論にくりこめない問題であることを自覚しているとは思えない。

一九六九年にひろく読まれる岩波新書として発刊した『進化論の歴史』[4]ではますますルィセンコに触れることが少なく、最後の最後に記述されているだけである。

（1）ルィセンコの多くの実験は誤っていたか、作為がくわえられたか、結果の説明が任意になされたか、いずれかであるとみるほかないであろう。ただ、かれの説は出発点においては、当時の生物学への批判としての意味はもっていたように思われる。なぜなら、その時代には遺伝子の概念はまだかなり観念的なものを付随させていたし、生物学の実験室の研究者と農業の実践的立場で見る農学者とで生物観がくいちがっていたりしたからである。

（2）前世紀いらい生物学が原子仮説をうしろだてに、生命現象の物質的基盤の追求をなににもまして重要なこととしてきた、その大きな流れを見失ってしまったことが、ルィセンコにとって致命的となったのであろう。ルィセンコには弁証法はあって唯物論は無いということになるかもしれない。

かつて、ルィセンコの実験の主要なものがあやまりであるなら、それは同時に、彼の学説に飛躍と誤謬があることを意味する[5]」と約二〇年前に述べたこともあるのだから、「ルィセンコの多くの実験は誤っていたか、作為がくわえられたか、結果の説明が任意になされたか、いずれかであるとみるほかないであろう」と述べるなら、ここでルィセンコ支持を明確に撤回すべきであるが、そのような意思表示はない。八杉の論文を経時的に追跡してみると、かなり早い時期からルィセンコの実験への疑問を抱いていたようであるので、ルィセンコの実験が間違いであったということをこの時点で初めてはっきりと宣言したことは、あまりにも遅いと思われる。それと共に、ルィセンコ学説が遺伝子概念の「観念論的性格」を克服し、乗り越えるのに、如何に有効に働いたか、また働かなかったかについても、八杉は見解を明らかにすべきであった。当初にあった遺伝学説の不十分さはその後の遺伝学の発展によって克服され続けてきたわけで、ルィセンコ学説はそれに何らの貢献をしていないので、当初からルィセンコ学説が当時の生物学への意義ある批判という意味を有していなかった。遺伝子説の大きな流れを見失っていたのは他ならぬ八杉自身であるのに、それに対する自覚が全く感じられない。「ルィセンコには弁証法はあって唯物論は無い」と記しているが、八杉自身、ルィセンコ学説は弁証法的唯物論のみごとな適用と述べていたのではなかったのか。

一九七一年に一五年前に初版を出した『近代進化思想史[6]』を再刊した。改訂版ではなく、再刊であるから初版のものと一緒の内容であるが、ルィセンコの取扱いが大きく変わっている。初版では本文中に入っていた「ルィセンコ遺伝学と進化論」が再刊本では本文から抜け、付録となっている。これは初版本の取扱いではルィセンコに書物全体の中で特別の重みを与えられているように見えるからだそうだ。「見える」というのはあまり適切な言葉でなく、八杉は初版本の公刊時（一九五〇年）にはルィセンコにそのように重きを置いていたのが真実である。そして次のように、自己批判している。

おそらくは、これは初版の時点においても進化論史として完全に妥当ではないことであった。

「おそらくは」と「完全に妥当ではない」とは直線的には結び得ない言葉で、八杉の躊躇が出ていると感じられる。次の文章が本質的には八杉のルィセンコ学説への最後の総括にあたる。

ルィセンコ学説をめぐる政治的問題は、メドヴェジェフ『ルイセンコ学説の興亡』に詳しい。その記述をすべて信じるならば、ルィセンコから積極的なものは何も残らないように思われてくるであろう。ルィセンコの仕事があらわれはじめたのは一九二〇年代後半であるが、そのころから一九三〇年代までを含め、一般に進化の素材となる変異にかんして、こんにちから顧みれば素朴ではあろうけれど、種々の議論がなされていた。その間にあって、ルィセンコの初期の基本的思想には、批判しつつ発展せしむべき要素が全くなかったのではないように思われる。おそらく、政治がそれをねじまげてしまったのであろう。ルィセンコの政治性や、かれの実験的方法の不備は疑うことができない。だがその学説には、一九三〇年代に固定化しつつあった生物学的観念への批判の意義は汲まれると考えられる。

メドヴェジェフのこの書物はルィセンコ学説をめぐる政治問題だけを記したものではなく、ルィセンコ学説の内容を含めた歴史が記述されているのに、あたかも政治問題だけが書いてあるような八杉の紹介のしかたは誤解を招くが、多分それは意図的なものだろう。八杉が「何も残らない」といっているのはルィセンコをめぐる「政治的問題」であって、ルィセンコ学説はそうではないという意味にも取れる。ルィセンコ学説の学的内容にまで踏み込んで総括しなければ、あれほど膨大な論文を書き続けてきた八杉の責任は果たせないはずである。「批判しつつ発展せしむべき要素が全くなかったのではないように思われる」という表現は、実質的には取り上げるべき要素は殆どないという意味に取れるし、そのように表現しなければならない。特にルィセンコの実験的方法の不備は疑うことができないなら、ルィセンコの最初の思想にも問題があったのではないかと疑うべきであろう。彼八杉は最後まで、ルィセンコの思想は正しかったが、彼の性格、彼の実験方法の不備とスターリンの政治がルィセンコ学説を悪くしたという立場を示したが、それが八杉の本心であったであろうか。

第二節　八杉のもう一つの姿

一九六四年以降、八杉は『科学基礎論研究』や『科学哲学年報』という研究誌に幾つかの論文を発表するようになるが、そこではいままでと違った八杉の顔を見ることができる。最初は一九六四年の科学基礎論研究に掲載された、「歴史的科学および実験科学としての生物進化学」[7]である。その内容は、

(1) 生物の進化は突然変異を素材とし、それはデオキシリボ核酸（DNA）分子にきわめてまれにおこる偶然的変異である。

(2) 現在の進化要因論はほとんど、突然変異の生起と自然選択の作用とによって進化の原因を説明することによって一致している。そのほかに隔離などの要因が副次的にくわわり、また自然選択のためにはたらく環境は個々の場合でちがっているが、突然変異および自然選択の作用ということは原理として法則化されているのである。

今まで八杉のルィセンコ理解を追跡してきたわけであるが、この論文は唐突的であり、違和感を感じる。この論文では、現代遺伝学を素直に紹介し、ルィセンコ的なところは全く見当たらなく、ルィセンコ学説からの離陸を完成しているように見える。

次は「生命論はいかに論じられるべきか」[8]で、この論文については前章の第三節で触れたが、この論文でも遺伝学の発展においてルィセンコ学説は全く登場せず、生命とは何か、生命の起原、サイバネティクスを過去の発言にとらわれずに論じている。

一九六九年の「進化学説の論理について」[9]という論文では、冒頭で、

生物進化の要因の問題を考えるにあたって中心になっているのは、集団遺伝学的研究の成果である。

と述べ、その集団遺伝学の前提となっている自然選択説の諸概念を検討し、その問題点を解析しているが、他人

の意見の紹介に終始し、八杉自身の意見は見出すことができない。その後、「進化学説の諸学説の検討」に入り、総合学派の紹介をしている。「新種の生成に種内の現象とは別の機構を求める説は、他にも色々ある」といって、突然今西錦司に言及している。

今西錦司は、種の生活についての考察から出発して、現代の自然選択説にたいする疑義を表明している。今西によれば、突然変異と自然選択との組みあわせで進化を考えなければならなくなっているのは、環境の主体化を考えないで主体の環境化のみを考えようとしたことにもとづくという。この批判から出発して展開された今西の議論は、つぎのようである。同種の個体間の差違は種の存亡にはかかわりのない小さいものである。同種の個体は、変わらねばならないときがくれば一様に変わる。

と今西進化論について紹介しているが、「実験的根拠に依っているわけではない」と断りを入れている。これに関連して、かつてのルィセンコ支持強硬派である徳田御稔との類似性に触れているが、今西も徳田も同じく獲得形質の遺伝を支持しているが、その根拠になった思想的立場は両者で全く異なっているので、そこを指摘して議論をしないと間違った結論になりかねない。そして相変わらず、八杉の意見は出てこない。ルィセンコの初期の考え方に「意味のある」という八杉の立場が揺るぎないものならば、この箇所でもルィセンコに言及してもいいはずなのに、やはり出てこない。最後に、「進化学における仮説のあり方」の項になり、

> 仮説は、すでに知られている経験的事実を基礎としてたてるべきである。進化学は究極的には実験的科学の基礎の上にのせられねばならない。

と常識的意見を述べている。『現代思想』の論文の中で、「(遺伝子) 仮説を放棄して新たな説明を根本から考えなおしてみることも、無益ではないであろう[10]」という仮説に何か実験的根拠はあったのだろうか。以前、実験結果よりも方法論や思想の方が大事であると主張していたことと関連するのだろうが、進化学は少し特殊だといって、次のように述べている。

> 進化要因の研究では、実際的にはひろげられる範囲が生物学の他の分野の仮説にくらべていちじるしくひろいとみてよいであろう。既知の事実にもとづいててつ

くった進化の機構にかんするあるモデルが、進化の全般的な問題に妥当であるという蓋然性は、はなはだ小である。たとえば遺伝学の領域で現在知られており、あるいは注目されている現象だけでは、進化の根本機構を解明できないかもしれない。いずれにせよ、大胆な仮説は進化要因の研究のうえで有用であり必須であると考えなければならないように思われる。

ルイセンコ学説も大胆な仮説の一つだと言いたかったのかもしれないが、最後まで八杉自身の大胆な仮説は示されなかった。かつて仮説について次のように述べていた。

　ある仮説ないしは理論が一つの科学体系の基礎におかれるということはめずらしいことでも、おかしなことでもない。問題は、その仮説がすでにどれほどおおくの証明事実をもっていて確実視されているものであるかどうか——(11)

ルイセンコ仮説がこの条件に合致していたか否かの検討こそ八杉の義務であろう。時間は大分経過したが、一九八八年に「現代進化論の諸問題—世界観と方法論の観点より」(12)を発表し、現代の進化論研究を総括している。現代進化学の発展を次のように記している。

　周知のように、進化研究は一九三〇年代よりネオダーウィニズムと呼ばれる観念的および方法論的基盤の上に発展した。集団遺伝学の成立と急速な進歩が、その発展の土台となり推進力の役割をした。生物学の全分野を視野におく総合説が提唱され、その学派が支配的な勢力となった。時代は分子生物学の段階にむかって進み、それは総合学説に一層強力な支持を与えた。いうまでもなく、ネオダーウィニズムの基本原理は、ランダムな突然変異とそれにはたらく選択である。

進化研究は集団遺伝学と分子生物学によって進み、その基本原理は偶然の突然変異と選択であることを認めている。この論文では、新たな動向として分子進化に関する中立説（中立突然変異浮動仮説）と断続平衡説を紹介し、要約している。

（1）分子進化に関する中立説では分子進化では、生存のための利害に関係のない中立の突然変異が、自然選択で蓄積される有利（適応的）な突然変異よりはるかに多く蓄積されていく、と考える。

（2）古生物学的研究を足場に断続平衡説は提唱され、

生物の種は一〇〇万年を単位とするくらいの長期間にわたって、変化する環境と平衡を保って不変で存続し、次の種との交代は短期間（五〇〇〇年～五万年せいぜい一〇万年）に起る、とされている。

そして、

中立説や断続平衡説はダーウィニズムおよびネオダーウィニズムに対して大きな批判を加えるものである。かかる情勢のもとで、世界観的および方法論的に、いかなる課題がわれわれの前に姿を現すことになるのであろうか。

と述べているが、（ネオ）ダーウィニズムの内容を定義しないと、この議論も実りあるものにならない。これらの二つの説も突然変異や遺伝子説を否定するものではないので、（ネオ）ダーウィニズムを豊富にしたとの考えも成りたつ。

「進化と偶然」の項に入り、中立説の偶然の意味とダーウィンの考えた偶然に意味のちがいを述べている。

一九七〇年前後からの新たな進化学説において、進化と偶然のかかわりあいについて、それまでとはちがった姿が現れてきていると思われる。ダーウィンの自然選択説およびそのネオダーウィニズム的発展においては、選択の素材は偶然的（ランダムにおこる）突然変異であって、ダーウィンの当時にはかれらの学説を偶然による理論として批判する意見すらあった。いうまでもなく、それらは誤解であって長くもちつづけられたわけではない。

モノーの著書『偶然と必然』の発刊以来、生物進化における偶然性の持つ意味がよく論じられるようになり、八杉も進化要因論として偶然性を強調するようになったが、八杉がこのような意見「ダーウィンの当時にはかれらの学説を偶然による理論として批判する意見すらあった」を書くのは間違いで、他のルィセンコ支持者と同じように八杉自身も突然変異につきまとう偶然性を強く批判していた事実も記載すべきである。自然は篩以上の役割を持つべきであり、それなくしては生命を人工的に改造できないと八杉たちルィセンコ支持派は強く主張していた。この論文のまとめとして、

生命の起源は地球上における自動制御システムの自然的な出現であるというようにも、いわれた。自動制御システムすなわち自律性をそなえた存在の地上での

成り立ち、その存在の階層構造への分化と各レベルの自律性の保持、また諸レベルの自律性を中心としたレベル間のフィードバックのしくみがどう発展してきたかが、進化像としても注目されることである。そしてその実際の機構の解明において、下位レベルへの可能なかぎりの還元が試みられるべきである。

と述べていて、「自動制御システム」という概念が、機械論の欠点を補っているというのが八杉の意見であるようだが、かつてのルィセンコ支持者の顔は完全に隠している。この議論は一九六七年の『科学哲学年報』の論文[8]でも取り上げられていた。「自動制御システム」と「生物のもつ目的論的性状」との関係は、山田ら多数の研究者[13]によって紹介されていて、とくに珍しい見解ではないが、八杉に問われているのは過去の目的論的適応変異に関する自分の見解と自動制御システムとの関係を論じることであろう。

一九九四年に八杉は『ダーウィニズム論集』[14]を編集し、附録として「他の重要な学者の問題」として数名の人を追加し、その人たちの進化学に関する発言を掲載しているが、その中で「エンゲルスと自然弁証法」も含めている。そこで偶然性について重点的に紹介している。

ダーウィンが説くのは偶然の理論であり、したがって科学的な学説ではないなどという異論が、いろいろな学者からダーウィンにたいして向けられていた。それにたいしてエンゲルスは、「ダーウィンの学説の必然性と偶然性の内的なつながりのヘーゲルの叙述の実地の証明として跡付け」られねばならないと、のべている。

必然性および偶然性は、現代の自然科学において一般的にも、また進化要因論においても、重要な課題となっている。エンゲルス流の弁証法などもう不要といわれるかもしれない。しかし歴史のその時点に立てば、それは重大な問題提起であったと思われる。

この意見は第三者的立場からの発言であるが、八杉自身がこの重大な問題提起を受け止めることができなかったことに対する反省の弁を、彼から聞くことはできなかった。

この『科学基礎論研究』には、一九八五年に「人間観における自由と全体」[15]という稿を寄せているし、一九八八年には『生物科学』に「人間的自由の進化的基礎」[16]にも同様な論文を発表し、進化論をもとに主体性や自由について論じており、生物学からも離陸してしまった。「人間的自由の進化的基盤」では、

（1）宇宙も生命も複雑な過程をたどり、矛盾をはらみながら進化する。そしてその矛盾は、進化の動因でもありうる。

（2）いずれにしても偶然は多様性を生み出すために重大な役割を演じてきたと考えられる。

（3）自然の多様化の因となる偶然がつねに無数に近くあってはたらいてきたことも、否定されない。

（4）DARWINの自然選択説は偶然的（質的および量的に様々）変異が進化の基本的な素材となることを示し、後の遺伝学の発展はそれに一層有力な根拠を与えた。現代の分子進化の中立説（木村資生）は、偶然的（ランダム）な遺伝子の変異が個体の適応ということを離れて進化上の重要性をもつことを明らかにした。しかし、偶然の進化的役割は、こうしたことだけにかぎられていないであろう。進化の広汎な事象に偶然（いわば好運と不運）が関係をもつものとなっている。

（5）偶然のはたらきで―少なくともそれが加わって―成り立った生物の多様性は、それぞれの種の多産性とあいまって、偶然（環境条件そのものということにもなる）に対処し、それを有利にとらえる役割を果たしてきたものと考えられる。

八杉の過去の見解とは異なって、このように進化における偶然の役割を非常に強調し、結論として、「生物の進化と偶然との関係が相互的ないし二重的なものである」と指摘して、進化における偶然性の意義を再確認しているが、八杉のオリジナルな見解は見当たらない。

戦後かなり長い間、獲得形質の遺伝や適応進化を支持していた八杉はどこに行ったのだろうか。『生物学的人間像』（一九七六）[17]や『生物学と私』（一九八二）[18]にも生物学に基づいたというか生物学を材料にしたという人間論に関する論考が収まっている。後年ティヤール・ド・シャルダンに傾倒していったことと繋がるであろう。『生物学と私』には、ルィセンコ支持者の間の中心課題としていた「進化論と思想」という話題も出ているが、ルィセンコもソヴェト生物学も全く出てこない。

『科学基礎論研究』や『科学哲学年報』の世界の八杉

は、ルィセンコ支持という自分の過去に縛られずというかそれに知らん顔をしてというのか独自の姿が出ている。ただ、八杉の書いたものを広く捜してみると、そんな姿はかなり早くから出ていて、例えば、一九六六年刊行の岩波講座『現代の生物学』九巻、第七章「生態と進化」に「進化と系統　進化の問題点[19]」を寄稿しているが、ルィセンコには全く触れず、メンデルを高く評価して、

進化の要因に関してダーウィンが提唱した自然淘汰説は、今日でも大多数の生物学者によって、進化要因論の原理とされている。ダーウィンの自然淘汰説は個体群的考えかたを土台として成り立つものであり、現在の集団（個体群）遺伝学はそれからの発展としての意味をもっている。集団遺伝学が確立されるには遺伝現象に関する基本的法則がつかまれていなければならなかったわけで、いうまでもなくその礎石はメンデルによっておかれたのである。

と述べている。この見解自体は常識に属することで、八杉のオリジナル見解はないが、この意見には八杉の戦前／戦後の数多くの論文が全く反映されていない。一九八二年には『サイエンス』「進化」特集号[20]で、

現代はその発展（ネオダーウィニズム）の延長上にあるといえるけれども、これまでの道筋は平らな一本道ではなく、その間には大きな発展段階があった。一九四〇～五〇年代の分子生物学の急速な発展に基づく、一九六〇年代以降の分子進化に関する研究の成立が、それである。分子進化の研究は、これまで科学の眼から隠されていた、もっとも根本的な生物現象に光を当て、たとえば、遺伝子型と表現型とが進化に関してどのように関係し合うかといった問題に、あらためて一層鋭く提示した。

のように述べ、八杉は一九四〇～五〇年代が分子生物学の勃興の時代と位置づけていて、その時代はルィセンコの時代ではなかったのかと口を挟みたくなる。巻末に今までの進化学説一覧が載っていて、獲得形質遺伝説、浅間説、今西説などがあげられているが、ルィセンコの名前もミチューリンの名前もどこにもない。

八杉が余り人目につかない学術的なものに寄稿する場合は、発表内容をその他の雑誌等とでは区別しているようで、かえって八杉の本当の姿が見られると感じる。こ

のことは逆に八杉がルィセンコ支持の負のこだわりを持ちつづけたのではないかということも推測させる。

第三節　八杉がルィセンコ学説を放棄したのはいつか

では、八杉はいつの時点で、ルィセンコ学説を放棄したのだろうか。八杉は一九六一年に「科学史的分析に基づく進化学方法論の基礎的考察」で文学博士号を授与されているので、その準備に時間をとられた可能性があるが、一九六〇年代初頭から『科学基礎論研究』へ「歴史的科学および実験科学としての生物進化学」[7]を発表した一九六四年まで、多作の八杉にしては論文発表が異例に少ないうえに、『科学基礎論研究』の論文は、前に論じたように、ルィセンコ学説の影が全く見当たらない。八杉は一九六四年に講談社現代新書として、『いのちの科学―人間はどこまで機械か―』[21]を出版したが、この著作にもルィセンコは登場しない。例えば、過去に自分が支持したルィセンコの遺伝の定義はどこかへ置き忘れ、

遺伝とは、親から子に性質が伝わることであり、また、それによって子のからだのもとができることでもあります。

という普通の定義が書かれている。遺伝子の構造については、

遺伝子はＤＮＡそのものと考えるようになりました。

自然選択については、

たくさん生まれた子のうち、ふつうには、わずかしか育って親になることができないので、それらの子は、たがいに生存競争をしていると見られます。ある個体が、その競争者になるかどうかは、偶然によることも多いでしょう。しかし、適応した個体が、そうでない個体より有利なばあいは、数多くあるでしょう。

八杉が承認したルィセンコの種内生存競争否定説は無視されている。

一方では、東京工業大学科学概論研究室と技術史研究室の大学紀要という内部誌『科学史集刊』に一九六四年から一九六六年までに四つの論考を発表し[22〜25]、時にルィセンコに触れている。この論考の二番目の論文[23]を検討してみたい。表題は「遺伝学の歴史にみられる方法論的問題」で、副題がついていて「いわゆるルィセンコ問題と関連して」となっている。この論文ではアトミズムにつ

いて検討し、遺伝子学説が出発点においてもアトミズムであったかどうかについて疑問を提示している。一つの結論としては、

要するに粒子説（遺伝子説）は、原子仮説と生物学上の若干の事実とを土台あるいは背景とし、機械論的方法によって体系化され、ある場合にはそれに生気論的思想がくわわって成りたち、それらがからみあった複雑な構造になっているものである。

この考え方は八杉の従来の考え方と若干は重なるものであるが、過去において、八杉は遺伝子説と非物質的な胚種との関連性については多く語り、遺伝子説が機械論であるとともに観念論であり、生気論でもあるとしてきた。遺伝子説と原子仮説との関連性については殆ど語らなかったので、遺伝子説が唯物論的側面を持つことには触れてこなかったし、この論文でもその過去の事実については避けている。従って、次のような主張は、八杉自身にも責任があることを忘れている。

ひるがえって考えると、ルィセンコにおいては、前世紀の遺伝学（その粒子理論）の大きな背景として原子仮説および分子仮説が厳然として存在し、それが生命現象の物質的理解の基礎となっていたことが見のがされていた、もしくは軽視されていたことも、みとめねばならない。

見のがしていたのは八杉自身でもあったという自覚はここでも感じられない。この論文では、現代遺伝学の諸成果を次のように認めているが、

前世紀後半いらいの粒子理論にたいしてさまざまな批判があったにもかかわらず、遺伝子説にもとづく遺伝学は急速な進歩をとげ、遺伝子の物質的実体がDNAであることも明らかにされた。現在、分子遺伝学は分子生物学の最先頭にたって進んでいる科学である。

が、粒子理論を批判したのは八杉自身もその一人であり、それらの内でも、最も強く批判した、という反省がみられない。この論文全体で判断すると、遺伝子説を事実上は支持しているが、過去の自分の主張に正面から向き合うことを避けているようだ。だから、ルィセンコ学説についても、

（1）ルィセンコの主張がまったく根拠を持たないものではなかったように、私には思われる。

（2）ルィセンコの学説がまったく粗暴な学界荒らしのようにいわれるのは、かならずしも正当でないと思われる。

（3）ルィセンコの学説がまったく不稔であったとだんていすることもできない。

どのような人の言動でも、一から百まで間違えているというものはないわけで、「まったく〜ない」などの記載は、自己弁護以外の何物でもない。これ等の論文もルィセンコ学説からの離陸を示しているが、一九七三年に発行された『一生物学者の思索と遍歴』[3]の中に書かれている自己弁護の先駆けもここに見出される。また、ルィセンコ学説のもう一つの大きな柱である、獲得形質の遺伝についてはまったく記していない。八杉の戦後の言動に対する責任放棄の典型となるのが、次の文章である。

> 方法論的反省が欠けているときには、その道は迂回して遠くなり、多くの無駄な労力がついやされる。もちろん、方法論的反省と関連した思想的対立は、相互の立場を一面化し、より多くの労力を徒費させる結果になることがある。それは、過去の生物学の歩みが実際に示していることである。[23]

「多くの労力を徒費」させたのは八杉等のルィセンコ支持者ではなかったのか。八杉はかって次のように述べて、自分の方法論を誇ったことがあった。

> どういう目的のために実験をどのように組みたて、得られた結果からどのような結論を引き出すのか、ということのために、役立たない方法論であるなら、それは、ほんとうの方法論ではないのである。[26]

間違った方法論や生命論で研究を行った場合は、どのような結果を生じるのかに関する真摯な考察を八杉に見出すことができない。

以上述べてきたことから推測すると、八杉は一九六〇年代初期になって現代遺伝学の成果を受け入れ、一九六四年からその成果を発表しはじめ、ルィセンコ学説からの離陸完了を示している。ただ、ルィセンコ学説についての自己の責任を認めることは結局なく、言い訳に終始し、それについては後年まで継続した。そして、次節で検討する『一生物学者の思索と遍歴』[3]の世界が展開されることになる。

第四節　『一生物学者の思索と遍歴』

私はいまここで、また以後の稿でも、自分の過去の仕事やその経過を主として語ろうとは思っていない。そうしたものは、むしろ私の心にあたためられて、何かを新たに語るさいの問題意識あるいは思想の根底とされるべきである。とはいえ、もしも私に終始もたれつづけた理想や問題意識があったとすれば、それがどんな動機で生じて消えない火となったものかを分かってもらうために、いくらかは素顔をさらすことも許されてほしいと思う。

第12章-2：八杉の一種の回想録『一生物学者の思索と遍歴』、1973年

という『一生物学者の思索と遍歴』[3]を八杉は一九七三年に発表した。そこには、八杉が戦後直後から発表したルィセンコ学説についての論考とはかなり異なった心情が表明されている。今までにもいくつか引用してきたが、その他の興味深い箇所を紹介したい。

（1）概していえば、ルィセンコの主張のなかに新しい生物学への示唆を汲みとろうとし、またそれが可能であると考えた、あるいが考えようとした。だが、迷いも少なからずあった。私はこの遺伝学にかんして、「こうも解釈される」という論じかたを多くしたと思う。そもそも私の紹介に、自分のなかで反芻し合理化を加えた要素がなかったとはいえない。

（2）日本でミチューリン生物学の名が広まっていきだしたころには、私は対照的にルィセンコ学説への消極性を増していた。迷いが多くなっていたといってもよい。

（3）ルィセンコの学説についてソ連自体でも断が下され、その「陰謀」が決定的のように見られるにいたった現在において、私が過去の自分の立場をあれこれいうことは、弁明に類する。しかし、単なるルィセンコ批判で問題がすべて片づいたとは、いまでも私は思っていない。問題が「科学思想史的な事件」であったとすれば、いっそう、そうあるべきである。

(4) 一九四八年にソ連でなされたルィセンコ学説の確認、それを正しい生物学の道であるという決定、反対派の学者の「追放」という措置は、私にとっても衝撃であった。それほど強い政治介入には納得しかねた。ソ連の状況をそのまま容認することには躊躇が感じられた。「こうも解釈される」というふうな形で二、三の発言はしたけれど、だいたいは紹介以上にはその問題に関与しなかった。

これらの心情発露に対して、八杉の過去の論文との数々の矛盾を指摘することは容易であるし、今までそれを既に指摘してきた。八杉の論文は他人の意見の紹介とそれに対する八杉に判断と八杉自身の意見が混在していて、多分それは意識的にしていたのではないかと思われるが、区別がつきにくいが、それでも、ルィセンコ遺伝学に対して、「こうも解釈される」という論じ方だけでなしに、強くルィセンコを支持した時代があった。それもあるときは高圧的ともいえる態度を示したこともあった。特に、遺伝子学説については一貫し否定的な立場をとり続け、それを生気論であり、観念論であり、機械論であると否定し、唯物論的側面については一貫して触れてこなかった。ルィセンコの実験の乏しさも、ミチューリン以来の実績があると弁護しつづけ、「飛躍的種の形成」の紹介でも最初は否定的な評価はしていなかった。いわゆる「政治と科学的自由」の問題にしても「それほど強い政治介入には納得しかねた。ソ連の状況をそのまま容認することには躊躇が感じられた」ということは一九五六年におけるルィセンコ辞任についての新聞のコメントでもそのようにいっていない。「「こうも解釈される」というふうな形で二、三の発言はしたけれど、だいたいは紹介以上にはその問題に関与しなかった」というのは、確かにルィセンコ支持強硬派のように強い表現ではなかったかもしれないが、「紹介以上」ではなかったというのは正確ではない。八杉に真に必要なのは、過去に対する弁明ではなく、生物学の理解を含む、過去の言動に対する総括であった。

この著書の中で、何がこの学説成立させこの事件を引き起こさせる必然性を与えたか、ということについてのグラハムの意見を紹介し、さらに八杉が幾つかを付け加えている。

（1）人類の歴史はいまや人間が自然にはたらきかけ、それを支配することを真に可能とする段階に達しており、そしてそれは社会主義社会においてこそ現実化されうるという気負いである。このような観念が、早く変革的成果をという期待と結びつくことは容易である。

（2）学説の内容そのものについていうと、ソ連の生物学では物質代謝主義とでもいうべき考え方が普及していた。生体の諸現象の関連性、部分間の相互関連と全体および部分の相互規定は、少なくとも外見的に、物質代謝においてもっとも本質的なあらわれをしているようにみえる。

（3）ルィセンコなりプレゼントなりの理論は、一応のまとまりはもったものである。その時代の社会の要請、科学と科学界の従来のありかたへの批判、新たな方向の探索の態度が、それに反映していなくはない。

（4）私はルィセンコが正しかったといっているのではない。彼の最初の、基本的な考えかたのなかに、少なくとも重大な問題提起が含まれており、発展させられてよい、またそうあるべき要素が存在していると思うのである。

（5）私にとって興味があり、私自身の問題意識のもとで重要であると感じられたのは、ルィセンコの学説の基盤ないし背景とその学説の基本となっている理念とである。結果によって原因を知ることは重要であり、一般的であるともいえるが、ルィセンコ問題の場合、結果だけが議論の対象となって原因に遡及されない傾向があるように見られ、しかも私が真に関心をもつべきであるのはその原因のほうにあると、私は終始考えてきたのである。

（6）遺伝学の当時の段階では、遺伝子を染色体上の作用中心、活性中心と考えてみることもできた。だからといって遺伝子の概念が否定される結論にはならないから、「遺伝の染色体説」へのルィセンコの攻撃は根拠のないものだということにもなろう。だが、「遺伝の染色体説」という概念は、遺伝的不変性の観念の固定化という意味でいわれていると解することもできなくはない、と私は思った。

「私は思った」、「いるようにみえる」、「反映していなくはない」、「できなくはない」、「必ずしも不可能ではなかったであろう」、「解することもできなくはない」や「～ならば、生かすことができる」等という表現が頻出する。このような曖昧な言葉を用いて、自己を納得させようとしているようで、少し痛々しいが、八杉の心情を推測できる。八杉のルィセンコ支持の最大の動機は、八杉が追加した一番目の理由、「人類の歴史はいまや人間が自然にはたらきかけ、それを支配することを真に可能とする段階に達した」という自然や生物の人工的改造の希求があったと思われる。そして、結論として、

一九世紀的生命機械論の特徴は徹底した還元主義の提唱にあり、一九二〇年代後半のソ連の機械論者の立場もそれであった。ルィセンコらは、いわば弁証法の名のもとに還元主義を排撃し、その結果、物理学、化学、また数学の適用を排除する傾向を強く全面に押しだして、ソ連の生物学を誤った道におちいらせた。ただし私は、ルィセンコの出現の当初において種々の関係が正常に保たれ（つまりスターリンの支配がなく）、同時にルィセンコが過度の野望に毒されていなかったならば彼の問題提起を正常な科学研究のなかに、そしてそれと整合的に、いくらでも生かすことはできたのだと思う。

ここでもかつての誤りを率直に認めるより、弁解に終始していると考えざるをえない。一九六五年には内々に述べていた自己弁護[23]をこの本ではさらに拡大して記している。この時点に至っても、「スターリンの支配がなく、同時にルィセンコが過度の野望に毒されていなかったならば彼の問題提起を正常な科学研究のなかに、いくらでも生かすことはできたのだ」と本当に考えているなら、この当時でも遅くないので、積極的にそれを具体的に主張すべきであった。さらにこのように機械論を積極的に評価するなら、八杉の機械論論議の歴史も再検討すべきであった。

また、発表当時とは明白に異なった表現も幾つか見られる。例えば、徳田御稔が一九五二年に出版した『二つの遺伝学[27]』から引用して、

徳田御稔氏は、メンデルとルィセンコとの関係をニュートンとアインシュタインとの関係に類比した。

と、記しているが、しかし、徳田の著書の四年前の一九四八年に、『思想』に「生物学への反省」と題して発表した論文[28]で、ルィセンコをアインシュタインに重ねあわせたのは、八杉自身である。この書物の最後のまとめがティヤール・ド・シャルダンについての賛辞で終わっていることは意味が深い。そういえば、一九六六年に出版された『ティヤール・ド・シャルダン―その思想と小伝―』（トレモンタン著、美田稔訳[29]）に帯推薦しているのも八杉だった。ルィセンコ、現代遺伝学とティヤール・ド・シャルダンを貫くものを見つけるのは難しい。

第五節　その後の八杉によるルィセンコ評価

一九八三年に「進化概念の成立について[30]」を発表したが、ラマルクの進化概念については詳しく述べられているが、それと関係するルィセンコ学説については全く触れられていない。一九八四年に『生命論と進化思想[31]』を上梓した。久し振りにルィセンコに言及しているが、ルィセンコ学説についての記述は冷めたものである。

一九三〇年代の半ばからソ連ではルィセンコによる、生物の遺伝的性質の方向づけた変化が可能であるという理論の提唱があり、これこそ弁証法的方法にもとづくもので、生物学はイデオロギー闘争の場であると主張され、戦後の一九五〇年代まで、諸国の学界に波及する問題になったということを、いっておかねばならない。

非常に客観的記述であり、八杉自身が日本におけるルィセンコ学説の紹介者であり、その先導者であったことはもちろん触れられていない。しかも、八杉自身が一九六〇年代までこの問題を、最後の方は積極的ではなかったかもしれないが、引っ張った事実は忘れるわけにはいかない。

一九八五年に八杉は生物学の教科書[32]を執筆している。「生命の起原や進化」や「遺伝学」に多くのページをさいているが、期待に反してルィセンコ学説についての記載は見出せない。一九三〇年の少し前からルィセンコは活躍を始めたけれど、その頃の記述は次のようになっている。

一九三〇年頃から集団遺伝学という分野が成り立って発展した。生物の種の集団（個体群）のなかでの自然選択によって、生存に有利あるいは不利、または中立の遺伝子が、どのように消長していくかの数理的および実験的な研究である。それによって自然選択の現象を科学的に厳密に分析することが可能になり、自然選択にもとづいた進化の説明が大きく前進をとげた。その基本的考え、および研究の歩み全体を、ネオダーウィニズムというのである。

ネオダーウィニズムを集団遺伝学とともに始まったというのは、あまり正確な歴史記述ではないが、一時期からは、八杉はこのように言い続ける。遺伝子学説がネオダーウィニズムとして登場し、それに反対するルィセンコ学説の歴史があったという事実を隠す意図もあったのだろう。ソヴェト生物学の歴史は、反面教師としてでも、出てこない。遺伝子説の確立の歴史も遺伝子がDNAであると決定された歴史も、事実としては間違っていないが、過去にルィセンコ学説をあれほど支持した八杉の文章ではない。教科書にこそたとえ負の歴史であっても自分の考えを記述すべきである。この教科書の題名が「歴史をたどる生物学」となっているからなおさらそれが痛感される。

一九八九年に発表された『ダーウィンを読む』[33]では、ルィセンコについて触れられているが、さらに淡白になっている。

一〇月革命後、一九二〇年後半には、ソ連で科学方法論をめぐる問題、具体的には機械論か弁証法かにかんして、大議論が起った。一九三〇年代よりは、ルィセンコのいわゆるミチューリン生物学において、ソヴェトダーウィニズムあるいは創造的ダーウィニズムの名のもとに、遺伝子批判の主張がなされ、ソ連の生物学界を支配した。現在では、ソ連でも—スターリン批判の時期以降—すでに過去のものとなっている。ダーウィンから直接には離れた問題であるので、本書では以上にとどめる。

ただ、八杉のこの記述は正確ではない。ルィセンコはスターリン批判以後一時的に失脚したが、その後フルシチョフに政治力によって復帰した。メドヴェジェフの書物[2]からその辺りの状況を紹介しておく。

遺伝暗号に関する初めての報告が一九六一年八月モスクワでおこなわれた第五回生化学大会で、アメリカの生化学者ニレンバーグによって提出されたにもかかわらず、ソ連の生物学は依然ルィセンコによって支配されていた。学会の数ヶ月前、フルシチョフは五年前の決定をくつがえし、ルィセンコを全ソ農業科学アカデミー総裁に任命した。

エセ科学の多くはスターリン以後も生き続け、ルィセンコ主義は最近まで死ななかった。その影響力こそ縮小したが、ルィセンコ主義は多くの研究の〝流れ〟の一つとしていきのこった。ルィセンコは死を迎えるまでモスクワ近くの大規模な試験場の所長の地位を保っていた。七六年一一月に彼は死去した時、彼に棺は科学アカデミー幹部会本館広場に安置され弔問を受けた。追悼集会には旧友や弟子たちの一部が出席した。彼らはルィセンコのソ連および世界科学への偉大な貢献に賛辞をささげた。

ソ連におけるルィセンコをめぐる問題の事態は八杉が描くほど簡単ではなかったし、八杉ほど速やかにルィセンコ（学説）から離陸したわけでもなかった。八杉は一九九四年に『ダーウィニズム論集』(14)を編集しているが、その中でK・A・ティミリャーゼフの「生物進化の諸要因」は収録しているが、ルィセンコ関係は歴史的事実としても八杉にとっては必要だと考えられるが、「他の重要な学者と問題点」の付録にも全く取り上げられていない。

第六節　八杉のルィセンコ理解の転回

八杉は戦前から沢山の論文を書いているが、そのほとんどが自分の主張を述べるのではなく、誰かの紹介や解説記事が多い。ただ、どの部分が紹介記事で、どの部分が解説記事で、どの部分が八杉本人の意見なのかが非常に不鮮明に書いてあるのが彼の論文の特徴ではあることは何度も述べたが、今日改めて読んでみると前もって逃げる道を予め用意している印象が拭えない。彼は遺伝子学説に反対するように至った理由を後年次のように述べている。

こうして得られた私の結論は、遺伝子説が生気論的観念、あるいはかつてベルタランフィが指摘したように生気論的機械論と関係しながら成りたっていたということであった。ヴァイスマンのデテルミナント説やド＝フリースの細胞内パンゲン説を追ってのこの分析そのものは大筋においてまちがっていなかったと、いまでもそう信じている。そして、この結論から敷衍すれば、遺伝子説には生気論的観念のまつわりにもとづく不備が指摘されねばならないと考えられてくるであろう。だが、その後の分子遺伝学が遺伝子概念の科学性を立証したということを認めるならば、私の予想には妥当でないものが含まれていたことになる。ルィセンコ学説即ちミチューリン生物学に関する私の議論には一般的に右の予想が影響していたことを、言っておかなければならないであろう。[33]

「私の予想には妥当でないものが含まれていた」という表現は彼の予想に妥当なものも含まれていたということを示唆している。もしそうなら、現代遺伝学の遺伝子説について、彼のいう妥当性を具体的に述べるべきであるし、ルィセンコ学説の生物学としての積極面をもう少し主張すべきであろう。ただ八杉の論文を経時的に丁寧に読んでいくと、ルィセンコ支持に到った動機については、このようなきれいごとではなく、第二次世界大戦前のソヴェトからの情報から、人間の手によって生物改造、自然改造が意識的に行われていることを知り、現時点で判断すると「自然と人間に対する驕り」の気持ちが、ルィセンコ支持の動機であったように思う。例はいくらでも挙げられるが、戦後直後の論文から二つ挙げておく。

（1）メンデル的遺伝学においては、ゲンの不変性が固く信じられている。それは突然変異を起こす以外に変化することはない。したがって人間の手によって生物の遺伝的性質をわれわれの望む方向に変化せしめることなどは思いもよらない。[34]

（2）もしわれわれが生物と環境との関係を分析して環境条件にたいする生物の要求を知り、また生体内の物質代謝の連鎖過程を知るならば、生物の性質を人間の意図する方向に向けることができる。[35]

ルィセンコ学説のもう一つの核心である獲得形質の遺伝に関しても八杉は支持を表明していたが、いつの間にやらそれに触れることがなくなり、自己批判なしにそれからも離陸してしまった。八杉のルィセンコ学説への対応は、戦後直後の熱烈な、高飛車な支持からすぐに冷め始めたようであるが、その距離間はジグザクな経路をとり、時に弱気になってみたり、強気になってみたりした。種の飛躍的転化説やレペシンスカヤの細胞新生説のような新しい提案があると、八杉は積極的にその紹介者を務めた。ルィセンコ支持の時期の最後には遺伝子説の放棄を勧めたりしたが、その後は弁解に終始し、過去の自分の見解について、その深部にたちいった解析をすることは終生なかった。八杉は一見進歩的な言辞を披瀝しているが、彼の思想的立場、特に共産党との関係は全く知らない。スターリン批判、ソ連型社会主義神話の崩壊や共産党神話の崩壊が彼のルィセンコ理解にどのように影響したかについてはほとんど記載がない。最後まで八杉は自分の心情を正直には伝えていない。

[引用論文]

（1）八杉龍一、『進化学序説』（岩波書店）一九六五年
（2）Z・メドヴェジェフ（金光不二夫訳）、『ルイセンコ学説の興亡』（河出書房新社）一九七一年（原著は一九六一～一九六七年にかけて執筆されている）
（3）八杉龍一、『一生物学者の思索と遍歴』（岩波書店）一九七三年
（4）八杉龍一、『進化論の歴史』（岩波新書）』（岩波書店）一九六九年
（5）八杉龍一、「ルイセンコ論議への私見─木原教授のルイセンコ批判を読んで─」『自然』（5）、一九五〇年
（6）八杉龍一、『近代進化思想史（再版）』（岩波書店）一九七一年
（7）八杉龍一、「歴史的科学および実験科学としての生物進化学」『科学基礎論研究』（1）、一九六四年
（8）八杉龍一、「生命論はいかに論じられるべきか」『科学哲学年報』（7）、一九六七年
（9）八杉龍一、「進化学説の論理について」『科学基礎論研究』（2）、一九六九年
（10）八杉龍一、「生物進化の理論」、岩波講座『現代思想』（社会と科学）、一九五七年
（11）八杉龍一、「進化学に於ける説明」『思想』（1）、一九六四年
（12）八杉龍一、「現代進化論の諸問題─世界観と方法論の観点より」『科学基礎論研究』、一九八八年
（13）山田坂仁、「生命─とくにサイバナティクスの観点から─」『理想』第四〇〇号、一九六六年
（14）八杉龍一編、『ダーウィニズム論集』（岩波書店）一九九四年
（15）八杉龍一、「人間観における自由と全体」『科学基礎論研究』、一九八五年
（16）八杉龍一、「人間的自由の進化的基礎」『生物科学』（4）、一九八八年
（17）八杉龍一、『生物学的人間像』（青土社）一九七六年
（18）八杉龍一、『生物学と私』（青土社）一九八二年
（19）八杉龍一、「進化と系統　進化の問題点」『岩波講座：現代の

生物学　九　生態と進化　第七章』（岩波書店）一九六六年
(20) 八杉龍一、「進化」『サイエンス』、一九八二年
(21) 八杉龍一、『いのちの科学―人間はどこまで機械か―』（講談社）一九六四年
(22) 八杉龍一、「進化学の方法論史的検討」、『科学史集刊』（東京工業大学）一九六四年
(23) 八杉龍一、「遺伝学の歴史にみられる方法論的問題　いわゆるルィセンコ問題と関連して」『科学史集刊』（東京工業大学）一九六五年
(24) 八杉龍一、「化石構造の機能と進化要因の問題」『科学史集刊』（東京工業大学）一九六六年
(25) 八杉龍一、「生物学における論理」『科学史集刊』（東京工業大学）一九六六年
(26) 八杉龍一、『生物学―生きているということはどういうことか―』（光文社）一九五〇年
(27) 徳田御稔、『二つの遺伝学』（理論社）一九五二年
(28) 八杉龍一、「生物学への反省」『思想』（289）、一九四八年。ネオメンデル会編『ルイセンコ学説』「ルイセンコ論議について」として一九四八年に再掲載
(29) トレモンタン（美田稔訳）、『テイヤール・ド・シャルダン―その思想と小伝―』（新潮社）一九六六年
(30) 八杉龍一、「進化概念について」『理想』第六〇三号、一九八三年
(31) 八杉龍一、『生命論と進化思想』（岩波書店）一九八四年
(32) 八杉龍一、『歴史をたどる生物学』（東京教学社）一九八五年
(33) 八杉龍一、『ダーウィンを読む』（岩波書店）一九八九年
(34) 八杉龍一、「生物学を通じてみたソ連邦の学界」『自然科学』（3）、一九四六年
(35) 八杉龍一、『ダーウィニズムの諸問題』の中の「ソ連におけるダーウィニズムの発展」（理学社）、一九四七年

第一三章

石井友幸のルイセンコ理解の変遷

次の個別研究として石井友幸を取り上げてみたい。石井友幸は戦前の唯物論研究会の論客で、唯物論研究会の生物学論議を石原辰郎とともに引っ張っていた。その活動については第四章で触れたが、戦後も左翼陣営にあっても生物学や遺伝学について発言を続けてきた。もともと石井は染色体の構造についての形態学的研究[1]を戦前に行っていたので、彼の戦後の意見にもその経験が影響している感じがする。

第一節　戦後初期における石井の遺伝学への発言

=メンデル遺伝学への高い評価=

戦後の早い時期の論文としては、戦後結成された「民主主義科学者協会」の機関誌『民主主義科学』に発表された「進化における今日の課題[2]」があるが、この論文の執筆時には、ルィセンコ学説の詳細は知らなかったようである。まず、石井がダーウィン前後の進化論の実態をどのように把握していたのかを解析してみよう。

（1）ダーウィン以前の進化論者たちは、生物進化の原因を様々に説明しているのであるが、一般傾向としては、原因を生物内部のある種の傾向に求めている。

（2）ダーウィンは変異、遺伝、生存競争及び自然淘汰の四つの要素によって、生物が進化することを真に科学的に説明した。その後に解決が残された問題は少なくないが、最も重要なものは変異の問題と遺伝の問題の二つであった。実を言うと、生物進化の問題は、結局に於いて、遺伝と変異の問題に帰着するのである。遺伝と変異の現象は、根本的には、細胞の機構と発達に関する分析的研究によって明らかにされる。

（3）ダーウィン以前には主として生物現象を外面的に研究していた生物学は、その後内面的研究の方向をとり、細胞学、遺伝学及び生理学が飛躍的に発展している。進化論もダーウィンを境にして観察的研究の時代から実験的研究の時代に入ったわけである。

「変異、遺伝、生存競争及び自然淘汰の四つの要素によって生物が進化する」とダーウィンの主張を紹介しながら、石井は生物進化において重要な課題は遺伝と変異であると言っている。変異した生物がどのように生存し、拡大してゆくことは余り重要視されていない。このことは石井の考える変異の内容として、適応性のある変異という考えがあるためだろう。では、遺伝と変異の現象は、どのようにして解明されるかというと、「細胞の機構と発達に関する分析的研究」によって明らかにされるとしている。このように実験的研究の意義を強調していることもあって、ワイスマンも高く評価している。

ワイスマンは生殖質連続説を主張した。彼は生物体をつくっている物質に体細胞物質と生殖質とを区別し、遺伝に関係ある物質は後者で、この生殖質は世代から世代へ変化せられることなく伝えられ、れんめんとして連続しているものであるという学説を唱えた。ワイスマンの学説は、遺伝学がまだ確立していなかった時代に、遺伝現象を細胞構成の上から説明しようと試みたもので、きわめて大きい意義をもつものである。実際、そのご遺伝学と細胞学が発達し、遺伝に関係する物質が染色体の中にあることが明らかにされ、更に遺伝物質の単位として遺伝子なるものが仮定されたが、この遺伝子はワイスマンのデテルミナントに相当するものである。

このように、ワイスマンの生殖質連続説も遺伝の染色体説も大きな意義を認めているし、遺伝に関係する物質が染色体の中にあることが明らかになったと遺伝子学説に対しても好意的に判断している。それの続きとして、ド・フリースの突然変異説やモルガン一門の仕事にも最大限に近い評価をしている。

（1）特にアメリカのT・H・モルガンとその門下の人たちは猩々蝿について研究し、約五〇〇という驚くべき多数の突然変異を見出し、且つ突然変異の生ずる機構をも明らかにしたことは特記されなければならない。彼等がこの研究を精密な実験的方法によって行ったこと、又突然変異を様々な人為的作用によってつくりだしていることは、極めて注目に値するものである。いづれにしても突然変異が生物変化に於ける重要な要素であることは明らかである。
（2）かくしてド・フリースを主唱者として発展せしめられた突然変異説は、ダーウィン時代の変異の概念に極めて重要な要素を加え、且つそれと共に、実際方面に於いて、種の変革の技術に革新的な理論をあたえた点に於いて、進化論にきわめて大きい寄与をなしたものといえるのである。

石井は突然変異が生物変化の重要な要素であることを認め、現代の遺伝学ではその突然変異の起こるメカニズムも明らかにしたと記している。突然変異説は種の変革の技術においても大きく寄与してきたというこの当時の石井の意見は興味深いが、すぐに種の人工的変革に言及する所が石井らしい。石井のこれら突然変異への積極的な評価は、メンデルの三法則（支配の法則、分離の法則、独立の法則）への高い評価の上にたっている。

（1）メンデルはこれらの法則を実験的研究の結果として導き出したばかりでなく、それらが拠って立つところの基礎をも、遺伝現象の根元、即ち受精現象にさかのぼって説明した。それ故メンデリズムは真に科学的な遺伝法則ということができるのである。そしてメンデルの発見した諸法則は、遺伝現象の最も根本的な法則であったがために、その後の研究の礎石となった。
（2）メンデル以後の研究によって、極めて数多くの動物及び植物の遺伝現象がメンデルの法則に支配されていることが明らかにされ、又メンデルの法則に合致しない例外的な遺伝現象もいくつか見出されたが、結局に於いて、それらもメンデリズムの基礎の上で合理的に説明されることが明らかにされている。
（3）遺伝の物質的基礎が、結局に於いて、細胞の染色体のうちに含まれていることが知られ、ここに遺伝現象を根本的に解決すべき基礎が置かれるに至ったのである。そして生物の様々な形質を決定すべき要素として遺伝子（又は因子）なるものが仮定せられたが、これらの遺伝子は、実験的研究の結果、染色体の中に含まれ、且つ染色体上に於ける位置さえも知られるようになった。かくして現代の遺伝学は、すべて遺伝現象を染色体及び遺伝子の機構によって説明することを可能にしている。

（4）メンデリズム及び突然変異の研究は、実際方面に極めて大きい寄与をなした。即ち、今日では吾々は、それらの研究によって、吾々の必要とする植物及び動物を、以前よりも自由に且つ速かに人工的に作り出すことができるようになったのである。

（5）吾々はダーウィンの時代よりも遥かに科学的に生物を支配し、変革することができる段階に達している。以上の事実は、ダーウィン以後の進化論が観察と証明の時代をすぎて、すでに実験と生物の積極的支配の時代に入っていることを示しているものと考えられる。

石井は今まで検討してきた八杉とは異なり、自己の主張を直截的に表現していて、分かりやすい。この論文では、メンデリズムは真に科学的な遺伝法則であると明確に述べ、すべての遺伝現象はメンデリズム（染色体説と遺伝子学説）によって合理的に説明できるとメンデルの法則に対して高い評価をしているだけでなく、必要とする生物をメンデリズの研究によって自由に速かに作りだすことができるとメンデルの法則が実用的にも有効であると石井が理解していたことを確認しておきたい。ただ、メンデリズムへの高い評価によりながらも、「科学的に生物を支配し、変革できる」という発想が強く出ていることが印象的である。一方では、石井は戦前の論考の続きとして、現代遺伝学の偏向について批判もしている。

（1）現代遺伝学ではなんでも遺伝子で片づけられる。そして遺伝子は極めて便宜的に仮定されているにもかかわらず、一方ではそれが染色体の中に実在しているものと考え、それによって様々な遺伝現象を説明しているのは、明らかに一つの矛盾ではないであろうか？こうような偏向は、恐らく遺伝子なるものについて科学的究明と、それに基づく形質の科学的規定によって是正されるものと思われる。

（2）特異的な形質と遺伝子との関係を物質と分子とのたんなる機械的関係と同一に考えることは妥当ではないであろう。ここにも機械論的偏向があるように思われる。

遺伝子学説の初期には石井が指摘しているように色々な遺伝子が便宜的に仮定されたことがあったが、その初歩的な間違いもその欠点も遺伝子とそれに基づく形質の科学的究明によって是正されるとしていて、石井は遺伝子説を基本的に認めているし、歴史的にも石井の指摘は正確であった。遺伝子説は形質と遺伝子との関係を石井のいうように機械的関係とは必ずしも同一視はしていないが、その石井のいう機械論的説明の欠陥も遺伝学説の完成（遺伝子の性質の解明）で解決されるとして、次のように述べている。

現代遺伝学に於けるいくつかの偏向は、結局に於いて、遺伝子なるものの性質が未解決のままに残されていることに起因しているものと考えられる。遺伝子の性質が明らかにされるならば、形質の本質も明らかになり、従って遺伝子と形質との関係も自ら明白となり、それによって様々な遺伝現象の説明が科学的になされるであろう。

このように当面の最大の研究課題は遺伝子の性質を明らかにすることであるという正しい目標設定を石井はしている。それによって、遺伝現象が科学的に説明されるようになると述べている。しかし、次にみるように、「安定した遺伝子」という考え方は納得ができないようであるし、遺伝子説では、遺伝子の変化が内的原因によってのみ生じると石井は理解し、それに反対している。石井が内的原因として何を想定しているかは不明であるが、環境に適応して遺伝子が変化すると主張したいと思われる。それがないと、獲得形質の遺伝に話が結びつかないと考えたのだろう。さらに、獲得形質の遺伝に否定的な態度をとっていることを理由に突然変異に進化の原因の主役を見ることは否定的である。ここでも、戦前の唯研時代の「環境の遺伝への直接関与」と「獲得形質の遺伝」へのこだわりが残っている。ただ余り強い調子ではない。

（1）遺伝学では遺伝子をかなり安定したものと考え、且つ遺伝子の変化を主として内的原因に帰せしめた。生物進化の原因を主として交雑と突然変異に求め、従って獲得形質の遺伝に対して否定的態度を取っている。遺伝子の変化に関しても、それを内的原因のみに帰せしめることについては問題がある。

（2）けれども大体の意見は、獲得形質のうちには遺伝するものもあり、またそうでないものもあるということに一致しており、ただどんな形質が遺伝するものであるかという点に意見の相違があるようである。個体が外界の刺激その他の原因によってうけた身体上の変化が、たとえそのままではないにしても、その個体の生殖質に何等かの形で影響をあたえ、それを変化せしめることは考えうることである。身体上の変化は血液の循環を通じて生殖質に影響を与えることは確かである。それ故に、交雑による生殖質の変化のほか、ある場合には、身体上の変化によって生殖質が影響を受けて変化し、従って獲得形質が遺伝せられるものと考えることができる。

「獲得形質のうちには遺伝するものもあり、またそうでないものもあるということに一致して」いるという表現は石井論文にしばしば出てくるが、特に文献的な裏付けがあるわけではない。環境と遺伝との関係を重視して、獲得形質の遺伝を考えたいとして、いろいろ理屈を考えるが説得力はない。例えば、「身体上の変化によって生殖質が影響を受けて変化する」と「獲得形質が遺伝せられるものと考えることができる」の二つの文章を「従って」で結びつけることは簡単にはできない。この頃の石井は、原則的には遺伝子説を支持していたわけであるが、生殖質に生じた変化が、適応的に遺伝子を変えるということの説明はできていない。マラーが戦前述べ、『唯物論研究』に掲載された議論を覆す論理[3]は出てこない。

ただ、石井は、八杉と同様に、オルソゼネシス説には反対で、外部環境に無関係にはたらく生物の内的原因には否定的であるが、この点が逆転して将来の遺伝学説批判のスタートとなっていく。

オルソゼネシス説は、進化の原因として生物の外部的なものを全く排除して、生物の内部的な力を主張している点は著しく生気論的である。吾々は、外部環境に無関係にはたらく生物の内的原因も考えることはできないのであって、このような神秘的な学力を仮定しても吾々はそれによって何物も説明することができない。

この頃の石井は、物理化学的分析方法によって、ダーウィン以後の進化学や遺伝学が進歩したことを率直に認めており、実験生物学の誕生やメンデルの仕事やその後の遺伝学説の発展につながる仕事にも高い評価を与えている。遺伝学説の機械論的偏向については警戒しているが、それも遺伝学説の更なる発展に依って克服されるとの見通しものべている。これらの現代遺伝学に対する批判的見解は戦前の唯研時代よりも弱まっているが、獲得形質の遺伝への傾斜は残している。

　石井は一九四七年一月に唯物論全書の第三巻として『進化論』(4)を上梓した。この本においてもなお石井はメンデルを高く評価している。

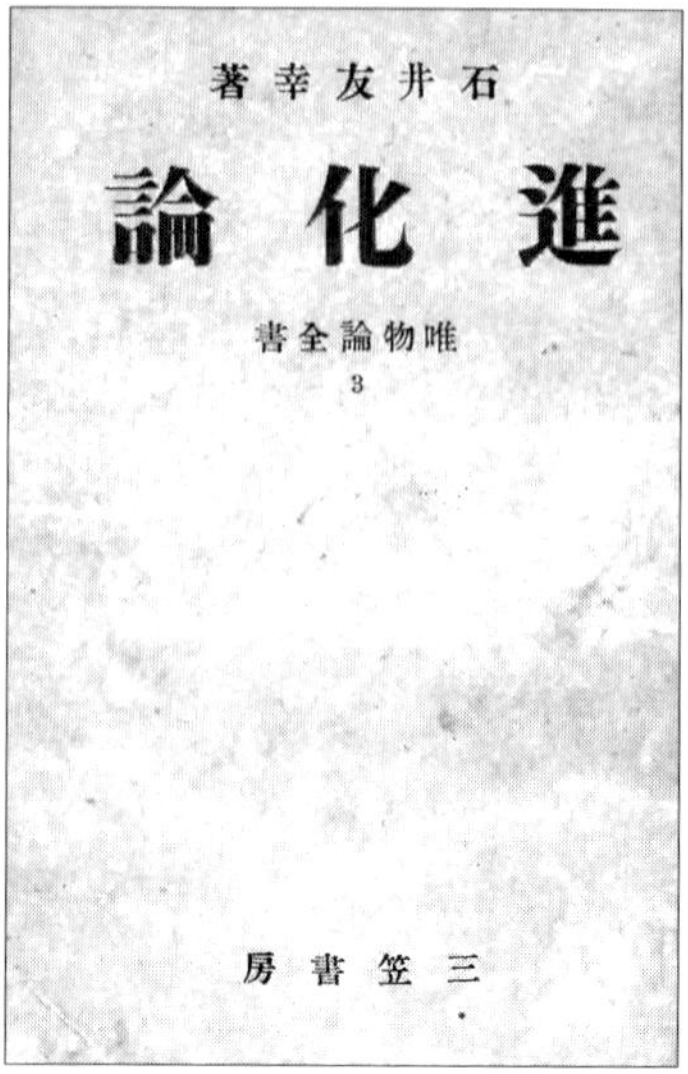

第13章-1：石井友幸著『進化論』、1947年

> ダーウィンの時代には、遺伝現象はまだ科学的に明らかにされていなかったが、そのごメンデルによって遺伝法則が発見されてから、この方面の研究は実にめざましい発展をとげ、今日の遺伝学が確立されるに至ったのである。
>
> 　ところで、遺伝学の発展は進化論に何をもたらしているであろうか。それは、多くの点において進化の内的機構を明らかにした。第一には、交雑が進化の重要な要因であること、第二には、獲得形質の遺伝に関しては、染色体または遺伝子に変化がなければ、生物の変化は生じないことを明らかにしている。従って、多くの遺伝学者は、生物進化の機構にかんして、遺伝的要素を重要視し、遺伝子を割合に安定なものと考えるために、獲得形質の遺伝に関しては、かなり否定的な意見を持っているようである。けれども、今日ではまだ遺伝子そのものの性質がほとんど不明であるのだから右の意見の正否は決せられないであろう。

非常におとなしい論調で、後年の石井とはかなりの相違がある。獲得形質の遺伝に関しても、メンデル遺伝学の考え方を率直に記述し、遺伝子の性質がほとんど不明であるので、獲得形質の遺伝の正否はまだ決められないと述べ、闇雲には獲得形質の遺伝を主張していない。さらに、もし獲得形質の遺伝があったとしても、遺伝子に変化がなければならないと述べている。戦争直後の石井は、獲得形質の遺伝には拘っているが、基本的にはメンデルの研究を高く評価し、遺伝子の解明によって、今ある問題点も解決されるであろうという立場に立っていた。しかしながら、この石井の立場は急速に変わっていく。

第二節　石井、ルィセンコ学説を知る

一九四七年に発表した「ダーウィニズム成立の諸条件」[5]はダーウィニズム成立の経過を詳しく述べ、参考になる文献であるが、「社会的条件」の項では、結論のもって行きかたが、次の文章で見るように、性急である。

ダーウィンが裕福な家庭の出身であったことは彼の理論内容にブルジュア的限界性を与えている。

ブルジョア的限界の例の一つが、「生物進化に主として漸進的変化を認め、突然的（革命的）変化を重要視しなかった」ことだそうである。理論とその研究者の出身との関係はそんなに簡単ではありえないが、石井のなかではその後この考え方が強まっていく。

次の戦後の「唯物論研究」一号に発表した「進化における遺伝と変異」[6]、においても、現代遺伝学支持の基調は維持されているが、現代遺伝学に対する機械論批判のニュアンスが少し強くなった印象を受けるし、遺伝子説の対しても否定的傾向が見られ、短時間の間に考え方が変化してきている。

（1）その後の遺伝の研究はメンデルの線に沿うて飛躍的に発展し、現代の遺伝学に、また細胞の研究と結びついた細胞遺伝学にまで発達しているのである。今日ではメンデルの研究には多くの問題があり、従って現代遺伝学には批判さるべき点が少なくない。

（2）生物の諸性質はきわめて複雑な仕方で相互に関連しているのであって、決して独立的に孤立して存在しているのではないのであり、それ故生物のからだをあたかも諸性質の寄せ木細工のように考えることは誤っているのである。またこのような考えにもとづいて、生物の諸性質が遺伝において独立に行動し、第二世代およびそのごの代々に数学的な比率で

分離するということも誤っているのである。

(3)遺伝学では、生物の諸性質を決定するもとを因子(遺伝子)と名づけ、この因子が染色体の中に線状に配列していることを仮定している。けれどもこのような因子の仮定は、メンデルの考えと全く同様に、生物の諸性質をここバラバラに存在するという考えに基づいている。

(4)現代遺伝学では、生物の諸性質、それらには対応する因子についての考えは著しく機械的であり、そこから理論における様々の矛盾や偏向が生まれている。

(5)たとえ遺伝のもとはかなり固定的なものであるにしても、そのもとのはたらく仕方に生物の発生中に様々に変化され、従って生物の諸性質はかなり変化性にとむものと考えることは、決して無理ではないと思われる。とにかく生物の諸性質は、遺伝学者の考えるごとく、固定的且つ不変なものではないであろう。

(6)メンデルの研究及びその後の研究は、吾々の遺伝の知識を科学的なものにする上にきわめて大きい寄与をなしたのであるけれども、現代の遺伝学を更に発展させるためには、吾々はそれに対して充分批判的となり、現在における遺伝学上の様々な理論に対して科学的反省を加えることが不可欠なことであろうと考える。

「メンデルの研究を高く評価する」という文脈と「メンデルの研究には問題がある」という文脈が合理的に結びついていない。メンデルへの独立の法則、特に分離に法則に対して、機械論批判を強めるのは、遺伝子の概念は認めるが遺伝子の独立性は承認できないということだろう。遺伝子が染色体上に線状に配列しているという仮説にも批判の目を向けている。石井以外のルィセンコ支持者に共通にみられることであるが、自分たちが遺伝子と形質を直線的(機械的)に結びつけていて、それを機械論的であると攻撃している。(5)の「生物の諸性質はかなり変化性にとむ」だから「遺伝子も固定的ではない」という議論おいて、多くの遺伝学者も生物の諸性質が固定的とか不変であるとかは考えていないが、石井は「生物の諸性質」と「遺伝(子)」を故意に混同して議論している。また、「とにかく」の語句が突然挿入され、論理がそこで断たれているので、「遺伝子なるものを著しく固定的なものと考えることは合理的ではないようである」と曖昧な結論になっている。それと同時に、次の文章をみると、「環境による遺伝の変化」との関係で、獲得形質の遺伝へのこだわりがより強まっていった様子が窺えるが、その機序に対する遺伝子説的説明を避けている。

（1）遺伝されたものが様々の原因によって変化せられるところに、生物進化の根本問題があるわけである。遺伝の力に対し、その力を環境との関係において変化させる力が生物体の中にはたらいているのであって、この変化させる力は変異（または適応）の力である。遺伝の力に対して変異の力がはたらく結果として生物は変化するのである。生物の進化とは、結局において、遺伝と変異との相互作用に還元されうるのである。

（2）生物の性質とは何であるかというと、生物のもっている遺伝物質とそれをとりまく内部環境であるものと考えることができると思う。このような意味を含めて、変異なるものは、結局のところ、生物と環境との相互作用から生じるものであり、環境の変化に応じて遺伝的なものが変化する現象が変異なのである。

（3）獲得形質の遺伝に対して最初に反対をとなえたのはワイスマンである。ワイスマンは生物が栄養物質と生殖質から成り、生殖質だけが遺伝に関係するもので、これは外界の変化に影響されることもなく、代々連綿として連続しているものであること、それ故生物が一生のあいだに得た性質は決して遺伝されるものでないことを主張したのである。ワイスマンの生殖質の学説は今日では承認しえないものである。

（4）多くの実験例からみると、獲得形質は遺伝する場合もあり、遺伝しない場合もあるというのが真実である。理論的には外的条件その他の作用によってうけた身体上の変化が、次代の形質の決定すべき遺伝質を変化させる場合には、獲得形質は遺伝し、そうでない場合には遺伝しないということができる。それはともかくとして、獲得形質の遺伝の問題は、多くの現代遺伝学が否定しているようには決して否定されるものではないことは明白である。

「遺伝とは親の性質が子に伝わることである」という定義はまだ堅持しているが、遺伝子という言葉は避けている。「遺伝の力に対して変異の力がはたらく結果として生物は変化するのである」と述べ、変異の力なるものを持ち出す。次に、「生物の性質は遺伝物質と内部環境である」と定義し、その環境を外部環境にずらして、以後環境とは外部環境として論を進めている。そして、「環境の変化に応じて遺伝的なものが変化する現象が変異なのである」などと述べ、遺伝への外部環境の影響に力点を置いて、なんとかして、獲得形質の遺伝に話を繋げようとする意図がみえる。獲得形質の遺伝の機構についての説明は全く抽象的議論で、「理論的」という言葉は「空想的」という言葉に代えるべきである。それに続く「それはともかくとして」という言葉はやはり論理的思考を遮断する役割をしている。前の論文では好意的に評価したワイスマンの生殖説に対しても、評価の変更についての根拠を示すことなく、否定的評価を与えるようになった。続いて、獲得形質の遺伝に道を開くために、遺伝子学説についても批判を進めた。

現代遺伝学では、生物の形質が全く遺伝子によって決定され、且つ遺伝子は生活条件その他に依っては容易に変化しないものと考えるところから、獲得形質の遺伝に関しては、かなり否定的である。生物の形質がたんに所謂遺伝子だけで決定されるものかどうか、また遺伝子そのものが遺伝学者の考える如くに固定的で、容易に変化できないものであるかどうかに関しては多くの疑問があるのだから、獲得形質の遺伝の問題に関しても多くの吟味すべき点が残されているものと考えられる。

ただ、この段階では、獲得形質の遺伝については断定的に主張していなく、「多くの吟味すべき点が残されている」と述べるにとどまっている。前論文では比較的高い評価をしていた突然変異についても、消極的になってゆき、突然変異に関する検討すべき問題として次の二点を指摘している。

（1）突然変異が進化の重要な要素であることを、主として実験上の結果を根拠として主張しているが、それがどの程度まで自然の場合にあてはまるかについては問題が残されている。

（2）現在のところ、突然変異の原因及びそのあらゆる仕方（機構）についてはほとんど知られていないのであるが、これは是非とも明らかにされるべきであり、またそこから突然変異に関する諸法則が発見されるものと考えられる。

この論文では、突然変異に関する諸法則の発見に言及していることろを考えると、石井は突然変異の意義を全面的に否定しているのではないが、明らかに次の段階でみられる、突然変異批判の萌芽がここに見出しうる。モルガンらの実験を認めている石井は、突然変異の実験生物学的重要性は否定できないが、自然界においての重要性には疑問を呈している。この石井の転回の兆しにルィセンコ学説が影響したかどうかは記されていないが、

　終戦後、民主主義科学者協会の理論生物学研究会においてルィセンコ学説の検討並びに現代遺伝学の批判がかっぱつに行われていた。[7]

という記述を考えると少しずつ影響を受けていたのではないかと考えられる。この論文[6]の追記として、

　この論文を書き終った後、私はルィセンコの『遺伝とその変異性』[8]を読み、メンデリズムが彼によってはじめて正しく批判されていることを知った。

という文章が見られる。その後、石井は「突然変異につての考察」[9]や「唯物弁証法と生物学」[10]を発表し徐々に現代遺伝学への批判を強めていった。特に、「突然変異につての考察」[9]においては、突然変異に的を絞って、批判を行った。

（1）ダーウィンは、自然の状態では、突然的な変異は屢々起るものではなく、またたとえ起ったとしても、存続することは極めて稀であることを主張している。

第13章-2：吠える石井友幸、1950年

（2）生物の進化の過程に於いて全く突然の変化を生ぜしめるような外的また内的の作用が存在したものであるかどうかが問題になる。

（3）全くの突然変異のほかに、形質に於ける量的蓄積があり、それが一定の段階に達したとき質的な転化が行われたというような仕方が存在したのではないだろうかという問題が生じる。

（4）突然変異は決して生物に於ける孤立した現象ではなくて、生物体という一つの有機的な機構の中の一つの現れとして考えられねばならない。

ダーウィンの言う「突然的な変異」と現代遺伝学がいう「突然変異」は同じものではないが、石井は故意に混同して使用し、「突然変異の研究は、実際方面に極めて大きい寄与をした」[2]というかっての主張は姿を消している。この突然変異に対する批判の基礎には（独立した、固定した）遺伝子説に対する批判、形質発現の量から質への転換という自然弁証法と獲得形質の遺伝の擁護がその底流としてある。

突然変異の問題にしても、根本的なものは結局に於いて、遺伝の内的機構の問題であって、これは遺伝物質とそれの機能による形質発現の機構の問題である。ところで現在に於ける遺伝学の遺伝子の概念は批判さるべき多くのものを含んでいる。例えば現代遺伝学では遺伝子なるものを固定的なものと考えるために、突然変異が大きい刺激によるものと考え、従ってすべての小変異及び獲得形質の遺伝に対して否定的態度をとっているが、これは正しいであろうか？また遺伝学では遺伝子が主として核内の物質によって決定されるものと考えているが、それには多くの疑問がある。遺伝子と形質とをかなり機械的に考えているためであろうと思われる。

ここでは、遺伝子の性質を明らかにすることによって遺伝子説のもつ困難性が克服できるという直近までの考え方から大きく変更している。「唯物弁証法と生物学」[10]では機械論、生気論と全体論を批判して、唯物弁証法的生物学の確立を訴えているが、唯物弁証法に具体性がない。例えば、機械論批判の後で次のように述べている。

生きた認識論としての生命現象は決して機械論的なものではなく相互に関連し、絶えず変化発展しつつある弁証法的現象であるから、このような現象を一面的な機械論によって認識することは不可能であって、ただ弁証法的思惟によってのみ科学的に認識されるのである。そして弁証法的思惟によって吾々が生命の本質を認識しうるのは、吾々が生命現象を吾々の思惟によってかってに解釈することではなくて、現実の生命現象そのものが弁証法的であることによるのであって、吾々の認識する生命現象は、生命現象の吾々の意識への反映であるにすぎないのである。それ故吾々の立場は唯物論であり、従って吾々の弁証法は唯物弁証法である。

生命現象は決して認識論ではなく、生命現象が弁証法的であるということは、それこそ生命現象を解明することによって証明されるべきで、弁証法で生命現象を明らかにするためには、具体的な自然弁証法の提示が必要である。それはエンゲルスの三原則、量から質への転換とその逆、否定に否定、そして対立物の統一、だけでは研究の指針にはなりえない。機械論を乗り越える生きた認識論としての具体的な提議はなく、

吾々が唯物弁証法的生物学を研究するための指針となるものは、云うまでもなく、マルクス、エンゲルス及びレーニンの唯物弁証法及び史的唯物論に関する諸著作である。

と、述べるに止まっている。これでは豊かな生物学の研究はできないだろう。「生物学における全体論批判[11]」は観念的な全体論を批判した論文であるが、そこの議論の紹介はスキップし、唯物弁証法論議だけを見てみよう。この論文においても唯物弁証法の言葉だけでの強調は次のように変わらない。

唯物弁証法は生物学の認識論であり、方法論である、吾々は唯物弁証法を生物学研究の武器とすることによって、今日まで蓄積された尨大な生物学上の事実を正しく総合することができ、事実に立脚した理論生物学を建設し、新たな方向に生物学研究をおしすすめることができるであろう。

相変わらずの意見であるが、ここから実践の優位性を特に強調するようになる。

唯物弁証法は認識における実践の優位性を強調する。吾々は実践によって科学的理論を獲得することができるのであり、かくしてまた理論は実践を正しく指導できるのである。科学的研究における実践は、吾々はあ

るがままの自然を科学的処理によって分析し、総合するという意味における実践だけに止まってはならないのであって、あらゆる科学者の実践は社会的実践とつながっているのであり、科学者が自らの科学的実践に結びつけ、それえ積極的に参加するとき、科学者の実践ははじめて正しい実践となりうるのである。

では、社会的実践とは何かといえば、

民主主義革命に、私たちの研究をもっと積極的に参加さすべき責務をもっているのであり、その責務を正しく遂行することによってはじめて科学研究上のあらゆる矛盾が克服されるものと考えられる。

「革命に参加することによってのみ、科学研究上のあらゆる矛盾が克服される」と述べることによって、ルィセンコ支持の基盤は固まった。

前年に書かれた少年向けの本[12]では、石井はルィセンコに全く触れていないが、一九四八年に書かれたやさしい進化論の本のなかで[13]、ルィセンコを早速取り上げている。三ページ余りであるが、今読んでみるとその後のルィセンコ学説が全て入っていることに気が付かされる。最後の結論は、

ルィセンコは、彼の理論を実際に応用し、ソヴェト同盟の農業を発展させるのに必要な植物をたくさんつくりだしているのである。

と述べて、実用面では既にソヴェトでは実績をあげているとしている。

石井は戦争直後ではメンデル遺伝学を基本的に受け入れ、遺伝学説も承認していたけれど、民主主義科学者協会などの議論を経ることによって、メンデル遺伝学を機械論的偏向と批判を急速に強めることになった。唯物弁証法を強調するにつれて、皮肉なことに論議が観念的になっていった。ルィセンコを知るようになった前後から実践の優位性も強調し始め、ルィセンコ受容の条件は整った。

第三節　ルィセンコ遺伝学への傾倒

石井は一九四七年に「ダーウィニズム・メンデリズム・ルィセンコ学説[14]」を発表し、本格的にルィセンコに言及した。まず、従来の現代遺伝学批判を再録し、さらに、

このような誤謬はいかにして生じたものであろうか？　それは結局において、現代遺伝学では、すべての遺伝現象が生殖細胞─核─染色体─遺伝子に還元されてしまい、形質の本質が、生物の具体的な生活との関連において少しも追求、解明されていないことから生じているものと考えられる。

と述べ、遺伝子説への批判を強めた。何故、「形質の本質が、生物の具体的な生活との関連において追求されないか」というと、農業的実践から遊離しているからだとし、

理論研究は、それが実践から遊離して進められるときは、そこから生まれる理論は必ず歪められた形のものとなるのである。現代遺伝学では、進化の原因としては遺伝子の組立ての変化と遺伝子そのものの変化（これは突然変異として現われるものとされている）が一面的に強調され、ダーウィニズムではただ自然淘汰だけが有効なものとされている。これはダーウィニズムの歪曲以外の何物であろうか。

と述べた。戦後初期の石井の論文[2]では実験的研究を非常に重視し、遺伝子説の持っている欠陥は全て遺伝子の性質を明らかにすることによって解決されると記していたが、この論文では、実践の上で理論活動を行うべきだと答えている。遺伝学が実験生物学として発展してきたことを考えれば、たとえ農業実践と結びついていたとしても、理論的研究だけで、実験的研究なくして、現代遺伝学を発展させることはできないのは明らかである。ただ次のように書くだけである。

吾々は現代遺伝学の理論的偏向を批判、克服し、遺伝と変異の問題を正しくとりあげ、先ず吾々の理論的研究を正しく実践と結合させ、生々とした実践の上で理論を発展させることがなによりも根本的な問題である。

抽象的な記述であり、石井がますます思弁的研究者になっていくのが分かる。しかし、「理論と実践の結合」がソヴェト同盟では既に正しく行われているといって、ルィセンコに言及する。

ソヴェトのルィセンコ学派はすでに現代遺伝学の欠陥を正しく認識し、ソヴェトの農業的実践を基礎として、科学的遺伝理論を発展させているのである。

このように述べた後、ルィセンコの「遺伝とその変異

性」[8]を紹介する。

彼は、生物体は、外件が変化するとき、その変化した外的条件を同化して内的条件とし、それによって生物の性質、即ち遺伝が変化されるが、その変化が生殖細胞に起るとき、それは遺伝的なものになると考えている。

この短い文章の中にはその機構を説明しなければならないことが沢山ある。「変化した外的条件を同化する」とは何か、「同化して内的条件にする」とは何か、「内的条件化によって遺伝が変化される」とはどのような機構であるのか、「その変化が生殖細胞に起る」とはどのような変化がいかなる機構で起こるのか、ほとんど説明がない。ただこの段階では、次の文章にみられるように、石井のルィセンコへの支持も節度をもっていたし、現代遺伝学に関しても全面的な否定ではなかった。ただ従来の自分の遺伝の定義と異なっているルィセンコの定義については評価が書かれていない。

(1) ルィセンコの学説についてはまだ多くの吟味さるべき問題が残されているであろう。特に、ルィセンコは現代遺伝学に対してかなり否定的であるかのようであるが、この点は第一に問題とされなければならない。

(2) 現代遺伝学は交雑についての実験と理論に関して多くの貢献をなしているのであって、ただその方法が正しくないために、理論的に誤っている。現代遺伝学は全的に否定し去るべきではなく、正しい理論に使用されるべきものと考えられる。

ルィセンコ学説はもっと現代遺伝学の成果、そのなかでも「交雑についての実験と理論」に関する成果を取り入れるべきだ、と述べている。ただ、石井のような党派的立場に立つ研究者にとっては、「社会主義ソ連への信頼」と偽り伝えられた「ソ連農業の嵐の如き発展」の前では、ルィセンコへの支持は必然的であったようだ。

ルィセンコの学説は様々に問題とされるであろうけれど、いかなる場合にも吾々は次の点を忘れるべきではない。即ちそれは、ルィセンコの学説は単なる生物学的研究から生まれたものではなく、ソヴェト同盟の社会主義的農業の嵐の如き発展の上に生まれたものであり、理論の正しさが実際の農業的実践によって実証されている点である。

ルィセンコの学説がまだ不十分なところがあっても、その本質的な正しさはソヴェト農業の嵐のような発展によってすでに証明済みであるという立場に立っている。一方では、生物の人口改造という戦前の唯研以来の希求も顔をのぞかせる。

生物の性質の本質を認識することができれば、生物の性質の要求する外的条件を変化させることによって、生物の性質を人工的に変革することが可能となる、即ち生物の性質を吾々は支配することができるわけである。

一九四八年には「唯物論研究」の二号に掲載され、ネオメンデル会編『ルィセンコ学説』[15]で再録された「現代遺伝学とルィセンコ学説」を発表する。出だしが印象的である。

私は「唯物論研究」第一集（一九四七年）で、メンデル式遺伝理論を批判し、その上で遺伝と変質の問題を考察したのであるが、その後ルィセンコの『遺伝とその変異性』を読む機会を得、現代遺伝学がルィセンコによってはじめて正しく批判、克服されていることを知った。メンデル式遺伝理論は、資本主義国における理論の実践からの遊離の結果として生じたところの機械論的、形式主義的理論的偏向を示しているのであるが、この偏向がソヴェトの社会主義的農業的実践の中から生まれたルィセンコ学説によってはじめて批判、克服されている。

このようにルィセンコを詳しく知った衝撃を述べると同時にメンデル式遺伝理論に対してイデオロギー的批判を強めた。そして日本におけるルィセンコ学説浸透の経路についても明らかにしている。

私は度々メンデリズムを批判したのであるが、それらの批判はすべて不徹底であった。わが国には今日までメンデリズムを徹底的に批判すべき実践的基礎が欠如していた。ところが終戦後、民主主義科学者協会の理論生物学研究会においてルィセンコ学説の検討並びに現代遺伝学の批判がかっぱつに行われていることは、よろこばしい。

民主主義科学者協会の理論生物学研究会においてルィセンコが積極的に取り上げられ、石井はこの過程の中からルセンコへの傾斜を強めていったものと思われる。そこで強調されたことは外界条件をぬきにしては遺伝の問題も変異の問題も永久に解決されない、ということであった。石井自身もルィセンコ学説を知った喜びを記している。

私個人として、メンデリズムに対するながいあいだの疑問が今にしてはじめて氷解せられるべき見透しがかなりはっきりした形であたえられたことに大きいよろこびを見出している。

では石井のメンデリズムへの批判はどのように変化したのであろうか。

（1）現代遺伝学では、生物体は無数の形質の寄せ集めからで来ているように考えられているが、これは著しく機械論的な考え方である。種々なる形質に対応する遺伝的単位としての遺伝子が細胞核内に存在するという仮定も機械論的な誤謬を含んでいる。

（2）遺伝学では、形質の本質がほとんど明らかにされていないにもかかわらず、形質に対して遺伝子なるものを仮定しているのであるから、この遺伝学なるものはきわめて非現実的なものと考えざるをえない。

（3）メンデルの第二法則において、交雑の場合、両親からの各個の遺伝子が他と無関係に独立性を保持し、雑種の第二代では形質が一定の比で分離してあらわれるというのは、やはり機械論的であり、形式主義である。

（4）現代遺伝学では、親の遺伝形質がそのまま子にあらわれるように考えられているが、親の遺伝形質は様々に変化されて子の形質として実現される。

（5）遺伝学では遺伝子なるものが著しく固定的なものと考えられているのであるが、結局においては、生物の進化は否定されなければならない。

メンデリズムへの批判基軸である機械論批判は余り変わりないが、遺伝子説に対する否定論がより強まってきている。特に分離の法則や独立の法則を強く批判しているが、これは戦前石原辰郎が『唯物論』誌上で繰り広げたメンデル批判を繰り返している[16]。ではルィセンコ学説はメンデリズムの「欠陥」をどのように解決しているというのだろうか。この点については前回の論文のほとんど丸写しであって、余り進歩がない。前回の論文には無かった記述を紹介しよう。

ルィセンコ学派は交雑に関しては、交雑の場合、親の遺伝質は受精卵細胞の中に独立して存在しているのではなくて、両者は相互に同化しあい、そこに全く新たなものが生じるものと考えている。即ちAとBとが結合するとき、A+Bが生じるのではなくて、新たなCが生じると考えるのである。以上のような理論にもともとづいて、ルィセンコは、外的条件を変えることによって生物の性質を変化させ、ソヴェト農業の実践的要求に答えているのである。

「AとBとが結合すると新たなCが生じる」という考えであるが、AやBとCとの関係を論じないと、遺伝においては何でもありとなってしまうことに気が付かないのだろうか。メンデルの分離の法則を否定することによって、独立した遺伝子という概念を否定した。「ルィセンコ学説の正しさを証明する例はたくさんある」と言って、春化処理の例を挙げている。この春化処理による変異に関する見解は遺伝子学説、即ちメンデリズムとルィセンコ学説とでは完全に異なっているけれど、この段階では石井は妙な折衷的見解を表している。

ルィセンコは生物そのものの性質、即ち外的条件との関係における生物の内的機構を分析していない点に不十分なところがある。ところが現代遺伝学ではこの内的機構の分析に重点をおいているにもかかわらず、その分析方法が誤っているものと考えられる。従って、現代遺伝学は全的に否定さるべきではなく、正しい方法論によって批判、摂取されるべきであろう。

ルィセンコ学説の弱点は「内的機構を十分に考察していない」、すなわち実体的解明がほとんどなされていないことについては正しく認識している。もう一つ注目しておきたいことは、メンデル・モルガン式遺伝学の理論的偏向は、資本主義的矛盾としての実践からの遊離によって生じたと述べており、この段階では現代遺伝学をブルジョア生物学とは断定していない、ことである。ただ、これ以降石井の論調がイデオロギー濃厚になってゆく。「生物学における全体論批判[11]」では現代遺伝学への機械論批判をより強い調子で攻め、唯物弁証法に依る全体論の克服を力説しているが、抽象論の域を出ない。

石井は一九四八年七月に、『あたらしい生命論のために[17]』という論文集を出版した。そこには、戦前の『唯物論研究』に掲載された論文から「現代遺伝学とルィセンコ学説」まで収録されており、石井の転回の過程を知るには便利な本である。

一九四九年に発表した「進化論と社会思想[18]」では階級の担い手との直接的関係で遺伝学を論じている。

ダーウィンの学説は、当然のことながら、時代的制約もあり、いくたの不充分な点をもっていた。けれどもダーウィン以後、メンデルの研究にもとづく遺伝学が発展し、進化の問題は遺伝の問題に集中されたが、その結果はどうかというと、ダーウィンの学説は正しく発展せしめられず、歪曲され、骨ぬきにされているのである。これはダーウィニズムがブルジョアジーの手に収められていたからにほかならない。けれどもダーウィニズムは発展せしめられなければならない。だがそれはブルジョアジーによってではなく、プロレタリアートによってはじめて可能にされるであろう。ソヴェトにおいてルィセンコの学派によって、社会主義農業の発展の基礎の上に、メンデル・モルガン遺伝学が鋭く批判され、ダーウィニズムが正しく発展せられていることは決して偶然ではないのである。

遺伝学の発展がプロレタリアートによってはじめて可能という言葉は、当時としては説明なしでも理解可能に見えた言葉であったろうが、冷静に考えるとその意味していることを理解することは難しい。高度の科学研究は高度の訓練を受けた独創力のある研究者によって推進されないと発展できないことは今も当時も変わらないと思われる。本質的にはプロレタリアートの精神をもってという程度の意味であろうが、当時プロレタリアートという言葉は、今から想像できないくらいの意味があった。『ソヴェト文化[19]』に寄せた論文ではもっと直裁的な発言をしているが、後ほど紹介する。

ネオメンデル会編『現代遺伝学説[20]』(一九四九)に掲載した「ルィセンコ遺伝学説」ではメンデル批判をさらに進めている。ひとつ例を挙げると、

メンデルの法則はきわめて特殊な遺伝現象にあてはまるものにすぎず、一般的に遺伝現象にあてはまる普遍的法則ではない。

このようにメンデルの法則は特殊な(末梢的な)遺伝現象にだけ適用でき、普遍性がないと、論じることによって、メンデルの法則を事実上否定する。この石井の論点はこの後さらに強化され繰り返し述べられる。以前の主張「メンデルの法則に合致しない例外的な遺伝現象もメンデリズムの基礎の上で合理的に説明されることが明

らかにされている」[2]と比較して、その様変わりには驚かされる。「メンデルの法則は末梢的な遺伝現象にだけ適用できる」という見解は武谷グループにも引き継がれる。一九五〇年に発表した「ダーウィニズムとルィセンコ学説[21]」では、ますます実験結果抜きの理念としてのルィセンコ学説評価に傾斜している。そこでは、メンデル・モルガン遺伝学とルィセンコ学説との対立点として次の三点を挙げている。

（1）ルィセンコ学説はソ連という社会主義的な社会体制に中で生まれ、そうしてその体制のなかで発展している。一方、メンデルモルガン遺伝学は資本主義的な体制の中で生れて、その資本主義的な体制の上に学問の発展の研究の基盤をもっている。

（2）メンデルモルガン遺伝学の方法は機械論的な傾向を持った研究がされている。これに対してルィセンコ学説は唯物弁証法的な方法によって研究がすすめられている。

（3）メンデルモルガン遺伝学は非実践的な世界観であるのに対してルィセンコ学説は実践的な変革的な世界観を持っている。

従って、「すべての学説は決して政治的なもの階級的なものと無関係ではなく、密接な関連」を持っていると結論している。ここで石井はルィセンコ学説をめぐる論争は階級闘争の一貫であるという立場に立つことになる。

一九五〇年三月二日付『朝日新聞』に現代遺伝学者の木原均と石井友幸との論争（ルィセンコ論争[22]）が掲載された。石井は遺伝に関するルィセンコの定義に賛同し、獲得形質の遺伝を支持したが、相手があるということからか、その論調は比較的おとなしい。

（1）ルィセンコは生物の遺伝性質が遺伝子として存在していることを否定し、生物と環境とは密接に関連し、両者をきりはなして考えることは無意味であり、生物は一定の発生段階で一定の条件を必要とし、その条件に対して独自の仕方で反応するものであり、この関係は生物の本性というべきものであり、同時にそれは生物の遺伝性でもあるわけである。

（2）メンデル・モルガン派遺伝学は全的に否定されるべきか?恐らくそうではないと思う。交配についての膨大な実験結果、染色体についての主として形態学的研究などは正しく評価されるべきものであろう。

（3）ルィセンコ学説についても吟味、研究さるべき点も少なくない。遺伝現象との関係における生物と環境の関係が、生物体そのものについて内的に分析されなければならない。一定の外的条件に対する生物の反応（結局において新陳代謝）、さらに反応の変化の遺伝性への刻化などの内的機構が分析されねばならない。

メンデル・モルガン遺伝学についてもそれなりに評価しているが、評価に値する研究が交配に関する実験結果と染色体の形態学的研究に限られていて、かつてあれほど評価した遺伝子説は除かれている。メンデル・モルガン遺伝学の中で、染色体についての形態学的研究は正しいと述べるところに、かつて自らが染色体の形態学的研究に手を染めていたことが生きているのではないだろうか。ただ、ルィセンコ学説においては遺伝に関する内的機構の解析が遅れていることを指摘している。

一方、論争相手の木原均は現代遺伝学の核心である遺伝学説に対する自信を次のように表明した。

リセンコの適応反応による後天遺伝性が証明されてもメンデル・モルガンの染色体説をくつがえすことはないということである。

木原の意図は、現在自分たちが生物に知っていることは少なく、今後予想外の進化の方法が発見される可能性もあるが、それでも染色体・遺伝子学説は揺るがない、ということだろう。

石井は一九五〇年に『生物学と弁証法』[23]や『新しい遺伝学』[24]という遺伝学に関する本を刊行し、それまでの見解を総括している。その著作の最後の結論を引用してみよう。

ルィセンコ学説は、ダーウィンおよびミチューリンの遺産をうけついだ新しい遺伝学であり、ソヴェト同

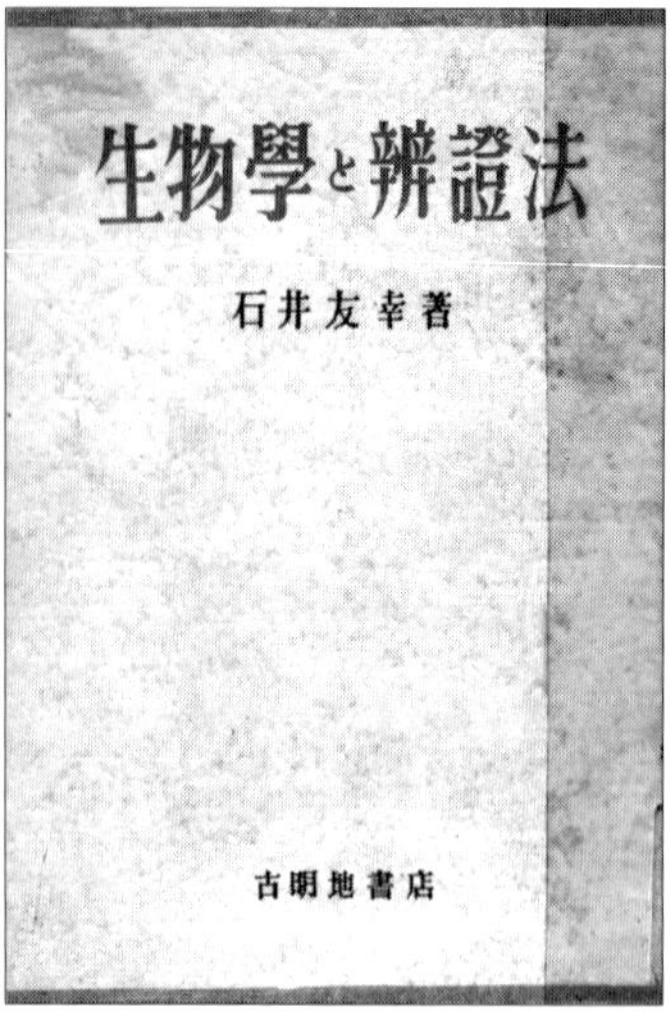

第13章-3：1950年の石井の代表的著作『生物学と弁証法』

盟の社会主義農業の発展と不可分に結合しているところにその特徴がある。ルィセンコ学説とメンデル・モルガン遺伝学とは、その理論において、その方法において、まったくあいいれない二つのものである。理論には階級性があり、党派性がある。けれども理論の階級性は理論の真理性と矛盾するものではなく、あたらしい階級のための理論は、それが階級的であればあるほど、その理論はますます真理性に近づいていくであろう。さいごに一言したい。ルィセンコ学説の理論には不充分な点があるかもしれない。また理論を証明すべき資料はまだ豊富ではないであろう。けれどもわれわれは、ルィセンコ学説のすすんでいるただしい方向を率直にみとめ、われわれの研究を反省し、批判し、正しい方向に発展させていくべきであろう。(24)

戦後直後には、石井はメンデル遺伝学について高く評価し、一時的にはルィセンコ学説とメンデル・モルガン遺伝学との折衷案の提案もしたけれが、この論文においては、結局は二つの理論は相容れないものであり、新しい階級の為の理論は階級的であればあるほど正しい、と言わんばかりである。石井は従来の現代遺伝学に対する一定の評価をかなぐり捨て、主張を完全に変更し、ルィセンコ学説一〇〇%支持者に転向した。

第四節　ルィセンコへの全面的支持

一九四九年頃から、イデオロギーの視点からの発言が石井には目立ち始めた。それを印象づけたのが、一九四九年に『ソヴェト文化』に掲載された「ルィセンコ学説をめぐる論争―自然科学の階級性―」(19)である。題名からして異質な感じを受けるが、石井がそれまでに述べていたことをより断定的に記述している。

ルィセンコ学説の特徴は何であるかというと、第一の点は、ルィセンコ学説はソヴェトの社会主義農業の発展の上に生まれた理論であり、理論が農業的実践から生まれ、実践の要請に成功的に答え、理論の正しさが実践によって証明されていることである。吾々はルィセンコ学説のうちに、最も正しい意味における理論と実践との弁証法的統一を見ることができるのである。第二の特徴に、ルィセンコ学説の研究方法はプロレタリアートの世界観である唯物弁証法にもとづいており、従ってこの理論は生物を全人民の幸福のために変革し、支配するという実践的、革命的世界観に基礎づけられていることである。

第三章で述べた石原―石井の論争の成果が全く生かされていない論調である。ソヴェトにおける農業の発展に対する疑いのない信念はこの際問わないが、科学の真理性の基準をどうあるべきかについても一面的であり、実践の成果の正否の判定には種々の困難な点があるという視点も全く見当たらない。弁証法に基づいていると宣言すれば、それだけで正しいという結論である。だから、現代遺伝学の評価も次のようになってしまう。

メンデル＝モルガン遺伝学は資本主義の矛盾を反映し、一部少数特権階級に奉仕するブルジョア的遺伝学であり、これに反し、ルィセンコ学説は社会主義農業の発展の基礎の上に生れ、最も正しい意味における人民のための理論であることが知られるのである。

以前それなりに評価していたワイスマンについても、

ワイズマン学派の理論は観念論的であり、農業的実践のために何等の貢献もしていないばかりでなく、生物学教育の上に大きい害毒を流している。

として、かつての発言を理由なく変更している。最終的な結論として、

ルィセンコ学説とメンデル＝モルガン遺伝学との対立、論争は、ブルジョア的理論と人民的プロレタリア理論との対立以外のものではないのである。

と述べ、二つの遺伝学を非和解的なものであると表明する。遺伝学の内容でその真理性を争うのではなく、一層イデオロギー的評価に偏っている。

続いて『唯物論者』に掲載された「進化論・遺伝学における二つの流れ」[25]（一九五〇）では、主として遺伝子学説を批判している。

（1）現代遺伝学は遺伝子の不変の理論を確立し、獲得形質の遺伝を否定し、かくしてダーウィニズムを骨抜き同様なものにしている。

（2）遺伝子が外的条件による生物体の変化とは全く独立に、永久不変であるとする遺伝子不変の理論は観念論的であるといえよう。

（3）二つの流れは顕著に対立的である。一は獲得形質の遺伝を否定する観念論的理論であり、他は獲得形質の遺伝を承認する唯物論的理論である。一は実践

から遊離しているのに対し、他は実践と密接に結びついている。

（4）かくして進化論・遺伝学におけるこの流れの対立は、観念論的理論と唯物論的理論の対立、更にいえば、生物学の二つのイデオロギーの対立であると考えることができる。

獲得形質の遺伝を否定すると観念論であり、獲得形質の遺伝を承認すると唯物論である、という断定の根拠が提示されない。このように見てゆくと、「ルィセンコ学説をめぐる論争—自然科学の階級性—[19]」と「進化論・遺伝学における二つの流れ[25]」の二つの論文で、石井は従来の現代遺伝学に対する見解を完全に変え、二つの遺伝学が統一することのできない敵対的関係にあることをイデオロギー的に主張しだしたことが分かる。後者の論文では、短い論文にもかかわらず（それ故か？）「〜論的である」という言葉がなんと多いことだろう。このことも石井の論調が変わったことを象徴している。獲得形質の遺伝については、以前は一応「正否はまだ決せられない[4]」と遠慮がちの点もみられたが、ここでは断定的に獲得形質の遺伝の存在を肯定している。

一九五三年にはネオメンデル会が『現代遺伝学説』の改訂版を出し、そこに石井は「新しい遺伝学[26]」を寄稿した。石井のこの時点でのルィセンコ支持の総決算的論文である。この論文で石井は遺伝子説の機械論的批判を強くしているが、ただこれらの文章を読むと、石井は遺伝子の存在を、ルィセンコと同じレベルで、否定しているかどうかは不明で、どちらかと言うと遺伝子の存在は完全には否定していないのではないかと思える。従って、ルィセンコの考え方と遺伝子の存在のあいだを揺れていたのではないかと考えられる。だから、遺伝現象を外的

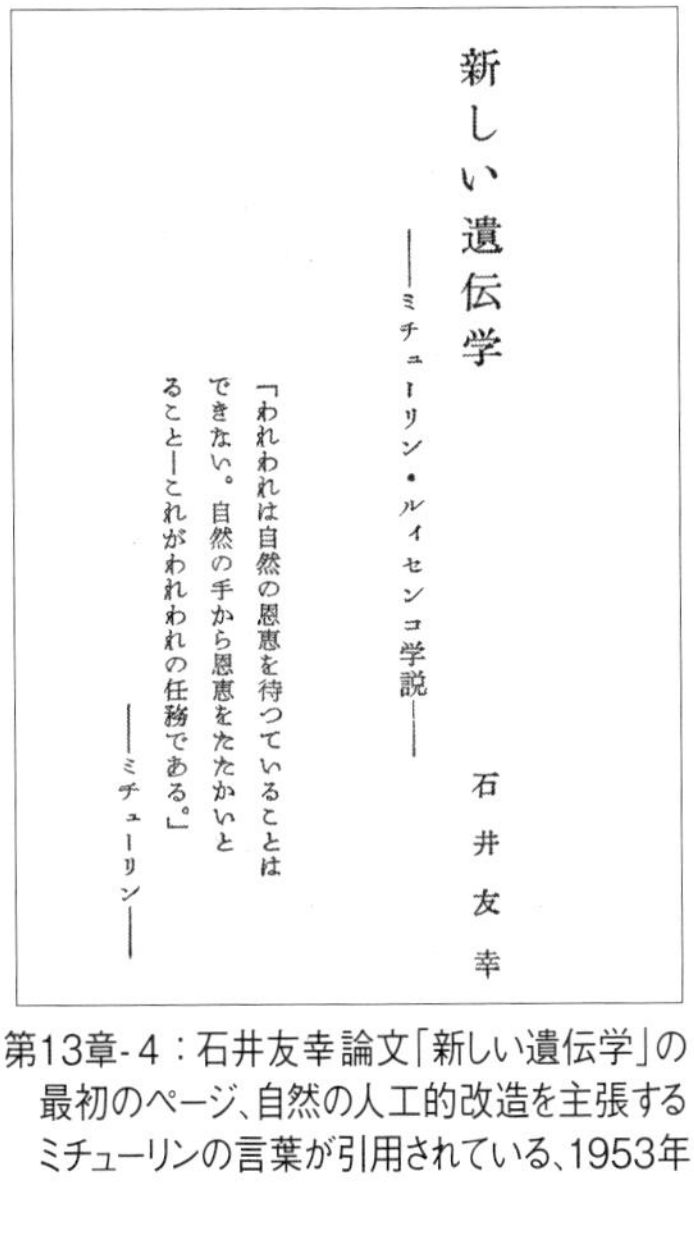
新しい遺伝学
——ミチューリン・ルィセンコ学説——
石井友幸
「われわれは自然の恩恵を待っていることはできない。自然の手から恩恵をたたかいとること—これがわれわれの任務である。」
——ミチューリン——

第13章-4：石井友幸論文「新しい遺伝学」の最初のページ、自然の人工的改造を主張するミチューリンの言葉が引用されている、1953年

条件からきりはなしているからだめであるとか、性質の発現というきわめて複雑な生命過程を非常に単純な仕方で遺伝子に還元しているから間違っているという意見を提示し、はっきりとした遺伝子の存在の否定ではない。彼がルィセンコに傾斜した理由は、「唯物論者」としての彼の本幹に係わると感じていると思われる「実践および環境との関係」であろう。突然変異の頻度を人工的にあげる方法は既に知られているし、石井自身もそれに触れたことがあるので、遺伝子の突然変異の原因は不明であるという石井の意見は故意に間違って表現したものだろう。ルィセンコ学説はソヴィエトの農業で赫赫たる成果を挙げているという情報の洪水と生物というものは環境と切り離せないという過度のルィセンコの主張には、石井を強固なルィセンコ支持者に変えた「何か」があったのであろう。

進化論・遺伝学は農業的実践と深く結びついており、それは実践のための科学、生活のための科学、人民のための科学であり、実践と深く結びつくことによって正しく発展することができるのである。実践から遊離した進化論・遺伝学は、「科学のための科学」であり、象牙の塔の中の科学であり、そして実践から遊離することのため正しい発展が妨げられ、そこから様々な偏向が生まれる。

この主張とそれに密接に関係する獲得形質の遺伝に対する根拠なしの信奉がメンデル・モルガン遺伝学をどうしても受け入れることができない心情を形成していたのではないかと考えられる。

一九〇〇年以降に発展したメンデル・モルガン遺伝学は、ワイズマンの理論と本質的に同一で、やはり獲得形質の遺伝を全般的に否定し、ダーウィンの学説では主として生存競争と自然淘汰だけをみとめ、結局において、ダーウィニズムを骨抜き同様のものにしてしまっている（自然淘汰を篩と同様の作用と考え、それの創造作用をみとめていない）。

ただ、この論文の新しいのは獲得形質の遺伝の機構をなんとか説明しようとしていることだろう。それは次のようなものである。

生命現象とは、根本的には物質代謝の現象であり、すべての生命現象はこの物質代謝にもとづいて行われるのであるから、生物の本性とは、生物に特有の物質代謝の型である。もし外的条件に変化がなければ物質代謝の型は親と同一のものであるけれども、もし外的条件に変化がおこるときは、物質代謝の型に動揺、変化が生じ、その変化が生殖細胞にも及ぶときは、その変化は遺伝的なものになる。

この論理は物質代謝の概念を借りて、苦心して考えだされたものであるが、やはり、抽象的でほとんど何らの説得力もない。八杉によっても「物質代謝の型」の概念は明確ではないと批判されたが、「物質代謝の型」の実体解明の必要性はどこへ行ったのだろうか。「その変化が生殖細胞にも及ぶときは、その変化は遺伝的なものになる」この機構こそ説明しなければならないのに、そのことが理解されていない。最後の結論はやはり、

ルィセンコ学派とメンデル・モルガン学派との論争は、単に生物学理論の上での論争ではなく、生物における二つの異なるイデオロギーのあいだの斗争（生物学における形而上学的理論と弁証法的理論、観念論と唯物論とのあいだの斗争）である。

という決まり文句である。この論文が当時の石井の到着点であることは間違いがないが、遺伝子の存在を完全には否定できない「弱さ」が少しは読み取れる。

石井の主張が日本共産党の『前衛』論文に影響を与えたのか、その逆かは分からないが、不思議なことに、石井はこの論文で、既に『前衛』論文が承認している「種の飛躍的転化説」については触れていない。石井は植物および動物の遺伝性は生活条件を通して行われるという考え方を堅持していたので、定向進化説にも同意しなかったし、種の飛躍的転化説にも理解を示さなかったのであろう。また、遺伝子の完全否定ができないことも関係しているのではないだろうか。その後、石井はミチューリン運動に力を注いだようであるが、その詳細についてはよく知らない。ただ、一九五三年のこの論文の最後の節は、「われわれの問題」となっていて、そこにヤロビ農法は発展し始めているが、ルィセンコ学説などはほとんど忘れ去られていると書かれている。ルィセンコ学説に関する論議が低調になるきっかけについては、ミチューリン運動の退潮が原因であると言う中村禎里の意見[27]とは矛盾する発言である。

一九五四年には大竹博吉と共訳で一九四八年に開催されたソヴェト同盟レーニン農業科学アカデミア総会のソ

ヴェト生物学論争に関する全記録を刊行した。その事項解説[28]で、ルィセンコの種の飛躍的転化説を紹介しているが、このことは後ほど触れる予定である。

一九五七年に『誰にもわかる進化論の教室[29]』を発表した。進化についてミチューリン・ルィセンコ学説を新しい観点からこの著作をまとめたと石井は言っている。この本の内容はとくに目新しいところはないが、石井の遺伝子説の理解と遺伝子の記述の矛盾が気になる。最初に、遺伝子説についての記述を見てみよう。

染色体についての、主として形態学的知識が豊富になるとともに、他方において形質を決定する要素としての遺伝子なるものが仮定され、この遺伝子が染色体の上に線状にならんでいるものと考えられ、遺伝子の組立てによって、遺伝現象が説明されるに至り、遺伝子説が確立されたのです。ついには「染色体の地図」をつくりあげるまでに進歩しました。更に、遺伝子や染色体についてては、単に観察的研究ばかりでなく、人工的にそれらを変化させる積極的な研究もされています。

一方、遺伝子についての記述を見ると、

現代遺伝学では、生物の種々様々な性質を、全く偶然的に他からきりはなして設定し、それに対して、それぞれ遺伝子を仮定しているのですが、このように仮定された遺伝子なるものは、何らの必然性をもたない偶然的なものといえましょう。要するに、メンデル・モルガン遺伝学における遺伝子概念は、実在性にとぼしい、又は現実と合致しない概念であり、それによって、現実の遺伝現象が、科学的に説明されているものとは考えられないのです。

と、なっている。この二つの説明は石井のなかではどのように整合性がついていたのであろうか。この矛盾からも推測されるように、石井は遺伝子学説をやはり全面的には否定できなかった。

第五節　石井の最終的到達点

一九六〇年頃になると、分子遺伝学の進歩は一般的にも明らかになってきた。遺伝子説は既に仮説ではなくその実体をも明らかにした。石井は『種の起原』発刊一〇〇年を記念して『進化論の百年―ダーウィンからミチューリンまで―』[30]を発表したが、そこでは現実としての現代遺伝学の成果とルィセンコ学説を支持してきた事実との整合性に苦慮しているのを垣間見ることができる。前文は今までの記述の繰り返しが多いが、従来の記述に比べて遠慮がちな点が印象的である。例を挙げてみると、

二〇世紀の生物学の中で、いちばんめざましい発展をしたのは恐らく遺伝学であろう。一九〇〇年のメンデル法則の再発見以来、遺伝学は、実験遺伝学、染色体遺伝学、細胞遺伝学、生理遺伝学、集団遺伝学、等に分化し発達し、その全体は立派な建築物であるかのようにみえる。けれどもその基礎をなしているものは遺伝子理論であるので、私たちはそれをよく見きわめなければならない。遺伝子理論は、それによっていろいろな遺伝現象を様々な仕方で説明されているので、一寸見たところでは、立派な体系をなしているかのようにみえる。

第13章-5：石井友幸最後の著作『進化論の百年―ダーウィンからミチューリンまで』、1960年

「(ダーウィン以後の生物学は)正しく説明されるであろうか」、「(遺伝理論は)立派な体系をなしているかのようにみえる」や「このような現象は到底生命現象とは考えられない」などの表現に石井の追い込まれた心情が出ている。「メンデル遺学の性格と本質」や「メンデル遺伝学への批判」の項の記述は前著(新しい遺伝学)とほとんど変わらないが、次のような文章が付け加わっている。

私はメンデル遺伝学を批判したわけであるが、このように批判したからといって、メンデル遺伝学の全部が間違っているのではない。二つの遺伝学(メンデル遺伝学とミチューリン学説)ということがいわれているが、科学の世界に二つの遺伝学があるはずもなく、真理は一つであるから、私たちは事実にもとづいた討

論によって、一つの真理、正しい遺伝学を建設しなければならない。

「ルィセンコ学説とメンデル・モルガン遺伝学とは、その理論において、その方法において、まったくあいいれない二つのものである。[23]」という一九五〇年になされた断言はここでは断りもなしに否定されている。

石井はルィセンコ理論の説明に入る前にあらためて自然現象についての唯物弁証法を解説しているが、その単純さは興味深い。この解説は『誰にもわかる進化論の教室[29]』に書かれたものと同文である。唯物論的弁証法というとエンゲルスが『自然弁証法』において、取り上げた三つの具体的な原則、

（1）量から質への転化、ないしその逆の転化
（2）対立物の相互浸透（統一）
（3）否定の否定

をあげることが多いが、石井の弁証法は唯物弁証法というより「常識的な」見方である。

（1）どんな現象も孤立的なものではなく、つねに他の現象と関連性をもっていること、
（2）諸現象は不変の、固定したものではなく、つねに変化と発展をくりかえしていること、
（3）このような発展の過程は、たんなる量的な変化ではなく、目につかない微小な変化の、はっきりした、高度の質への根本的発展であること、
（4）発展は、物質体系そのものの中に含まれている矛盾による自己運動であること

この唯物弁証法の解説は一九五四年に全訳で発行された『ソヴェト生物学論争―生物科学の現状―』というソヴェト同盟レーニン農業科学アカデミア総会（一九四八年）記録の附録[28]に載っているものと酷似しているが、上記の（3）だけが大幅に変わっているのが印象的である。附録では次のように書かれている。

自然の発展は量的変化の連続的過程ではなくて、小さい、かくれた量的変化から、明白な変化に、根本的変化に、質的変化に移り行くような発展、すなわち、質的変化が漸次的ではなく、急激に、突然に、飛躍的にうつりゆくような発展であること。

この変更の理由は明白である。ルィセンコは一九五〇年の少し前から、「種の飛躍的転化説」を言い出した。その附録の続きも、

ルィセンコは生物の一つの種から他の種への変化は、中間型のない、突然的、飛躍的発展であることを明らかにしている。

と、記述されている。その間の事情を『ルイセンコ学説の興亡[31]』から引用しておこう。

一九四八年以後のルイセンコの業績のなかで、とくに重要な位置を占めているのは、一つの種が中間の形態を経ないで他の種から一挙に生じるという空想的な理論であろう。ルイセンコ自身の考えは、次のようにすこぶる単純であった。「その種に全く適さないか、ほとんど適さない外的環境の作用で、その環境にもっとも適応した他の種の粒子が、その植物の体内に発生する。これらの粒子から原基（芽あるいは種子）ができ、それが他の種の個体へ成長する。

この種の飛躍的転化説は一九五〇年の『前衛』論文でも支持されていたが、このルィセンコの新しい説は従来のルィセンコ支持者の間でも疑問が上がった。石井もこの説に肯定的な意見は殆ど述べていなくて、一九五四年の「事項解説[28]」が私の見つけた唯一のものである。従って、一九五四年以降、石井は「種の飛躍的転化説に」には再び批判的になってきていたので、唯物弁証法の原則を修正したのであろう。この単純な唯物弁証法に基づいて確立されたルィセンコ学説を、この段階で、八つの原則としてまとめていが、これもまた、『誰にもわかる進化論の教室[29]』にも既に書いていているものをそのまま書き移しているが、種の飛躍的転化説は八原則の中には入らないようだ。以上ような抽象的な原則を述べた後で、次のように最終的にルィセンコ学説の意義をまとめた。

ダーウィンは主として生物の進化を説明したにすぎなかったけれど、ミチューリンおよびルィセンコは、さらに進んで、生物の生活過程を管理し、生物の進化を支配する理論を確立したのである。

ルィセンコ学説の八原則の中に、石井が熱望した生体の内部機構の解明も入っていない。ここに石井は何故批判の目を向けなかったのだろう。石井の記したルィセンコ学説の八原則はあらためてこれを読むと、全て実験的事実や観察事実に裏打ちはされていなく、全体が石井らルィセンコ支持派の「こうありたい、こうあるべきだ」という生物進化への願望が文章化されているにすぎない。

一方、現代遺伝学は核酸の一種であるＤＮＡを遺伝子の実体として同定したように、著しい発展を示しているが、それらの成果は石井によって考慮されていない。それでも現代遺伝学は間違ってしまったと石井は強弁するのである。現代遺伝学が間違った根拠は、新味は余りないが、簡潔に述べられているので引用しておこう。

第一に、現代生物学では、遺伝性を生活条件からきりはなして研究しているために、遺伝性の変化も生活条件とは無関係なものと考え、獲得形質の遺伝を否定するにいたったものと考えられる。

第二には研究が主として実験室の中だけで行われ、飼育および自然の下での生物の生々とした生活が広く研究されないために、生物進化の原因を生物体の内部にだけ求めようとする一方的傾向が生じ、生存競争や自然淘汰についても深く研究されていない。

第三にはこれが根本的なことではあるが、研究の仕方、方法論の問題がある。多くの生物学者は、生物を個々バラバラに研究し、全体を部分に還元する機械論的方法をとっているがために、生物と生活、生物と生活条件、生物と生物、などを関連的に、また歴史的に考察することを見失っているのである。

現代遺伝学の具体的内容に関する批判はここにはない。かつて濃厚にあったイデオロギー的批判は弱まり、機械論批判も以前のように声高ではない。そしてルィセンコ学説もミチューリン学説と言い換え、その限界について語る。

（1）現在では、唯物論的生物学であるミチューリン学説が確立されている。ミチューリン学説は唯物弁証法を基礎としており、ダーウィニズムを創造的に発展させている。けれどもミチューリン学説はまだ若く、十分な体系をなしていないし、理論を証明すべき事実は豊富でなく、さらに現代の発達した生物学の知識がまだ十分に吸収、摂取されていない。

（2）進化論が生まれて百年経った今日、二つの遺伝学が対立しているが、これらはやがて一つのものに統一されなければならないであろう。メンデル遺伝学は原則の上ではまちがっているけれど、交配に関して、また染色体に関して、科学の発展のために重要な多くの事実や理論を獲得している。これらの事実や理論をミチューリン学説はどのように吸収し、摂取するであろうか。これは今後の重要な課題である。

（1）では「ミチューリン学説は確立されているが、まだ若く、十分な体系をなしていない」と矛盾したことを述べている。かつては二つの遺伝学は相容れないと言っていたのに、（2）ではそれらは統一されなければならないと主張している。それでも相変わらずメンデル遺伝学の成果は交配の実験と染色体の研究だけと記して、ミチューリン学説はその成果を吸収しなければならないと言っている。次に、ルィセンコ支持者についても批判を向けている。

ミチューリン主義者にしてもメンデル遺伝学者にしても、どちらも自分の相手に対するいままでの態度が十分なものではなかったように思われる。その点を私たちは今後十分に反省し、たがいに立場はことにしていても、おたがいに相手の立場を十分に尊重し、ともに科学の発展のために努力してゆきたいと思う。わが国でも、ミチューリン主義者たちは、メンデル遺伝学の内容を十分に検討したり批判したりすることはしないで、メンデル遺伝学を観念論としてきめつけ、ミチューリン学説だけが唯一の正しい理論であるかのような傾向がないでもなかった。

ここに見出せるのは、石井の強がりと精一杯の自己批判であろうが、メンデル遺伝学者も同罪だと言っているのは余分である。

石井は最後まで、ルィセンコ学説を支持し、環境による適応変異という考えから、獲得形質の遺伝支持は強固のものがあったが、定向進化や種の飛躍的転化説にはなじめなかった。また、遺伝子学説を完全に否定できないので、最終的にはこの論文のように再び両遺伝学の両立と統一を主張することになった。

この章において、戦前からの活動家で、強固な「マルクス主義者」である石井友幸のルィセンコ支持の歴史的経過を辿ってきた。戦前の『唯物論研究』に最初に寄稿した論文の題名が「自然科学と唯物論」から推測できるように、もともと思弁性の強い生物学者であったが、同時代に活躍した石原辰郎と比較するとメンデル遺伝学に対する評価は好意的であった。石井のメンデル批判は彼の立脚点である唯物弁証法の観点からする機械論批判であったが、機械論に基づく現代遺伝学の進歩はある程度理解を示していた。戦後になり、一時的にはメンデル遺伝学、特に遺伝子説と突然変異説には高い評価をし、

「現代の遺伝学はすべての遺伝現象を染色体及び遺伝子の機構によって説明することを可能にしている」とまで述べるようになった。その後、ルィセンコ学説を本格的に知るようになり、メンデル遺伝学を機械的観念論と批判するようになり、戦前以上の思弁的生物学者になった。それでも一時はメンデル・モルガン遺伝学とルィセンコ学説を折衷させる案などを提案したが、最終的には両遺伝説は「まったくあいいれない二つのものである」と記すに到った。だが、石井がメンデル遺伝学の中核である遺伝子説を完全に否定するまでには到らなかったようで、「種の飛躍的転化説」のようなルィセンコの後期の馬鹿げた説には、本質的には同調していない。『種の起原』発刊一〇〇年を記念して発刊された『進化論の一〇〇年』では、ルィセンコ学説支持を堅持しながら、現代遺伝学の成果とルィセンコ学説との整合性に苦慮している姿が見える。結論として、「二つの遺伝子は統一されなければならない」と述べ、「ミチューリン主義者たちは、メンデル遺伝学の内容を十分に検討したり批判したりすることはしないで、メンデル遺伝学を観念論としてきめつけ、ミチューリン学説だけが唯一の正しい理論であるかのような傾向がないでもなかった」と記している。その後の石井の動向は分からない。

[引用論文]

(1)石井友幸、「染色體の構造に就て」『遺伝學雑誌』(日本遺伝学会)7(3)、一九三二年
(2)石井友幸、「進化論における今日の課題」『民主主義科学』(4)、(5)一九四六年
(3)マラー(池田彰訳)、「生物学者マラーの「マルクス主義の旗の下に」誌への手紙」『唯物論研究』(第三六号)、一九三五年
(4)石井友幸、唯物論全書3『進化論』(三笠書房)、一九四七年
(5)石井友幸、「ダーウィニズム成立の諸条件」『人民評論』第二巻第八号、一九四七年
(6)石井友幸、「進化における遺伝と変異」『唯物論研究』(1)一九四七年
(7)石井友幸、「現代遺伝学とルィセンコ学説」『唯物論研究』(2)、一九四八年、ネオメンデル会編『ルイセンコ学説』に再掲載
(8)ルィセンコ、『遺伝とその変異性』一九四三年(大竹博吉訳：農業生物学(ナウカ)、一九五〇年)
(9)石井友幸、「突然変異につての考察」『自然科学』(7)、一九四七年

(10) 石井友幸、「「唯物弁証法と生物学」『理論（日本評論社）』(3)、一九四七年

(11) 石井友幸、「生物学における全体論批判」『唯物論研究』、(4)、一九四八年

(12) 石井友幸、『生物の歴史』（彰考書院）、一九四七年

(13) 石井友幸、『進化論入門』（岩崎書店）、一九四八年

(14) 石井友幸、ダーウィニズム・メンデリズム・ルィセンコ学説、「理論」（日本評論社）、(8) 45-48、一九四七年

(15) 石井友幸、「現代遺伝学とルィセンコ学説」『唯物論研究』(2)、一九四八年。ネオメンデル会編『ルイセンコ学説』一九四八年に再掲載

(16) 石原辰郎、「メンデリズムの一批判」『唯物論研究』、第三号、一九三三年

(17) 石井友幸、『あたらしい生命論のために』（同友社）、一九四八年

(18) 石井友幸、「進化論と社会思想」ネオメンデル会編『進化学説の展望』、一九四九年

(19) 石井友幸、「ルイセンコ学説をめぐる論争―自然科学の階級性―」、『ソヴェト文化』、一九四九年

(20) 石井友幸、「ルィセンコ遺伝学説」ネオメンデル会編『現代遺伝学説』、一九四九年

(21) 石井友幸、「ダーウィニズムとルィセンコ学説」『遺伝』四(2)、一九五〇年

(22) 石井友幸・木原均、「ルィセンコ論争」『朝日新聞』三月二日号、一九五〇年

(23) 石井友幸、『生物学と弁証法』（古明地書店）、一九五〇年

(24) 石井友幸、『新しい遺伝学』（時事通信社）、一九五〇年

(25) 石井友幸、「進化論・遺伝学における二つの流れ」『唯物論者』、一九五二年

(26) 石井友幸、「新しい遺伝学」、ネオメンデル会編『現代遺伝学説』改訂版313-361、一九五三年

(27) 中村禎里、「日本におけるルィセンコ論争」『科学史研究』第70号、一九六四年

(28) 石井友幸、「事項解説」、大竹博吉、石井友幸訳、『ソヴェト生物学論争―生物科学の現状―（全）―ソヴェト同盟レーニン農業科学アカデミア総会（一九四八年）』、一九五四年

(29) 石井友幸、『誰にもわかる進化論の教室』（厚文社）、一九五七年

(30) 石井友幸、『進化論の百年―ダーウィンからミチューリンまで―』（新読書社）、一九六〇年

(31) Ｚ．メドヴェジェフ（金光不二夫訳）、『ルイセンコ学説の興亡』（河出書房新社）、一九七一年（原著は一九六一～一九六七年にかけて執筆されている）

第一四章　宇佐美正一郎のルィセンコ評価の変遷

宇佐美正一郎の経歴を『赤旗』日曜版に載った記事[1]によって紹介する。宇佐美は一九一三年に東京に生まれ、東京帝国大学理学部植物学科を卒業し、北海道帝国大学助手などを経て一九五三年から七六年まで北大理学部生物学科教授を務めた。植物生理学や生化学が専門であって、細菌や植物の物質の代謝や調節および適応を研究するかたわら、進化論の動向に注目し研究を進めた。「生命の起原と進化学会」会員で北大名誉教授でもあった。宇佐美はルィセンコ支持派の中では珍しく、実験生物学者であり、彼の軌跡を辿ることは、八杉や石井の場合とは異なった面が期待できるのではないかと思い、ルィセンコ支持者のその評価の変遷をたどる最後として宇佐美を取り上げることにした。

第一節　初期の発言

私たちが知ることのできる宇佐美の初期の発言として、一九五一年四月にネオメンデル会編で発刊された『生命論の展望』の中の一編として発表された「生命と酵素」[2]を挙げることができるが、この論文は全くの基礎的仕事の紹介で、ロシアのオパーリンの業績の一部が紹介されているが、ルィセンコについては触れられていない。ただ、同書の中で、ルィセンコ学説に言及している論文があり、そこで宇佐美が影響を受けた可能性がある代表的な論文を二つ引用しておく。最初は宇田一の「生命論の歴史的展望」[3]で、前成説と後世説の対立として生命論の歴史をとらえ、前成説の代表としてメンデル・モルガン遺伝学を、後世説としてルィセンコを取り上げている。ルィセンコ学説に「環境遺伝学」という名を与えているのは、その本質をうかがわせる試みである。

前成説に最も有力な基礎をおいたのは二〇世紀の新しい学問即ち遺伝学である。即ちメンデルによって創設され、モルガンの「遺伝因子の定理」によって大成された所謂メンデル・モルガン派の遺伝学である。何故ならば、これは個体発生過程において、生物の遺伝的な本質がつくられることを認めないからである。更に遺伝学は、夫々の遺伝形質の発現に遺伝因子の存在を認め且つそれらの遺伝因子の行動をも明瞭にし、生命の機械説論者にとって非常な力強さを与えた。猶、メンデル・モルガンの遺伝学説に対して最近ロシアのルィセンコによって唱導されている環境遺伝学は個体発生における後世説を支持するものである。ここにも亦前成説に対する反抗の烽火が挙げられつつあるのである。

現代遺伝学を前成説であるという非難は日本では根強くあるが、その代表的な論者である木田文夫の論文[4~7]を読むと非常に慎重な論調で、メンデル遺伝学も遺伝子学説も認めた上での話であり、ルィセンコ学説に直結するものではない。もう一つ紹介するのは一九五一年という時代を考えると落ち着いた佐藤重平の「生命と遺伝子[8]」という論考である。

生命と進化という現象を考えると、メンデルの法則やモーガン遺伝学に対して、批判のあるのは当然である。しかしながらルィセンコのような一方的な考えも、そのままうけいれられない。遺伝物質の染色体に局在する考や、環境が二次的の働きしかしないとかいうメンデリズムに対して、ルィセンコによると遺伝物質は染色体のような特定なものに局在しないし、環境を離れては、かかるものは存在し得ない。遺伝とは生物が生命とその発育とのために一定の条件を要求し、その諸条件に対して一定の反応をするという性質であって、いわば生物そのものの本性であるとしている。

一九五一年というと、例の日本共産党の『前衛』論文[9~10]はすでの発表された後であり、宇佐美のこの論文が『前衛』論文にどのように影響されたかはわからないが、次の著書ではルィセンコに直接言及している。宇佐美は一九五二年に福村書店が刊行していた児童向けの地球の歴史文庫に『大むかしの植物[11]』を発表した。今の知識では間違ったことも多く書いてあるが、書き方も平易で、子供たちには読みやすかったのではと推測される。この本

第14章-1：宇佐美の最初の著作、『大むかしの植物』、1952年

は、一九五七年に発行された、『理科の学校—化石—』にも再録されている。その中に、「植物の作りかえ」という章がある。植物の性質を変える方法として、「たねや芽ばえにエックス線をあてたり、マスタードガスという毒ガスをあてたり、コルヒチンという薬品をつけてやったりする」方法が紹介された後で、ルィセンコの仕事が紹介されている。

　植物の性質をかえる方法がもう一つあります。それは植物をうえる前に、ある訓練を植物のたねにさせることです。この方法を発明したのはソヴィエトのルィセンコという人です。コムギには秋まきコムギと春まきコムギとがあって、この性質は、これまでは変えることができないとされていたのです。ところが、ルィセンコは、秋まきコムギを畑にまく前に、たねを冷蔵庫に入れて、〇度から五度の間の低い温度に四〇日間置いてから畑にまくと、春まいてもりっぱに秋に実ることを発見しました。つまり秋まきコムギの性質を春まきコムギの性質に変えてしまったのです。ルィセンコはこの方法で植物の色々な性質を変えることに成功しました。かれは、生物の性質はけっして絶対に変えれないものではなく、よく調べれてみれば、色々な方法で変えることができるということを、実験によってはっきりさせました。ルィセンコによって、ソヴィエットの農業はひじょうな発達をしました。

「生物の性質を変える」ということが「遺伝的に変化する」といっているのかどうかはわからない表現であり、児童向きの図書ということも影響しているかもしれないが、非常に抑制的な紹介の仕方である。ただ、「ルィセンコによって、ソヴィエットの農業はひじょうな発達をしました」という情報は無条件にルィセンコ学説を児童に信用させる役割をした可能性がある。

一九五三年の『自然』に「微生物の進化—特に物質代謝型について—」[12]を発表した。この論文も基礎的な実験事実を扱ったものであるが、少しずつルィセンコ寄りになってゆくのが分かる。まず、次のように問うている。

過去の生物の形態や構造に定向進化を認められることは古生物学上の事実であって否定できない。形態と不可分の関係にある機能や物質代謝にも形態と同じような方向性があろうか。

ルィセンコ支持者の中にも、定向進化を認める人と認めない人がいて、井尻正二や徳田御稔は前者で、八杉龍一や石井友幸は後者であるが、宇佐美はここで定向進化を簡単に認めているが、後の議論をみてみると、深く考えた上での結論ではない気がする。代謝の進化についても、次のように答えている。

代謝型についても一応は進化の方向性のあることを示している。

形態も機能も代謝型も適応のある進化をしていることを踏まえて、

変異がどのようにして生ずるかについては、従来の遺伝学とルィセンコの遺伝学との間に妥協し得ない対立があることは衆知のとおりである。生物は生活のために一定の環境条件が必要である。もしこの条件が満たされないと生物は生活を維持することはできないが、ただ環境の変化がある限界内で起こった場合には、生物はその変化に対応するように自己を変化させ生活を持続する。

「環境の変化がある限界内で起こった場合には、生物はその変化に対応するように自己を変化させ生活を持続する」という主張は獲得形質の遺伝の承認まであと一歩である。さらに日本におけるヤロビ運動の成功という情報のもとに、ルィセンコ論争に参加をしていくことになる。

第二節　ヤロビの生化学的基礎

宇佐美はルィセンコ学説に刺激を受けて、ルィセンコ学説の基礎の生化学的研究を試みた。一九五三年に山口清三郎編の『生命の歴史』に「植物生理学」[13]を寄せ、ルィセンコの「発育段階説」を丁寧に紹介している。今後の課題として、ルィセンコはこのヤロビザチアの理論から出発して生物の遺伝性の変革、生物が生活の過程で獲得した変異の遺伝の可能性の実験に発展するのである。植物生理学の領域では発育の各段階における代謝生理学的な基礎的な研究、各段階移行の際の代謝型の変動についての生化学的研究が行われることが今後の問題として期待される。

と述べているように、進化、特にルィセンコが明らかにした発育各段階移行の際の代謝型の変動の生化学的研究の研究をめざして、宇佐美は比較生化学の研究に着手し、実験生物学に歴史的な視点を導入しようとした。その成果を一九五三年の生物科学シンポジウム「進化」に「微生物のアミノ酸酸化の比較生化学[14]」と題して発表した。

進化を論じるときに、生物の形態ばかりではなく、機能の面からも考えて行かなくてはならない。機能は形態と違って化石を残さないから、とりあえず現存の生物の機能の比較から出発しなければならない。あらゆる機能の基礎は物質代謝であるから、代謝の型の進化が物理化学的進化の中心的問題である。

「代謝の型の進化が物理化学的進化の中心的問題である」という文章は、後の「遺伝性の変化の原因は物質代謝の型の変化である」という主張の先駆けをなしている。

続いて、一九五四年の『自然』一一月号に「ヤロビの生化学[15]」を発表した。そこで、ミチューリン農法の成功を、かなり精神が高揚したような表現で、主張している。

いま日本では、北海道から九州までの全国各地にぼうはいとして広がっているミチューリン農法が、増産を希望する農民の欲求にこたえて数多くの成果をあげていることは否定できない。ソ連では一九四八年にルィセンコの方法で播種した集団農場の全面積はやく八〇〇万エーカーと伝えられている。効果のない農法をこのような廣大な地域に適用するはずがない。

宇佐美のこの判断の基礎となった情報はどこで得られて、どのような内容であったのだろうか。また、「効果のない農法をこのような廣大な地域に適用するはずがない」という素朴な信頼も、当時としてはやむを得ないのだろうか。ミチューリン農法の高い評価の上に立って、ルィセンコの生物学をさらに支持してゆくことになる。

ミチューリン農法の指導原理として、その農業技術の理論的基礎となっているミチューリンやルィセンコの生物学、特に遺伝学は、自然の認識方法において、今までのメンデル・モルガン派の遺伝学の一面性をよくついており、従ってそれ故にこそそれと対立して妥協し得ない。ミチューリン農法のヤロビザチャだけを考えてみても、（ヤロビによって）植物の発育が促進され、花芽や開花が影響を受けることはルィセンコの体系的な研究以来誰も疑う者はない事実である。

ソ連から伝えられる情報について、疑いの目で選択するということは当時はできなかったのだろう。従ってソ連の農業の飛躍的な発展な発展という情報の前では、宇佐美にとってルィセンコ学説の正しさは疑いをはさむことができない真実だったのであろう。

宇佐美の研究成果は直接的にはミチューリン農法の正否には関係していないが、さらに研究を進め、一九五四年の『生物科学』の発生特集号に「植物発生とヤロビチア」[16]を寄せている。前文として、

種子の発芽の初期に、ある時期一定の温度条件を与えることによって植物の発育を人為的に変化させ得ることがルィセンコ等によって報告され、農業生産に広く応用されている。わが国においてもヤロビ農法を行う農民の数は年々増加している。著者達は今冬以来この問題の基礎生物学的研究にとりかかったが、ここに、いままで得られた実験結果を報告する。

そこでの問題意識は次のようなものであった。

あらゆる生命現象の基礎には物質代謝があるから、植物の生長や発育も物質代謝に基づいている。ヤロビチアによって植物の生長や発育が変化すれば、それに対応してどのような代謝系の変化が植物体内で起っているか、ということが問題になってくる。

研究対象（ルィセンコの提唱した発育段階説）を別にすれば、生物学者にとっては、ごく普通の問題意識である。そこで、ヤロビザチア前後における主として呼吸系の物質代謝がどのように変化するかを検討した。

以上の実験結果からコムギの胚はヤロビチア25日位までにかなりいちじるしい呼吸系の変化が起り、その結果ヤロビチア処理の種子は無処置のものと質的に異なった呼吸を行っていることが明らかになった。[16]

この結果は、ヤロビということを別にすれば、特に解

説することもないが、宇佐美は今後の計画として「ヤロビザチアと核酸代謝」との関係についての実験を挙げている。宇佐美が明らかにしたかったのはヤロビザチアによって遺伝性が変化する、その生化学的基礎を知りたいのではと思われるが、まだまだかなりの距離がある。ただ、宇佐美は変異するという表現を多く使い、遺伝が変化するという表現は余り使用していないことは、注目される。

第14章-2：宇佐美が監修したルィセンコ学説の紹介本、1955年

一九五五年にはオパーリンやルィセンコの論文をまとめた『ソヴェト生物学』を監修・翻訳[17]している。その本にはルィセンコの論文四編が翻訳され、レペシンスカヤの「細胞以前の段階における生命過程」という荒唐無稽な細胞新生説も掲載されている。宇佐美は「あとがき」に次のように記している。

　現代生物学における最大の課題の一つは、ソヴェト生物学と、いわゆる西欧生物学との対立、あるいは、今までの日本のすべての生物学者がそのもとで育ってきた伝統的な西欧生物学の立場から、ソヴェト生物学をどのように評価するかということである。生物学上の理論と不可分の関係にある農業実践が、ソヴェトにおいて着々と輝かしい成果を上げつつある客観的事実は何といっても否定できない。日本においても、いわゆるヤロビ農法は現在では全国的な規模で普及されている。しかし、ソヴェト生物学の具体的内容は案外廣く知られていない。

宇佐美は「ソヴェト生物学と不可分の関係にある農業実践が既に着々と輝かしい成果を上げている」という前提で、ルィセンコ学説の意義を日本に知らしめたいという意欲に満ちあふれている。その後も、宇佐美は実験を続け、一九五五年には『生物科学』に「生体と環境との相互連関」シンポジウムに「温度発育段階の生理学的研

究[18]」を報告している。そこでは、秋播きコムギ胚での温度段階における

（1）蛋白質及び遊離アミノ酸の量的変動、（2）燐の変動、（3）RNA及びDNAの変動

が解析されている。さらに、一九五七年にも『生物科学』に「コムギ胚の初期発生[19]」を発表している。一九六〇年には日本植物生理学会シンポジウムで「バーナリゼーションの代謝生理[20]」を報告している。その要旨を次に記しておく。

代謝生理学の立場から考察すると、生物の示すあらゆる現象の基底には物質代謝が存在するから、形態形成ももちろん例外ではない。従って、もし植物の発育の過程にいくつかの質的に異なる段階があるとすれば、そのおのおのに対応する特有な物質代謝のパターンが存在するに違いない。このような立場から、筆者の研究室でバーナリゼーションの問題を取扱ってきた。つまりバーナリゼーションという現象の生化学的側面というか、さらに広くいえば、発育段階ということの生理学的内容とでもいうものである。

一九七二年の日本植物生理学会にも、「小麦の発芽過程及び春化処理過程におけるRNA代謝について[21]」や「発芽および低温処理コムギ胚の糖の代謝[22]」の演題を出している。これらの事実は、宇佐美が真剣にバーナリゼーションの生化学的解明を目指していたことを意味している。しかし結局はバーナリゼーションが遺伝を変化させうるというところには遠く及ばなかった。これらの研究はまさに八杉龍一が戦前から期待していた研究であるが、実りある結果を生みださなかった。

一九六〇年の日本植物生理学会シンポジウムで須田正己によって次のコメントが投げかけられたが、この正当なコメントに答えることは最後までできなかった。

この遺伝性のワク内で代謝の変動が起きるのは当然考えられることで、こうして起された代謝の変動が、どのような内部矛盾によって後代に影響を起しうるか、その契機についての実体的な解析に今後の努力を向けねばならぬだろう[20]。

ここで問われているのも、バーナリゼーションや獲得形質の遺伝の実体的解明のなさであった。

一九五六年にはオパーリンの生命の起原の具体的展開をめざして、「植物の起原[23]」を発表しているが、編集部

も断っているように、ミチューリン生物学との関係は除外した内容になっている。

宇佐美は実験生物学者の立場からルィセンコ学説の生化学的研究を試み、二〇年ちかくその研究を継続したが、ルィセンコ学説の生化学的基盤の解明という目的に対する何らの成果も得ることはなかった。その経過中にはレペシンスカヤの馬鹿げた細胞新生説の紹介者の役割も務めた。

第三節　ルィセンコ学説の生物学的基礎としての物質代謝（1）

一九五四年にガリ版摺り「唯物論」一号に最初に発表された「物質代謝について」[24]は民科の機関誌である『国民の科学』（一九五五年三月号）に「物質代謝と生命現象」[24]と題名を変えて転載された。この論文では、

生物の主要な特性である物質代謝の問題を中心として生命現象を考察しつつ、ミチューリン・ルイセンコ生物学の唯物論的性格を省察し、それに対比させて従来の西欧遺伝学の認識論的誤謬を露呈させることを試みた。

と結論で言っている。この論文は実験的生物者が実験を通してルィセンコ学説に迫るというより、生命論として、やや抽象的に論じていて、今までの宇佐美の諸論文とはかなり異なった印象を与えている。内容を見てみよう。

生体はたえず環境から物質を摂取し、また生体外にたえず物質を排出することによってのみ自己を保持することができる。このように生体は固定不変なものとしてではなく、その運動において、その生成と消滅においてとりあげなければならない。いかなる場合にも生体内には不動の物質は存在しない。従来のメンデル・モルガン流の遺伝学は細胞内に不変の遺伝子粒子の存在を想定し、この遺伝子に生物の遺伝性を負荷させる。この点において従来の遺伝学は代謝生理学の常識に背馳し、ここにメンデル・モルガン説の認識論上の致命的欠陥がある。

「いかなる場合にも生体内には不動の物質は存在しない」だから「細胞内に不変の遺伝子粒子の存在を想定しているメンデル・モルガン説には致命的欠陥がある」とする宇佐美の主張は遺伝学説を矮小化して攻撃しやすい

ように作り上げて、それを攻めてゆく、多くのルィセンコ支持派と同じような論法を使用しだしたことが分かる。ここで使用されている「不動」という概念と「不変」という概念は異なった概念であるが、宇佐美はこれを意識的に混同して使用している。ただ、このような主張を始めるのは、ルィセンコ支持派としては遅い方である。さらに論を進めて、

環境の変化による代謝の変動は極めて著しいものであって、いかなる場合にも環境から隔絶した、孤立した物質系として生体を考えることはできない。遺伝子の不変性を主張し、遺伝子の物質代謝について考察を行わない従来の遺伝学は、遺伝子に対する環境の影響を否定する。遺伝子からの形質の発現のみに環境の影響を限定し、遺伝子の遺伝性が環境に左右されないと主張する従来の遺伝学の形而上学的性格はこの点においても明らかであろう。

「代謝の変動は極めて著しい」から「いかなる場合にも環境から隔絶した、孤立した物質系として生体を考えることはできない」という結論を出しているが、「生体」という高次の概念に飛ぶところに、論理のトリックがある。生体はもちろん環境から隔絶はしていないが、生体を構成する、臓器、組織、細胞、細胞内分子の環境との関係には濃淡があるので、一足飛びに「生体」全体を孤立した物質系ではないと論じても、それは正確な議論にはならない。そこから「細胞内分子」として想定される遺伝子の議論にそのまままつなげることは論理的ではない。宇佐美の議論の中には、「動的」ということと「変異」ということの区別は相変わらずない。遺伝子学説の考える遺伝子も動的であることは否定していない。私たちの細胞は常に死亡と新生をくり返しているわけで、その意味では動的な変化を受けているし、環境の影響も常に受けている。そのことと「遺伝子の遺伝性が環境に左右されない」という表現は、広い解釈の入り込む可能性のあるもので、現代遺伝学への批判と直接結びつかない。実際のところ「遺伝子に対する環境の影響を否定する」という主張を現代遺伝学がしているわけではない。形而上学なのは現代遺伝学ではなく、宇佐見に議論の方である。ただ、次のような議論は間違いではない。

生体の物質代謝はこのように可変的なものであり、また生体は環境との不断の物質的交流のもとにあるが、

> 生体が生活を継続している間はこれらの物質の移動や転化はきわめて統制のとれた調和のもとに生起している。従って生体は不断の物質変化にも拘らず安定した物質系として存在し、いわば生体は動的な平衡系として規定される。しかも生体はその生体が生活する正常な環境においては、物質的に、一応の安定性を獲得しているばかりでなく、環境からの相対的な独立性を獲得し、環境から区別される物質系として存在する。

「環境からの相対的な独立性」という事実をさらに追求していれば、結論は異なっていたかもしれない。「生体は動的な平衡系」とする見解に対しては、石井友幸によって自然の弁証法を狭く考え過ぎであるという批判がされたが、宇佐美の主張が間違ってはいないが、「環境からの相対的な独立性」という機構の実体的な考察があれば、次のような飛躍した議論にはならない。

> 生物の変異や進化には代謝型の変異や進化が基底になっている。代謝型のこのような相対的安定性が遺伝の保存性と呼ばれる。生体は代謝型の保守性と安定性と、可変性、又はより生物学的用語を使用すれば変異性、との対立物の統一として把握される。

「代謝型のこのような相対的安定性が遺伝の保存性」と誰が呼んでいるのだろうか。他の人に責任を負わせるのではなく、正確には自分はそのように考えていると言うべきであり、さらにその根拠を述べるべきであろう。特に「代謝型の相対的安定性」の形態的あるいは生化学的実体も説明しなければならないが、ここのところは全く欠落している。ここで、議論が半回転する。環境も大事だが、本質的には内的原因の方が大事だとして、次のように論じた。

> 生物に対する環境の重要性はいささかも軽視されてはならないが、同時に環境つまり外的要因のみでは生物は規定されないことは当然である。生物の進化を考える場合にも、進化の原動力として外因的原因とともに常に内的原因が看過されてはならない。
>
> 環境とは遊離しないが、環境からの相対的な独立性を獲得するばかりでなく、生体は環境とは異質の独自の運動様式をもつものである。この様な自立系としての生体自身の側に内在する自主性、生体の主体性が、ここでの内的原因と呼ぶものである。筆者は生体の内因を生体の代謝型の許容度と考えた。

この議論から、論の進め方によっては、遺伝子説の考え方に近づくが、「生体の自主性、主体性」や「生体の内因は生体の代謝型の許容度」などという抽象的な結論にもって行っているために、内因を構成している構造の話に議論が行かない。とくに「代謝型の許容度」という一見すると分かったような気がするが、考えてみるとその内容が全く分からないという言葉で逃げている。ここでまた、議論が逆半回転を行う。

ただ不用意に、具体的内容を指示せずに、内的原因や自己運動という言葉を持ち出すことは、生体内に環境から隔絶した固定的な絶対者を設定する様に誤解される危険性があり、永遠不滅の遺伝子を仮定するというメンデル・モルガン流の遺伝学への逆行と危惧される可能性がないとはいえない。ミチューリン・ルィセンコ学説によってメンデル・モルガンの形式遺伝学の観念論を脱却した生物学において、多少ともメンデル・モルガン遺伝学と妥協する危険性のある自己運動なる概念の提起に対して、若い生物学者が反発する潔癖性は理解できないことはない。しかし、あらうる運動において主導的な役割を果たすのは常にそのものの中にある内的矛盾であるから、問題は要するに生体の内的矛盾の具体的内容であり、更に内因の運動様式である。初期の石井友幸らの議論にあった「物質の自己運動」として進化を理解しようとする見解に対する共鳴と、進化において内的原因の役割を強調することが遺伝子説へ繋がることへの警戒心の両方が読み取れる。現代遺伝学を形式主義と把握していることは、その発展を全く宇佐美が理解していないことを逆に示している。「環境からの相対的な独立性」を持ち、「環境とは異質の独自の運動様式」をもつ「生体の内因」の実体（構造）とその機能に考察を宇佐美が進めたら、その結論はどうなったであろうか。問題の本質は、生体の内的矛盾の具体的内容と内因の運動様式」ではなく、内的機構の実体的内容であるが、その問題に深く切り込むこともなく、ここからルィセンコへ議論が帰ってゆく。

生物の保守性、生体の安定性、代謝型の変動の許容度も決して絶対的なものではなく、固定不変なものではない。環境への適応性、環境に対する選択性の動的な安定性である。環境が主体によって同化され、生体の本性として安定性を獲得すれば内因に転化したのである。

生体が要求する環境の諸条件を探究し、しかも生体の運動様式を把握し、環境を計画的に変化させることによって生体の保守的な遺伝性を人為的に動揺させ、生体の本性の変革に成功したのがミチューリン・ルィセンコの生物学である。

ここでは、「環境が主体によって同化され、生体の本性として安定性を獲得すれば内因に転化したのである」と述べて、こっそりと「獲得特形質の遺伝」を肯定しているが、具体的な機構を証明しているわけではない。ミチューリン・ルィセンコが既に「生体の運動様式」を解明し、人為的な「生体の本性の変革」をなしとげてしまっているということを具体的な証拠を示さず承認し、獲得形質の遺伝を支持する立場を表明してしまっている。ここから、現代遺伝学、特に突然変異説に批判の矢をむける。

形式遺伝学者の考える遺伝性の変革は突然変異であるが、彼らは変異の原因を解明できない。偶然性を基礎とするところに彼らの誤謬があり、変異の原因が明らかでないから変化に指向性がない。形式遺伝学は突然変異体を誘起させるために、X線、紫外線、マスタードガス、麻酔剤などを使用するが、これらは生体の生活の必然性とは無関係であり、生物の歴史的発展とは何ら関係がない。これに反しミチューリン・ルィセンコ生物学では生体の発展の必然性の洞察の下に生体の変革に成功したのである。

「偶然性を基礎とする」と「変化に指向性がない」とが突然変異説の批判の根拠となっているが、ここでも突然変異の誤りがルィセンコ学説の正しさと「生体の変革に成功した」という検証なしの「事実」に基づいて指摘されている。進化が「必然性」であるべきだとか、進化に「指向性」があってほしいというのは期待や希望の表明だけであって、批判の論点になり得ない。それは（実験的）研究の結果わかることであり、ルィセンコ支持者は逆立ちの議論をしている。この論文の結論的文章は次のようである。

現代生物学における最も大きな課題は従来のメンデル・モルガン流の西欧遺伝学とミチューリン・ルィセンコ遺伝学との対立であろう。農業上の実践から問題を提起し、実践によって検証され、実践に対して正しい方針を提供しているソ連生物学は実践から遊離していた今までの生物学に比べて大きな相違があり、偉大な成果をおさめつつ発展している。

最後はソ連の農業がルィセンコ学説の応用によって、偉大な成果を挙げているという誤った情報が、「ソ連生物学は偉大な成果をおさめている」というルィセンコ学説評価の基礎となってしまっている。

一九五六年九月に国際遺伝学シンポジウムが日本で開催され、ソヴェトのグルシチェンコというルィセンコ支持者が来日し、講演をした。その講演の感想を宇佐美が次のように書いていて、その当時の宇佐美の素朴なルィセンコ学説に対する判断が率直に述べられているが、宇佐美の素朴なルィセンコ支持の正直な現れであろう。

ソヴェトの生物学者が自分たちの仕事に自信をもってきていること、従って厳然たる事実の前にはどこの国の自然科学者でも頭を下げないわけにはゆかないということであり、さらに、国際遺伝学シンポジュームのこの一幕は、ソヴェト生物学が国際的な生物界で占める位置が変遷してきていることを端的に示しているのではないだろうか。[25]

宇佐美の議論を詳しく検討してみて明らかになったことは、ルィセンコ学説の農業実践上の「偉大なる成果」に惑わされず、「生体の内的矛盾の具体的内容と内因の運動様式」を構造的に追求してゆけば、ある場合は遺伝子説に行くことも可能であったことであろう、ということである。宇佐美はこの論文の中で、「内的原因」という言葉を何回も用いているが、それは実験的生物学者として、ルィセンコ学説に遺伝現象の実体的把握が弱いことを感じていたのかもしれない。ただこの論文においては思弁的論議でルィセンコ支持を深めていった。

第四節　ルィセンコ学説の生物学的基礎としての物質代謝（2）

宇佐美は武谷が編集したあの一九五七年三月号の『思想』に「代謝と進化」[26]と題された論文を発表することになる。この論文はこの領域の宇佐美の代表的な論文である。「まえがき」に次のように述べ、ダーウィンの進化の原因については多くの欠陥があり、メンデル・モルガン学説とミチューリン・ルィセンコ学説の論争はこの点にあるとしている。

進化の原因についてダーウィンのが提出した学説には、多くの欠陥や不備な点が含まれていたために、種々の異説や修正の意見がそのご提出され現在におよんでいる。メンデル・モルガン学説とミチューリン・ルィセンコ学説は、進化の原因に関しても、各々異なる見解をもっている。

両学説間の進化の原因にかんする論点としては、

（1）遺伝子の概念を認めるかどうか

（2）環境による遺伝子の適応変異を認めるかどうか

（3）獲得形質の遺伝を認めるかどうか

（4）生物が積極的に適応的変化を起すのか、変化のうち自然選択で適応的変化が生きのこるのかであるが、

などとしているが、宇佐美の議論はなかなかそこまでに達しない。その論文の第一節として、「生化学への進化論の導入」を取り上げ、

進化の概念を生化学に導入することによって、生化学上の実験結果は、より体系化され、科学的になる。また、今までもっぱら形態の面からのみ一面的に論じていた進化を、機能の面から、特に、生物の主要な特性である物質代謝の面から考察することによって、進化論自身を、より完全なものにすることができる。

従来の進化学は形態的側面だけで論じられてきたというのは、事実ではない。多分これは実体なきルィセンコ学説を弁護するためにも書かれていると思われる。「進化の概念を生化学に導入」することは大事であり、特に生化学の進化論への導入によって、進化論をより発展的な科学にすることができるが、実体論的な追求がその際のポイントとなる。宇佐美は生化学の中でも物質代謝の面から考察することが重要であるとしている。

生物は、生活を続けている間は、生物体とそれをとりまく環境との間で、たえず物質の交換を行っているし、また生物体内で不断の物質変化が行われている。つまり生物体の物質構成はたえず更新しているのであった、これを物質代謝と呼び、この物質代謝を研究対象とするのが生化学である。物質代謝こそ生命の最も基本的な特性であり、生物のもっているあらゆる機能や形態の基礎には必ず物質代謝がある。

自分の専門分野である物質代謝を「生命の最も基本的な特性」として、今までの論文でも何回となく述べられ

ていて、この論文でも記しているのは微笑ましいが、「生物のもっているあらゆる機能や形態の基礎には必ず物質代謝がある」というのは間違いではないけれど、少し言い過ぎで、逆に「物質代謝には形態学的と実体学的基礎もある」と言うこともできる。どうも宇佐美の論には機能的な面での解析の割には、形態的或いは実体的議論が少ない。この文章の後に「生物の変異や進化は代謝型の変異や進化が基礎をなしている」という結論が出てくるが、そこにはかなりの飛躍があるが、宇佐美の論理の核心をなしているところでもある。ここでも「代謝型の変異や進化」の基礎となっている実体への追求がない。

第二節は「生物の可変性と、生物と環境との相互連関」と題されている。

生物学には現在二つの異なる立場、すなわちメンデル・モルガン学説とミチューリン・ルィセンコ学説がある。両者の対立は遺伝学において特に尖鋭であるが、生物学の他の分野においても、対立の度合いは多かれ少なかれ、どちらかの立場に立つことがせまられる。なぜなら、この対立は、単に遺伝学の領域に限られたものではなく、生命に対する基本的な態度の相違にもとづいているからである。

現存の生物の体内で行われている物質代謝を研究する場合にも、ただ単にそれを現在あるがままのものとして取り扱うか、それともその物質代謝の様式が現在のものに到達するまでの発展の過程を考慮するか、つまり意識的に進化論に方法論を導入するかによって、すでに研究の立場が異なってくる。この後者の立場は、発展の見地から、ものごとを観察するという、弁証法的方法である。ミチューリン・ルィセンコ学派の理論的基礎は弁証法的唯物論にほかならない。ダーウィンを高く評価し、ダーウィン説の中に含まれる欠陥や誤謬を除去しつつ、その核心を継承し、現在最も強力に進化論を主張しているのは、他ならぬソ連の生物学者たちである。

両者の対立は、遺伝学以外の生物学の分野でも、どちらの立場に立つかを迫っているというのは事実に反する。ルィセンコ学説の意義や衝撃を、この当時であっても、強調し過ぎである。ここで、ルィセンコ支持を表明するが、その根拠は、「発展の見地からものごとを観察する」ことは「弁証法的方法」であり、ルィセンコは

「弁証法的唯物論」の上にたっているから、正しい、という論理である。科学的根拠に基づいているものではない。「物質代謝の様式の発展の過程を考慮する」ことは別に弁証法的方法と名乗るまでもない、一般的な方法である。比較進化学という領域は古くからあり、そこでは発展ということを常に考えさせられている。次に、宇佐美は「遺伝子」概念に攻撃を向ける。

生物体は不断の物質更新を行っている。唯物論においては、生物は、基本的には、変化するものとして考えられる。生物体内には不変の物質は存在しない。このように、たえず変化している生物体の中に、不変の遺伝子を想定することは無理がある。この点でメンデル・モルガン学説は理論的には致命的な欠陥を内蔵している。染色体上に線状に配列すると仮定されている遺伝子が不変なものであると結論することは、遺伝子のみに遺伝を担当させる仮設とともに、批判さるべき問題を含んでいる。

堅実な実験生物学者である宇佐美が実験事実から出発するのではなく、「唯物論においては、生物は変化する。生物体内には不変の物質は存在しない」、だから「不変な遺伝子は存在しない」という単純な理屈に、この論文でも、寄りかかっている。この単純な理屈は多くのルィセンコ支持派が使用している理屈ではあるが、実験現場に身を置いている宇佐美なら実験的事実から出発して、「遺伝子仮説」が間違っていると言わなければいけない。また、「不変な遺伝子」と「遺伝子が変異しない」というのは同じことではないということが分かっていない。生体内で物質が変化する仕方は変性を受けたり、消化されたり、特定の部位で切断されて活性化されたり不活化されたり、発現量が増減したり、細胞が死亡したり再生されたりなど様々である。遺伝子発現の量も状況によって増減する。時には転写のエラーも起きるし、その修復も起こる。一九五七年当時では、遺伝子の形質転換、染色体や遺伝子組み換えや形質導入等の現象も見出されており、遺伝子も動的な状態にあることも分かってきていた。

次に、もう一つの論点である、環境との関係に入る。

次に、環境の問題がある。メンデル・モルガン理論では、遺伝子は不変なものであり、環境の影響を受けないと主張する。唯物論においては、環境と連関をもたない孤立した事象や現象を考えない。物質代謝によって、生物体は環境との間でたえざる物質の交流を行っているのであって、環境から孤立して生物は存在し得ない。従って環境が変化すれば生物が変化するのは当然である。しかし、問題は、環境の生物体に対するこの様な影響が、生物の後代にまで伝達されるかいなかにある。これが、いわゆる獲得形質の遺伝の問題であって、ここに生物学の両陣営の最も尖鋭な対立点の一つがある。

メンデル・モルガン理論でも、「遺伝子は不変なものであり、環境の影響を受けない」と主張はしていない。それを論争の相手を自分の攻撃しやすいように仕立てて、それを攻撃するというよくある論法を宇佐美も用いているが、それは次の言葉「唯物論においては、環境と連関をもたない孤立した事象や現象を考えない」に続かせるためには必要な歪曲であるのであろう。ただ、理論的に考えても、変化には範囲があり、変化の内容も考える必要があるわけで、環境による変化があるかないか、という単純な二者選択はほとんど意味をなさない。細胞死に伴う遺伝子の変化や突然変異による変化もあるわけである。ほかの分子の場合、例えば、低酸素環境になると赤血球やヘモグロブリンの量は変動するが、ヘモグロビン分子の一次構造が変化するわけではない。この論文で、宇佐美は生物体内には不変の物質は存在しないから、環境の変化で、遺伝子の一次構造が適応的に変化しないと考えることは致命的なことである、と言っていることになる。

最後の節で、「獲得形質の遺伝と突然変異」の項に入る。

メンデル・モルガン学説では、環境による遺伝子の変化を原則的には否定し、環境の影響を遺伝子の発現の過程に限定する。遺伝子は環境の影響を感受しないから、環境によって受けた生物体の変化は後代に遺伝しない。生物体中に、遺伝性を担う、遺伝子などのような、特定の物質が存在することを否定する。生物のあらゆる部分が遺伝性をもつと考える。環境を人為的に変化させることによって生物の遺伝性を人為的に変革する可能性が生じる。

ミチューリン・ルィセンコ学説では、環境の役割を単なる篩には限定せず、環境により積極的な意義を認める。生物が環境に適応的に変化すること、つまり変異に方向性があること、しかもその適応的変化が、同じ環境が継続すれば、代々継続し保持されること、つまり固定化し遺伝すると考える。

「生物のあらゆる部分が遺伝性」をもっていれば「生物の遺伝性を人為的に変革」できるという主張の意味するところは、「生物の遺伝性を人為的に変革」できるためには、「不変の遺伝子」ではなく「生物のあらゆる部分が遺伝性」を有していないと都合が悪いということである。宇佐美は最初に「メンデル・モルガン学説では、環境による遺伝子の変化を原則的には否定し」と、全否定でないことを記述しながら、その後の議論では、この「原則的」という言葉は忘れ去られている。実験家宇佐美は、「極めて保守性の強い遺伝性」の機構をどう考えるのか、「生物体中に、遺伝性を担う、遺伝子などのような、特定の物質が存在する」ことを否定する。「生物のあらゆる部分が遺伝性をもつ」という考え方と「極めて保守性の強い遺伝性」の事実をどのように関連づけて説明するのか、「適応的変化が代々継続すれば、つまり固定化し遺伝する」の実体的機構を具体的に提示する必要があった。なお、文章中に「つまり」や「従って」が多用されているが、全く論理が中断されているので、説得力がない。そして実験データを引用することなく、次のような結論を出す。

現在の実験データの段階でも、メンデル・モルガン学説は、細胞核内の特定の粒子に遺伝のすべてを担荷させていること、しかもたえず変化しつつある細胞の物質構成の中で、この粒子は不変であると仮定すること、偶発的な無方向的な突然変異に生物の進化を求めていること、環境と生物体との有機的な相互連関を考えずに、環境を突然変異体の篩の役割に限定していること、などの諸点が、機械論、ないしは形而上学であると思われる。

これは、実験データは何であろうとも、「メンデル・モルガン学説は論理的に矛盾がある」といわなければならない文章である。実験データが事実であるかどうか、その実験結果の解釈が正しいかどうかということが重要で、そのことの判断を別にして、機械論であるとか形而上学であると決めつけることはできない。宇佐美は現代遺伝学のどの実験データが遺伝子学説と致命的に矛盾し、どの実験データが遺伝子学説では説明できないかを具体的に指摘しなければならない。宇佐美は現代遺伝学のどの実験が間違いで、どの解釈が正しくないかを指摘しなければ、議論にならない。一方では、ルィセンコ支持者によって出された実験結果の評価を具体的にする必要もある。だからワトソン・クリックのＤＮＡの二重ラセンモデルが発表されてから四年も経っている一九五七年という時期では信じられない次の発言が出てくる。

　メンデル・モルガン学派は、最近は核酸を遺伝子の実体と仮定している。しかし勿論このことは実験的には証明されていない。しかしこの考え方も、方法論的には、結局は遺伝子を核酸という生化学的実体におきかえ、今度は核酸に万能力を附与しただけであって、遺伝子学説が新しい粧いをまとって現われたものにほかならない。ちょうど遺伝子の場合と全く同じ機械論的偏向をみるのは筆者だけではない。

「遺伝子を核酸という生化学的実体におきかえただけ」という言葉は遺伝子概念解明過程に関する歴史的観点が全く感じられない。遺伝子概念も進化するわけで、遺伝子を追求していったら、核酸という特定の物質につきあたったわけであり、それには長い研究史もあるし、物質的に同定されるかどうかはその後の進歩が格段に違うことになる。また、遺伝子核酸説というのは「遺伝子説」が科学的正否のつけやすい形で問題が整理されたことも意味するわけで、「今度は核酸に万能力を附与しただけであって」というだけでなし、ルィセンコ支持者が実験的に確かめることができるようになったわけである。宇佐美も実験生物学者らしく、実験で否定すべきであった。「このことは実験的には証明されていない」と記しているが、その当時の文献を見ると、日本においても、「遺伝子の実体が核酸である」という事実はかなり広く認識されていた。この宇佐美論文の一～二年前の『科学』の論文を少し引用してみよう。

（1）最近生化学やX線解析の進歩によって遺伝子が原子の世界まで突きとめられてきた。細胞内のデソキシ・リボ核酸という rigid な鎖状高分子上の四種の塩基原子団の特異的配置のパターンが、相対的に安定で子孫に伝えられる個体の遺伝性をになう物的証拠だといわれている。[27]

（2）遺伝子の本態については近頃デソキシリボ核酸

（DNA）であることが次第に明らかになってきた[28]。
（3）遺伝子に適合する殆ど唯一の物質として挙げられるのが、核酸特にデソキソリボ核酸（DNA）である[29]。

宇佐美は実験家というより理論好きという立場から、「唯物論」という言葉の中身を問うことなく、「実践」という言葉への素朴な心情により、

ミチューリン・ルィセンコ学説は農業の実践から生まれた理論であり、ソビエト農業の発展の基礎となっているのは周知の通りである。彼等は基本的には唯物論の立場に立って実験を行っている点で、自然を、生物を、正しく客観的に把握する可能性をもっている。

とルイセンコ支持を再度明らかにする。唯物論の立場に立って実験を行ったと宣言すれば、自然を正しく把握できるほど、自然を客観的に理解することは簡単なことではない。生物の人為的改造という野心「自然への驕り」が最後に顔を出して、この論文は終わっている。

環境の、生物に対する影響を有機的にとらえ、生物の変異性と遺伝性に関する客観的法則を明らかにし、環境を人為的に統制することによって、生物を人類に有用な方向に積極的に変革する方法を見出すことこそ今後の進化論の研究に与えられた最大の課題であろう。

実験生物学者である宇佐美は現代遺伝学／分子生物学の爆発的な発展にどのような理解があったのであろうか。実験生物学者である限り、その発展を見逃すはずもなく、学生に対してもどのような生物学の授業を行っていたのだろうか。次の節で取りあげる座談会では宇佐美の発言は少ないが、健全な実験生物学者に戻っている。

第五節　その後の宇佐美の現代遺伝学理解

一九六〇年に日本共産党はダーウィン『種の起原』刊行百年記念討論会を行い、「ダーウィン進化学説と現代生物学[30]」と題してその機関誌『前衛』に掲載した。出席者は井尻正二、徳田御稔、伊藤嘉章、小西国義、佐藤七郎、寺沢恒信と宇佐美正一郎である。小西国義は情報がないが、その他では宇佐美だけが実験生物学者である。

主題としては、
（1）『種の起原』の成立とその内容
（2）ダーウィン進化学説の社会的思想的影響

（3）『種の起原』と現代生物学

が取り上げられている。幾つかの興味ある発言を引用してみる。

（1）『種の起原』の中で、獲得形質の遺伝についても議論され、ダーウィンは獲得性遺伝を認める立場にたっている。

（2）『種の起原』第六版第一章では、ヴァイスマンの学説─生殖細胞におこる変異が重要で、生活中におこる体細胞の変異は重要でない─を取り入れて、変異の偶発性の側面を強調するようになった。これは、獲得性遺伝説に矛盾するところであり、自らその旗を巻いたことになる。

（3）ロシアの進化学者の思想の中で特徴的なのは、生物の形態の形成における外的環境の役割の重視である。もう一つの特徴は、外的条件によって獲得された形質の遺伝の可能性を強調する点にある。

（4）極端な機械論は資本主義のイデオロギーに対応する。ところが、ロシアでは、資本主義のイデオロギーが科学を支配しきってしまうまえに革命を迎え、俗流唯物論の廣汎な流布がなかった。これもロシアの進化論の健全な発展の原因になっている。

（5）獲得形質の遺伝を、最新の物理・化学的技術で実証することが今後の一番の課題である。

（6）獲得形質の問題を再検討させたことと、種内競争万能論批判、この二点はやはりルィセンコの功績だと思います。

当時の日本共産党の周辺の生物学者には一九六〇年当時も獲得形質の遺伝が最大の関心事であったようだし、ロシアで進化論が健全に発展したと考えているようだ。ルィセンコへの批判がないことも注目されるが、一方では獲得形質の遺伝の機構が全く分からず、機械論的方法（最新の物理・化学的技術）で解明することが第一の課題であると言っている。ただこの意見は少し皮肉っぽい感じがする。何故なら、座談会の主要な意見の一つは、機械論批判で、実験生物学に対しては必ずしも肯定的でない。小西の意見として、

博物学はたんなる個別記載だった。発展的法則を追求してゆく立場が科学なのだ。ダーウィンこそそれをなしとげたので、物理・化学的な方法で実験したから科学というのではなっとくできない。

という発言があるくらいである。井尻もこの意見に賛成している。この座談会では武谷に近い佐藤七郎の健全な発言が三つほど引用されている。

(1) 生物学が近代科学として成立するためには、一九世紀末のパスツールやクロード・ベルナールの時代を通って実験中心の学問にならなければならなかった。この意味でダーウィンばかりでなく、メンデル遺伝学の役割は決して軽視できない。

(2) (佐藤氏は) 遺伝子仮説から染色体に着目してその物質はなにかといって核酸へもっていき、細菌の核酸で実験をやり、最近ではアヒルの体内へ他種の核酸を注入して変化を起こす、これはメンデリズムの一つの発展の道だと思う、という最近のメンデリズムの前進をのべ、これを無視して一般的にメンデリズムを評価することは誤りだと言われた。

(3) メンデリズムとルィセンコ学説とがあんなにはげしい対立になったのは、もちろん反ソ反共ということが第一だが、ソビエトで科学の階級性などの理解に問題があって、ルィセンコが政策と科学とを混同したりしていることにも問題があったのだと思う。

この佐藤の意見は『自然科学概論』に掲載された佐藤の意見とはかなり異なっていて、正論を述べている。時期的に同じだと思われるので、不思議な気がするが、『自然科学概論』では武谷に対する遠慮でもあったのだろうか。宇佐美の発言はほとんど紹介されていないが、唯一あるのは次の意見である。

実験生物学のなかに機械論的偏向があるということは私も認める。しかし、ダーウィン以後これが台頭したのは、それまでの観察と記載を主とした〝博物学〟では不十分となったからである。進歩的な人が機械論を批判するあまり実験生物学の成果を軽視したらまちがいだ。

現場の健全な実験生物学者の生の言葉であろう。この座談会で明らかになったのは、ルィセンコ支持派は二分されていて、かつてのようなあからさまなではないが、根強く支持しているグループと実験生物学やメンデリズムの進歩の現実を率直に受け入れようとしているグループとに分かれている。宇佐美は後者のグループに属しているようだ。

一九六〇年代になってから、宇佐美の共同研究者であった増淵法之が、宇佐美が編集長を務めていた『唯物論』に「ソヴェトにおける二度にわたっての生物学論争」[31]という論考を寄せている。この論文を宇佐美は読んでいると思われるので、紹介してみよう。増淵が二度にわたる生物学論争と言っているのは、一九四八年の農業科学アカデミー総会を中心にした第一次論争と、一九五六年頃の種の飛躍的転化説やメンデリズム復活かといわれた第二次論争のことである。第一次論争の結果について増淵は次のように述べ、積極的に評価をしている。

第一次の生物学論争は二つのイデオロギーの斗争として把握され、論争の結果唯物弁証法の立場に立つミチューリン生物学が勝利を得て、ソヴェトでは獲得形質の遺伝が認められた点に基本的な特色があった。

第一次論争の後、獲得形質の基本命題は揺るぎないものになったと言って次のように記している。

獲得形質の遺伝を容認するという基本命題は多くの接木実験、秋まき型から春まき型への発育段階の面からしての方向的な変化、種内交配による活性の減退防止等の成果から揺るぎないものとなった。

では第二次論争は何をめぐってなされたのか。増淵の言によれば、ルィセンコの主張した種内競争否定論と種の飛躍的転化説をめぐって起こった。特にルィセンコが種の飛躍として説明したコムギからライムギ、硬質コムギから軟質コムギの転化の例証は多くの問題を呼んだとのことである。第二次論争について、増淵は次のように結論した。

唯物弁証法に立つ生物学としてのミチューリン生物学は確認され、獲得形質の遺伝を否定しようとするような一切のこころみは排除されたとみられよう。現在に残る基本的な問題はルィセンコの提出した種の飛躍をめぐっての問題である。

増淵は種の飛躍的転化についいては判断を避けているが、基本的にはルィセンコ学説を全面的に支持し、獲得形質の遺伝についいては疑っていない。増淵は大学生用の進化学についての教科書を書いており[32]、一九八五年の時点でも、ルィセンコの仕事を殆ど無批判的に紹介している珍しい教科書である。その中で、幾つかの獲得形質の遺伝に関する実験をこれもコメントすることなく挙げ、次のように述べている。

この様に以上の諸実験は獲得形質の遺伝を認める立

場からの実験であったが、ネオ・ダーウィニズムの流れの中で現在は無視され、あるいは誤解を受けていずれも否定的に受けとられている。

増淵はそれらの獲得形質の遺伝を証明したといわれている実験を信じているようだ。北海道大学の同僚であった宇佐美は増淵の議論についてどのように考えていたのだろうか。

宇佐美は前述したように一九七〇年代までは「バーナリゼーションの生化学的解明」の実験的研究を続けた。その後の宇佐美の論考を読むと、分子遺伝学を受け入れてゆく側面とかつて自分が支持したルィセンコ的な考え方とで揺れた様子が明らかになる。一九七三年には『唯物論』二〇号に「生物の形態形成について[33]」を発表したが、その心情がよく出ている論文である。

(1) 遺伝学によると、生物の個体を構成している各細胞核内の遺伝情報―物質的にはＤＮＡ―は特殊な例外を除けば、原則として同質であると考えられている。個体を構成するすべての細胞は遺伝情報の同じセットを持っているが、これらの情報は細胞内で制御され、その発現が抑制されていて、発現できない状態にある。

(2) 生物は歴史的な産物であり、発生の様式についても、その祖先の生物の形態形成の過程を反映している。個体発生と系統発生との連関が問題となる。個体発生が系統発生をそのままの形式で反復することはないが、系統発生の様式を反映し継承していることは確かである。固定不変の遺伝子構成をもった受精卵が全くの同質な個体を累代形成してゆけば生物は変化せず進化が起らない。この問題は本稿ではふれなかった。

分子遺伝学的知見は了解するが、「不変の遺伝子」という考え方にはまだなじめない。ただルィセンコという名前はもう出てこない。

一九八一年の唯物論二七号に寄稿した「生物学・認識論・進化論[34]」でも、次のように述べている。

ダーウィン進化論は完全なものではなく、何十億年というような長い経過における生物の進化は、いわゆる実験生物学では手におえない問題でして、生命の起源と比べても、勝るとも劣らない実証上の困難性があります。従って実験を中心とする生物学では長年この問題に正面から取り組まなかったのですが、ただ例外的に、以前から進化を問題にしてきた集団遺伝学と最近の分子生物学におけるタンパク質や酵素やＤＮＡなど物質の化学構造の進化に関する治験が集積するにつれて、進化を突然変異と自然選択（淘汰）だけで説明していいのかが問題になってきた。獲得形質の遺伝や定向進化についても、今までも積極的なデータがないという理由で一応は葬られていたが、果たしてそれでいいのかという問題もあります。

この論文も揺れる心情が出ている。「集団遺伝学と最近の分子生物学」の発展によって、「進化を突然変異と自然選択（淘汰）だけで説明」できるという考え方も強まったわけだから、宇佐美の意見は説得力を持たない。また、宇佐美は進化の主要因が突然変異と自然選択であることは認めたとも理解でき、獲得形質の遺伝や定向進化についてはデータがないということを認めたとも解釈ができる。一方では、獲得形質の遺伝や定向進化が「葬られた」という言葉に宇佐美の無念を推測することができる。

一九八一年の三月に著書『自然科学への招待（開成出版）[35]』を発刊した。ルィセンコの名前は全く出てこなくて、もっぱら分子遺伝学の発展の紹介に努めている。

（1）生物の遺伝の現象に対して科学的な接近を試み、遺伝の法則性についての理論を最初に提出したのはメンデルである。彼の考え方は、のちに遺伝子説として発展し、今日に至っている。遺伝における遺伝子説を確立したのはモーガンである。

（2）メンデルの遺伝法則の発見、その後のモーガンの研究などによって、細胞核内の染色体にのっている遺伝子によって、遺伝が支配されていることが推論されていたが、遺伝子の実体は長い間不明であった。一九四〇年代に、核酸が重要な役割をもっていることが明らかになってきた。デオキシリボ核酸（ＤＮＡ）が遺伝子の実体であると云う考えを支持する実験データが集まってきた。一九五三年にはワトソンとクリックがＤＮＡの立体構造として、二重らせんのモデルを提出した。

（3）生物の特性の一つとして、今世紀中ごろまではまだ神秘の謎に包まれていた遺伝の現象、つまり生物が自己の同一物を再生産する過程のメカニズムが、分子遺伝学によって、その輪郭が明らかにされたことによって、生物学は大きな変革をとげた。遺伝子の実体とその運動法則が開明されるにつれて、人為的に遺伝子を組み替えて新たな遺伝性をもった生物を作り出すことができるようになった。

一九五七年の論文[26]で「遺伝子が核酸であることは実験的には証明されていない」と記していたが、この論文では一九五三年までには「遺伝子核酸説」ほぼ確立されていたというようになってきている。このように、一九八〇年代に至って、宇佐美は現代遺伝学／分子生物学の枠組を基本的に受け入れたが、時間的にはその骨骼が確立してから大分の時間が経過していた。ただ、獲得形質の遺伝への執着は断ちがたいようで、何かそれを支持するかもしれない研究が出ると飛びついてしまうようだ。

第六節　獲得形質の遺伝に関するある分子生物学的研究

一九八三年の「マルクスとダーウィン[36]」では、次のように論じ、

進化論の問題は二つに分けて考えることができる。一つは生物の進化の事実であり、もう一つは進化の原因である。進化の原因に関しては、ダーウィン進化論は自然選択説である。進化論はその後の遺伝学の知見を加えて修正された。つまり、ダーウィンのいう変異がすべて遺伝するのではなくて、生殖質中の粒子（現在のＤＮＡ）が変化する突然変異のみが遺伝性をもっている。ダーウィン以前に進化論を提出したラマルクの獲得形質の遺伝による進化説もまったく消滅したのではなくて、最近の分子生物学の成果によってこの説を復活させようとする見解もある。生物の進化という複雑な過程の原因を自然選択に限定してしまうのは一面的であるかもしれない。

相変わらず、宇佐美は獲得形質の遺伝への誘惑をもっていることが、図らずも出ている。そのバックグラウンドには「最近の分子生物学の成果」があるわけであるが、その実験は、最終的には、獲得形質の遺伝を証明するものではなかった。それはケアンズらの適応変異の実験[37]である。その実験内容を真木の紹介記事[38]から引用しよう。

ケアンズらは乳酸をエネルギー源として利用できなくなった大腸菌の変異株（lac-）を用いて、それが乳糖を利用できるように戻る変異（復帰変異）の発生を調べた。培養液の一部を乳糖を含む最小培地の寒天プレートに塗布して三七℃で保温すると、乳糖を利用できる復帰変異株だけは寒天プレート上で増殖して目に見える大きさのコロニーを形成する。

驚いたことに、保温して二日目に最初のコロニーが出現した後、さらに保温を続けると、時間に応じて新たなコロニーが次々に生じてきた。さらに、寒天プレートに乳糖を加えない場合には二日目以降に出現する復帰変異は全く生じないことが、巧妙な実験から示された。後で出現したコロニーは乳糖が存在するときにだけ誘導されてくる復帰変異を意味する。これらの実験結果からケアンズは〝大腸菌が自分に都合のよい変異を選ぶ未知のメカニズムをもっている〟可能性を提起し、この現象をdirected mutagenesis（指向性変異）と名づけた。

この真木の記事は、ケアンズらの仕事の七年後の解説記事であるが、真木はケアンズらの実験にかなり高い評価を与えており、

ケアンズの仮説は、選択圧という環境の作用がDNA上の変化、而も方向性をもつ変化を引き起こすという点で、セントラルドグマへの挑戦でもあった。

とも述べている。ケアンズの論文が発表された時に私たちの講座の若手講師が教室の抄読会で紹介し、議論が沸騰したことを記憶している。その後ヘンドリクソンらの実験[39]によって、適応的変異は明確に否定された。ケアンズらの実験では、乳糖を分解できない大腸菌に、一つの突然変異（フレームシフト変異）で働かなくなった乳糖分解の遺伝子をもったプラスミッドを導入した大腸菌を用いていたので、このプラスミッドは細菌の染色体とは異なった行動を起こし得た。ヘンドリクソンらは、乳糖の存在がlac+への突然変異率を他の突然変異と比べて選択的に上昇させたわけではないことを示した。結局のところ、適応的な突然変異が環境によって誘発されたわけではなく、偶然に生じた突然変異が環境下で生存や増殖に有利となり、増加したと解釈されることになった。

第七節　宇佐美は最後まで獲得形質の遺伝にこだわった

ルィセンコ支持派が獲得形質の遺伝を断ち切れない心情として、「人間による生物改造／自然改造」への希求があることを今まで触れてきたが、宇佐美の神奈川大学評論に寄せた論考を見ると[(40)(41)]、過去の主張への自己批判がないのは残念だが、この点においても変わってきた感じがある。

（1）バイオテクノロジーは、より根本的に人間の遺伝子を変革し、肉体ばかりでなく、感情、性格、知能までも変革しようとしている。人間も自然の一部であり、自然の法則には従属する。しかし科学は人間が作り出したものであり、人間は必ずしも科学によって支配はされない。科学する主体は人間である。

（2）バイオテクノロジーによる生物や人間の改造についても、誰が、何の目的で、その研究成果を利用するかが問題である。地球上に優秀な人類を保全し増殖させるためという名目で、ナチスドイツがユダヤ人を抹殺しようとした民族主義や人種差別の思想的背景となった苦い経験をわれわれは持っている。地球に生まれた人間は、生まれたときからすべて平等であり、平等に幸福な生活を営む権利を持っている。

（3）自然破壊による環境破壊についても、人間と自然との調和、人間以外の動植物との調和ある共存を考慮して計画的に行う必要がある。

宇佐美もやっと自然と生物に対する人工的改造の思想に反対する見地に立ったかのように見える。ただ、自然を破壊することに反対する論理として、よく「江戸時代に戻る積もりか」などという反論が出るが、宇佐美の「原始人の生活に戻ることは不可能である」の発言にそれに近いものを感じる。「自然とヒトに対する驕り」に反対する立場を本物にしてゆくためには、ルィセンコ支持の動機になった、

環境の、生物に対する影響を有機的にとらえ、生物の変異性と遺伝性に関する客観的法則を明らかにし、環境を人為的に統制することによって、生物を人類に有用な方向に積極的に変革する方法を見出すことこそ今後の進化論の研究に与えられた最大の課題であろう。[(25)]

という考え方の根底的な批判がなければならない。

宇佐美は、一九八九年に、日本共産党委員長不破哲三

と「現代の進化論[1]」という対談を行い、四月二三日号『赤旗』（日曜版）に掲載された。

不破　遺伝の仕組みはまだわかっていないということを、ダーウィンは何度も強調していますね。

宇佐美　それがダーウィン以後、遺伝学の発展によって解明されたのです。遺伝子の突然変異によって起ることがはっきりし、その突然変異と自然淘汰によって進化を説明できるようになりました。この遺伝学でダーウィンやラマルクの説が否定されたのです。獲得形質の遺伝といわれたこれまでの現象は、遺伝子の突然変異と自然淘汰によって説明できるというのがいまの生物学の定説でして、獲得形質の遺伝ということばもいまはタブーなんです。しかし実験事実で完全に否定されたわけではない。私はこの点はもう少し柔軟に考えた方がいいと思います。

現代遺伝学の大枠は承認しているようだが、獲得形質の遺伝への誘惑は最後の最後まで捨てきれなかったようである。一九九五年七月に最後の著作『どこまで描ける生物進化[42]』を出版した。この本では久し振りにルィセンコを論じている。

（1）ルィセンコはコムギの秋播性を春播性に人為的に転換するヤロビザチア（春化処理）の実験をおこないましたが、この実験を拡張して、このような処理を連続して毎年つづけていると、遺伝性が変革して播種性が転換すると主張しました。春化処理は追試可能ですが、それが遺伝することは確認されていません。

（2）現代遺伝学によれば生物の遺伝の物質的基礎は遺伝子DNAにあって、生物の環境の影響はDNAには達せず、DNAは安定で累代伝えられてゆくことによって遺伝の保守性が保たれている。生物の進

第14章-3：宇佐美の最後の著作『どこまで描ける生物進化』、1951年

化は遺伝子の偶然の変異によって起ることがその原因であるという総合説が一般化しています。獲得形質の遺伝は否定され、現在ではこの問題は特に遺伝学者のあいだでは誅殺されています。

ルィセンコの春化処理が遺伝性まで変化させたということは、かつての見解とは異なって認めてはいないが、「否定された」と書かずに「確認されていない」と記述するところに未練が感じられる。さらに、「獲得形質の遺伝は誅殺されています」の表現に、獲得形質の遺伝への執着心と無念さが表れている。さらに、次のように述べている。

（1）唯物論によれば事物の発展は内的矛盾によって起ることになっていますから、生物の自律的な運動が発展の主要な原因ですから、総合説による、必然性のない偶然の変異が自然選択という生物にとってていわば受け身の原因だけによって進化が起こるという考え方に、論理的に無理がないことはありません。

（2）その進化する原因について説が分かれます。生存の過程で環境から取り入れた物質を内的なものに転化しつつ、しかも自律的に環境に適用するように進化していく本性をもっているという考え方と、他方、生物の遺伝子のDNA配置は偶然性の遺伝子浮動をおこなっていろいろ形質を異にする生物が生まれる、その中で、環境に適応したものだけが自然による他動的な選択によって生きのこるという考え方です。前者がラマルク流の考え方で、後者がダーウィンの流れをくむ総合説の考え方です。

（3）進化の必然性を生物自身に内在する自律性に求めるか、または形質発現のもとになる遺伝子の変異の偶然性が自然選択による他動的な、つまり生物自身からは受身な原因によって必然性に転化するのか、という点で意見が分かれます。つまり適応という概念を生物自身の自主性、積極性、能動性と考えるのか、それとも自然環境による他動的、受身的なものと考えるかの相違です。

「生存の過程で環境から取り入れた物質を内的なものに転化しつつ、しかも自律的に環境に適用するように進化していく」というルィセンコ的考え方に最後までこだわっている様子がよく分かる。心情的には宇佐美は生物の自律性による適応進化の考え方を捨てきれず、最終的にも、遺伝子説は承認したが、偶然的な遺伝子変異が自然選択されるという考え方は納得ができなかった。

第八節　宇佐美のルィセンコ評価の変遷

宇佐美は今まで取り上げた、武谷三男、山田坂仁、八杉龍一、石井友幸等と異なって、もちろん理論好きという側面はあるが、現場の実験的生物学者として出発し、生涯を送った。植物や微生物を対象にその生理学的研究や生化学的研究が宇佐美の専門分野であった。物質代謝ということを基軸に、ルィセンコ学説に近づいたようである。そこには思想的背景の強かったと推測されるが、地道にヤロビの生化学的研究を二〇年近くにわたり行ったが、須田に指摘されたヤロビの実体の解明に近づくことは最後までできなかった。一九五七年の例の『思想』に「物質代謝と進化」[26]を寄稿した頃が最もルィセンコ説に近かったが、その論考にも現場の実験的生物学者らしい発想があった。一九六〇年の日本共産党主催の座談会でも、実験生物学の意義を、少数意見ながら、主張していたが、現代遺伝学や分子生物学の枠組を基本的に受け入れるのは一九八〇年代になってからである。それでも、「相対的に環境から独立している遺伝子」の概念や「偶然の突然変異と選択」という考え方には終始違和感を持ったようである。一方、環境との関係で遺伝や進化を見る視点には最後までこだわり、「適応進化」や獲得形質の遺伝についても諦めきれないようだった。ただ、宇佐美の絶筆と言われている『どこまで描ける進化論』[42]のルィセンコに対する評価は痛ましい。宇佐美は一九九五年の七月に亡くなった。

ルィセンコの春化処理の実験は植物生理学的に検証されていますが、かれはこの実験を拡張して、春化処理を毎年つづけるとコムギの遺伝性が動揺して不安定になり、やがて新しい遺伝性が固定して秋コムギが春コムギに変わってしまうと主張しました。また、接木による雑種の生長も主張しました。このことは充分な検証に耐えていません。実験的根拠が薄弱であるのにかれは自説に固執し、当時のスターリンの独裁的な政治勢力を利用して、自説の反対者を弾圧し、多くの犠牲者を生みました。その結果、旧ソ連の育種学・遺伝学の進歩をはばみ、農業生産にも被害を生じました。

科学と政治との関係において、政治が科学の発展に与えた大きな汚点として科学史における著名な事件の一つです。

　宇佐美自身がルィセンコ学説の支持者であり、日本におけるルィセンコ騒動の加担者であったという自覚はないようである。ただ、宇佐見が否定しているのは、「科学と政治」との関係で、ルィセンコ学説の中身ではない。この論法は八杉や武谷の論理と共通で、彼等はルィセンコ学説の科学的内容への自らの支持に対しては最後まで自己批判することはなかった。

[引用文献]

（1）宇佐美正一郎・不破哲三、「現代の進化論」『赤旗』、一九八九年四月二三日。不破哲三対談集『自然の秘密をさぐる』（新日本出版社）一九九〇年

（2）宇佐美正一郎、「生命と酵素」、ネオメンデル会編『生命論の展望』、一九五一年

（3）宇田一、「生命論の歴史的展望」、ネオメンデル会編『生命論の展望』、一九五一年

（4）木田文夫、「生命科学における内部相互関係論」『思想』（286）、一九四八年

（5）木田文夫、「遺伝学の最近の諸問題」『遺伝』2（9）、一九四八年

（6）木田文夫、「遺伝発生の後成説」、ネオメンデル会編『現代遺伝学説』、一九四九年

（7）木田文夫、「遺伝後成学説について」『遺伝』4（4）、一九五〇年

（8）佐藤重平、「生命と遺伝子」、ネオメンデル会編『生命論の展望』、一九五一年

（9）中井哲三、「ルィセンコ学説の勝利（第一部）―ルィセンコ遺伝学の成立過程―」『前衛』（45）、一九五〇年

（10）高梨洋一・星野芳郎、「ルィセンコ学説の勝利（第に部）―ルィセンコ遺伝学をめぐる批判と反批判―」『前衛』（46）、一九五〇年

（11）宇佐美正一郎、『大むかしの植物』（福村書店）一九五二年。『理科の学校―化石―』（福村書店、一九五七年）に再録

（12）宇佐美正一郎、「微生物の進化―特に物質代謝型について―」『自然』、一九五三年。徳田御稔編『現代の進化論、どこに問題があるのか』（理論社、一九五三年）に再掲載

（13）宇佐美正一郎、「植物生理学」、山口清三郎編『生命の歴史』（毎日新聞社）、一九五三年

（14）宇佐美正一郎・佐々木昭二・牧野利一、「微生物のアミノ酸酸化の比較生化学」『生物科学』（生物科学シンポジュウム「進化」特集号）、一九五三年

（15）宇佐美正一郎、「ヤロビの生化学」『自然』、一九五四年

（16）宇佐美正一郎・倉林正尚・増淵法之・寺岡宏、「植物発生とヤロビチア」『生物科学』（発生特集号）、一九五四年

（17）宇佐美正一郎監修・翻訳、『ソヴェト生物学』（みすず書房）、一九五五年

（18）寺岡宏・宇佐美正一郎、「温度発育段階の生理学的研究」『生

物科学」（「生体と環境との相互連関」シンポジウム特集）、一九五五年
(19) 寺岡宏・宇佐美正一郎、「コムギ胚の初期発生」『生物科学』、一九五七年
(20) 宇佐美正一郎、「バーナリゼーションの代謝生理」一九六〇年日本植物生理学会シンポジウム
(21) 田沢正・佐々木喜美子・宇佐美正一郎、「小麦の発芽過程及び春化処理過程におけるＲＮＡ代謝について」「日本植物生理学会」、一九七二年
(22) 石川浩子・宇佐美正一郎、「発芽および低温処理コムギ胚の糖の代謝」、「日本植物生理学会」、一九七二年
(23) 宇佐美正一郎、「植物の起原―光合成段階の出現―」『自然』、一九五六年
(24) 宇佐美正一郎、「物質代謝について」『唯物論』一号、一九五四年。『国民の科学』（三月号、一九五五年）に「物質代謝と生命現象」と題して再掲載
(25) 宇佐美正一郎、「生命」『自然』12（1）、一九五七年
(26) 宇佐美正一郎、「物質代謝と進化」『思想』三月号、一九五七年
(27) 鎮目恭夫、「ルィセンコ理論の物理的基礎」『科学』25（11）、一九五五年
(28) 吉川秀夫、「ルィセンコ説の問題点」『科学』26（3）、一九五六年
(29) 關口睦夫、「遺伝子と核酸」『科学』26（10）、一九五六年
(30) 井尻正二その他、「ダーウィン「種の起原」刊行百年記念討論―ダーウィン進化学説と現代生物学」『前衛』（１６６）、一九六〇年
(31) 増淵法之、「ソヴェトにおける二度にわたっての生物学論争」『唯物論』一〇号、一九六一年
(32) 増淵法之、『進化学入門（第二版）』（北海道大学図書刊行会）一九八五年
(33) 宇佐美正一郎、「生物の形態形成について」『唯物論』二〇号、一九七三年
(34) 宇佐美正一郎、「生物学・認識論・進化論」『唯物論』二七号、一九八一年
(35) 宇佐美正一郎、『自然科学への招待』（開成出版）一九八一年
(36) 宇佐美正一郎、「マルクスとダーウィン」『唯物論研究』第八号、一九八三年
(37) Cairns J, Overbaugh J, Miller S., *"The origin of Mutants"*,『Nature』8 (335), 1988
(38) 真木寿治、「ランダムでない突然変異?:」『科学』65（11）、一九九五年
(39) Heather Hendrickson, E. Susan Slechta, Ulfar Berghorsson, Danl. Andersson, John R. Roth, "Amplification-mutagenesisi evidence that "directed" adaptive mutation and general hypermutability result from growth with a selected gene amplification" Proc Natl Acd Sci USA, 99 (4) , 2002
(40) 宇佐美正一郎、「科学の中の人間」『神奈川大学評論』一巻、一九八七年
(41) 宇佐美正一郎、「生体系の中の自然と人間」『神奈川大学評論』四巻、一九八八年
(42) 宇佐美正一郎、『どこまで描ける生物進化』（新日本出版社）一九九五年

第一五章

今西錦司と梯明秀

この章では、今一部の人からその進化論に興味が寄せられている今西錦司を取り上げてみたい。さらに、今西進化論が、戦前の『唯物論研究』誌に特異的な論文「生物学におけるダーウィン的課題」を発表し、獲得形質の遺伝こそが進化研究における原理であると主張した梯明秀の進化思想と奇妙に類似していることも明らかにしたい。

第一節　『生物の世界』の中の今西進化論

今西錦司はカゲロウ研究で見出した有名な棲み分け理論を創始した研究者である。今西の世界は、遺書のつもりで執筆されたと言われている著書『生物の世界』(1)を出発点にして、登山、探検、アフリカ、ニホンザル、類人猿、人類の起原、進化論そして文化・文明論に及ぶ広範な領域から成り立っている。カゲロウ研究などの初期の頃から、今西は進化論に興味を示している。既に一九四一年刊行の『生物の世界』にも「歴史について」の項で、進化論にも触れていて、

私の世界観が立脚する進化論と、現在伝統的に正統視せられている進化論との、基礎的な相違を明らかにすることによって、この小著の結論に代えたいのである。

と述べている。その後今西進化論と呼ばれることになる学説の骨骼が既にこの著書の中に書かれていることに驚かされる。今西の考える基本単位は個々の生物ではなく、種というものである。この種という概念には、当時の哲学や歴史に関する京都学派の影響がよく指摘されるが、それについて私は語る資格がない。ダーウィンの『種の起原』が「種」の起原を扱ってないとしばしば指摘されるところであるが、今西は個々の生物の偶然の突

然変異や自然淘汰説の考え方に反論している。それを踏まえて書かれた次の文章はルィセンコ派や武谷の意見と一見すると似ている。

生物の変異にかんするかぎり、生物はその生活の指導原理から遊離し、環境から超然として偶然のなり行きのままに拱手傍観してこの長い歳月を送ってきたということがありうるだろうか。たとえ変異のメカニズムが生殖細胞内の微妙なからくりに依るものだとしても、生殖細胞のみが身体の外に超然と存在しているものでもないし、その身体の延長が環境であり、環境の延長が身体であると考えるならば、およそ生物の生活内容に身体から超然とし、環境から超然とした部分があるなどとどうして考えられるであろうか。そのように考えたいということは、生物と環境とを別々のものと考え、そのような抽象化された生物と抽象化された環境とを因果関係によって結ぼうとした、機械論華やかりし時代を特徴づける物の考え方であって、それではすこしも具体的な生活というものが説明されはしないのである。

生物の変異は「環境と生物の相互作用」によって誘導され、その考えに基づき、進化を考察すべきであるという主張である。「機械論は華やかりし時代」が何を意味しているか分からないが、ここでも機械論は否定的に考えられている。まだ、定向進化論という言葉は出てこないが、

種自身に変異の傾向がきまっていて、種自身が変わってゆく場合には、早く変異をとげた個体はいわば先覚者であり、要するに早熟であったというだけで、遅かれ早かれ他の個体も変異をするのである。

という文章に出会うと、後年の定向進化論は明白な事実だという主張が、事実上、出発点で既にあったことは、注目される。ただ、「環境と生物の相互作用」によって誘導される変異と定向進化とは本来矛盾する考え方であるが、それには気が付いていないようである。後年、獲得形質の遺伝も熱烈に支持するようになるが、この時点では、

生活する生物は生活の方向をもっている。それは生物によって決定されたものでも、環境によって決定されたものでもない。それは必然の自由によって決定される創造の方向性である。ついでだからいっておくが、

こういったからといって別段に獲得形質が遺伝されねばならないということを主張しているつもりもないのである。

と述べ、獲得形質の遺伝とは距離を置いているようだが、著書の全体を読むと、それを認めたとしてもそれほど違和感はない。その後の今西進化論の主張をたどってみよう。

第二節　今西進化論の確立

進化についての最初の本格的な論文は一九六四年に京都大学の『人文学報』に報告された「進化の理論について―正統的進化論に対する疑義」(2)である。その内容について検討してみよう。まず「種」というものから話題に入ってゆく。

種とは、構造的にいうなら、この地球上にみられる生物の世界の、或は生物的自然の、或はまた生物全体社会の、一つの基本的な構成要素である。

生物社会においては、「種」というものが基本的な構成要素であって個体の違いというものは進化に関係がないと再度確認し、進化というものを「種」のレベルで考える必要を強調する。

同種の個体というものは、くわしくみれば、個体間のちがいもないわけではないけれど、そのようなちがいは大勢に影響のないちがいである。つまり、種の存亡とか、あるいは進化ということとは、なんら関わりのないちがいである。

この前提で、「正統派遺伝学」を支えていると今西のいうところの二本の柱、突然変異と自然淘汰、の考え方を批判してゆく。最初は突然変異に対する批判である。

遺伝学者が突然変異はランダムにおこる、したがって方向性をもっていない、ということを、金科玉条と心得ているのに対し、私はそんなはずがない、突然変異ははじめから方向性をもち、おこるべき必要にせまられておこるのだ、というのである。種の危機に遭遇して、これを突破するときには、個体のレベルで、一致した行動をとりうるのでなければ、意味をなさない。

したがって、この変化をもたらす突然変異は、任意の個体におこって、そこから遺伝的に拡散してゆくだけではなく、原則的にいうならば、そのような突然変異は、遅かれ早かれ、やがて種の全個体におこることによって、種のかちえようとしている適応を、促進するものでなければならない。

とランダムな突然変異の進化における意義を否定し、方向性をもった突然変異の重要性を主張するが、突然変異自身は認めているようである。方向性をもった突然変異を成立させる分子機構については、関心がないようだ。次に自然淘汰を批判する。

突然変異と自然淘汰の結びつきは、突然変異のほうがランダムに、無方向におこると考えるからこそ、どこかで舵をとってこれをコントロールし、その結果として生物に適応を導くような作用が、存在するのでなくてはならない、ということになる。ランダムな突然変異と結びついて、個体レベルではたらく自然淘汰など、起こりえないと私はいうのだが、それがもし、生物の進化をつかさどるほとんど唯一のメカニズムである、とするならば、これだけ長年月にわたってこの地上に生きながらえていながら、生物はいまなおその環境に対して全然盲目であり、適応とか進化とかいった生物にとって最大の重要な問題を、すっかり環境にまかせている。これでは、こと進化に関するかぎり、生物には主体性などかけらも認められていない。まさに唾棄すべき機械論ではあるまいか。

では、今西はどう考えるのか。

これに対し、適応ないし進化に導く突然変異は、もともと環境に対する生物の側からのはたらきかけであると私は考える。そう考えるかぎり、環境は進化を誘発するものであっても、進化の主導権は、どこまでも生物によって掌握されていなければならない。

ランダムに起こる突然変異は存在せず、全て必要な変異であるから、そもそも自然選択など必要がないとの意見である。この主張はかつて『生物の世界』で述べた生物と環境との相互作用、「その身体の延長が環境であり、環境の延長が身体であると考えるならば、およそ生物の生活内容に身体から超然とし、環境から超然とした部分があるなどとどうして考えられるであろうか」から生物の側により軸足を移している。今西はよほど機械論が嫌いなようで、「唾棄すべき」という枕言葉を機械論につけている。この論文では、今西は獲得形質の遺伝を肯定も否定もしていないが、次のように記している。

進化は、個体を単位とした、ランダムな、非適応的な、突然変異でなくて、種を単位とした、方向性のある、適応的な、突然変異によらねばならないという説に支持されて、（獲得形質の遺伝が）もう一度とりあげられることになるであろう。

この段階では、今西と定向進化説および獲得形質の遺伝までの距離がますます近くなっている。その後、『私の進化論』（一九七〇）[3]をはじめとして、次から次と進化に関する論文を発表し、今西錦司全集の最終巻（一〇巻）と完結後編集・出版された三巻は殆どすべて進化に関する論文で埋まっている。ここでは今西進化に関する全思想を検討する場ではないので、一九八〇年に発表された代表作『主体性の進化論』[4]まで飛ぶことにしたい。

第三節　主体性の進化論

一九八〇年に今西は『主体性の進化論』[4]を世に問うた。この著書で、今西は自己の進化論を総まとめした。

彼の主張を見てみよう。

（1）獲得形質がその生物によって、いつ、どこで、どのようにして得られ、またどのようなプロセスをとおして子孫に伝えられるかを、しばらく問わないこととするならば、そして、われわれが三五億年まえの微細で体制の簡単な生物から、しだいに体制の複雑さを増しつつ、今日この地上にみるいろいろな生物まで分化・発展したことを、心静かに考えてみるならば、およそ獲得形質の遺伝のないところに、進化はありえない、とまで極言できるのではないか。獲得形質の遺伝とは、進化を論ずるかぎり、それほどまでに重要な一般現象である。

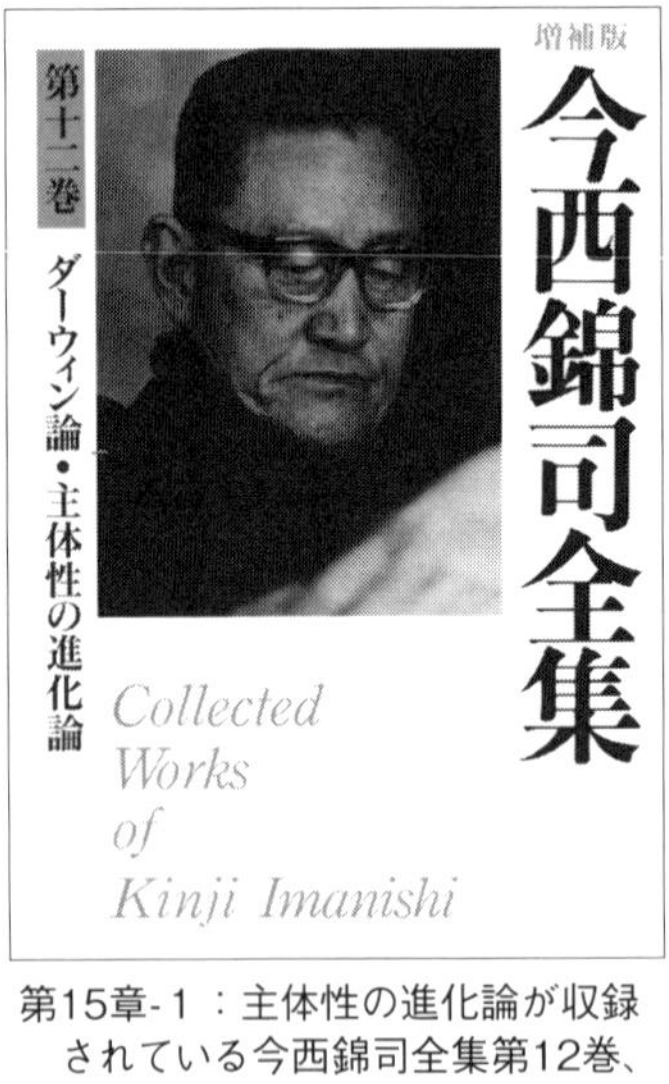

第15章-1：主体性の進化論が収録されている今西錦司全集第12巻、1993年

（2）ひところ、獲得形質の遺伝ということが、はげしい論議を呼んだ結果、いちおう否定された形になっているけれども、じつは、獲得形質の遺伝こそ、生物進化の大前提であって、これを否定することは、進化そのものの否定に通ずる。そういう意味ではこれを進化の公理といってもよいものかもしれない。

このように述べ、そのメカニズムは別として、まず獲得形質の遺伝が公理だとした。次には定向進化に同意した。

種の個体がみな同じように変わることによって、長年のうちに種はみずから、そしておのずから、別種に変わるのである。同種の個体がみな同じように変わるということであるからこそ、そこに現象としての定向進化ということも、生じてくるのでなければならない。もし三十五億年まえの最初の生物がこの地球上に誕生したとき、ある種の高分子の一つ一つが、ある生物の種の個体の一つ一つに変わったものとしたならば、生物の種はその誕生のはじめから、同じ個体によってできあがっていたのであり、それからのちも、種がかわり、いかに分化発展してゆこうとも、一つの種の個体はつねに同じように変わることによって、あるいは個体を同じように揃えておくことによって、この私のいう「種と個体とは二つにして一つのものである」という体制を、崩さないで維持してきた、といわざるをえない。

このように定向進化説を承認し、定向進化は「種」を進化の単位と考えれば当然の結論であると述べている。続いて、「二足歩行」について述べ、

おとなでなく小さな子供が、まず立ちあがって二足歩行をはじめたものとしたならば、このことは有用さとか、環境に対する適応とかいうことは考えにくい。しいていうならば、人間の赤ん坊は立ちたくなって立ったのである。立ちたくなってということさえ、すこし行きすぎがあるとしたならば、赤ん坊は立つべくして立ったのである。

と、有名な人類は「立つべくして立った」と主張した。続いて個体発生と系統発生の関係を独特な形で表現した。次に、この二足歩行は環境に対する適応と考えるより、定向進化として起こるべくして起きたと記している。

この私が、子供からおとなになり、あるいはおとなから年寄りになるという一連の変化は、いったい環境によって誘発されたり、誘導されたりしているのであろうか。環境を無視しようというのではないけれども、この個体にみられる成長という現象はもともと私の身体にそなわった自発的現象であり、これをはたからみたら、私という主体のあらわす一種の自己運動である。すると進化において、種が変わらないままで変わってゆくことも、環境に誘発されたり誘導されたりしなくても、時間のスケールにちがいがあることはもとよりだが、成長も進化もこれを時間軸に沿った一つのコースとみるかぎり、いずれも主体のあらわした自己運動の軌跡である、とみなしてもよいのではなかろうか。最終的に自分の進化論を「主体性の進化論」と命名した。

個体に主体性を認め、種に主体性を認めるのであったならば、種社会によって、構成された生物全体社会にたいしても、やはり主体性を認めないわけには、ゆかなくなるのではないだろうか。いま『生物の世界』以来のことを考えてみると、私の進化論はけっきょくのところ、主体性の進化論といわれてもしかたがないかもしれない。

以上の引用した今西の文章を読むと、基本的には『生物の社会』に記述されて基本的な考えは変わらないことが分かる。主体性という言葉も『生物の社会』で頻用されている。獲得形質の遺伝を認め、それが進化論の公理とまでいっていることと定向進化を疑いもない事実だといっているように、今西進化論はより明確になってきている。ただ、生物と環境との相互作用という考え方がますます薄れてゆくのを感じる。『生物の世界』では、「環境は進化を誘導する」と述べており、「進化の理論について―正統的進化論に対する疑義」では「環境は進化を誘発するものであっても、進化の主導権は、どこまでも生物」にある、としていた。『主体性の進化論』では、進化は環境によって誘導されなくても起るという立場に移っている。生物と環境の相互作用でその軸が完全に生物側に移行したことが印象深い。獲得形質の遺伝ということは、「それがどういうメカニズムによって行われるのであるかということを、しばらく問わない」などと述べているように、全体的には今西の願望を理論化したように感じられる。その後も進化論関係の著述を発表しつづけた。その中で、今西進化論とダーウィンの進化論にちがいを主として論じた「進化論のルーツ」（一九八二）[5]を紹介してみよう。

第四節　自然学の提唱

ダーウィンを原書で読み、その読後感をまとめて、一九七七年に『ダーウィン論』[6]を、一九八二年には「進化論のルーツ」を発刊した。それらの著作の中で、自分とダーウィンの違いがどのようなものであるかが丁寧に書かれている。特に選択説への批判を強めている。

（1）選択を否定した反選択論者は、ここのところ（生物進化の事実）をどのように説明するのであるか。その答えの一つは、現在ひろく普及している考えのように、進化は個体からはじまるのではない。進化がおこるときには、同じ種に属する個体が全部同じように変わるのである。答えの第二、種といえどもそれが構成要素となっている生物全体社会と無関係に、気ままに変われるわけのものではない。この二つをひっくるめまして、生物は変わるべき時がきたら、変わるけれども、みだりに変わるものではない、ということで生物の現状維持と進化とを、ともに認めてゆきたいのであります。

（2）最初はたった一個の受精卵から出発して、細胞分裂を重ねてゆくうちに、人間の身体やゾウの身体が現われてくる。その身体も子供のあいだは小さいけれども、だんだん大きくなり成熟に達する。その後だんだん老衰して、最後には死滅する。その間を通じて身体を構成している細胞間に、生存闘争も最適者生存もなく、ごくスムーズに変わるべくしてかわってゆくだけであります。

（3）ダーウィンの自然選択説を闘争原理にたった進化論であるというのにたいし、私の棲みわけ説にたった進化論が、共存原理に立った進化論といわれる所以です。

（2）は新しい説明であるが、ここまで個体発生と系統発生を同一視した主張を見たことがない。（3）に述べられている共存原理の上に立った進化が、今西の希望する進化であり、それが自然学へとつながっていくことになる。今西の最終的な提案は、その自然学の提唱であった。

一九八三年の『季刊人類学』に「自然学の提唱(7)」なる一文を発表した。「進化論研究の締めくくりとして」が副題としてついているこの文章で、今西は今までの自らの進化論研究を振り返り、次のように述べている。

ダーウィンの進化理論といえば、人も知る自然淘汰説であり、適者生存説であるが、私の頭にカチンときたのは、これらの説の前提となっているダーウィンの自然観なのであり、この自然を生存競争の場とみなしていることにたいする不満である。生存競争と調和のとれた生物全体社会の進化とは、私の頭の中でどうしても両立を許されない。棲みわけ原理は競争原理ではなく、はじめから共存原理なのである。われわれの見る生物的自然は、生存競争の場ではなく、種社会の平和共存する場である。

そして、次のように述べ、最終的には進化論という山を目指す二つの登山口・登山道に二つの進化論を例えるまでになった。

ダーウィンも今西も進化は分化であるという点では一致しながら、ダーウィンは競争と選択に走り、今西は棲みわけをとった。どちらが正しいかは検証できない。この二つは二つのちがった進化論として、認めてゆきたいものである。

今西の進化論は科学というより、自然観であり、今西の生物や自然に対する願望や希望を文章化したものであろう。ただ今西も遺伝子学説自体は受け入れているようで、この点もルイセンコ学説とは異なっている。ただ、遺伝子学説や分子生物学の諸成果と今西進化論が両立しうるものかどうかについては大いに疑問があるところであるが、今西は自分の説を展開するのに現代遺伝学の進歩については全くと言っていいほど触れていない。多分、そのような(今西が考えるところの)細かい点には関心がないのであろう。

次節では、今西と思想的には正反対の位置にいる唯物論哲学者梯明秀の進化思想を取り上げたい。

第五節　梯明秀の「生物学に於けるダーウィン的課題」

梯明秀と今西錦司の類似性を論じる前に、梯明秀の進化思想を解析しておく必要がある。戦前の『唯物論研究』に掲載された生物学に関する論考の中で異色なのが、梯明秀の「生物学に於けるダーウィン的課題」[8]である。梯は京都大学出身で『世界文化』を通して、武谷三男とは交流があったと思われる。『唯物論研究』の読者通信欄で梯の論文は表現が特に難しすぎると指摘されるぐらいであるから、この論文も理解するのがかなり難しい。梯のこの論文は『物質の哲学的概念』[9]の著作に収録され、三回刊行されている。初版序文によれば、

　ブルジョア哲学の否定する自然そのものの歴史の概念を、唯物論的に建築するほかはなかった。自然史的概念はいかにして可能であるか、のこの課題に応じたものが、「生物学に於けるダーウィン的課題」である。

第15章-2：梯明秀
出典：http://www42.tok2.com/home/yasuiyutaka/

とのことである。梯の構想としては全自然史的過程の一つとして生物過程を理解したいということと思われる。まず目次から見てみよう。

第一節：全自然史の概念とダーウィニズム
第二節：歴史的生物学への方法論的課題
第三節：外的自然と生物との動的相関過程
第四節：生物進化の現象論的把握と自然淘汰
第五節：進化論の現象論的段階から本質論的段階
第六節：獲得形質遺伝の仮説の方法論的意義
第七節：自然史的時間の問題の定義

この目次からも推測できるように、彼の進化思想が思弁的に論じられている。梯は生物の持つ特性のうちで、「合目的性」を重視している。例えば、

　生きる自然物が爾余の自然物からみずからを特に質的に区別せしむる自律的原理が、生命なる合目的性である。

といい、この目的論の解決にダーウィンが踏み出しとところにダーウィンの史的意義を認めている。

　生物学の方法論にいたっては、「相対的な合目的性を普遍的な因果性によって止揚する」というべきであろう。この方法論的に原理的な課題を、生物学の領域において提出し、かつその解決の途に最初の巨歩をふみ

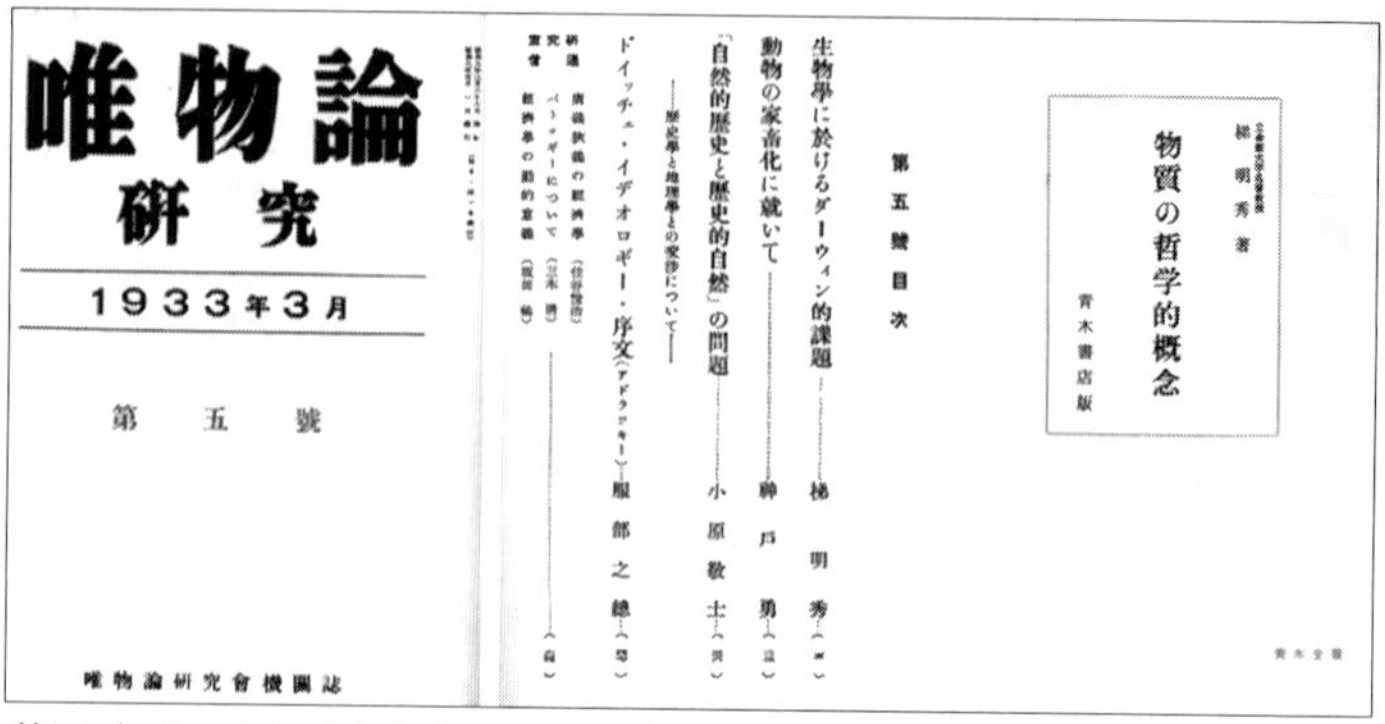

第15章-3：梯の「生物学に於けるダーウィン的課題」が掲載された『唯物論研究　第5号』、その目次、その論文が収録されている『物質の哲学的概念』

しめたという事実こそは、生物学史におけるダーウィンの史的意義であるとすべきであろう。

では、「生物学におけるダーウィン的課題」とは何だろうか。ダーウィンにあっては、生物の新しい種の形成は、生存競争の高い代償を払っているわけであるから、新種の形態は外的自然に適応しているはずであり、また外的自然の変動に適応する能力を持ち合わせていなければならない。極めて変動的な外的自然とそれ自ら変異性をもつ生物との均衡・不均衡の関係が自然淘汰であり、さらに合目的性を因果性によって止揚するすべきだと述べた上で、ダーウィン的課題を次のように提起する、

　自然淘汰なるものは、生物進化の現象形態であるから、その本質形態、すなわち、この現象を決定する内在的法則を確立することが、われわれには、ダーウィンの名とともに課題としてのこされている、というのである。かくてわれわれは、この課題を、現代生物学におけるダーウィン的課題とよぶことを適当とするだろう。

武谷の三段階論に出てくる用語、現象（形態）、本質（形態）も駆使して、「生物進化の本質形態、すなわち、この現象を決定する内在的法則を確立すること」が、ダーウィン的課題としている。ただ、実体論的段階という武谷三段階理論の核心は出てこなく、現象論的段階から本質論的段階へ一足飛びである所はルィセンコ学説と同様である。また、次のようにも述べている。

　生物進化なる自然過程への人間意識の再生産、これが生物学におけるダーウィン的課題である。自然史的

過程における特殊の全体性としての生命は、そのみずからの自律性ゆえに、自己の内在的矛盾によってのみ発達しなければならない。そして、生命のこの弁証法的過程こそは、生物進化の過程そのものであるとすべきであり、これを外にして生物進化なるもののあるべきはずはない。生命の自律性による弁証法的発展とは、生活物質の自己形態転換の過程である。これが生物進化の本質形態である。

この文章では、生物の合目的進化をどう理解し把握するのかが、生物学におけるダーウィン的課題としている。生命に内在する矛盾によって、最終的には、人間までに行き着くと梯は主張する。梯の生涯の課題の一つである「自然史的過程」という概念も顔を出している。進化の本質形態とは「生活物質の自己形態転換の過程」であるという観念も、「進化を「生物の自己運動」として理解する」という石井友幸の見解に近いものも感じる。ここから、獲得形質の遺伝の問題に論点を移している。

第六節　原理としての「獲得形質遺伝」

梯は獲得形質の遺伝の進化論上の意義として次のように主張している。

ダーウィンの理論においても、自然の必然的淘汰の根拠としての生物の偶然的変異は、生物個体の一代においてのみでなく、その種において遺伝され蓄積されねばならないというのであった。いいかえれば、獲得された形質は遺伝されねばならないのであったのである。　ここから次のような結論が導き出される。獲得形質の遺伝なる命題は、絶対的であるかにみえる。

最初に進化で大事なことは「遺伝と変異」だと述べている。何気ない言葉のようであるが、ここに獲得形質の遺伝への伏線がある。ダーウィンは遺伝と変異以外で、自然選択、生存競争、適者生存が進化で重要な役割をしたと述べているが、梯はあえて後者を除いている。遺伝するものは適応性のある変異であるという前提があるようだ。この考えは戦後の石井友幸の考えかたと一致する。この文章の中に獲得形質の遺伝に対する梯特有な言い回しが随所に出てくる。「自然の必然的淘汰の根拠としての生物の偶然的変異はその種において遺伝され蓄積されねばならない」、いいかえれば、「獲得された形質は遺伝されねばならない」。ここから獲得形質の遺伝なる命題は、「絶対的である、必然的な作業仮説である、原理的に絶対的なもの」であるかにみえる、と表現している。ただ二つの文章をつなげている「いいかえれば」は非論理的で理解が困難である。ここで梯は獲得形質の遺伝を今まで述べてきた目的論を止揚する絶対的因果性と理解している。ただ、この段階ではまだ「――あるかにみえる」、「――ではなかろうか」（この表現は二回続けている）という控え目な表現になっているが、続く文章では次のようになっている。

たとえ生物学史的現在において、この作業仮説の廃棄が、生物学の発展そのものによって、うながされているかにみえるのが、事実であるにしてもである。しかし、すでに廃棄され、いまも廃棄されつつあるものは、この命題より演繹された個々の特殊な作業仮説であって、その原理的な意義ではない。説明原理としての獲得形質遺伝の仮説は、生物進化論そのものであるから絶対的でなければならない。

ここでは、生物学の発展が獲得形質の遺伝を否定し、廃棄しているにもかかわらず、否定されているのは個々の作業仮説であると強弁し、「獲得形質遺伝の仮説は絶対的でなければならない」と断定的な表現になってくる。このような曖昧な推論の上に立って、断定的な結論を出す方法は武谷三男にも見られる。

次に、ワイズマンに言及し、その積極面と否定的な面を区別している。梯は遺伝の染色体説や遺伝子説を認めているようだが、実験遺伝学が進化論解決の鍵を握っているという考え方は反動的であるともいっている。「生物形態の原因を、完全に封鎖された染色体内の遺伝単位Gene に帰する限り、もっとも高等なる生物の複雑な形態をも、すでに原始プロチストのうちに予定されてあったとしなければなるまい」という反論は、無理押しという感がする。『物質の哲学的概念』の再刊本に寄稿している渋谷寿夫は梯がゲンの存在を前提に議論しているのが承服できないようで、「本質形態はゲンのそのものにおける弁証法的過程である」という意見の修正を求めているが、[10] 梯にとってはゲンの存在や突然変異の承認、即ち「新種の形成が突然変異に基づくことは事実である」

という生物学的事実はほとんど重要な意味をもっていないので、渋谷の意見は、それ自身も間違っているが、梯には無い物ねだりをしているようなものである。梯にあっては、「遺伝される過程」というのは合目的性が遺伝されることを意味しており、その機構についてはあまり考えていない。何があっても、梯の主張は、獲得形質の遺伝を承認しないかぎり、「進化の本質」はつかめないということだろう。ただ、獲得形質の遺伝についての研究に関する梯の現状認識が誤っているわけではない。

ネオ・ラマルキズムは、ネオ・ダーウィニズムに反して、生殖細胞と体細胞との関連を主張する点においてEしいにしても、この関連についてかんがえられるすべての場合において、その実験的成績は、しかしながら不幸にも絶望にちかいのである。

獲得形質の遺伝の全ての可能性は実験的には否定されているが、「ネオ・ダーウィニズムにくっして、獲得形質の遺伝を否定しさるやいなや、かれらもまた、永久に進化の本質をみうしなうことはまぬがれぬであろう」と主張している。ここで梯は獲得形質遺伝の原理的意義を主張する。

獲得形質の遺伝がまったく破棄さるべき仮説であるのは、進化の問題から機械的に遊離されたネオ・ラマルキズムの応化の問題にかかわるかぎりにおいてのことであって、原理的には、それは進化論とともに絶対的な仮説であるべきだ。実験室の作業仮説としては、「獲得された形質は遺伝されない」。だが、自然史過程において生物は、外的自然との弁証法的関連にあったかぎり、常に「新形質を獲得し、これを遺伝して」来たのである。これが進化論なのではなかったのか。

今までの二つの文章を結合させ、実験室の作業仮説として獲得形質の遺伝は否定されているが、自然史過程においては、獲得形質の遺伝は原理的意義としては確証されていると結論するまでの論理は理解し難いが、獲得形質の遺伝を考えなければ合目的性を持った進化は考えられないということだろうか。次に、獲得形質の遺伝思想のもう一つの意図が顔を出す。

生物学においても、獲得形質の問題を方法論的原理として、遺伝過程の法則を意識的統制のもとにおかんとすれば、この遺伝過程に対する人為的支配が必然的に問題にされるのである。

第七節　梯獲得形質遺伝思想のもう一つの顔

このように、遺伝に対する人為的支配の野望が顔をのぞかせ、田中義磨の次の文を引用している。

あらわれてきたるべき突然変異を任意に選択しうるにいたるならば、その効果のおよぶところさらに一そう甚大なものがある。ここに遺伝学の黄金時代を現出するわけである。其の時代にはいったならば、人体の遺伝的畸形、遺伝的疾病、その他なんらかの遺伝的欠陥があるばあい、父または母の生殖腺に物理的または化学的刺激をあたえて不良因子を破壊することにより、子々孫々をして永遠にその欠陥から解放せしむることは夢であるまい。

田中は獲得形質の遺伝否定論者であるが、梯はその言に悪のりして獲得形質の遺伝の機構を利用することにより、人間を改造することを幻想している。このことが梯の獲得形質遺伝の肯定の背景の一つをなしていると思われる。そして、獲得形質遺伝説こそ生物学研究の絶対的方法論的原理であると論じて、この論文の結論として、次のように論じた。

獲得形質の遺伝なる命題は、法則相互の間の関係を、整斉し統一する目的のものとしての仮説である。進化論論争史上において問題の中心におかれていたものは、作業仮説としての獲得形質遺伝であったことはいうまでもない。この進化論史上の本質的段階における諸事実を決定すべきものこそ、かえって説明仮説としての獲得形質遺伝の仮説的要素なのである。

獲得形質の遺伝はたとえ実験的には否定されようと、その原理的意義は否定すべきでないばかりではなく、進化論の本質的段階を規定するものこそこの獲得形質の遺伝仮説であるという主張は理解していただけただろうか。では、ここまでの獲得形質の遺伝への梯のこだわりの根拠は何だろうか。それは次節で考えてみたい。

この梯の論文『生物学に於けるダーウィン的課題』が発表当時どのように評価されたのかはよく分からないが、一九五八年にこの論文を含む『物質の哲学的概念』が再刊され、詳しい補注が付けられているので、この補注を解析すると、一九五八年当時に梯のこの論文への評価が推測できる。生物関係では強固なルィセンコ学説支持者である徳田御稔の協力を受けた旨記載がある。戦後になって、梯の考え方はルィセンコ学説の哲学的基礎をなすものと一部に人から評価されていた。梯自身も次のように記している。

本章において一貫して主張されてきたところのこの思想が、現在において、ソビエト生物学界の実験領域において事実化されている。獲得形質遺伝の問題が、そのほんらいの姿にかえり、生物学者、農学者のうちで、活発に研究され、さらに今日では、各国において実際的な成果をあげる段階にまで発展してきているのである。

一九五八年に書かれた再刊序文にはもっと端的な表現が見られる。

本書においても提起しておいた諸問題が、ミチューリン、ルイセンコ、レペシンスカヤ、オパーリンたちを代表とするソベエトの生物学界において、実験的に解決されつつある。

他の注においても、「なお本書で展開された自然史の思想から演繹され提起されている諸問題が、ソビエトの生物学界の発展自体によっても、同じく提起されしかも実験的に解決されて行くのを見るのである」と書かれている。このように梯自身はルィセンコ学説によって、自分の「原理としての獲得形質遺伝」の考え方が証明されたと誤って判定したが、ルィセンコ学説の誤謬が明らかになった現在、梯説を支持する生物学知見はない。ただ、梯の提起した問題は、ミチューリン生物学の帰趨とは別の点で論じられるべき提起も含まれていると思われる。それは梯の「物質の哲学的把握」である。

第八節 レーニンの「物質の哲学的概念」から私の「全自然史的過程の思想」

この節では獲得形質の遺伝への梯のこだわりの根拠を考えてみたい。この梯の考え方の基本は次の文章の中に見出せる。

自然一般は、その内在的矛盾のゆえに自己運動的なのである。われわれは、この過程的自然にもっともふさわしく、そして、もっとも正確に名づくものとして、レーニンとともに物質という言葉をもつ。運動は物質の基本的形態であるというよりは、自己運動するものが、そのまま物質なのである。すなわち、物質いがいに自己運動をなすものはないのである。[8]

この物質の自己運動によって、生物世界も出来上がってきたと考えると、獲得した形質が次に伝わることに何の不思議さも考えられないようである。彼は生活物質の自己形態転換が進化だと言っているぐらいである。この世界はすべて物質の自己運動によって形成されていると考えることは観念的には理解できないことではない。ゆえに、梯の出発点でもあり、到達点でもある次の主張も理解の範囲である。

オパーリンの『生命の起原』を境界として、自然史は、その第一発展段階を天体史的過程と呼びうるとするならば。その第二の発展段階を生物学的段階と呼びうるはずであろう。さらに同時に、この同一の自然史は「社会の起原」を境界として、それ以後の発展過程を、その第三の発展段階と考えることができるはずである。[11]

この主張の一つのよりどころはマルクスの資本論第一版の序文にある言葉「私の立場は経済的社会構成の発展を一つの自然史的過程と捉えようとするもの[12]」であると梯は繰り返し言及している。梯のように生物学的段階を把握すると、「生物学が歴史的科学」であると素直に受けとることができる。そこから梯は「宇宙史的必然性」という概念を提出し、天体史的過程、生物学的段階そして経済的社会段階の発展が必然的に展開されているとし、歴史総体としては偶然性の入りうる余地を非常に狭く考えている。この結果、生物の進化過程も必然であり、定向進化も獲得形質の遺伝も原理的に存在する必要が出てくる。

梯氏は一九六四年九月『遊』創刊号にインタビュー記事「レーニンの「物質の哲学的概念」から私の「全自然史的過程」の思想へ[13]」を掲載している。

生物学はどうか、ということになると、生命は、事実として、一つの目的を追求しているではないか。種から枝や葉を伸して花を咲かせ実をつくる。かかる成長は目的論的ではないか、ということになってくる。潜在的なものが顕在化している。生物界だけでなく、無機的な自然界も、矢張り、目的性と因果性が統一されて、はじめて理解できるのではないか。つまり、目的を結果として原因をつくる、これが手段となり、その手段と目的が、原因と結果と一致しなければならない。因果性と目的性との両者は、弁証法的に統一されていると、考えるべきじゃないだろうか。

約三〇年前の論文を振り返って、このインタビューにおいても、機械論的因果律を乗り越えて「生物の目的論的な生命現象」の解明を目指したと言っている。

梯の物質の哲学的概念についてもう少し詳しく触れておこう。梯はレーニンの『哲学ノート』の物質の概念を手がかりにして、自己の物質論を展開している。『物質の哲学的概念』の再刊序文において次のように論じた。

> 本書において取り組んでいるのは、その書名が明示しているとおり、レーニンの「物質の哲学的概念」の具体的展開というこころみにおいてのものであった。自己運動するがゆえに主体的な物質としてまず哲学的に把握し、次に、客観的に実在する自己運動の法則を自然科学を媒介にして規定してゆく。

第15章-4：梯後期の論文集『全自然史的過程の思想 私の哲学的自伝における若干の断章』、1980年

このように「自己運動する物質」として物質を把握した後、必然的な論理の発展として、物質から生命への転換も物質の主体的自己運動の必然的な結果であると論じていく。

> 物質的自然界の潜在的形相が現実化して、生命が発生すべくして発生したのであり、この生命を生んだ物質的な自然過程は、さらに思惟されるべくして現実に思惟されたとき、人間がチンパンジーから、厳密には、その共通の祖型から発生したのであります。潜在的形相から現実的形相へ、形相から形相へというわけで、物体から生物へ、生物から社会へと、この形態転換の現実的過程が、物質の自己運動ということの内容を構成するのであります[14]。

ここまでで分かることは、生命は発生すべく発生し、進化は起こるべきして起こったと、「生命の発生」や「生物の進化」を物質のもつ性質の必然的主体的発展と梯が考えているということである。梯の哲学が主体性の哲学といわれている最深の根拠もここにある。このことは観念の上では理解できないことではない。ここのところは今西の論理運びと類似性が感じられる。さらに、全自然的過程という梯の次のような結論的概念、

わたしの解釈によるレーニンの主体的物質の自己運動が、時間的に展開されるかぎりで、物質、生命、生産をそれぞれ自律的原理とするところの、天体史、生物史、社会史の三発展段階をもつ全自然史的過程が、当然ながら演繹的に展開されることになる。(9)

も理解することができる。ただそれをさらに延長して、次のように論じることは、苦笑せざるをえない。

われわれが、両体制間の戦争を不可避ではないと信じ世界平和の実現に何処までも希望をかけるということはいかなる論理的根拠があるのであろうか。それは言うまでもなく、地殻の上に発生した人類の自由なるものが、その最初からして、宇宙史的必然性を自覚したかぎりのものであったということ、いいかえれば、宇宙史的必然性において発生した人類は、その宇宙史的使命を果たすまでは自己の自由を無限に発揮し、滅亡せんとしても滅亡しえない、という人類発生の論理を根拠とするものである。(15)

この人類の宇宙史的使命については、『物質の哲学概念』の再刊序文(9)にはもっと率直に、

人類の滅亡しか結果しない核兵器の使用の戦争に対しても、これを不可避なものでないとする現段階の平和主義者の確信にたいする、宇宙的使命がその根拠にならないであろうか。

と、書いている。原子爆弾戦争が起こっても、人類が宇宙史的使命を果たすまではほろびることはないということの主張は楽観的に自己を鼓舞する意味ではわからないではないが、人類には宇宙史的使命があるから戦争は起こらないとする見解は、論理的ではない。物質の自己運動によって全自然史過程を説明しようとした結果がこの楽天的な奇妙な結論に到達してしまったことは確認しておきたい。彼の主体性の哲学が人類の宇宙史的使命に結びつく所に、その観念性が露呈している。

一九四八年にこの生物学における「ダーウィン的課題」論文を含む『物質の哲学的概念』が改訂版として発行された。その改訂版序文に畏友武谷三男氏の校閲を受けた

ことが記載されている。主としては物理学に関する項（歴史と自然弁証法―物理学的認識の危機的意義―）と思われるが、武谷がこの論文にも目を通している可能性は大きい。

第九節　今西進化論と梯明秀

梯は唯物論者として物質の根本的な本質を自己運動と把握し、天体史、生物史、社会史の三発展段階をもつ全自然史的過程という理解に達したわけで、そこには今西錦司との接点はないように見えるが、両者の見解を検討して見ると、そこには密接な類似性を発見することができる。

第一は獲得形質の遺伝についてである。今西錦司は前に述べたように獲得形質の遺伝はあらゆる進化論の前提となるべき、疑いのない原理であり、そういう意味ではこれを進化の公理といってもよいものかもしれない、と理解している。

一方の梯氏も次のように述べている。

獲得形質の遺伝が原理的には、それは進化論とともに絶対的仮説であるべきだ。(8)

両者とも獲得形質の遺伝というのは公理だ、絶対的な基準だと言っている。ただ獲得形質の遺伝には実験的根拠があるのかと問われると、今西は、

獲得形質が、その生物によって、いつ、どこで、どのようにして得られ、またどのようなプロセスをとおして子孫に伝えられるかを、しばらく問わない。(4)

と、書いている。それがどんなメカニズムで行われるか分からないけれども、獲得形質の遺伝がないといけないというわけである。梯も同様なことを述べている。

実験室の作業仮説としては、獲得された形質は遺伝されない。しかしこれは実験室に限定しての話にすぎない。自然界では常に新形質を獲得し、これを遺伝してきたのである。(8)

だから、梯も実験室では獲得形質の遺伝の実験は成功していないがと記し、獲得形質の遺伝の実験的根拠は問わないというわけである。

「進化の要因論」としては、今西氏が有名は言葉を発している。

「立つべくして立つ」ということです。子どもが赤ち

ゃんとして生まれて、みんな立つではないかと。進化の過程でも、ああいうことが起こったのだというわけです[4]。

梯氏も、本質的には、本質的には同じようなことを言っている。要は、

　生物とは自然史的必然性によって物理化学的物質体系の質的転化した所産の、また一つの特殊なる物質体系にすぎない。ですから、自己の自律性を保ってゆくところに物質体系があるとすれば、ずっと行くと、進化ということも考えられる[16]。

両者とも物質や生命の自己運動として進化を理解しているし、定向進化も当然だと考えている。最終的には名前も一致していて、今西は「主体性の進化論」と言い、梯は、戦後流行した、いわゆる「主体性唯物論」の先駆的な人である。両者とも生物の主体性が進化をする源泉であると主張している。ただ、両者の出発点と自然に対する態度は異なっている。今西は「棲みわけ」という生物学的事実から出発するが、梯は「主体的物質の自己運動」という哲学から出発する。そして今西の自然観は自然をありのままに見ようとしているが、梯は自然を改造の対象とみている。これらの奇妙な一致と不一致が興味深い。

［引用文献］

（1）今西錦司、『生物の世界』（弘文堂）一九四一年。『今西錦司全集一』（講談社、一九七四年）の再掲載
（2）今西錦司、「進化の理論について―正統的進化論に対する疑義」『人文学報』（京都大学）、一九六四年。『今西錦司全集10』（講談社、一九七四年）の再掲載（「正統的進化論への反逆」と改題）
（3）今西錦司、『私の進化論』（思索社）一九七〇年。『今西錦司全集10』（講談社、一九七四年）の再掲載
（4）今西錦司、『主体性の進化論』（中央公論社）一九八〇年。『今西錦司全集12』（講談社、一九九三年）の再掲載
（5）今西錦司、「進化論のルーツ」（一九八二）、『自然学の提唱』（講談社、一九八四年）に収録。『今西錦司全集13』（講談社、一九九三年）の再掲載
（6）今西錦司、『ダーウィン論』（中央公論社）一九七七年。『今西錦司全集12』（講談社、一九九三年）の再掲載
（7）今西錦司、「自然学の提唱」『季刊人類学』、一九八三年、『今西錦司全集13』（講談社、一九九三年）の再掲載
（8）梯明秀、「生物学におけるダーウィン的課題」『唯物論研究』第五、六号、一九九三年。『物質の哲学的概念』（一九九三、

一九四八、一九五八年）に再掲載
（9）梯明秀、『物質の哲学的概念再刊序文』（青木書店）一九五八年
（10）渋谷寿夫、「生物学者からの評価と批判」、梯明秀『物質の哲学的概念』再刊（青木書店、一九五八年）に収録
（11）梯明秀、『全自然史的過程の思想―私の哲学的自伝における若干の断章―』（創樹社）一九八〇年
（12）『マルクスコレクションⅣ　資本論第一巻』「第一版序文」（今村仁司、三島憲一、鈴木直訳）二〇〇五年
（13）梯明秀、「レーニンの「物質の哲学的概念」から私の「全自然史的過程」の思想へ」『遊』創刊号、一九六四年。『全自然史的過程の思想―私の哲学的自伝における若干の断章―』（創樹社、一九八〇年）に再掲載
（14）梯明秀、『社会の起源』（青木書店）一九六九年
（15）梯明秀、『物質の哲学的概念再刊跋文』（青木書店）一九五八年
（16）梯明秀、「レーニンの物質の哲学的概念について」『資本論への私の歩み』（現代思潮社、一九六八年）に収録

第一六章　日本におけるルィセンコ論争の科学史的評価

第一節　科学史家の近藤洋逸のルィセンコ評価

現代遺伝学の発展状況、分子生物学の成果やルィセンコ遺伝学の状況を見ると、日本におけるルィセンコ論争の帰趨は一九六〇年代には一応の決着を見たということは異論のないところだろう。ここでは一九六〇年以降に発表されたルィセンコ論争に関する科学史的な評価をみてみることにしたい。その前に卓越した科学史家の近藤洋逸の『科学思想史』(1)から引用しておく。この本は一九五九年に発行されているが、その当時の理解の一端が分かる。

まず遺伝の問題であるが、彼（ダーウィン）やラマルクが自明のこととした獲得形質の遺伝がヴァイスマンによって否定された。現在の遺伝学の主流であるメンデルとモルガンの理論も、ほぼヴァイスマンの線上にあるといってよいであろう。彼らはいずれも体細胞と生殖細胞とを峻別し、後者の含む胎質あるいは遺伝子のみが遺伝の担い手であり、生物自身の活動や環境からうけた体細胞や身体への影響は遺伝に無関係だとするのである。この遺伝学は多くの実験的データを持

第16章-1：科学史家近藤洋逸のルィセンコに対する楽観的評価が掲載されている著作『科学思想史』1959年

ち、ここに強みはあるが、遺伝の組合わせや、体細胞における変化とは独立になされた遺伝子の変化のみでもって、下等な種から高等な種への進化や、その他さまざまの形態の大きな変化が説明できるであろうか、ここに重大な困難がひそんでいるようでもある。この遺伝学に対立するのは、いうまでもなくミチューリンとルィセンコの理論である。彼らは、生殖細胞と体細胞との峻別に反対し、生殖細胞全体が遺伝に関係ありとし、獲得形質の遺伝も認める。この両遺伝学の対立をどのように解決するか、これは現在の生物学の重要な一課題であろう。

近藤のメンデル・モルガン遺伝学や獲得形質の遺伝の否定への疑問の根拠は、それでは現在地球上にある生物の多様性を説明できないのではないかという、月並みな理由である。科学は一足飛びに何もかも解明できるわけではないので、生物の多様性という大きな問題を現時点で説明できるかどうかを判断基準にして、ここに重大な困難が潜んでいるなどと軽率に言うべきではない。現代遺伝学の内容に踏み込んで、評価すべきである。一九五九年という時代でも、二つの遺伝学が平等に比較すべき学問であると、優れた科学史研究者にも把握されていた事実は重い。ただ、この評価は歴史的評価には耐えられなかった。ルィセンコ学説が一度たりとも現代遺伝学に対抗できるだけの実験的成果を生みだしたことはない。メドヴェジェフの見解[2]では、

一九三六年の遺伝学論争をごく簡単に検討してもわかるように、ソ連遺伝学の二つの傾向は、同じレベルで比較できる様な科学的学説ではなかった。

と、記述されている。戦中から戦後にかけての現代遺伝学の発展によって、二つの遺伝学の差は、ますますあきらかになっていた時点での近藤の判断をどう考えたらいいのだろうか。

第二節　一九六〇年代におけるルィセンコ論争に関する科学史的な評価

一九六〇年には論争を巻き起こした二つの著作が発表された。一つは、科学史家廣重徹の『戦後日本の科学運動』[3]と生化学者柴谷篤弘の『生物学の革命』[4]である。廣重の著作は、戦後の日本の科学運動を本格的に取り上げ

た本で、現在でも読むに値する画期的な本である。そのなかでは、第五章の「民主主義科学者協会」の中に自然科学各部会のスケッチと題された節があり、その中で生物学部会の活動が取り上げられている。「理論生物研究会」や「民主主義科学者協会生物学部会」とそれらが主催した「生物科学シンポジューム」について触れられているが、理論生物研究会の主要テーマの一つであったルィセンコ学説については記載がまったくない。柴谷の『生物学の革命』でも「民主主義科学者協会生物学部会」や「生物科学シンポジューム」の話は出てくるし、進化論やメンデル遺伝学の発展という項はあるが、ルィセンコ学説についてはまったく触れていない。「獲得形質が必ず遺伝でき、遺伝性を自分の欲するままに変化させうる人工生物ができたらどうなるか」などの話題は出てくるが、ルィセンコ学説との関連性は述べられていない。書かれていないこと自体に廣重や柴谷のルィセンコ論争に対する価値判断が出ているものと推測される。特に柴谷は「核酸シンポシウム」を説明するところで、「研究の実証力—メンデル遺伝学の発展」との副題をつけているぐらいである。

武谷三男編『自然科学概論2』[5]で「遺伝学と進化学の諸問題」[6]を担当した佐藤七郎は一九六三年に廣重編『講座戦後日本の思想四』に「科学と思想—戦後生物学の転回を軸に」[7]を発表した。この論考は戦後の生物学を思想を基軸に総括したもので、第八章でも少し検討した。佐藤はこの論文の中で、ルィセンコ論争に触れている部分は少ないが、それに言及している部分を見てみよう。

理論生物研究会はさかんに生物学の諸問題をつぎつぎととりあげていった。この間にとりあげた問題の主なものは遺伝の染色体説、ルィセンコ説、突然変異説、生物学と実践の関係、形態と機能の問題、生存競争説、環境論、全体論と機械論、生物学での存在拘束性などである。ソヴェトにおける遺伝学論争とその結果が伝わったのもこの間であり、この問題がとくに戦後日本の生物学に大きな論争をまきおこしたことは衆知のとおりである。

そのごの生物学、とくに遺伝学は予想外に著しい進歩をとげて、メンデル・モルガン流の形式主義的遺伝学の域をこえ、物質代謝と結びついた動的な遺伝の物質的基本を明らかにした。現代遺伝学のこのような達成は、じゅうらいの遺伝学批判に対して再検討を強要しているものであり、そこから批判の基礎にある生物学論をも再検討させるほどの意義を持っていると考える。

戦後生物学の思想というなら、ルィセンコ論争もひとつの中心的な論争点であったわけであるから、本来なら佐藤はこの論争の総括をしなければならないわけであるが、この論文ではそれを避けている。ただ、「遺伝学の予想外の著しい進歩」、「遺伝の物質的基本を明らかにした」、「現代遺伝学のこのような達成は従来の遺伝学批判について再検討を強要している」とか「批判の基礎にある生物学論をも再検討が必要」等の発言は、佐藤の心情を推測させる。この時点で、佐藤は現代遺伝学を受け入れる準備がかなりできていたのではないだろうか。ただ、佐藤にはレペシンスカヤの細胞新生説に対する総括も必要だろう。

一九五〇年頃からO・B・レペシンスカヤは非細胞の生きた物質から細胞が発生すると主張しだした。レペシンスカヤの論文[8]から引用してみよう。

ウィルヒョウは全ての細胞は細胞からと唱えている。がしかし、われわれは、細胞が細胞の分裂によって生じるばかりではなく、生きている物質から、そしてまたタンパク質からの発展によっても生じるということを実験的に証明している。

この荒唐無稽の説はすぐにルィセンコに取りあげられた。彼は述べている。

このこと(レペシンスカヤの説)は種の形成についての正しい理論を立てるにも同様に重要である。ミチューリン主義生物学は現存する植物の種はそれに似ている、それと同じ種の個体からのみ生ずるばかりではなく、たとえばライムギはライムギから、オオムギはオオムギからのみではなく、ある適当な条件では、別の種からも生じることを示した。ライムギがコムギから、しかもいろいろな種類のコムギから生じる。[9]

このようにレペシンスカヤ説は種の飛躍的転化説の基盤になるものだとルィセンコは主張した。佐藤は自分もこれと似た現象を観察したことがあることに基づいて、この奇想天外な新説に飛びついた。[10][11] 日本において千島喜久男が同じような研究成果を発表していたが、[12] 今西錦司によると千島は現在においても生命は自然発生していると語ったそうである。佐藤は日本におけるレペシンスカヤ説の熱心な支持者となったが、いつの間にか語らなくなった。

駒井卓は一九六三年に刊行した『遺伝学に基づく生物の進化』[13]のなかで、次のように述べている。

ルィセンコの事件は外国の遺伝学者や生物学者にも大きな衝撃を与え、ソヴィエトの遺伝学のために悲しみ、またその学者のためにも同情するものが多かった。日本にも、この騒ぎの余波がきて、物好きの青年の間に、少しの動揺を起したが、今はこれも、だいたい収まって、昔語りになったのは幸いである。

現代遺伝学者にとって、ルィセンコ論争が過去のものになったことを証言している。

一九六七年に中村禎里の有名な『ルィセンコ論争』[14]が発刊された。その本のあとがきによれば、

この論争史の下書きは、ごく一部をのぞいて、一九六二年の秋から翌年の春にかけて、私の大学院学生時代の最後の年につくられた。

とのことである。「自然科学の白書」として書いたと述べているが、非常に内容のある本である。この本は一九六七年の発行であるが、それ以前に中村は論文の形で幾つか発表している。中村は日本におけるルィセンコ論争の諸過程に対して厳しい見方をしており、「私はその否定的な面ばかりを強調しすぎたかもしれない」と述べている。ただ、ルィセンコ学説に対して反対した人たちの態度も批判している。

彼の論文や著書（『ルィセンコ論争』は大学を卒業して、インターン生活をおくっていたときに、読んで、感銘したことを覚えているが、今回この本を書くにあたっては、意識的に再読することを止めた。それはもし読み返すと、その影響から逃れられないと感じたからである。豊富な引用文献は参考にさせていただいたし、その著書のあとがきは読ませていただいた）を今あらためて読んでみると、ルィセンコ学派についても、今日から見ると、意外に好意的な評価もしている。幾つか引用してみよう。

（1）戦後、ルィセンコ学説を支持する人たちがひとつの勢力となって、この勢力がやがて何らかの研究成果を生み、あるいは農業生産におけるルィセンコ学説の適応をおしすすめるほどの活動をなしとげる。[15]

（2）ルィセンコ学説出現の積極的意義を、日本の遺伝学界で定着させるための素地は存在していたと考えられる。けれども、この素地をいかし、そこから成果を生みだすためには、いくつかの良好な環境が必要であった[15]。

（3）特殊の生命物質、遺伝物質はないとするルィセンコの主張が間違いとばかりはいえない。したがって、生物を構成するすべての物質の相互作用において、つまり物質交代を中心として、遺伝をふくめたさまざまな生命現象を説明しようとするルィセンコの接近法には、なんらかの有効性が存在するにちがいない[16]。

（4）日本のアカデミズムはルィセンコ学説の積極的意義をうけとめないままにおわった。栄養雑種のような注目すべき現象を視野におく人はほんのわずかである。ルィセンコが示した構想の雄大さ、着想の奇抜さも、まともに評価されていない。生物学を人民の利害という点から考えなおす空気も、遺伝学者たちを包みこむことができなかった[16]。

（5）ミチューリン・ルィセンコ学派がもたらした成果が無いわけでは決してない。その第一は、生物学は人民のためのものでなければならない、という思想を、戦前のようにただの観念としてではなく、実際の運動として実現させたことである。第二の成果は、栄養雑種というメンデル・モルガン遺伝学の視野の外にあった現象をさぐりあてたことであった。この意味で、ミチューリン・ルィセンコの遺伝学は、一つの仮説としてある種の有効性を発揮したといってよい[14]。

（7）ミチューリン・ルィセンコ学派が、イデオロギー的偏見にとらわれず、正統派の方法と業績を消化し、しかもかれら独自の成果を追求してゆくならば、遺伝学の次の発展段階において、主導的な役割を果たすことも不可能とはいえない[14]。

その後、中村はここに述べたルィセンコ評価を少なくともこの著作の再刊時、一九九七年までは維持した。その再刊本にも「私のルィセンコ評価は正しかった」と記されている。ただ、現在から見るとこの時点での評価はかなりルィセンコに甘いようにも感じる。例えば田中義麿の著書（一九五〇、第七版）について中村は、所謂「あたらしい遺伝学説」の項では公平さはまったく姿を消し、その筆鋒はルィセンコ学説の難点の追求に暇がない。

と記しているが、ルィセンコ学説と現代遺伝学をどのように扱ったら公平であると今なら、中村は主張するのだろうか。この種の発言は中村にはしばしば見出される。中村がいうように栄養雑種の発見がルィセンコ学派の特記すべき発見かどうか、ミチューリン・ルィセンコ学派が、イデオロギー的偏見にとらわれなければ、栄養雑種の研究とその遺伝子によらない遺伝という解釈が遺伝学の中心的課題になりえたかどうかは、疑問の残るところでもある。栄養雑種の一種である接木の歴史は古いし、現代でもその研究に携わっている研究者もいるし、その成果も発表されているが、遺伝学の中心的課題にはなっていない。ミチューリン・ルィセンコ学派が、ルィセンコ学説の延長上に正統派の方法と業績を消化しえたかどうかについても、ルィセンコ学説の中身を知っていると、その両立は不可能であると感じる。[17]

日本におけるルィセンコ論争を精緻に追及し、ルィセンコ学説について熟知している中村にして、次の文章[18]に見られるように、一九六八年当時としては、ルィセンコの主張の間違いとして明確に否定できるのが種の転化説や細胞新生説の二つだけであることは中村のルィセンコ評価の甘さを象徴している。

ルィセンコの主張のうち、少なくとも一部、例えば種の転化説や細胞新生説が誤謬であることは、まずまちがえない。もちろんこの誤謬が、ルィセンコの悪しき哲学のゆえに生まれたのか、彼のよき哲学にもかかわらず避けられなかったのか、議論のあるところであろうが、とにかくここでは、ルィセンコの哲学は有効性を発揮しなかった。

またミチューリン・ルィセンコ学派の成果として、

生物学は人民のためのものでなければならない、という思想を、戦前のようにただの観念としてではなく、実際の運動として実現させたことである。[14]

としているが、同じ文章が「ミチューリン運動」と頭だけ替えて一九六四年に『科学史研究第』七一号に発表された「日本の Michurin 運動」[19]にもある。ルィセンコ学説にしても、ミチューリン運動にしても、人民との結びつきをもとめようとして運動されたが、それが結果的に成果になる形になったのか、かえって政治の引き回しで終わった側面がより多いのではないかという観点からの見直しも必要である。現実には科学を政治に従属させたという負の側面も強い。今の中村は「ルィセンコ学説の積極的な意義」についてどのように考えているのだろうか。

中村の論の中で、もう一つ疑問に思うところがある。それはルィセンコ学説への関心が落ち始めた原因に関することである。中村は次のように述べている。

日本におけるルィセンコ学説は、一九五四年を絶頂にして急激に影響力をうしなってゆく。五七年以後は、科学雑誌はほとんどこれを取りあげることがなくなる。このわずか二〜三年の変貌の原因はどこにあるのだろうか。まず第一の原因は、ルィセンコ学説を実践的に支えてきたミチューリン運動の衰退である。これほど決定的ではないが、第二の原因として、メンデル・モルガン主義の流れをくむいわゆる現代遺伝学の興隆を考慮にいれなければならない。以上のような要因にくわえて、ルィセンコ学説の後退に拍車をかけたのは、ルィセンコのアカデミー総裁辞任と、これと前後して公表されたヴァヴィロフの名誉回復という衝撃的な事件の報道であった[15]。

同じ科学史研究第の次号に掲載された「日本のMichurin運動[19]」の「はじめに」の項にも上記の説を引用しているが、この論文を読んでみても、ルィセンコ学説への関心の衰えの最大の原因がミチューリン運動の衰退にあるとの考え方にあまり説得力を感じない。それよりむしろ現代遺伝学の発展、特に遺伝子学説の進展にこそ、ルィセンコ学説への関心の衰えの根本的原因があるのではと感じる。特に遺伝学研究者のルィセンコ学説離れには、それが大きいと思われる。石井友幸は一九五三年の「新しい遺伝学[20]」に、

ジャーナリズムは既にルィセンコ学説などは忘れ去ってしまったかの如くであり、専門家のあいだの論争はすでになくなってしまっており、進化論や遺伝学の研究は再びアカデミックな研究の中にとじこもってしまっているようである。他方において、今日ではルィセンコやミチューリンの理論についての研究会が農民自身によってつくられ、既に農業に実際に応用され、顕著な成果をあげているところも少なくない。

と書いている。また、一九五七年に、次のように事態がさらに進展していると記している。

　わが国でも、一時学界ではルィセンコの論争がかなりかっぱつに行なわれましたが、このごろどうしたわけか中止されるような形で、すこしも進展しておりません。ですが、農民のあいだではミチューリン農法の要求がつよくおこり、すでに日本全國にひろがり、たくさんのミチューリン会ができ、最近では全国的な組織としてミチューリン学会というものも生れ、実際に立派な成果もたくさんあがっております。(21)

宇佐美正一郎も一九五四年には次のように書いて、ヤロビの生化学的研究を行っていった。

　いま日本では、北海道から九州までの全国各地にぼうはいとして広がっているミチューリン農法が、増産を希望する農民の欲求にこたえて数多くの成果をあげていることは否定できない。(22)

これらの記載は中村の述べていることと食い違っている。立派な成果があがったかどうかは別にして、一九五三年から一九五七年にかけてヤロビ農法が盛んであったという石井や宇佐美の記述が事実を反映しているかどうか、一度調べてみたいと考えている。

　一九六六年に八杉の監修で『現代生物学大系』の第一四巻『生命の起原・進化』が発行され、「変異の要因」(23)の項を中村禎里が執筆しているが、ルィセンコの名前は出てこないが、不公平とは感じられない。

　一九六七年の発刊された体系日本史叢書の一九巻科学史（杉本勲編）の第一三章「戦後の問題点」(24)は科学史家中山茂が担当した。そこでも、ルィセンコ学説について一定の積極的評価がされている。

　研究の方法論をめぐって、学会に大きな反響を撒き起したのは、民科理論生物学研究会が中心となって行

第16章-2：科学史家中山茂のルィセンコに対する甘い評価が掲載されている著作『体系日本思想書、19巻科学史』1967年

った、ルィセンコ説の好意的紹介と検討である。ルィセンコ説は戦前にすでにマルクス主義的研究者によって紹介されていたが、戦後、西欧の正統遺伝学の行きづまり、農業におけるその非有効性を克服するものとして、進歩的科学者の間で、社会主義体制下における新しい科学として脚光を浴びた。その後一九五五年前後に、ソ連におけるルィセンコ派の退潮と揆を一にして、日本における民科の活動もおとろえ、ルィセンコ論争も下火になっていった。この論争は、多分に政治的・感情的要素の混在によって歪められてはいたが、西欧科学の権威追従一辺倒であった日本の学界に、異質なコースからする科学の見方についての一石を投じ、科学のあり方、その政治との関連についての関心をよび起こした意義はある。

ここでは日本におけるルィセンコ論争の退潮の原因はソ連における退潮とされている。さらに中山は、ルィセンコに対する反対派は、アメリカの反共政策にのせられていたとまで主張している。

ルィセンコ派の政治的抑圧に対する抗議は、朝鮮戦争時代のアメリカ占領軍のよる日本の反共化工作の時流のペースに乗せられることになった。

この主張は特に何かの証拠に裏打ちされている訳ではない。「客観的には——を利した」というような発言はその当時よく聞かされたが、さまざまな方面の人たちがあらゆることを自分たちの有利に使おうとしていたし、現在でもいるわけだから、大事なことは行為（ここではルィセンコ派の政治的抑圧に対する抗議）が正しいかどうかをまず判断しなければならないのに、中山はその判断を放棄している。

一九六八年の『概観自然科学史』（山崎英三著）[25]には獲得形質の遺伝が比較的好意的に紹介されており、

近年問題になっている薬物の連続使用による細菌の抵抗性の増加は、後天的にえられた性質が遺伝しうることを証明しているように見えるし、ソヴェトのミチューリン生物学は環境の影響や生物の生活におこる変異こそ進化の基礎であると強く主張している。

と、書かれているが、細菌の薬剤耐性の出現や増加も全く「後天性形質の遺伝」とは異なったものであったし、この時期のミチューリン生物学の紹介なら、たんなる紹介に終わらず、その評価も記すべきであろう。

第16章-3：ルィセンコ学説を好意的に取りあげている高校の教科書『新講生物』1969年

一九六九年に生物物理学者の大沢文夫は『新講生物』(26)という高校生向けの教科書を執筆した。ここでもルィセンコ学説は肯定的に記述されている。「ミチューリン遺伝学」と題されている項以外には、まったくルィセンコ学説は出てこなく、遺伝や進化に関しては現代遺伝学の説明が採用されているにもかかわらず、ルィセンコ学説を次のように好意的に記しているのは奇妙な感じがする。

> 一九四〇年ごろから、ソ連では、ミチューリン・ルィセンコを中心として新しい遺伝学がつくられてきた。かれらの学説がメンデル-モルガン説と異なる最大の点は、前者が遺伝子という特定の構造を認めないことであり、後天的に獲得した形質が遺伝をするということであろう。両者の違いは、基本的なものではない。生物とは環境と切り離して考えられるものではなく、メンデル遺伝学の研究成果である核酸を中心とする遺伝学でも、酵素適応微生物の変異菌の問題がさかんにとりあげられ、核酸の複製、核酸からのタンパク質合成と環境との関係としてとりあげられつつある。

ルィセンコ学説の核心が遺伝子説の否定と獲得形質遺伝の肯定にあることは正確に把握しているのに、遺伝子を認めない説と遺伝子説との間、獲得形質の遺伝を肯定する説とそれを認めない説の間のちがいが基本的ではないというのはどういう根拠から出てくる結論であろうか。大沢はこの本でこの箇所以外は全て遺伝子学説やその発展系である分子生物学の成果にのっとって、教科書の執筆をすすめているのでこの部分だけが異様に感じる。大沢は生物物理学や分子生物学の日本における創始者の一人であり、当時は名古屋大学理学部分子生物学研究施設長であった。私も学生時代の一九六六年に彼の部屋まで頼みに行き、医学部まで来てもらって、彼の講演会を主催したことがあるが、分子生物学に基づく講演であった。広く調べているわけではないが、高校生向けの教科書レベルでルィセンコ学説を評価している例を他に知らない。教科書ではないが、一九六〇年代後半に発刊された岩波版『現代の生物学』のうち『遺伝』[27]は第三巻で一九六七年の発行、『生態と進化』[28]は第九巻で一九六六年の発行であるが、どこにもルィセンコ学説の記述は見出せない。

岩崎允胤がソ連科学アカデミー哲学研究所から刊行が予定されている『弁証法の歴史』の第三巻『唯物弁証法の発展におけるレーニン的段階』に掲載する論文「日本における唯物弁証法の発展」[29]を一九六九年に執筆し、一九七一年に北海道大学文学部紀要に発表した。かなり長文の論考で、江戸時代から稿を起している。岩崎の執筆当時の思想的立場は次の文章から明らかである。

敗戦とともにもたらされた民主主義のもとで、労働者階級の増大する勢力を背景にして、アカデミーにおいてさえマルクス主義の哲学的研究は自然および社会諸科学の発展と結びついておこなわれることになり、ブルジョア・イデオロギーの批判を含めていくたの成果を生みだしたが、この時期にはまた哲学的修正主義が発生したのである。すなわち一方では、唯物論の実存主義的修正としての「主体的唯物論」と、その系譜に立ちながら独自の政治的な諸団体を形成して革命的空文句をふりかざすトロツキズムとがマルクス主義を掘り崩そうとすれば、他方で、唯物論のプラグマティズム的修正としての「思想上の平和共存」の風潮が広汎に歓迎されるなかで、マルクス主義の観念論的な換骨奪胎、マスコミのなかでのマルクス主義の無責任な卑俗化が進められていった。

客観主義的唯物論者の見本みたいで、戦後の思想分野における苦闘を殆ど理解していない。この論考では、「自然科学と弁証法」という項があり、そこで武谷三男について詳しく解析されているが、武谷三段階論の意義と批判として記載されている内容は、常識に属することで、特に新味がない。この論文でルィセンコに触れているところが二ヶ所ある。最初は、次の文章である。

いわゆるルィセンコ論争とその結果は日本にも紹介されたが、彼の学説は、当時日本でも西欧的な遺伝学と機械的に対置されながら党派的に擁護されたため、生物学の発展の上に否定的な影響を与えないわけにはいかなかった。しかし、生物と環境との相互作用、形而上学的に理解された遺伝子の否定などの問題について積極的に反省を促した点で、わが国でのこの論争は必ずしも無意義なものばかりとはいえなかった。

「西欧的な遺伝学と機械的に対置されながら党派的に擁護された」の中の、「されながら」がよく理解できないが、西欧の遺伝学を機械論として批判したことは正しいが、ソヴェト支持の立場から無批判的にルィセンコ学説を擁護したことは問題があったということだろうか。「否定的な影響を与えないわけにはいかなかった」のような回りくどい書き方はせず、はっきりと生物学の発展に否定的な影響を与えたと記すべきであるし、「必ずしも無意義なものばかりではない」などと書かずに、殆ど無意義であったと書くべきである。過去の自分たちの評価について率直に見直す姿勢がみられない。次にルィセンコに触れた部分は、

生物学の領域についていえば、かつてのようなルィセンコ旋風はもはやなくなった。しかし、唯物論の生物学者の間には、その後逆に、問題の哲学的考察から遠ざかる傾向が見られ、本来的にいえば生物学の領域は弁証法の豊床のはずであるにもかかわらず、弁証法的諸問題の研究は残念ながらかなり立ち後れている。

と記述されているが、「党派的に擁護されたため、生物学の発展の上に否定的な影響」を与えたことに対して殆どの唯物論の生物学者（?）がその総括を避けていることこそ批判しなければならないはずである。その批判抜きに弁証法論議をしても、何の進歩も望めない。

以上に示したように、一九六〇年代においては、遺伝学研究者ではルィセンコ問題はもはや解決済みで過去の問題であったが、科学史的にはルィセンコ学説について の記述も多いし、好意的な評価も多かった。ただ、それらの文献でも現代遺伝学や分子生物学の成果とルィセンコ学説の科学的関連については全くといっていいほど述べられていない。

第三節　一九七〇年代におけるルィセンコ論争に関する科学史的な評価

一九七一年にはメドヴェジェフの『ルイセンコ学説の興亡』[30]が金光不二夫の翻訳で発行された。八杉龍一はこの本に衝撃を受けたようだ。

ルィセンコ学説をめぐる政治的問題は、メドヴェジェフ『ルイセンコ学説の興亡』に詳しい。その記述をすべて信じるならば、ルィセンコから積極的なものは何も残らないように思われてくるであろう。[31]

メドヴェジェフはソ連がまだスターリン主義体制下にあった時からの反体制的生物学者で、ルィセンコ学説の歴史の解説を含むソ連における科学史に関する幾つかの著作を執筆している。[32・33]双生児の兄弟R・メドヴェジェフの大著『共産主義とは何か―スターリン主義の起原と集結―』[34]にもルィセンコの理論や起こした行動などが詳しく書かれている。これらの著作を読むことで、ソヴエト政権下で起きたルィセンコ論争の歴史がよく理解でき、ルィセンコへの幻想を打ち砕くことができる。しかしながら、現在、否一九七〇年代に至っては、メドヴェジェフの論争史をみるまでもなく、ルィセンコ学説の正否は現代生物学の発展によって結論が出ている。第十二章でも触れたが、八杉が否定しているのはルィセンコ学説をめぐる政治的問題であって、学説そのものではないことは再び記しておきたい。

一九七一年には八杉龍一が『近代進化思想史』を再刊し、[31]初版におけるルィセンコ関係の記載について次のような自己批判している。

ただ、心にかかることが一つあった。それはルィセンコの遺伝学、およびそれと進化論との関係についての記述である。初版における記述そのものは不当であるとか、私の今の考えと大きく違っているということではない。もともとそこに書かれているのは、私自身の解釈にもとづくとはいえ、かなり客観的な説明であって、議論ではないのである。それなのに気にかかるというのは、二つ理由がある。一つは、一九五〇年からこんにちまでのソ連自体においてもきびしいルィセンコ批判があり、かれの失脚が決定的な事実になったことである。もう一つは、〔「ルィセンコの遺伝学と進化論」の項が）書物全体のなかで特別の重みを与えられているように見える点である。初版の時点（一九五〇年）においても進化論史として完全には妥当でないことであった。

このようにルィセンコ論争の中心にいた八杉は、ルィセンコ問題が自分の書いた遺伝科学の歴史の中で、過大な位置をあたえられたと反省している。ただ自分の記述が客観的説明であって、議論ではないという、八杉の言明は真実ではない。一九四九年当時、かれ自身は高圧的な態度でルィセンコ学説支持していた。その後ルィセンコ学説に逡巡する気持ちを読み取れるが、明確に一九五七年頃まではその支持を表明していた。また、「一九五〇年からソ連自体におけるきびしいルィセンコ批判」があったように八杉は記述しているが、少なくともそれを八杉は殆ど紹介してこなかった。そして、一九六一年にはルィセンコは再び全ソ農業アカデミー総裁に返り咲き、一九六五年までそのポストを維持したので、「かれの失脚が決定的な事実になった」という八杉の記述は、あまり正確ではない。初版におけるルィセンコ評価、例えばルィセンコ学説が現代遺伝学の欠陥を的確についている、は正しかったと、八杉は言っているが、正直な気持ちであったのだろうか。もしそれが本当なら、八杉は自己の過去に正面から立ち向かえない人のようだ。第一一～一三章「八杉龍一のルィセンコ評価の変遷」で詳しく解析したように、八杉は過去における自己の見解を批判することなしに、なし崩し的にルィセンコ学説から離陸し、現代遺伝学支持に乗り移り、相変わらず多くの論文や著作を執筆し続けた。

一九七五年の大沼正則らが『戦後日本科学者運動史』(35)において少し詳しくルィセンコ論争に触れている。まず、歴史的経緯については次のように書かれている。

戦後ミチューリン・ルィセンコの遺伝学が進化学説として紹介されるようになったのは、物理学者の武谷三男と唯物論哲学者の山田坂仁とのあいだに、ルィセンコ学説の評価をめぐって論争が開始され、八杉竜一などがこの機会に少しでも正確な資料を提供しなくては、と考えて紹介を始めたことからである。

この経緯は科学史的には間違っており、ルィセンコ学説の紹介は八杉等によって戦前からなされており、一定の論争、特の「ソヴェトにおける研究と自由」や「科学と実践」などに関してが戦わされ、それらの知識が武谷―山田論争の基礎になっていたということは無視されている。ルィセンコ学説の意義として、次のように主張しているが、

ルィセンコ遺伝学は、ともすれば旧来のアカデミズムのなかにあって国民との結合を忘れがちな日本の自然科学者に、重大な反省を強いる契機ともなったのである。

本当にルィセンコ支持者が国民に結びついていたかどうかは詳しく検討してほしい。かえって、政治的実践との結合を早急に求めたその活動が、共産党系の運動からの国民と科学者の離反を招いた点も忘れるわけにはいかない。ルィセンコ論争の欠点としては、

今日ふりかえってみると「ルィセンコ論争」にはいくつかの欠陥もあったように思われる。進歩的自然科学者のあいだにも、「ルィセンコ生物学は社会主義の科学の成果である。唯物論弁証法と結びついている」等々のイデオロギー上の判断から、安易にその学説を信用するという傾向もあった。このような傾向は、一つの学説の真実性を明らかにするのに必要な追試を自国において辛抱強くおこなってみる、という実証的態度を軽視することとなり、論争は、いきおいイデオロギー的となっていったのである。

と記しているが、この文章、イデオロギー上の判断を行ったので、イデオロギー的になったといっているだけで、内容がない。ルィセンコ学説とは何であり、その意義とは何であったのか、なにゆえ論争がイデオロギー的になってしまったのか、を着実に踏まえ、科学史的評価をしなければならない。ルィセンコ学説自体の評価と戦後共産党系の知識人が何故それを高圧的に支持するような事態が起きたのかを大沼らは分析する必要がある。ただ、ここで大沼らがルィセンコ学説を支持したのは学説の内容ではなく、イデオロギー上の判断であるということを記しているのは事実であるが故に重い。

その大沼は一九七八年に共著で『科学技術史概論』[36]を発表したが、メンデルの法則やド・フリースの突然変異の発見に触れ、

生命と進化の本質は蛋白質と核酸の化学的性質と物理学的性質から解明されなければならないことがわかり、今日の生物物理学と分子生物学が、生物学の主流

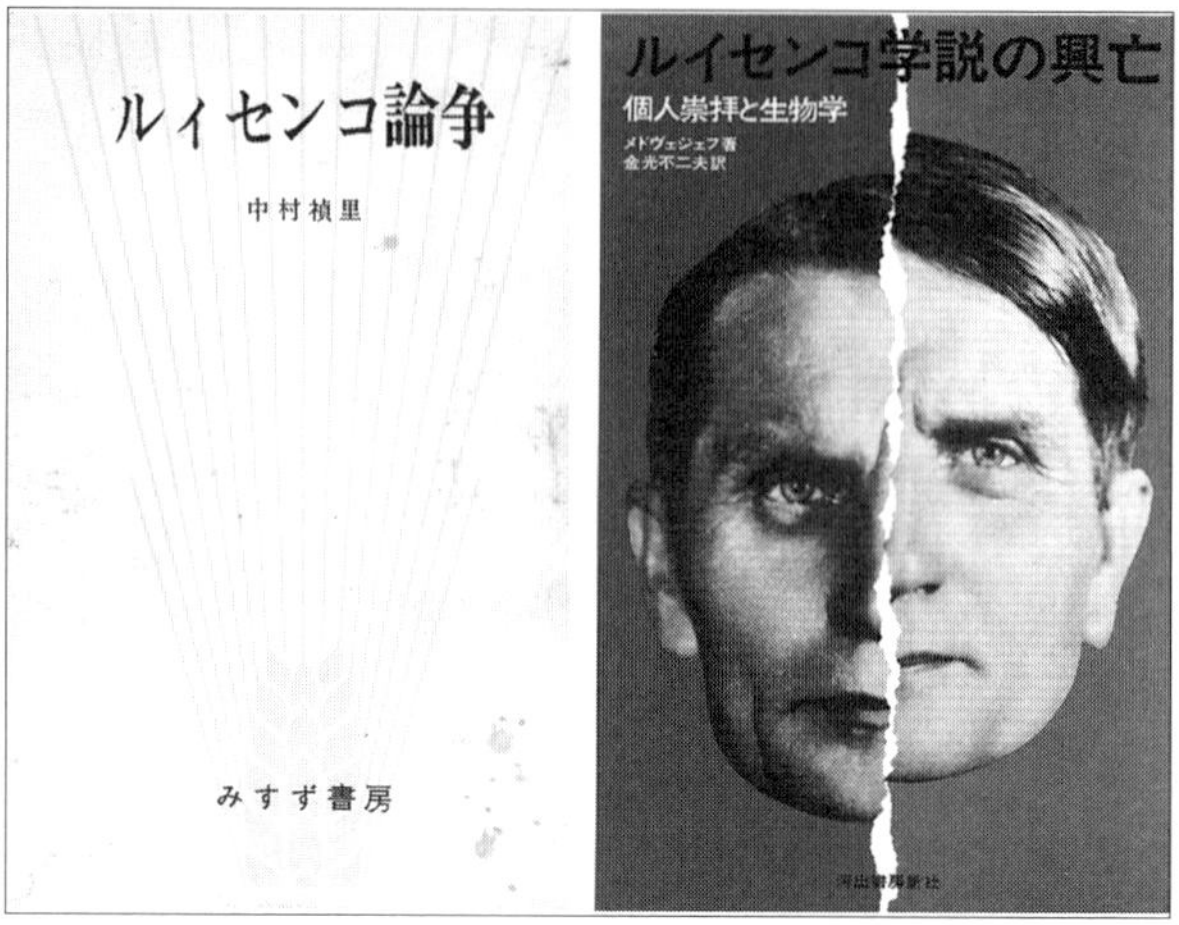

第16章-4：日本とソ連に於けるルィセンコ論争を総括的に取りあげた好著『ルィセンコ論争』、1967年、『ルイセンコ学説の興亡』1967年（ソ連）、1971年（翻訳）

になってきたのも理解されよう。

と書かれている。例えば遺伝子の発見に関しては、

遺伝子説はモーガンによって提起され、遺伝子と染色体を関係づける研究は一九一〇年代から盛んになった。モーガンは、ショウジョウバエの遺伝の研究から、これまで仮定のものと考えられていた遺伝子が実在し、染色体上に一定の位置に一列にならんでいるとの説を出した。DNAが遺伝子の本体だという考えは一九三〇年代からいわれ始めた。一九四四年にアヴェリーらの細菌（肺炎双球菌）の形質転換因子の発見により、DNAが遺伝情報の一次的なにない手であることが明らかになった。

と述べられている。結果的には間違った歴史記述ではないが、立場上ルィセンコ生物学の歴史にも触れるべきではないかと考えられるが、何らの記述もない。ルィセンコらは遺伝子学説に執拗に反対したし、共産党系の研究者は遺伝子学説をブルジョア遺伝学と規定して攻撃し、ルィセンコ学説を支持してきた歴史を避けるべきではない。大沼らは自己批判することなく遺伝子説を支持することは無責任である。大沼正則は一九八七年に『科学史はその課題と方法』[37]を共著で出版し、その終章に「科学史とともに—近代科学をめぐる論争史から—」を執筆して戦後の科学論争を総括しているが、ルィセンコ学説は話題にも出てこない。

一九七八年発行の『生物学史展望』（井上清恒著[38]）に

は、ミチューリン遺伝学についてもしっかり触れられており、ルィセンコも根本思想を次のようにまとめている。

生物個体の生涯は、外界と物質交代を通じて交流しながら成長してゆく過程で、外界の変化に影響される。遺伝とはこうした個体一生の変化を考慮しながら理解しなければならない。

ルィセンコの思想をこのようにまとめるのは、ルィセンコに対して好意的な雰囲気が伝わってくるが、「彼の理論を裏付ける実験的事実は僅少である」と述べている。結論的には、ソ連におけるルィセンコ学説の推移を次のように記述している。

彼は国内のメンデル主義者を圧倒し、ソ連の生物学界を支配する権力の座についたが、一九六五年彼が科学アカデミーの遺伝学研究所長の職を解かれると共に、この学説は終わりを告げた。一九三五年からこの年まで、ルィセンコの理論のため一時期ソ連の遺伝学は孤立する不幸に遭遇しなければならなかった。これは遺伝学史上のエピソードである。

スターリンの死亡後も、最終的には一九六五年のかれの失脚までルィセンコの影響はソ連では残ったとする井上の意見は正しい。

一九七〇年代に入ると、ルィセンコ学説の好意的評価の論説は少なくなり、科学史的にも一つの歴史としてみるようになってきたと考えられる。ただルィセンコ学説の歴史を検討すべき責任のある立場の人々がルィセンコ論争の内的総括を避けて、現代遺伝学を支持していることも明らかになった。

第四節　一九八〇年以降におけるルィセンコ論争に関する科学史的な評価

一九八五年発行の『科学の歴史―近代科学の成立と展開―』[39]を溝口元が書いているが、その「生物科学の新たな展開―メンデルの遺伝の法則から遺伝子工学へ―」は、遺伝子学説の勝利と発展の歴史を説得力を持って記述しているが、ルィセンコ学説は登場しない。

一九八八年に出版された松永俊男の『近代進化論の成り立ち―ダーウィンから現代まで』[40]は獲得形質の遺伝やルィセンコ学説に対して正面から論じた貴重な労作である。松永は中村禎里とともに生物学史研究会の会員であった[41]。第八章「獲得形質遺伝説の盛衰」ではダーウィン以降の獲得形質遺伝説の推移をイギリスを中心にたどり、獲得形質遺伝説が生物進化の理解にどのような意義を持ちうるかを検討している。獲得形質遺伝説自体は古代からあった考え方であるから、この説をラマルキズムとよぶことは間違いであることを述べ、ラマルクの考え方の最大の特徴を次のように述べている。

ラマルクの進化論の最大の特徴は、生物に内在する力によって自らより複雑なものに直線的に変化して行くという主張である。獲得形質の遺伝はラマルクの進化論でも副次的な要因であった。

松永の考え方をまとめてみると、ダーウィンも獲得形質の遺伝を疑っておらず、『種の起原』の後の版ほど獲得形質の遺伝の役割が大きくなっていた。その後、化石による獲得形質の遺伝の証拠もその力を失い、直接的な証明もできなかったので、一九三〇年代には獲得形質遺伝説は生物学の主流から無視されるようになった。ワイスマンのマウスの尾の切断実験を下らないとの批判も多いが、話は逆で、これと類似しているがはるかに粗雑な観察がしばしば獲得形質の遺伝の証拠とされていたのである。ワイスマン自身、この実験だけで獲得形質遺伝説が全面的に否定されるとは考えていなかった。獲得形質遺伝説が現在では何の証拠もなく、説得力を失っているのに期待を寄せる人がいるのは何故だろうと問い、次のように述べている。

自然選択説の非目的論に割り切れなさを感じ、生物の自主性というものを獲得形質遺伝説によって認めたい、と思うためであろう。漠然と獲得形質遺伝説に好意をもつ生物学者は、生物の自主性といったものが獲得形質遺伝説のよって、科学の範囲内でとらえられることを期待しているのであろうが、それは幻想といってよい。

遺伝学の仮説としての獲得形質遺伝説の問題点についても、的確に記述している。第一に問題になるのが、体細胞の変化が生殖細胞の遺伝子に特定の変化をもたらすメカニズムであろう。これ以上に問題なのが、獲得形質の内特定のものだけが選択されて遺伝するということである。この章の結論として、

獲得形質の遺伝には直接間接の証拠がなく、現代の遺伝学の成果から見て、その可能性を考慮する余地は

ないであろう。また、獲得形質遺伝説には神秘的な内在要因が含意されており、近代科学の立場からこれを認める事ができない。

と述べている。

第一〇章は「非ダーウィニズムの系譜」と題されており、そこで次のようにルィセンコ事件について触れているが、ルィセンコ事件の本質をついている発言である。

ルィセンコ事件は、政治が科学の内容に干渉したために起きた不幸な事件であった。ソ連の農業生産と生物研究は阻害され、ルィセンコとその取り巻きの立身出世をもたらしただけである。ルィセンコ学説は共産党の公認の学説となったため、外国にも波及し、我が国の生物学にも深刻な影響をもたらした。

松永の著作を詳しく紹介したのは、獲得形質遺伝説やルィセンコ騒動の不毛性について的確に指摘している貴重な内容であるからである。やっと本格的なルィセンコ批判の書物が出現したが、ルィセンコ学説支持の背景に「自然の人工的改造」への希求があったことは触れられていない。

一九九四年の『科学思想の系譜学』(大林信治、森田敏照編)[42]の「現代の進化論の項」で幾つかの進化論が紹介されているが、そこで取りあげられているのは、総合説、木村資生の中立説、木原均説、今西説などであるが、ルィセンコやミチューリンには触れていない。同年には杉山次郎が『日本の近代科学史』[43]を出版しているが、ルィセンコについては言及されていない。

以前にも触れたように、宇佐美正一郎は一九九五年に最後の著作『どこまで描ける生物進化』[44]を発表し、ソ連におけるルィセンコ問題を「政治が科学の発展に与えた大きな汚点として科学史における著名な事件の一つです」と述べているが、宇佐美が総括しなければならないのは、宇佐美自身も参加した日本におけるルィセンコ論争の内的総括であるべきであるが、それは最後まで避け続けた。

一九九六年には武谷の論争相手であった山田坂仁の著作集が発行され、そこにいいだももが解説[45]で、武谷より山田の方が先見の明に富んでいたと評価している。武谷―山田論争では圧倒的に武谷を評価する者が多かったが、少なくともルィセンコ学説をめぐる論争に関しては、山田の初期の発言が正しかったことを歴史は証明しているが、これを確認している文献はほとんどないので、このいいだももの意見は貴重である。

一九九七年に中村禎里は『日本のルィセンコ論争』[46]と表題を変えて、かつての著作を再刊した。それには、「三〇年を経て―アマチュア研究者とスターリン主義」と題するあとがきが掲載されている。そこでは、初刊本についての感想が述べられている。

かつて社会主義ソ連に希望を託したことがある私は、社会主義、特にスターリン主義に関する総括を、重い責任として、死ぬときまで背負っていかなければならない。『日本のルィセンコ論争』は、初期において責任をわずかに果たす手段にもなったのだが、そしてその点では自負するところもあるが、のちに定説として知られるようになった事態は、『日本のルィセンコ論争』を書いた三〇年前には理解しがたかったであろうほど、深刻であることがわかってきた。

ただ、ルィセンコ等がもたらした事態はより深刻であることが明らかになったといいながら、前著については、

彼の学説の評価について、追加すべきことはほとんどない。私の意見は、原則として正しかったと思う。

との判断をしている。学問としてのルィセンコ学説について前著で下した判断、

ミチューリン・ルィセンコ学派が、イデオロギー的偏見にとらわれず、正統派の方法と業績を消化し、しかもかれら独自の成果を追求してゆくならば、遺伝学の次の発展段階において、主導的な役割を果たすことも不可能とはいえない[14]。

を今でも正しいと思っているのだろうか。また、彼がルィセンコ学説の積極的評価の根拠にあげた、栄養雑種については、「あるいは私が甘かったのかもしれない」と記している。現在、栄養雑種についても分子生物学的解析がなされ、台木と接穂との間にDNAの交流があるという成績[17]も発表されているが、これもルィセンコ学説の発展としてなされたわけではない。ミチューリン運動についても、有機農業が盛んな今こそヤロビ農法は用いられるべきだと考えるが、現在はほとんど使われていないことから、「ヤロビにはもともと効能がなかったのではないか、という疑念が私の心から離れない」と書かれているが、以前、中村の「日本の Michurin 運動[19]」を読んだ時も、「ではヤロビの導入で最終的にはどんな効果が

あったのだろうか?」という印象を私自身が持ったことを思い出す。中村にも、三〇年前の自分の評価を厳しく問う姿勢がほしかった。

『日本のルィセンコ論争』再刊本の中村のあとがきを読むと、彼の優しさが伝わってくる。次の文章は彼の優しさと科学史家としての責任放棄が混在したものである。

私には、ソ連型の社会主義も、スターリンの思想も、ルィセンコの主張も、百分の百まで否定すべき対象だとは思われない。ひとときは、私のように矮小なものだけではなく、高い知性と深い洞察力、豊かな道義心を持った多くの人々によっても支持されていた思想に、悪の極地以外の意味がまったくないということがあり得るだろうか。

部分部分に正しい主張や行為が見られるから、このように評価することは簡単であるが、ルィセンコ学説とその事件の全体像、スターリン主義やソ連型社会主義の本質に関する評価を避けているとしか思えない。百分の百まで全部正しい言動もなければ、百分の百まで間違っている言動もないわけであるから、このように書くのは論理的ではない。ただ現実は「高い知性と深い洞察力、豊かな道義心を持った人」も間違った意見を述べることはあるわけであり、「悪の極地」という極端な言葉で免罪することだけはしてはいけない。以前中村に投げかけた疑問、「「ルィセンコ学説の積極的な意義」についてどのように考えているのだろうか」、を中村に再度提出したい。かつてルィセンコ支持者によって、次のような意見が出された。

もしルィセンコの実験がまやかしであり、彼の理論が根本から間違っているなら、ソ連の学界、ソ連の国民、ソ連の政府の利害の差引はどうなるであろうか。農業生産力の上昇に必死となっている国の政府の当事者が、この大きな危険をあえてするであろうか。このような単純なことに気付かないのは、生物学と農学との強固な結合が忘れられている国の学者ばかりである。[47]

中村の意見はこの頭越しの意見と相通じるものを感じる。いずれも論争の深まりを断ち切ってしまい、強引に中断させる役割を果たすだけである。中村の一九七二年の発言、[48]

社会主義国における自然科学のイデオロギー闘争は、支配層の科学者に対する暴力的抑圧であり続けた。

について今はどう考えているのだろうか。多くの遺伝学研究者が逮捕され、獄中で命を落とした。

一九九七年に発行された『生物学の歴史』（横山輝雄[49]）にもルィセンコ学説に触れた記述が見出される。

第二次大戦後にも総合説と対立する進化論は存在していた。一つはルィセンコ学説である。ソ連の農業生物学者ルィセンコは、獲得形質遺伝が実験的に示されたと主張した。しかし、ルィセンコ学説は、単に生物学の一つの理論として提唱されたというよりは、第二次大戦後の冷戦状況の中で、政治がらみで急速に浮上してきた学説である。当時のソ連において、「ブルジョア遺伝学」と「プロレタリア遺伝学」の「二つの遺伝学」があるとされ、ルィセンコ学説は、後者であるとされた。ルィセンコ学説は、単にソ連や社会主義国にとどまらず、日本を含めた西側諸国にも大きな影響力を与えた。ルィセンコ学説が社会主義国ではなかった日本でも力を持った理由は、当時の思想界一般で社会主義に共鳴した知識人も少なくなく、それが機械論（メンデル理論）対弁証法（ルィセンコ学説）といった形の哲学的議論として展開されていたためである。しかし、獲得形質遺伝説はその後支持を失い、ルィセンコ学説も否定され、進化総合説が支配的になった。

非常に冷めた評価であるが、正しい評価であろう。ただ、ルィセンコ学説の登場の時期は横山がいうより、かなり早い時期で、一九三〇年前後である。

日本における遺伝学の歴史を述べるなら、横山の著作のようにルィセンコ学説にも必ず触れる必要があるし、その評価は避けるべきではない。

一九九八年の『自然科学史入門』（端山好和[50]）では、「生命とは蛋白質の一つの存在様式である」という有名な言葉を残したのはマルクスであるという間違った記述もあるし、抗体産生に関するクローン選択説とクローン動物との関係の記述もよく理解できない。進化論や遺伝学の項にルィセンコへの言及はない。一九九二年の『生命の起原と進化』（太田次郎ら編[51]）でもルィセンコ学説は出てこない。

二〇〇六年に八杉龍一の息子である八杉貞雄によって、『進化学の方法と歴史』第一章として「進化論の歴史[52]」が書かれた。獲得形質の遺伝については否定し、ルィセンコについても言及されることはないが、獲得形質の遺伝については興味ある記述があるので紹介しておく。
（1）遺伝学は、一九〇〇年のメンデルの法則の再発見、一九五三年のワトソンとクリックによるDNAの構造解明という二つのメルクマールを経て、今日では、ゲノミックス、そしてその後のプロテオミクスの探求の段階となった。
（2）遺伝子の本体と遺伝の様式が明らかになるにつれて、獲得した形質はDNAの中に刻まれることがないとされて、否定された。
（3）獲得形質が次世代に遺伝するという考えは、人間の努力がいずれは報われるという意味で、多くの人々に受け入れられやすく、またランダムな変異が自然選択によって拾い上げられるという、いわば偶然のみに依存する進化理論より考えやすいのであろう。獲得形質の遺伝の論争は、今後もまだ続くかもしれない。
（4）二〇世紀半ばの遺伝発現機構の解明は、遺伝情報がDNAからRNAに転換され、タンパク質に翻訳されるという一方向の流れによって発現するというセントラルドグマを確立し、それによって獲得形質の遺伝を最終的に否定することになった。
遺伝情報発現に関するセントラルドグマが覆らない限り、獲得形質の遺伝を考えることは否定的であるが、人間の努力がいずれは報われるという考え方や進化の方向に必然性があるはずだという考え方から、獲得形質の遺伝論議は今後も続くだろう、という主張は間違いではない。

遠山益の『生命科学史』（二〇〇六年）[53]では本文には見当たらないが、年表で珍しく、一九三四年にルィセンコがルィセンコ学説の提唱、と掲載されている。やはり二〇〇六年に発行された松本丈二著の『自然史思想への招待』[54]では遺伝的浮動、中立進化、遺伝的刷り込み、遺伝子の水平移動、エピジェネティクスなど、自然選択以外のメカニズムも紹介し、獲得形質の遺伝も触れているが、次のように述べて獲得形質の遺伝を否定している。

このような（キリンの首）獲得形質の遺伝は、一般的には不可能であることがわかっています。われわれが如何に努力しても、次の世代にはその内容は伝わりませんね。次の子はまたゼロから勉強しなければなりません。個体レベルで獲得したことは、決して次世代には伝わらないのです。

二〇〇九年の群集生態学という生物と環境を扱ったシリーズで、その第二巻に『進化生物からせまる』[55]と言う本が出版されたが、ルィセンコ学説の得意とする分野にもかかわらず、ルィセンコの名前は出てこない。

一九九〇年代以降になると、ルィセンコ学説に言及されることが少なくなり、言及される場合は過去の出来事として否定的に論じられている。獲得形質の遺伝も現代遺伝学の成果の上にたって原理的に否定するようになった。一方、興味深いことには獲得形質の遺伝を支持する本の発刊は後を絶たないし、インターネットでは獲得形質の遺伝について書かれているホームページは数えきれない。そこではルィセンコ学説についても数多く言及されている。このことは八杉貞雄の言うように、獲得形質の遺伝に関する論争は、ネット上では今後とも続くと考えられる。

科学史的著述を解析してみて明らかになったことは、かつてのルィセンコ支持者の真摯なルィセンコ論争総括を結局見出すことができなかったということである。これは一九六五年の森下論文のあとがき[56]にある次の言葉、

〝メンデル・モルガン遺伝学〟対〝ミチューリン・ルィセンコ遺伝学〟としてとりあげられながら、これを日本に導入した人達の批判は聞かれず、唯、沈黙を守るに終始している。

が示すルィセンコ支持者の責任が二分の一世紀経以上過した現在に至っても果たされていないことを痛切に感じさせる。時間的な経過を考えると、今後とも彼等が責任を果たすことはないと思わざるを得ない。

[引用文献]

(1) 近藤洋逸、藤原佳一郎、『科学思想史』(青木書店)、一九五九年(小倉金之助、長田新、務台理作監修)『現代哲学全書』15
(2) メドヴェジェフ(金光不二夫訳)、『ルイセンコ学説の興亡』(河出書房新社)一九七一年(原著は一九六一～一九六七年にかけて執筆されている)
(3) 廣重徹、『戦後日本の科学運動』(中央公論社)一九六〇年
(4) 柴谷篤弘の『生物学の革命』(みすず書房)一九六〇年
(5) 武谷三男編、『自然科学概論』第二巻、『現代科学と科学者』、一九六〇年
(6) 佐藤七郎、「遺伝学と進化学の諸問題」、武谷三男編『自然科学概論』第二巻、『現代科学と科学者』、一九六〇年

（7）佐藤七郎、「科学と思想―戦後生物学の展開を軸に」、廣重徹編『講座戦後日本の思想4―科学思想―』（現代思潮社）一九六三年
（8）O・B・レペシンスカヤ、「細胞以前の段階における生命過程」、宇佐美正一郎監訳『ソヴェト生物学』（みすず書房）一九五五年
（9）ルィセンコ、「O・B・レペシンスカヤの業績」、宇佐美正一郎監訳『ソヴェト生物学』（みすず書房）一九五五年
（10）佐藤七郎、「レペシンスカヤの細胞観」『生物科学』3（4）、一九五一年
（11）佐藤七郎、「レペシンスカヤ説の正しい理解のために」『生物科学』5（1）、一九五三年
（12）千島喜久男、「私の生命探究四十年の成果報告」『岐阜大学学芸学部研究報告（自然科学）』3（4）、一九六二年
（13）駒井卓、『遺伝学に基づく生物の進化』（培風館）一九六三年
（14）中村禎里、『ルィセンコ論争』（みすず書房）一九六七年
（15）中村禎里、「日本におけるルィセンコ論争」『科学史研究第』七〇号、一九六四年
（16）中村禎里、「民科生物部会の生物学思想」『日本読書新聞』第一三三四号、一九六五年
（17）Stegemann, S.; Bock, R. Exchange of genetic material between cells in plant tissue grafts. *Science*, 324, 649-651, 2009
（18）中村禎里、「科学とマルクス主義哲学」『現代人の思想・月報』、一九六四年
（19）中村禎里、「日本の Michurin 運動」『科学史研究第』七一号、一九六四年
（20）石井友幸、「新しい遺伝学」、ネオメンデル会編『現代遺伝学説』改訂版313―361、一九五三年
（21）石井友幸、『誰にもわかる進化論の教室』（厚文社）一九五七年
（22）宇佐美正一郎、「ヤロビの生化学」『自然』一一月号、一九五四年
（23）中村禎里、「変異の要因」、八杉龍一監修『現代生物学大系第一四巻』、『生命の起原・進化』、一九六六年
（24）中山茂、「戦後の問題点」、杉本勲編『体系日本史叢書』一九巻　科学史（第一三章）、（山川出版社）一九六七年
（25）山崎英三、『概観自然科学史』（東京教学社）一九六八年
（26）大沢文夫、『新講生物』（三省堂）一九六九年
（27）『現代の生物学、第三巻』、『遺伝』（岩波書店）一九六七年
（28）『現代の生物学、第九巻』、『生態と進化』（岩波書店）一九六六年
（29）岩崎允胤、「日本における唯物弁証法の発展」『北海道大学文学部紀要』、一九七一年
（30）Z・メドヴェジェフ（金光不二夫訳）、『ルイセンコ学説の興亡』（河出書房新社）一九七一年（原著は一九六一～一九六七年にかけて執筆されている）
（31）八杉龍一、『近代進化思想史（再版）』（岩波書店）一九七一年
（32）Z・メドヴェジェフ（熊井譲治訳）、『ソ連における科学と政治』（みすず書房）一九八〇年（原著は一九七八年にアメリカで出版された）
（33）Z・メドヴェジェフ、R・メドヴェジェフ（久保秀雄訳）、『知られざるスターリン』（現代思潮社）、二〇〇三年
（34）R・メドヴェジェフ（石堂清倫訳）『共産主義とは何か―ス

ターリン主義の起原と集結―上・下』（三一書房）、一九七三、七四年
(35) 大沼正則・藤井陽一郎・加藤邦興、『戦後日本科学者運動史上』（青木書店）一九七五年
(36) 山崎俊雄・大沼正則・菊池俊彦・木本忠昭・道家達将、『科学技術史概論』（オーム社）一九七八年
(37) 山崎正勝・奥山修平・兵藤友博・大沼正則、『科学史その課題と方法』（青木書店）一九八七年
(38) 井上清恒、『生物学史展望』（内田老鶴圃）一九七八年
(39) 溝口元、『科学の歴史―近代科学の成立と展開―』（関東出版社）一九八五年
(40) 松永俊男、『近代進化論の成り立ち―ダーウィンから現代まで』（創元社）一九八八年
(41) 中村禎里、『近代生物学史論集』「あとがき」（みすず書房）二〇〇四年
(42) 大林信治、森田敏照編、『科学思想の系譜学』（ミネルヴァ書房）一九九四年
(43) 杉山滋郎、『日本の近代科学史』（朝倉書店）一九九四年
(44) 宇佐美正一郎、『どこまで描ける生物進化』（新日本出版社）一九九五年
(45) いいだもも、『認識論と技術論』「解説」（こぶし書房）一九九六年
(46) 中村禎里、『日本のルィセンコ論争』（みすず書房）一九九七年
(47) 八杉龍一、「生物学への反省」『思想』（289）、一九四八年、ネオメンデル会編『ルイセンコ学説』「ルイセンコ論議についてとして一九四八年に再掲載
(48) 中村禎里、「遺産としての近代科学」『情況』七月号、一九七二年
(49) 横山輝雄、『生物学の歴史』（放送大学教育振興会）一九九七年
(50) 端山好和、『自然科学史入門』（東海大学出版会）一九九八年
(51) 太田次郎・石原勝敏・黒岩澄男・清水碩・高橋景一・三浦謹一郎編、『生命の起原と進化』（朝倉書店）一九九二年
(52) 八杉貞雄、「進化論の歴史」『進化学の方法と歴史』（岩波書店）二〇〇五年
(53) 遠山益、『生命科学史』（裳華房）二〇〇六年
(54) 松本丈二、『自然史思想への招待』（緑風出版）二〇〇六年
(55) 大串隆之・近藤倫生・吉田丈人編『進化生物からせまる』「シリーズ群集生態学」２巻（京都大学学術出版会）二〇〇九年
(56) 森下周祐、「「一つの遺伝学」への道　あとがき」『生物学史研究ノート』、一九六五年

第一七章

武谷三男の生物学思想とは何であったか

第一節　武谷の生物学思想への歩み

今まで、武谷とその周辺にいた人々の生物学、特に遺伝学と進化論、に対する理解の変遷をたどってきた。この章では、「武谷三男の生物学思想とは何であったのか」というこの仕事の目的について論じることにしたいが、その前に武谷の生物学思想への歩みを少し推測をまじえて振り返っておきたい。

武谷は幼年期に池田地方の美しい田園風景に親しみ、台湾地方でカタツムリの採取などを通し、生物の多様性に目を見張ったのではないかと思われる。その生物の多彩さが、偶然の突然変異と篩の機能しかない自然の選択だけで作りだされるとは武谷には考えられなかった。そこで、八杉による情報から、ソ連で有力になってきたルイセンコ学説を知った。[1]その情報は、

（1）ルイセンコは既に獲得形質の遺伝の実験に成功している

（2）ルイセンコの遺伝学が実際の農業に応用され、大成功している

（3）遺伝に対する考え方が柔軟で、環境との関係を十分に考慮されている

（4）ルイセンコの方法を用いれば、自然を人工的に改造することが出来る

などであった。

武谷には社会主義ソヴェトに対する素朴な信頼もあったと思われる。ルイセンコの考え方に比べれば、メンデル・モルガン遺伝学の遺伝子の考え方は固定的であり、機械論的であると武谷は判断した。武谷が遺伝子説に対するルイセンコの批判は正しいと考えたかどうかは疑問であるが、ルイセンコの「遺伝は細胞全体が行い、遺伝のための器官はない」という意見についての評価は避け続けた。ルイセンコ学説に対する好意的評価に影響されたのか、その後も遺伝子説に対する態度表明を避け続け、ルイセンコに対しても、その実体追求の弱さを指摘

することはなかった。現代遺伝学が一貫して追求してきた遺伝子説は、最終的には核酸（主としてＤＮＡ）分子という遺伝の物質的本体まで明らかにしたが、武谷は遺伝子説の評価を避け続けたことで、彼の言質に説得力を持つことができなかった。生物学に関しては戦後初期に思考停止をしたのではないかとすら感じられる。

武谷の生物学における最大の興味は目的論的進化を理解することだったと思われる。最初は獲得形質の遺伝にこだわり、環境による適応的変異を主張していたが、最終的には遺伝が環境への適応変異に基づいて起こる立場からはなれて定向進化を支持するようになった。

少し先走った点も含めて、武谷の生物学思想遍歴を記してみたが、次からはもう少し詳しく武谷の生物学思想を解析していくことにしたい。

第二節　武谷三段階論とルィセンコ支持との乖離

武谷の科学認識論の特徴は三段階論にあることは有名である。この武谷三段階論はよく知られているように、科学的認識の論理であると同時に、自然構造自身もこの論理から成り立っているとされた。後者については、よく考えてみると、その意味しているところがよく分からない。自然というのは弁証法構造をしている、また自然弁証法の最高峰が三段階論であるので、自然自体が三段階論にのっとった構造をしている、ということだろうか。ただ、自然が弁証法構造をしているということの意味するところは必ずしも明確でなく、中村のように、

自然に弁証法など存在せず、それは擬人主義だ[2]。

という主張も多い。武谷はこの三段階認識論を自然科学だけではなく社会科学の認識にも援用している[3]。社会構造も三段階構造をしているということだろうか。特にこ

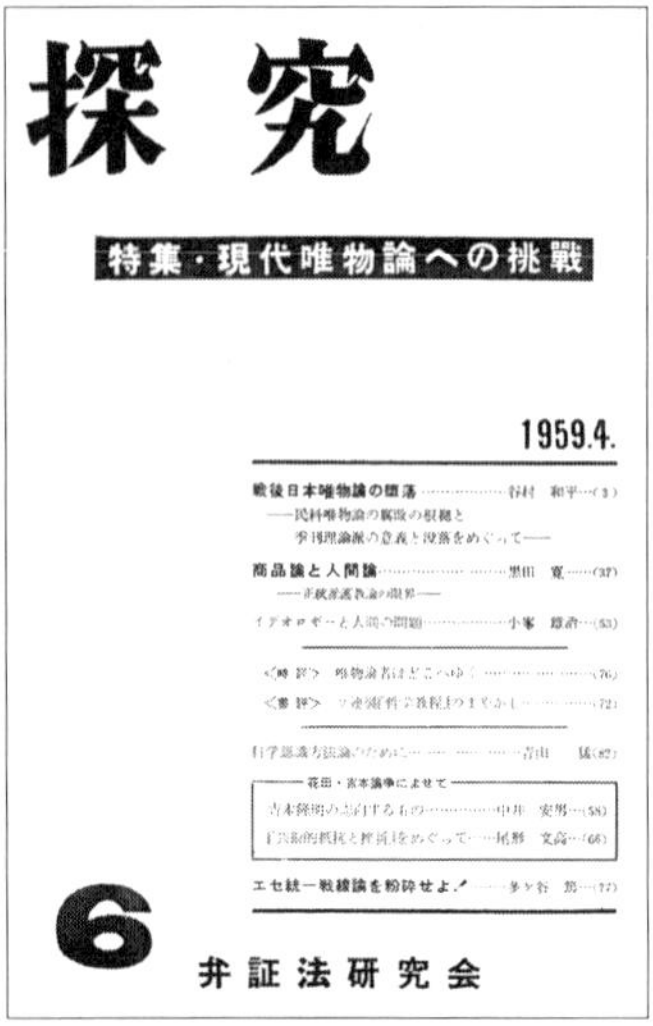

第17章-1　青山論文が掲載されている自然弁証法研究会の機関誌

の三段階論が物理学、特に中間子論の発展において、「右に行くべきか左にゆくべきか」[4]の方法論になりえたかどうかについては、議論のあるところであろう。ただ、日本素粒子物理学史において、意識的な実体の導入や実体の構造解明の重視は豊富な結果を生み出したと思われる。

しかしながら、武谷三段階論の最大の理解者である坂田昌一の次の言は、武谷の意図を正直に述べたもので、微笑ましい気もするが、贔屓のし過ぎである。

彼（武谷）はこの研究を通じて自然弁証法のもっとも高い段階とされる『三段階論』に到達した。この『三段階論』の発見は、私たちのその後の研究にたいしてあたかも羅針盤のごとき重要な役割を演じた。物理学が量子力学に限らず、ニュートン力学にしても、相対性理論にしても、すべてこのような段階をへて発展していることはすでに武谷君の詳細な科学史的研究によってあきらかにされているところである。[5]

それに続く文章はさらに拡大解釈過ぎる。

自然認識がつねにこのような経路をへて行われることは全く自然自体がかかる弁証法的構造をもっていることに由来している。したがって、この関係ははじめ量子力学の研究を通じてあばきだされたものではあったが、もはや『自然の論理』としてあらゆる領域において自己を貫徹せずにはおかなくなってくる。[5]

この『素粒子論の探求』における坂田の文章は、武谷三男著作集1『弁証法の諸問題』の星野の解説にも引用されている。この解説は星野の解説文と武谷―星野の対談から構成されており、当然この坂田の論文の引用は武谷も承知していたと思われる。

このすべての科学研究において、

自然がこのような立体的な構造をもっており、それを人間の認識がつぎつぎと皮をはいで行くのでこのような発展が得られる。すなわち歴史的発展と論理構造の一致である。[6]

のように、この三段階が順番に出現するとか、矛盾が生じたときは、すべて新たな実体の導入によって解決されたとする武谷の主張は科学史的に見ても無理がある。[7]

参考までに共産党系の哲学者による武谷の評価を引用しておきたい。最初に武谷三段階論の積極的意義として、次の三点を示している。

（1）実証主義的な科学論にたいする批判として意識的に現象の担い手としての実体の導入の必要性を力説したこと
（2）認識の発展を即自、向自、即自向自の三段階の螺旋的な発展とみ、そこに立体的な構造があることを主張したこと
（3）科学の歴史の解釈にとどまることなく、核力の中間子論や素粒子の複合模型の提示などにおいて科学方法論としての一定の有効性を持ち得たこと

難点としては、次の四点を挙げている。
（1）基本的に重要なはずの実体概念について明確な規定を与えていないこと
（2）三段階の相互間の移行の諸条件が提示されていないため、図式的な適用の可能性を含むこと
（3）自然認識が一般に現象論―実体論―本質論という三段階の螺旋的進展をするか
（4）科学的認識の自立性を強調した結果、それの社会からの分離の傾向を生じしめた

武谷三段階の意義と批判としては、常識に属することで、特に新味がないが、この論文では「自然科学と弁証法」という文脈で、かなり詳しく武谷三段階理論について解析されていることから考えると、共産党系の研究者にとっても戦後の科学論として武谷三段階への関心は高いようである。

本論に戻って、武谷三段階論が生物学、特に遺伝学の研究において有効であったかどうかについて検討してみたい。遺伝学の分野においても徳田御稔は三段階論が適用できると主張していたことは前に触れた。[8] 武谷自身がしばしば引用し、星野によって遺伝学研究の次の手のうちかたを示したというのが次の主張である。

遺伝学は遺伝因子という実体論的な考えをつくりあげ、染色体の研究においてその実体を見出し、物質的基礎を得たのであるが、しかしこの段階は遺伝学進化論の実体的段階といわねばならない。それは形質と因子ないしは染色体上の位置という実体との単なる対応を設定するのみであるからである。そして発生学において、染色体の各位置がいかなる物理化学的作用をする事によって各形質を展開して行くのか、という事がつかまれていないのである。本質論的段階はこの方向を要求する。他方において、この対応並に因子とか染

色体の位置の考えにすでに限界がある事が示されつつある。(1)

遺伝学進化論を実体的段階にあると武谷は判断したが、ルィセンコ学説によって本質論的段階に進み得るとした。ではその当時、武谷はルィセンコ学説をどのように理解し、評価していたかというと、次のように記していた。

ルィセンコはダーウィン及びティミリャゼフの指示した線に進みつつあることを自称し、且つメンデリズムの基礎である染色体中の遺伝的基礎及びその不変の思想に反対しつつある。彼は全体としての生物、全体としての細胞が遺伝現象に関与する事、生物発展の過程において遺伝的基礎にも変化を生じる事、人間は一定の外的条件の創造によって物体の発達に影響を与えてそれを人間に必要な方向に向けうる事を唱えている。彼の理論は特に植物学における段階発展の法則が実際的業績の根拠となっている。このルィセンコの業績は革命的意義をもっている。(1)

この二つの武谷の「現代自然科学思想」文章には矛盾がある。現代遺伝学進化論は、遺伝を担う実体として染色体や遺伝因子を見出したとして、実体的段階にあると武谷は結論しているが、ルィセンコはその実体を認めていない。従って、各形質が遺伝因子のどのような物理化学的作用によって発現するのかという発想がそもそもない。また、「形質と因子の対応並に遺伝因子とか染色体の位置の考えにすでに限界がある」という発言も、その考えが間違っているという意味で限界があるのか、その考えを深めてゆくべきという意味で限界があると言っているのかは、曖昧であるが、ルィセンコの革命的業績を支持する立場からは前者でなければならない。

武谷の三段階論の特徴は多くの人が認めるように、実体的段階の強調、即ち実体論重視に特徴がある。この武谷の意見は物理学の歴史、特にニュートン力学の形成過程の分析から導き出されているとしているが、ただ、廣重のいうように、

科学的認識を進める上でのモデルの果たす役割の重要さ、ある現象が与えられたとき、その現象の担い手が何であり、いかなる構造をもっているかを考えることの不可避的な、ということである。三段階論がこれらのことを主張するかぎりにおいて、それに反対する

人はいないはずである。(9)

生物学においてもある生物現象を見つけた時、その分子機構はどうなっているのか、どうような細胞内器官によって担われているのか、分子構造はどうなっているのかということをほとんどの研究者は考える。現象の面白さや豊富さだけにとらわれず、その実体も追求すべきだ、と考えれば三段階論も確実に意味がある。私自身のささやかなウイルス学に関する研究活動の経験でいえば、そこにある実体、意義ある機能を担っている実体を考えることは、科学研究のどの段階においても有効なアプローチである。ある研究を全体のプロセスで見た時は、現象を観察したり、現象的データを集める局面もあり、実体を考えたり追求したりする局面もあり、実体から機能を考えることもあり、機能から実体を考えることもある。個々の成績から全体像の把握を試みることもあり、そこから本質的な概念を抽出することや他の領域への拡大を追求することもあるが、それらは同時進行で行われるのが通例である。どの追求の仕方を採用するのか、幾つかの追求の仕方にどのような濃淡をつけるのか、研究者の性格や資質の違いが出るところであるが、実体的発想は常に多くの研究者の念頭にある。

ところが、ルィセンコ学説の特徴は何かというと、八杉のいうように「形態にとらわれないところにルィセンコ学説のよさがある」(10)、あるいは中村禎里のいうように「モノをつかもうとする思想が弱い」(11)ところである。武谷のいう実体論的追求のないところにこそ、ルィセンコの特徴がある。メドヴェジェフの『ルイセンコ学説の興亡』(12)には次のようなルィセンコの愚問が紹介されている。

いったい遺伝子とはなにか？誰がそれを見たか？誰がさわったり、味わったりしたのか？

武谷が三段階論を首尾一貫して当てはめたら、ルィセンコ学説の実体把握のなさへの批判がまずなされるのが論理的と思えるのだが、そうではなかった。武谷自身、次のように述べたことがある。

一つの認識論を主張する人は、その認識論をあらゆる局面にわたって馬鹿正直に適用する事を私は要求するのである。(4)

ルィセンコ支持を打ち出す時に、何故、武谷は彼の認識論を一貫させ、ルィセンコのこの実体把握の無視の問題点を指摘したり、批判したりしなかったのであろうか。武谷に受け入れられなかった森下周祐の一九六一年の論文[13]の結論には次のように記されている。

全遺伝子現象を整理して、まだ実体のわからない遺伝現象の実体をメンデル的性格のそれとおなじレベルにまでほり下げることが大切である。

一九六五年になって、武谷は次のようにルィセンコのこの点を批判しているが、あまりにも遅すぎる。

ルィセンコの考えには私が前述したような実体論的段階として遺伝学をとらえる考え方がぬけているといえるだろう。[14]

武谷が次の研究の手の打ち方を示したという「現代自然科学思想」の文章は武谷によってたびたび引用されていると書いたが、この文章の続きが興味深い。このことは今までも少し触れてきた。「現代遺伝学と進化論[15]」（一九五七）では、

ビードルが遺伝子とその化学作用として酵素作用を究明していった。これは以上の私の論理的な考え方の一つの方向を取上げていることになるだろう。

ビードルは、アカパンカビを用いて、一個の遺伝子が一個の酵素に対応して、その合成を支配しているのではないかと考えて、一遺伝子―一酵素説を提唱した。この説の提唱により、従来考えられていた、「一つの遺伝子が一つの形質を支配する」という現象は、その形質を決定する物質合成あるいは物質代謝に関与する酵素の働きの問題として取りあげることができるようになり、分子生物学の出発点になった仕事である。

「分子生物学と進化論[14]」では、次の文章が続く。

ワトソン―クリック・モデルなどはこの方向に進んだといえる。しかしまだ実体的である。

ワトソン―クリック・モデルについてはあらためて論じるまでもないだろう。ただ、そのモデルはまだ実体的であると記されているが、その後の分子遺伝学や分子生物学の発展の核となったモデルがまだ実体的であるとはなかなか理解が難しい。ビードルの一遺伝子―一酵素説もＤＮＡの二重ラセンモデルも、自分が戦後すぐに示した方向にそったものだ、とご都合主義的に述べる前に、それらの仕事と自分の支持したルィセンコ学説との関連を述べなければならない。

ある同人誌で次のような文章[16]を見つけた。ルィセンコ遺伝学の本質をついているし、武谷への痛烈な批判にな

っている。

かつて宣伝はなやかなりし実体論ぬきの「ルィセンコ遺伝学」は、モルガニズム遺伝学の機械論性を批判するに急で、それ自体現象論からいきなり本質論的なものをめざしたので、「資本主義諸国」の遺伝学者をして実験事実と合うの合わないのといわれた「仮説」の結集体である形而上学の如き感をさえもっている。それは実体論的段階を止揚した本質論になっていないことは遺伝現象の機作が何ら細胞内の、または生体内の構造分析を媒介してとらえられていない―ないしはとらえられようとしていないのである。ソ連国内における農業生産上の諸困難、日本ミチューリン会の諸実践における幾多の曲折はあまりにも当然といわねばならない。

現象論からいきなり本質論的なものをめざしていると、ルィセンコ学説の実体追求の欠如をみごとに言い当てている。

彼の三段階論の実体論重視にもかかわらず、ルィセンコ学説の発展のために、その実体究明への手の打ち方を示してこなかった。さらにいえば、彼のルィセンコ支持や獲得形質の遺伝へのこだわりは、実際のところ、遺伝学や進化論のその後の発展に何等の手の打ち方を示すことにならなかった[17]。最後に、その象徴として共産党のルィセンコ学説の勝利を高々に宣言した論文[18]から引用しておこう。

メンデル・モルガン遺伝学は根本に、生物体と環境との相互作用の無視という大きな矛盾を、おかしていたために、遺伝の実体構造は、動きのつかぬ、固定的なシューマにおちいり、より本質的な法則の認識への進展は決定的にはばまれるにいたった。

遺伝の実体構造の解明をなしとげたのは、メンデル・モルガン遺伝学であったのか、ルィセンコ学説であったのか、という現実的結末について武谷が語ることはなかった。その現実の結末にルィセンコ学説や武谷の提言が何ら貢献しなかった理由についても、武谷は追求し、語るべきであった。このことと密接に関係するが、武谷は後年まで遺伝子学説への評価を避け続けたため、自分の言質に説得力がないことに、結局は気付くことがなかった。

第三節　武谷の機械論批判

戦前の唯物論研究会でも盛んに論議された「生物学における機械論批判」は戦後の生物学思想の上でも重要なテーマであった。また、メンデル・モルガン学説が機械論であるというのはルィセンコ支持者の常套句でもあった。その源泉になるような論文として石原辰郎の論文[19]を引用しておこう。

メンデリズムは物理化学主義的な生理学に対し、生物学における機械論の他の一派である。その考え方はブルジョア社会学における「要因」学説とその揆を一にしている。メンデリズム（は）生物を形質に分解し、そして全体を部分の単なる総和として観察する。全体として生物を研究しないで個々の形質を研究する。形質は経験的に観察され、非関連的なものとして取り上げられ、内的有機的関連、その全体性による制約を考えない。

メンデリズム以後の生物学は全て機械論であると主張しているが、これはその後の多くのルィセンコ支持者の見解になった。

機械論というのは多義性を有する言葉であるが、普通二種類の概念の反語として使用される。一つは生気論に対する場合であり、もう一つは弁証法に対する場合である。機械論の積極性を主張するときは前者に強調点がおかれ、否定的に把握される場合は後者が援用される。ときには全体論に対する言葉としても用いられる。もっと一般的な規定として。岩波の生物学辞典は次の五つを揚げている。

（1）古典物理学での力学の原理による生物現象の説明
（2）生物現象は物理・化学的に説明つくされるという解釈
（3）生物体に起る現象は生物体を構成する物質的要素のそれぞれの単独の性質の加算として理解できるという方法論的立場
（4）因果的あるいは決定論的説明を意味し、目的論的あるいは非決定論的説明に対立する
（5）超越的原理を含まない説明、これは厳密な意味で生気論と対立する

そして注釈として

以上、各種類の意味はしばしば十分に意識的に区分

されずに用いられており、また実際上それらが互いに深く関連する場合も多い。
ということが追記されている。近年は要素論的解析を機械論と結びつけて議論する場合も多いが、既に石原の論文[19]の主張の中に現われている。佐藤七郎は八杉の立論を引用する形で、機械論的方法の欠陥を四点挙げている。[20]

(1) 物理学・化学の法則への還元が性急にくわだてられ、生物現象の理解が一面的になる。

(2) 物理学・化学の方法が適用できる方向に研究がかたよる。

(3) 物理学・化学の方法の適用が生物近代化の唯一の道と考えられ生物学的方法の意味が軽視され、研究方法の選択が安易に流れる。

(4) 現象の孤立した理解、生物学各分科の無関連の発達をみちびく。

これらの陥りやすい欠陥は非常に具体的に例示されていて、私の研究経験からいってもよく理解できる。機械論に反弁証法という意味もあるので、自然弁証法論者である武谷もこの主題で幾つか発言をしている。

生命現象の研究は一方において生命諸形態を扱うのであるが、その根本問題として、この媒介の構造を明らかにする事である。即ちこの媒介の弁証法的関係を理解しない人は生命の世界と物理化学の世界の間に形式論理的な差別しか見る事ができず、厚い障壁を置いてその移行をはばみ、形而上学的な「領域存在論」と称するものを主張するのである。また他方において、この媒介の弁証法を理解しない機械論者は、生命現象を抽象的な物理法則に還元して新たなる論理の出現を認める事ができないのである。[1]

ここでは、機械論を「生命現象を抽象的な物理法則に還元する」考え方として理解している。

一九二七年に人為突然変異が発見されてから、種の起原を突然変異に認め、突然変異と、適者生存に進化のすべての要因があり、目的論的観点は一切排すべしという機械論的な考え方が表れ、古典的な考え方となっている。[1]

この箇所では、機械論は「目的論的観点は一切排すべし」という考え方として把握されている。

遺伝子の概念こそ機械論的性格をもつものである。[21]

前後の関係から遺伝子の概念を「機械論的性格」を有

すると否定的に把握していることが判断できる。「機械論的性格」を積極的な意味に取るか、否定的に把握するかで、その後の研究の進展に大きな影響を与える。武谷が戦後初期の段階で遺伝子の概念を否定的に考えていたということは、彼のその後の遺伝学や進化論に対する発言を決定的に規定してゆくことになる。

現在にいたるまで自然科学は一直線に成功の道をとってきたのではない。ただ自然科学においては誤謬は比較的明瞭にしかも迅速に清算されるので、あとあとまで残らないので、一般には自然科学は無難な道を一直線に進んだような印象を与えるのである。まことにその道は誤謬にみちたものであった。しかもその誤謬は常にほとんど非弁証法的な機械論的なものであり、他面また観念論的神秘主義的なものであったということができる。[21]

ここでは、機械論は「非弁証法」と理解されていて、自然科学の誤謬の多くは観念論的神秘主義的なものか機械論的なものであると述べている。次のメンデル―モルガン批判に対する批判は機械論自体の説明は全くない。

メンデル―モルガン哲学はルィセンコが没落したからといって、正しいとは限らないような機械論的性格をもっているのではないか。[21]

「機械論的性格」の中身を提示しないかぎり、内容ある批判とはならないが、遺伝子の考え方を機械論的と否定的に評価したものと同じと思われる。相手の論理を機械論的と決めつけることによって、何か批判したという感じになっているのではないかと思われる。

機械論の多義性を反映して、武谷の機械論理解も多義性を有しているが、最も強調しているのは、最後の「機械論は非弁証法的である」というものであろう。従って、自然弁証法の強調が一方では目立っている。

自然弁証法は自然科学によって反映される自然自身の弁証法である。また正しい意味で自然科学の方法である。ただ従来自然科学においては弁証法ということが意識的にとりあげられておらず無意識のうちに、ただそれまでの自然科学の成果を学習し習熟することによって直感的に自然科学者によって獲得されたものである。自然科学が意識的な弁証法の適用なしに正しい道を進んできたのは、尨大な人間の技術的実践並に科学者の実践によって一つ一つ自然に強いられて導かれ

たといえる。(22)

この時点からさらに進んで、唯物弁証法を特効薬であるとも言っている。

唯物弁証法は社会の理論に対してある意味で特効薬であるのと全く同じ程度において、自然科学においても特効薬なのであります。(21)

この特効薬たる自然弁証法の適応成功例として、次の研究をあげている。

問　意識的にこの方法（自然弁証法）を適用して科学の進歩を獲得したという例を示して下さい。

武谷　自然弁証法の意識的な適用の例は、たとえばわれわれの中間子理論の展開、オパーリンの生命の起原、またお説のようにランジュヴァンの考え方、その他現在ではかなりいろいろの人が試みております。またソヴェトのルィセンコ一派の研究もそうであります。(22)

ルィセンコ一派の研究のどこが自然弁証法を適用したのかに関して、その当時から晩年に至るまでちゃんとした具体的な説明を武谷はしていない。このように判断したことへの自己切開も一度もない。

次に、武谷理論の理解者である佐藤七郎の機械論／弁証法についての後年（一九六三、一九七三年）の評価を引用しよう。

遺伝学の中心的な問題―形質はいかにして伝わるか―への機械論的方法の寄与は無視することができない。そこでは、つねに粒子論的あるいは機械論的な仮説がたてられるが、それはいずれも臨時的な作業仮説としてであって、それが正しく対象の論理構造を反映しているかどうかは実験によって検証される弾力性をもっている。一九五〇年頃からの微生物遺伝学の急速な進展の結果として、遺伝の情報伝達の分子レベルにおける機構が明らかになり、生物学の主要な分野（の一つ）に一転期が到来した。(20)

生物学の発展に対して、機械論の有効な役割をここまで明確に述べた文章はそう多くはない。また次の文章のように、佐藤は弁証法の果たした陰の部分を正確に認識するようになった。

日本の生物学論争なかで展開された弁証法論者のなかの一部に、自然の弁証法の把握が実験の補いあるいは代用になるかのような幼稚な誤解があったのは、弁証法をまず法則としてとらえるのではなく、たんなる方法としてとらえたところに原因があったように反省される。ルイセンコ論争や二つの遺伝学論においても、この理解の不足があらわれていたことは否定できない[23]。佐藤は機械論的方法の有効性と柔軟性について素直に認めている。生物学の到着点から今までの批判的立場の再検討の必要性を説き、弁証法をいえば研究が進むかのような態度を鋭く指摘している。この佐藤の反省に対する武谷の意見は明らかにされたことはない。

ここで生物学と機械論の関係について論じた科学史家の発言を二つ引用しておく。最初は、廣重徹の文章である。

> 生物における発展は、最新の物理学的・化学的研究手段を駆使して行われた。それが実現した成果は、核酸とタンパク質が、子孫へと遺伝的に伝えられる生命の要素的単位であることを明らかにし、その伝達・再生のメカニズムを解明しつつある点で、進化論の機械論的説明を与えようとしていささか不細工な仮説をいじくり回していた十九世紀の先人たちの志をうけつぎ、かなりの成功にまでもたらしたものといえるように思われる[24]。

次は佐々木力の論である。

> 二〇世紀は分子生物学が発展し、機械論的原理が生命にまで及び始めた画期的な時代である。そして、脳はコンピューターと類比的に理解されるようになり、先端医療器機が臨床現場で深く浸透するようになる[25]

以上の説得のある科学史家の意見に耳を傾けると、唯物弁証法をかつて学んだ者には残念な結論ではあるが、現代生物学が発展したのは分析的・機械論的方法に依拠したからである、という側面が非常に濃いことは否定できない。両氏はその現実を把握した上で、機械論的・要素論的世界観からの脱却の方法を模索している。廣重の次の言葉は、悔しいけれど認めざるをえない。

> 近代自然科学の立場は、もっと一般的な意味での機械論であったといえるであろう。この機械論を発見したところに近代自然科学は可能になったのであり、この機械論ゆえに成果をあげることができた。自然科学について弁証法が云々されることがあるが、認識を進める人間の思惟活動についてならいざしらず、科学の体系にかんしていえば、近代自然科学のメインストリ

ートは機械論であったのである。従来の、自然科学それ自体が弁証法的な理論構成をもつという主張は、一つのフィクションであると考えられる。そのような理論構成をもつ自然科学は原理的には不可能でないにしても、それはむしろ今後に期待すべきものである。[26]

私も次のように書いたことがある。

機械論的生命観の欠陥は、生命現象にあらわれるものは〝理論的〟には、すべて物理・化学の諸概念・法則に還元されるが、すべてが解明されているわけではないので、〝現実〟には不可能であることに由来する。戦術的方法論は〝理論的〟には全一的に正しいが、〝現実的〟には科学認識の限界に制約されて一定の範囲でしか有効性を示さない。この限界を乗り越えるためには非機械論的な戦略的方法論が要請される。もう一方では、素直に考えなければならない問題がある。あれほど機械論的／要素論的偏向を非難されつづけた分子生物学、特に機械論の代表として標的にされつづけた分子遺伝学が驚異的な発展を続けた。現代遺伝学が予想し、発見した遺伝子＝ＤＮＡこそ要素的／粒子的／機械的産物の代表的成果である。機械論的発想でここまで解析が進むということは、自然の構造がこれまでいわれてきたような弁証法的構造ではないとはいわないまでも、機械論的自然像が近似的にはかなりの程度現実の自然像を反映していることは、認めなければならないと思われる。[27・28]

武谷は自然弁証法を強調した割には、その中身の提示に乏しい。特に生物学研究における自然弁証法は、方法論としては、全く具体的中身がない。機械論的方法の、限界はあるかも知れないが、有効性に対して、その事実を認め、謙虚な理解を示すことがなかった。現実には、現代生物学の発展は弁証法的方法ではなく、機械論的方法で進歩してきたことは紛れもない事実である。このように考えてくると、機械論的自然像が近似的にはかなりの程度現実の自然を反映していると思わざるをえない。

第四節　表と裏の論理

高橋晄正は武谷が一九四六年の早い時期に生物化学における「対照実験」の意義をはっきり書いているのを高く評価している。[29] 高橋は薬効検定における二重盲検試験の意義を認め日本に根づかせるように努力した研究者で、武谷の対照実験への言及に高い評価をするのはよく理解できるが、ただ、肝腎なルィセンコの実験には対照実験が用意されていなかった。残念なことに武谷らがそれを認めたのは一九六〇年になってからであるが、それ以後も武谷はルィセンコ学説を支持し続けた。一方、高橋が武谷の言葉「新たなる局面における試行錯誤の意味は重要である」(4)を次のように評価するのは過大すぎる。

武谷理論に希望を寄せて集まり、失望をもって散っていった人たちのなかには、この言葉を見落とすことによって、現実の世界における理論の有効性の限界を、武谷理論の限界と誤解した人が数多くおった可能性がある。(29)

武谷理論に希望を持ち、その後去っていった人たちの理由は高橋が指摘するところにあるわけではない。三段階論の非有効性ということのみならず、研究現場ではもっと生々しい現実が存在しているからである。

武谷の科学方法論のもうひとつを検討してみよう。それは科学研究における必要条件と十分条件というもので、武谷はその重要性を次のように指摘している。

科学の探究においては、必要条件と十分条件という二つのものが相裏打ちして、実際の証明というものが形作られていくことは、もっとも必要なことである。それにもかかわらず、この進化論や遺伝学においては、必要条件だけでものを考え、ある特定の考え方である現象を説明できるからといって、他の考え方を全て排除してしまうというようなやり方があるのではないかと思われる。われわれが学問を進める場合には、さまざまな考え方を用意し、またその考え方にゆとりを与えていかなければならない。(15)

この武谷の主張は「この進化論や遺伝学においては、必要条件だけでものを考え、他の考え方を全て排除してしまう」という具体的な部分以外は常識的議論であろう。この部分も武谷の論理の特徴が出ていて、まず例証が全くなく、「他の考え方を全て排除してしまう」という断定的な批判が出てくる。「全て」排除するというように、論争相手を攻撃しやすいように論を組立てている。そんな研究者は、極端な人はいるかも知れないが、最初から建設的でない。居もしない論敵を攻撃するというのが武谷スタイルである。常識的議論の部分も、具体性を帯びないと、「手のうちかた」や「右に行くか左に行くか」の方向を決めることに結びつかない。『現代生物学と弁証法』（一九七五）[17]のなかで、「表の論理と裏の論理」という形で、必要条件と十分条件について論じているが、武谷自身確固たる立場が確立しているわけではないことが、この著作を解析した第九章で明らかになっている。武谷の発言をたどってみると、武谷自身、生物学における表と裏の論理を明確に把握していたとはとても思えない。

さらに、武谷は理論の適用領域という問題を提起し、ルィセンコ的な考え方にもその適応領域があると主張しているが、第八章で論じたように、武谷論文のどこにもそのような適応領域を見出すことはできない。

第五節　武谷の生物学思想とは何か

武谷は幼い頃から、生物に親しみ、生物学に関心を寄せてきた。その武谷の生物学に関する考えを、彼のルィセンコ支持の問題をスタートに、その周辺にも対象をひろげ、検討してきた。では、武谷の生物学思想とは結局何であったのだろうか。『現代生物学と弁証法』[17]の中で、野島に「それは武谷生物学――?」といわれた図式を示している（図―1）。この図式の説明として、武谷と野島は次のように述べている。

武谷　そこでぼくの考えのこういう図式があるのです。エネルギー恒存則というのがあるのです。これは物理学。それからこれがモノーのいっているような基本的不変性、生物、生命。これがＤＮＡの複製機構とか、自己複製とか、翻訳とか――、と

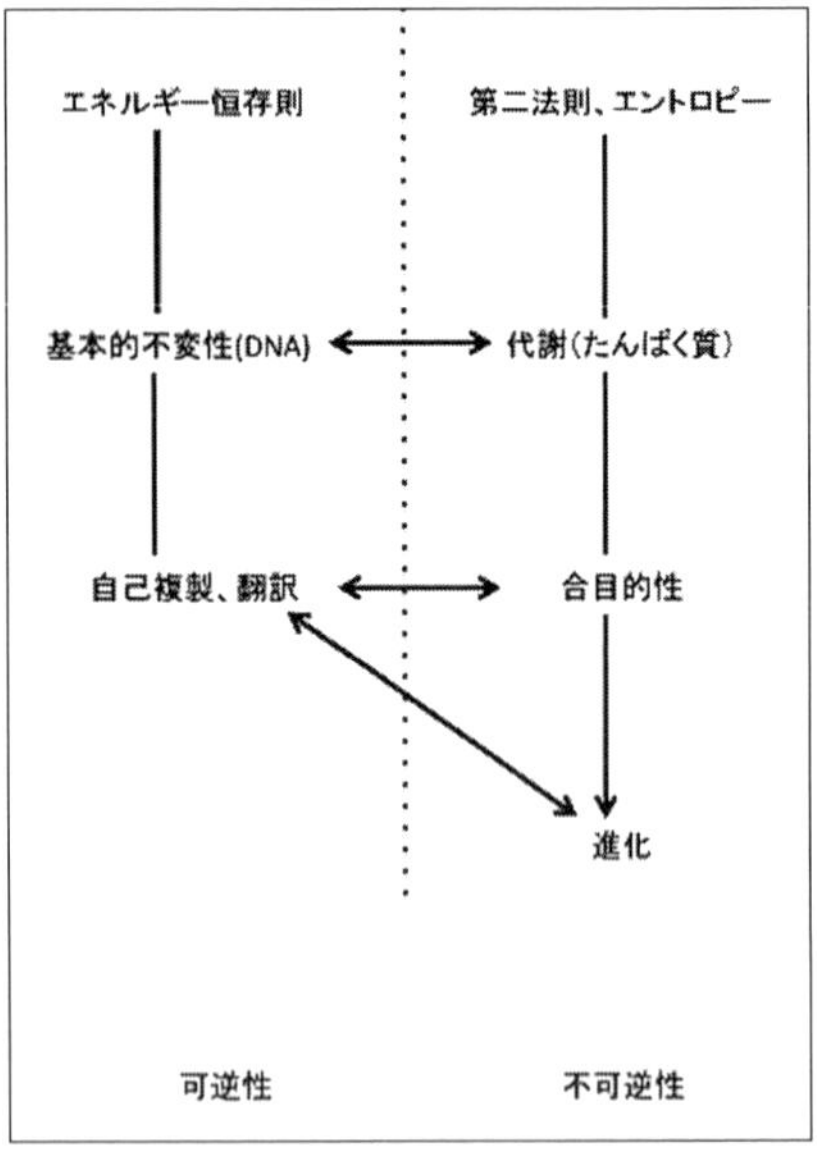

図―1

ころで以上が可逆性を意味する、不変ですから。ところがこれに対する系列としてエントロピーというのがある。これはむしろ代謝を意味している。それでこれはたんぱく質酵素、これが合目的性と、さらにこれから進化ということが、不変性の方の自己複製翻訳と、合目的性の関係で進化というものが出てくる、こっちの話は不可逆性ということになる。

野島　ここの可逆性に多少ひっかかりますが、この可逆性は――。

武谷　恒存である以上は可逆的だという。エントロピーは不可逆性を意味すると、そういう意味です。図の左側は基本的不変性ですから、不変である以上可逆的だ、という基本的概念からいってそうなのです。合目的性とかなんとか図の右の方は進化と、これが進化するんでしょうけれども、だけどとにかくこういう図式という考えなのです。

野島　そうするとその可逆性は、たとえば文字どおりにいうとたんぱく質からＤＮＡに情報が伝わるとかいわなくても――。

武谷　いや、それは別に必ずしも、片方の系統の話だけですから。可逆性はあくまで不変性、図の右側は不可逆性を意味しています。

野島　それだったらいいんじゃないですか。

突然変異が可逆的であるということを何度も武谷はこの『現代生物学と弁証法』の中で主張していたが、これはどうやらこの図式への伏線であったようだ。ただ、その説明も恒存である以上は可逆的だという以上には出ていない。この図式を見せられ、今までの苦しいルィセンコ支持の理屈を思い浮かべると、武谷生物学を読み解く鍵は「生物の目的論進化」をどう理解するかにあるのではないか、と再度確認できる。一九四六年に発表された「現代自然科学思想」(1)の中に、今まで引用したことがあるが、次のような文章がある。

生物個体は、また各器官は環境に対して適応する。これは生物が長い間の歴史的産物であるからである。そして意識的ではもちろんないが、生物の生存に適するという事から見れば原初的な合目的性が出現する。

この文章は、次のような文章と繋がっている。

生物は個体のみならず、その系統発生においても環境への適応という流動性をもちうるだけの歴史的産物であると考える方がより自然だという事ができる。すなわちある意味では獲得形質の遺伝が考えられるのである。

この文章についての武谷の後年（一九八五年）の評価は、

　これはラマルキズムのようなものではないけれど、獲得形質の遺伝と云うようなことも考えなければならない、そんなこととも関係するのですが、生物というのは、そういう系統発生自身においても歴史性を持っているから、環境に適応するという可能性があるということ。セレクションじゃなくて。最近そういうふうな考えが見直されてきているみたいですね。(30)

というもので、基本的には正しいと評価している。ここで、「最近そういうふうな考えが見直されてきている」と述べながら、何の事実も引用されていない。このように、武谷の生物学思想の原点になる考え方は戦後初期のこの文章のなかに見いだすことができる。進化は結果を見れば、環境への適応が見られ、「目的論進化」が見られる。この進化を生物が主体性をもってやっているという梯や今西流に考えるか、セレクションで結果的のそうなると考えるか、二説が成立する。武谷は前者に組みしてきたと考えるべきであろう。これを端的に表現している言葉は、「生物の個体は環境に適応して変化する」（一九五七）(15) これは何でもない言葉のようであり、多くの人が何気なく言っている言葉であるが、生物が（主体的に）環境に適応して変化するのか、変化して適応した生物が生き残っていくのかの二者選択の中で、武谷は前者を選んでいるということを意味する。ここに引用した「現代自然科学思想」の二つの文章の間には、「固体の発生の特定の時期にうけた影響は体細胞のみならず生殖細胞も受けることを先験的に否定する理由はないのである」という文章がある。この段階では武谷は環境に適応して変異するという考え方であったが、後年では、環境という因子への重点の置き方が変わってきて、生体側の方に軸足を移した。進化は生物の主体的行動に原因があるという定向進化説を梯や今西は支持していたが、武谷も『現代生物学と弁証法』のなかで、次のように話している。

武谷　ぼくはだいたいオートゲネシス（定向進化）とい

うのに非常に興味をもっていて、進化論の非常に重要なポイントはオートゲネシス等にあるんじゃないかと思うんです。

『思想を織る』[30]の中でもいろいろな進化がありますよね、といって定向進化を評価している。武谷の生物に対する関心のある重要な事柄の一つは、生物のもつ合目的性をどう理解するかという点にあると述べたが、ルィセンコ支持派の中でも八杉や石井は「環境と生体との相互作用」をより重視して、定向進化を認めなかったが、武谷が最終的には定向進化を認めたことは印象深い。ここに最終的な武谷の生物学思想とその到達点があると考えることができる。

では、現代において獲得形質の遺伝をどう考えるべきであろうか。私自身は現在、獲得形質の遺伝の考え方を導入しなければならない必要性はまったく感じないが、一方では私たちが生物について知っていることは少ししかないという謙虚な気持ちも大事である。かつて、駒井が述べた次のように述べたような、おおらかな気持ちをもつことが必要であろう。

もとより百万以上もある動植物のあらゆる種について、さまざまな実験を行なって見れば、あるいは後天性の遺伝の事実の見られることもないとは誰も保証し得ない。私たちも後天性遺伝の証拠が続々示されて、「それ見たことか」とからかわれるまで生きていたいと祈っている。[31]

ただその際も、今から六十年も前に、木原均が述べた言葉、「後天遺伝性が証明されてもメンデル・モルガンの染色体説をくつがえすことはないということである」[32]を思い起こすべきである。私も次のように述べたことがある。

おそらく、私たちがいま知らないような機構というものが絶対にあって、もっと遺伝子がダイナミックに変化する、そういう機構がきっと見つかるのではないかと思います。ただ、その場合でも、ルィセンコが考えたように、遺伝子なんていうものは架空の存在だと想定することはできない。生命というものを探していたら何もないのと同じように、遺伝というものを調べていったら何もならないというのではなくて、やはり遺伝子があって、その言葉がＤＮＡで書かれているということは間違いない。[33]

現代の生物学ではあえて獲得形質の遺伝を想定しなければならない現象は見つかっていないし、たんぱく質から核酸への情報の流れも見つかっていないし、考えられてもいないので、獲得形質の遺伝は現段階で考える必要がない。また、遺伝子学説は既に確立された事実と考えるべきであり、遺伝子は核酸分子であることももう動かない。以上のようにみてくると、武谷の生物学理解は現代生物学の進歩に追いついていない。かつて山田坂仁に揶揄された武谷の有名な発言、

> 物理学を論じる哲学者が物理学を理解していないという事はこれは致命的である。自然科学の前進を追いかけ、これをさまざまに解釈するにすぎなかった。物理学そのものと、物理学の解釈とは全く異なる。[3]

を借りると、

> 生物学を論じる武谷が生物学を理解していないという事はこれは致命的である。自然科学の前進を追いかけ、これをさまざまに解釈するにすぎなかった。生物学そのものと、生物学の解釈とは全く異なる。

残念ではあるが、武谷の生物学理解の実情はこのような水準だったのではないだろうか。武谷が以前山田を執拗に攻撃した言葉、

> 理論は何らかの形で現実にふれねば実践的とは云えない。現実にふれるならば成功か失敗かをするわけである。それに対して責任を負う事を私は主張する。そしてこれのみが理論を正しく、強固に鍛える事を私は主張する。[34]

に反し、少なくとも生物学に対して武谷は現実に触れた理論を提案してこなかったし、最後まで責任を取ることはなかった。

［引用文献］

（1）武谷三男、「現代自然科学思想」、一九四六年七月二六・二七日、ラジオ放送、「現代思想の展望」一二月
（2）中村禎里、「科学とマルクス主義哲学」『現代人の思想10』月報（平凡社）、一九六八年。『生物と社会』（みすず書房、一九七〇年）に再掲載
（3）武谷三男、「私は何を言ってきたか」『思想の科学』（9）、一九九一年
（4）武谷三男、「哲学は如何にして有効さを取戻し得るか」『思想の科学』（5）、一九四六年。武谷三男著作集1『弁証法の諸問題』（勁草書房、一九六八年）に再掲載
（5）湯川秀樹・坂田昌一・武谷三男、『素粒子論の探求』（勁草書

房）、一九六五年
（6）武谷三男、「現代物理学と認識論」『自然科学』（7）、一九四六年。武谷三男著作集1『弁証法の諸問題』（勁草書房、一九六八年）に再掲載
（7）岩崎允胤、「日本における唯物弁証法の発展」『北海道大学文学部紀要』、一九七一年
（8）徳田御稔、「「進化論」学習のしおり」『現代の進化論―どこに問題があるのか?―』（徳田編）、一九五三年
（9）廣重徹、「科学史の方法」『京都大学新聞』三月二三日、一九六四年。『科学と歴史』（みすず書房、一九六五年）及び『廣重徹　科学史論文集』（みすず書房、一九八一年）に再掲載
（10）八杉龍一、『生物学の方向』（アカデミア・プレス）、一九四八年
（11）中村禎里、『ルィセンコ論争』（みすず書房）、一九六七年
（12）メドヴェジェフ（金光不二夫訳）、『ルイセンコ学説の興亡』（河出書房新社）、一九七一年（原著は一九六一～一九六七年にかけて執筆されている）
（13）森下周祐、「「一つの遺伝学」への道」、『生物学史研究ノート』、一九六五年
（14）武谷三男、「分子生物学と進化論」、『量子生物学Ⅱの月報』、一九六五年
（15）武谷三男、「現代遺伝学と進化論―主流的見解への方法論的疑問―」、『思想』三月号、一九五七年、『現代の理論的諸問題』、（岩波書店）、一九六七年に再掲載
（16）青山猛、「科学認識方法論のために―本質・実体・現象についての考察」、『探究』（弁証法研究会機関誌）6、一九五九年
（17）武谷三男・野島徳吉、『現代生物学と弁証法　モノー『偶然と必然』をめぐって』（勁草書房）、一九七五年
（18）中井哲三、「ルィセンコ学説の勝利（第一部）―ルィセンコ遺伝学の成立過程―」、『前衛』（45）、一九五〇年
（19）石原辰郎、「メンデリズムの一批判」『唯物論研究』、第三号、一九三三年
（20）佐藤七郎、「科学と思想―戦後生物学の展開を軸に」『講座戦後日本の思想4　―科学思想―』（廣重徹編）（現代思潮社）、一九六三年
（21）武谷三男、「哲学者との協力の為の条件―山田坂仁氏に与う」『理論』、第一巻、第二号、一九四七年
（22）武谷三男、「自然弁証法に就いて」、『学生評論』四月号、一九四七年。武谷三男著作集1『弁証法の諸問題』（勁草書房、一九六八年）に再掲載
（23）佐藤七郎、「序論　現代生物学論のために」、佐藤七郎編『現代生物学の構図』（大月書店）、一九七六年
（24）廣重徹、存在vs機能―古典的科学から現代科学へ」、廣重徹編『科学史の進め』（筑摩書房）、一九七〇年
（25）佐々木力、『科学論入門』（岩波書店）、一九九六年
（26）廣重徹、「変革期の現代科学」『文明』第三号、（東海大学文明研究所）、一九六三年
（27）伊藤康彦、「計量診断学の方法論的分析」『生物科学』、一九七二年
（28）伊藤康彦、「新しい医科学への道―高橋晄正の目指したもの―」『高等教育のアウトカムズを考える』（中部大学高等学術研究所）、二〇一〇年
（29）高橋晄正、「武谷理論の有効性について」『武谷三男著作集3

戦争と科学』月報、一九六八年
（30）武谷三男、『思想を織る』（朝日新聞社）、一九八五年
（31）駒井卓、「遺伝進化学進歩の要件」『思想』四月号、一九五七年
（32）石井友幸・木原均、「ルィセンコ論争」『朝日新聞』三月二日号、一九五〇年
（33）伊藤康彦、「日本における獲得形質遺伝の系譜」『アリーナ』一〇号（風媒社）二〇一一年
（34）武谷三男、「哲学者の知性について」『評論』五月号、一九四八年。武谷三男著作集3『文化論』（勁草書房、一九六九年）に再掲載

終章

科学主義と「自然とヒトへの驕り」

第一節　武谷のルィセンコ学説支持の根拠

武谷が第二次世界大戦の直後にルィセンコ支持を明確にした根拠として、幾つか考えられる。

（1）ソヴェト（ソ連）社会主義体制に対する支持
（2）現在地球に存在する生物の多様性
（3）合目的論的進化
（4）獲得形質の遺伝への愛着
（5）遺伝子説がもっている機械論的側面
（6）機械論的分析方法を主とする実験生物学への警戒心
（7）ルィセンコが春化処理で獲得形質の遺伝に成功したという偽情報
（8）ルィセンコの方法の応用によりソ連の農業が大躍進をしたという偽情報

（2）〜（8）までについては既に論じた。その中には現在から見れば正しくない情報が混じっていたが、ソヴェトに対する幻想があったから当時としては見抜けなかったこともやむを得なかったという側面はあるのかもしれない。ただ、それで全て納得できないのは、モノーのように断固としたルィセンコ批判を行った左翼知識人もいたし、日本においても山田坂仁のように果敢にルィセンコ批判を続けた民科系の哲学者も少なくなかったからである。

ソヴェト（ソ連）社会主義体制に対する共感を武谷は多くの論文で示している。例えば、一九四六年に「日本技術の分析と産業再建―日本民主主義革命と技術者―」という論文を(1)『技術』の三月号に掲載した。そこで、「ソヴェトはいかにして破壊から建設されたか」と題した章を設け、そこで、

共産党およびソヴェト政府はレーニンを指導者とし

て、ソヴェト科学の発展のために最も適切な条件を創ることに努力すると同時に、科学思想と科学的創造の積極性をソヴェト共和国の生産力の方向へむけさせ科学を国民経済の昂揚へと生産の要求に適応させるように努力したのである。スターリンもこの科学の理論的思想の発展と社会主義建設の課題とのギャップを無くする問題についてソヴェトの科学者に対して、一再ならず警告している。

等と述べ、日本の戦後再建のポジティブなモデルとしてソ連を見ている。だから、「ソヴェトの科学技術は国民の福祉のためであった」と書いたりしてしまい、また、

ソヴェト軍が占領すると直ちにその地域には一人も遊んでいる人がいなくなり、荒廃のなかにおいても、どんな原始的な手段も残らず利用してたちまち生産が始まる。

という新聞記事もすぐに信じてしまった。ただその当時の進歩的な人々にとっては、このような判断は、情報の遮断と情報の偏向によって、普通のことであったので、このことをもって武谷を批判しても始まらない。ただルィセンコが引き起こした科学者の迫害について武谷が当時どのように判断していたかは、記しておかなければならない。

学問の自由と言う時、しばしばソ連におけるヴァルガ問題、ルィセンコ問題に関するいわゆる学者の追放事件が引き合いに出される。しかしこれらは、日本の新聞が報じた事と大分内容が違うようである。これは学界の改組ともいうべき問題であり、しかも堂々たる学問的な議論の結果なされているものであって、政治的な一方的なものではない。特にルィセンコ問題は十年間にわたる学問的批判検討の結果なされた改組である事からいかに慎重にされたかが分るであろう。ソ連でメンデル・モルガン学説批判に対してこれほどの慎重さであるにかかわらず、資本主義国では、ルィセンコ理論を、追試さえもせずに、政治的なものとして、排撃している。(2)

この種の文章は幾つか見出せるが、一九四九年の『ニュー・エポック』に掲載されている文章は、もっと直裁的である。

ソ連や共産主義について、賞賛するのも、批判するのも、それはその人の自由である。自由なる意見は歓

迎されねばならない。しかし、その論ずる材料については正確な事実がなければならない。ところが明らかに虚構であることが知られていても、それが大手をふって歩きまわる。ソ連でその学説のために裁判に伏せられ刑を受けた学者が一体あるだろうか。[3]これらの文章は、現在からみて事実関係が全く間違っているが、これに類似の意見はルィセンコ支持者の論に多くあり、戦後直後ということであるので、武谷のこの判断も避けられなかったかもしれない。だが、一九六〇年に発行された『自然科学概論2』における佐藤の発言[4]は、武谷とその仲間たちの情報および考え方が時代に取り残されていたことを示している。

かの農業科学アカデミーにおける論争にソ連邦共産党中央委員会からの出席があり、それが討論を「監視」したといわれる。これはいうまでもなく、ソ連における政治のあり方、政党の任務にかんするかんぜんな無知からくる誤解であった。政党といえば科学とはおよそ縁のない存在であり、人民の利益から遊離し腐敗した政治しか体験したことのなかった日本の科学者にとって理解しにくいことであったのは、むりもないことであるが。

武谷はフルシチョフのスターリン批判以来ソ連に対する批判を記すようになったが、後年述べている次のような言葉は、かつて「ソ連でその学説のために裁判に付せられ刑を受けた学者が一体あるだろうか」などと述べていたことを考えると、武谷一流の居直りとみるべきであろう。

僕はスターリン時代を、軍事的・戒厳的社会主義というふうに規定しているんだけれども、それは戦前の、例の粛清時代、それからスペイン戦争の頃から骨身に感じていたことでね。[5]

第二節　生物改造への希求

武谷はじめ多くのルィセンコ支持者は上記に挙げた理由で、ルィセンコ学説に賛意を示したが、もう一つ隠れた理由があるように思われる。「生物改造への希求」である。ソ連では何次かにわたる五カ年計画が実行され、「自然の改造」が叫ばれた。ここで一九六七年に武谷の後期の代表的論文集である『現代の理論的諸問題』に掲載された武谷と栗田賢三の対談「序に代えて─栗田賢三氏との対話─」[6]を思い出す。

（ルイセンコについて話しあった後に）

栗田　ルイセンコ問題がやかましかった時、ショーは、ソ連は革命家の造った国だし、革命家である以上何事にせよ物ごとが変わらないという考えを承認できる筈はない、という面白いことをいっておりましたよ。

武谷　基本的にはそうでしょう。

武谷は何事につけ「改造」を支持しているようだ。「自然と生物の改造」に関するルイセンコ支持者の幾つかの言説を紹介してみよう。まず武谷の発言から、

とくにソヴェトの五カ年計画はそのすみずみまで科学的にがっちりと理論によって立案されているので、まことに厖大な実験を見ているようである。また、もっと大きくソヴェトは社会主義の一大実験であるという事がよくいわれているのもこういう事にその根本があるのである。[7]

このように、ソヴェトの五カ年計画を賛美している。そして、自然を人に都合のいいように変えうると述べる。

人間は一定の外的条件の創造によって物体の発達に影響を与えてそれを人間に必要な方向に向けうる。[8]

ルイセンコ自身の発言を聞いてみよう。

（1）ゲンが不変であれば、品質改良の可能性は極度に制限されてしまう。ゲンは可変であり、しかも我々の望む方向に人工的に変異せしめ得る。

（2）我々人間が此等発生段階に就て熟知するならば之を統御して我々の望む方向に植物の種を変化せしめて行く事が出来る。

（3）メンデル・モルガン遺伝学で、とられていた交配によっては、雌雄（両親）のいずれのもつ性質が、一定の条件のもとで、より強固であるかを、知ることができるだけで、生物体が、物質代謝のために、環境にたいしてむける要求を、知ることができない。そして、この要求を知れば、生物を人間の望む方向に改良することができる。

ティミリャゼフの主張を一つ、

植物生理学の努力の目的は、植物の生活現象を研究し説明することにあるが、然し単にそれだけでなく、この研究と説明によって此等現象を人間の理性的意志

に完全に服従せしめ、以て人が此等現象を意のままに変形し、中止し、生起せしめるためである。生理学者は実験者たると同時に自然を支配するものである。
ルィセンコが師と仰いだミチューリンも次のように述べている。

われわれは白然の恩恵を待つことはできぬ。自然から恩恵をたたかいとることがわれわれの使命である。

梯は、

生物学においても、獲得形質の問題を方法論的原理として、遺伝過程の法則を意識的統制のもとにおかんとすれば、この遺伝過程にたいする人為的支配が必然的に問題にされるのである。(9)

ルイセンコ学説の最初の紹介者、八杉龍一は、

メンデル的遺伝学の立場においては、自然淘汰、ひいては人間の手による淘汰が、積極的な創造的な作用を有することが否定せられるからである。(10)

転向後の山田坂仁は、

外的環境に対して要求する生物の諸条件をこれに対する生物の反応の全体を知ることによって、生物の生活を人為的に支配できるばかりでなく、その本性(=種)を人間の欲する方向に変化させうることが、ソヴエトでは数々の農業上の実践にもとづいて証明されたのである。(11)

実験生物学者の宇佐美正一郎は、

環境の、生物に対する影響を有機的にとらえ、生物の変異性と遺伝性に関する客観的法則を明らかにし、環境を人為的に統制することによって、生物を人類に有用な方向に積極的に変革する方法を見出すことこそ今後の進化論の研究に与えられた最大の課題であろう。(12)

共産党の前衛論文は、

メンデル・モルガン遺伝学で、たかだか人間のできることと言えば、両親のゲンを、さまざまに組みあわせてみて、でてきた変異を、淘汰のフルイにかけて、優良品種を残してゆくていどのものである。このような見解は、本質的に、自然のだいたんな変革を拒否する見解であり、それは恐慌への不安におびえ、莫大な固定資本の損失をおそれて、飛躍的な技術の進歩を拒否する世界資本主義のイデオロギーを、きわめてはっきりと表現するものである。(13)

共産党の科学部長であった井尻正二は、

われわれはもはや自然の恩恵に頼り、望ましい突然変異が起るのを、手をこまねいて待っている必要はない。この科学的生物学の基礎に立てば積極的に自然に働きかけてこれを変革する道が開かれている[14]。

最後に武谷の盟友星野の一九七一年の発言。

遺伝は親から子への遺伝子の伝達だけによって左右され、品種改良といっても、しょせん種内の交配の枠をこえることができず、他方ランダムな突然変異をあてにする程度であるならば、生産力の発展に致命的な欠陥があるといわざるをえない。しかし生態系が大きな不安定要因を持ち、進化に方向性があるのであれば、ずっと生産性の高い生態系を人為的につくりうるかもしれない[15]。

幾つか代表的な発言をみてきたが、これらを考えるとルイセンコ支持の大きな要因として、「生物を改造できるし、改造しなければいけない」という考え方が潜んでいたと考えざるをえない。この考え方を延長していくと、マラーの言うように[16]、

ルイセンコの考え方というのは「精神的物質的進歩の機会がほとんど失われているような環境に育った民族には、先天的に劣等な民族であるという、ナチの民族理論と大差のない説にいきつかざるを得ない事になるのである。というのは、獲得形質で、訓練をすれば訓練をするだけ、子どもにまで訓練が遺伝していくと考えると、未開の社会にいる人間は、遺伝的にも欠陥があると考えざるを得ない。だから改造してやらなければいけないとならざるをえないわけである。

このルイセンコ支持者の間にある「自然とヒトへの驕り」とも言うべき思想はどこから来るのだろうか。このことをさぐるために、ここで日本における科学史研究の基礎を築いた小倉金之助と武谷三男の科学主義を検討してみたい。

第三節　小倉金之助の科学精神

小倉金之助は、非常に高名な数学史の研究者で、戦後の民主主義科学者協会の初代会長である。戦後に出た『数学史研究　第二輯』の附録に、「革命時代における科学技術学校[17]」という、フランスのエコール・ポリテクニクの歴史について記述し、革命時代においていかに科学

技術が大事かということを説得力をもって述べた論文が収録されている。出だしは、

今日、わが国は民主革命を遂行して、平和な文化国家を建設するために、科学の再建を必須としています。随って、科学体制の刷新や科学技術教育の革新につきまして、各方面でいろいろ熱心に研究されて居ります。

最後は、

科学・技術の再建に直面している民主革命の今日、十分に意味のあることと考えました。

と、書かれ、民主革命で始まって、民主革命で終わるという非常に感動的な文章である。ただこの論文の最後についている次の追記を読んだ時に、少し違和感を感じた。

終章-1：小倉金之助
出典『一数学者の回想 小倉金之助』筑摩書房

この小篇は、昭和一八年九月一一日、「戦時下に於ける科学技術学校」と題した国民学術協会評議委員会での談話を基にし、それに多分の修正増補をほどこしたものであります。

題名が異なっているのである。そこでどういう事情があるのかと思い、小倉の自伝的回想『数学者の回想[18]』の当該箇所を読んでみた。

この年（一九四三年）は九月に国民学術協会で、「戦時下に於ける科学技術学校―初期のエコール・ポリテクニクについて」という話をしたばかりで、他には何も書きませんでした。そしてこの話の速記を基にし、それに数編の評論を添えまして、「国民学術選書」の一篇として、『戦時下の数学』と題する単行本を作るつもりで――

この文章に括弧付きの次の文章が続いている。

（この書物は、出版文化協会の推薦図書になったのですが、それだけに終戦後になっては、きわめて不都合な箇所がありましたので、絶版にしてしまいました。）

そこで『戦時下の数学[19]』を取り寄せ、読んだところ、冒頭の文章から異なっていた。

今日、わが国は大東亜戦争に勝ち抜くために、科学技術の躍進を必須としています。今日の戦争は、実に

科学技術の戦いなのであります。随って、政治力による科学技術の統一、科学技術教育の革新、かういふ重要問題につきましては、軍官民の各方面で、いろいろ熱心に議論もされて居りますし、まただんだん実行に移されてもまいりました。

これは『数学史研究　第二輯』の附録とは大分ニュアンスが異なっている。いつの時点に読んだかは定かではないが、廣重徹の論文にもそのような指摘があった[20]。

そこで『戦時下の数学』を少し解析してみよう。『戦時下の数学』は中央公論社から刊行予定であったが、その中央公論社が官憲の力で解散を命じられたため、急遽創元社から出版されたこともわかるように、その時代背景は緊迫したものであった。まず冒頭にフランスのエコール・ポリテクニクの創設者であるモンジュの肖像と彼の講義ノートが掲載されていて、次に「読者諸君へ」という三ページの序が載っている。

今日は、我が国民全体が総力を挙げて、大東亜戦争を勝ち抜かなければならない重大時期であり、殊に現代の戦争が科学戦であります性質上、科学技術を学ぶ者の責務は、極めて重いのであります。

という書き出しである。中頃には、

今日では、数学が極めて鋭利な武器であることを、認めない方々はあるまいと存じます。日本精神を失っては、決して日本数学を建設し得ないのと同じやうに、もし私たちがこの際、武器としての数学を飛躍的に発展させなければ、前線の勇士に対して、まことに申し訳ないことになりませう。

最後は、

それを軍官民一体の協力の下に真に日本的な、力強い精神力を以て遂行すべきであります。

で終わっている。戦後の論文とはかなり雰囲気が異なっている。

この論文集には三つの講演内容と雑誌に発表した二編で構成されている。講演は、

(1)(今までに触れた)「戦時下に於ける科学技術学校の講義

—初期のエコール・ポリテクニクについて」

(2)「日本数学の建設へ」

(3)「数学教育刷新のために—特に専門教育としての数学について—」

である。「日本数学の建設へ」には、追記があり、

この小篇は、昭和一六年五月下旬、大阪毎日新聞社文化講座での、「数学の日本的性格」と題した講演速記を基にしまして、決戦下の今日に適応するように、徹底的に書き改めたものであります。

とのことであるが、何故か題名は「日本数学の建設へ」と替わっている。「数学教育刷新のために—特に専門教育としての数学について—」でも追記がついており、

なほ大東亜戦争開始の前後から、わが国の数学教育が飛躍的に刷新されつつあることをここに申し添へておきます。

とある。

雑誌論文は、

（1）昭和一五年九月発行の『岩波講座物理学』に掲載された「物理学と数学」

（2）『中央公論』昭和一六年四月号に掲載された「現時局下に於ける科学者の責務」

である。

まず最初は「戦時下に於ける科学技術学校」を取りあげよう。小倉金之助著作集（勁草書房）の二巻の解説（大矢真一）によれば、

小倉は、この『戦時下の数学』を絶版にし、その中の論文は、他の書物には再録していない。

とのことであるが、前述したように、「戦時下に於ける科学技術学校—初期のエコール・ポリテクニクについて」は題名を替えて、戦後発表している。替わっているのは題名だけでない。微妙な言い回しの変更や内容を豊富した場合を除いて、大幅な変更箇所を列挙したい。

（1）前に変更箇所を指摘したまえおき部分に続いて、次の文章が戦後の論文ではカットされている。「しかし、アメリカでは——例えば昨日と今日の朝日新聞によりますと——数学、物理学に重点をおいた科学教育の徹底について、非常に明瞭な而も大胆な方策を、既に実行している様子である。それに較べますと、わが国は、さういふ点で、まだまだ大変遅れているのであって、甚だ遺憾に堪えない次第であります。

（2）「戦時下に於ける科学技術」が「革命時に於ける科学技術」に変更

（3）「ジャコバン党の教育方針」が「ジャコバン党のような破壊的な教育方針」に変更

(4) エコール・ポリテクニク出身者で物理や化学の方面の活躍者を紹介した後で、次の文章を削っている。「こんなにも有力な人たちを、それも大部分は戦時下の、僅か二〇年の間に生んだのでした。」

(5) 中頃の次の文章が全面的に削除されている。「ところで、今日の戦争は科学戦であります。かういふ時代には、どんな國でも、陸海軍の学校に数学、物理を重視するのは当然でありますが、その最も輝かしい手本を示してくれたのが、エコール・ポリテクニクなのでした。また戦時下の今日では、どこの國でも、どんな学校でも、軍事教練と精神的及び肉体的錬成を、尊重するのでありますが、さういった点からも、軍事的科学技術学校エコール・ポリテクニクは、私たちを反省させる、力強いものをもっているのであります。」

(6) この論文の締めで、「熾烈なる科学決戦の現実に当面している今日、科学技術者並ぶに国民諸君の奮起を促す上に、十分意味のある」が「科学・技術の再建に直面している民主革命の今日、十分意味のある」に変更

これらをみてみると、小倉の気持ちが推測できる。小倉の意図は、この論文の内容が戦時下即ち「今日は、我が国民全体が総力を挙げて、大東亜戦争を勝ち抜かなければならない重大時期」にも適用できるとしたことを極力削り、その反対にこの内容は民主革命の現在に役に立つということを強調したいということだろう。

「日本数学の建設へ」や「現時局下に於ける科学者の責務」は小倉によって戦後再録はされていないようであるが、『小倉金之助著作集』(勁草書房)には訂正なく収録されている。ただ、「現時局下に於ける科学者の責務」はもともと中央公論昭和一六年四月号に掲載されたものであるが、『戦時下の数学』に再録するときに微妙な変更はあるようである(著作集の解説:板倉聖宣)。

この論文の冒頭は、

今や我が日本は、重大時機に直面している。それはひとり日本のみに止まらず、時代は正に世界をあげての歴史的転換期の嵐の中にある。ここに高度国防国家体制の実現に向って邁進しつつある際に当り、科学振興の叫びが、軍官民を通じて声高く主張されるに至ったのも、当然のことである。

と書かれている。この論文の最後に『戦時下の数学』に収録するにあたっての追記が添えられている。そこには、

読者諸君は必ず別項「日本数学の建設」を一読された後、批判的に、この小篇に臨まれることを切望する。

と記されている（小倉金之助著作集には「日本数学の建設」は本著作集第三巻に収載（編注）と書かれているが第二巻の誤りである）。

次にこの「日本数学の建設」をみてみよう。もともとの講演名は「数学の日本的性格」であったが、『戦時下の数学』に収録するにあたって、「日本数学の建設へ」と時局により適合した題名に替わっている。冒頭の文章は、

今日は、我が国民が総力を挙げて、大東亜戦争を勝ち抜かねばならぬ、重大な時期でありますが、そのために、一切の科学技術が動員されまして、皆真剣にやっている訳ですが、数学もまたその一環としまして、重大な任務を負っている次第であります。ところで、この任務を完遂しますためには、どうしても、戦時下の日本に適応した数学を、創り上げなければなりません。

で始まり、そして、最後の文章は、

今日大戦の最中にあたりまして、日本科学技術の躍進をはかるためには、国民的な一大決心を必須とするのであります。国民大衆諸君が高久守静の教訓（十露盤を弾くのを真剣勝負と思経）、この真剣勝負の決心になり切ることこそは、戦争完遂のために、絶対に必要だと思うのであります。

で終わっている。ここに挙げた論文の内容の本筋は、例えば昭和一一年の『中央公論』に掲載された「自然科学者の任務[21]」と本質的には変わりはなく、次の文章などはそのまま生きていると考えられる。

自然科学者は、何よりも先ず、身を以て科学的精神に徹しなければならない。科学的精神は、過去の科学的遺産を謙虚に学びながら、しかも絶えずこれを検討して、より新たなる、より精緻な事実を発見し、より完全なる理論を創造する精神である。

戦争中に「大東亜戦争に勝ち抜くために」と言い、戦後に「民主革命を遂行」と言った、ということを紹介したのは、「小倉金之助の思想が一貫していないではないか」とか「変節したのではないか」とか「ご都合主義ではないか」と、そういうことを言うつもりではまったく

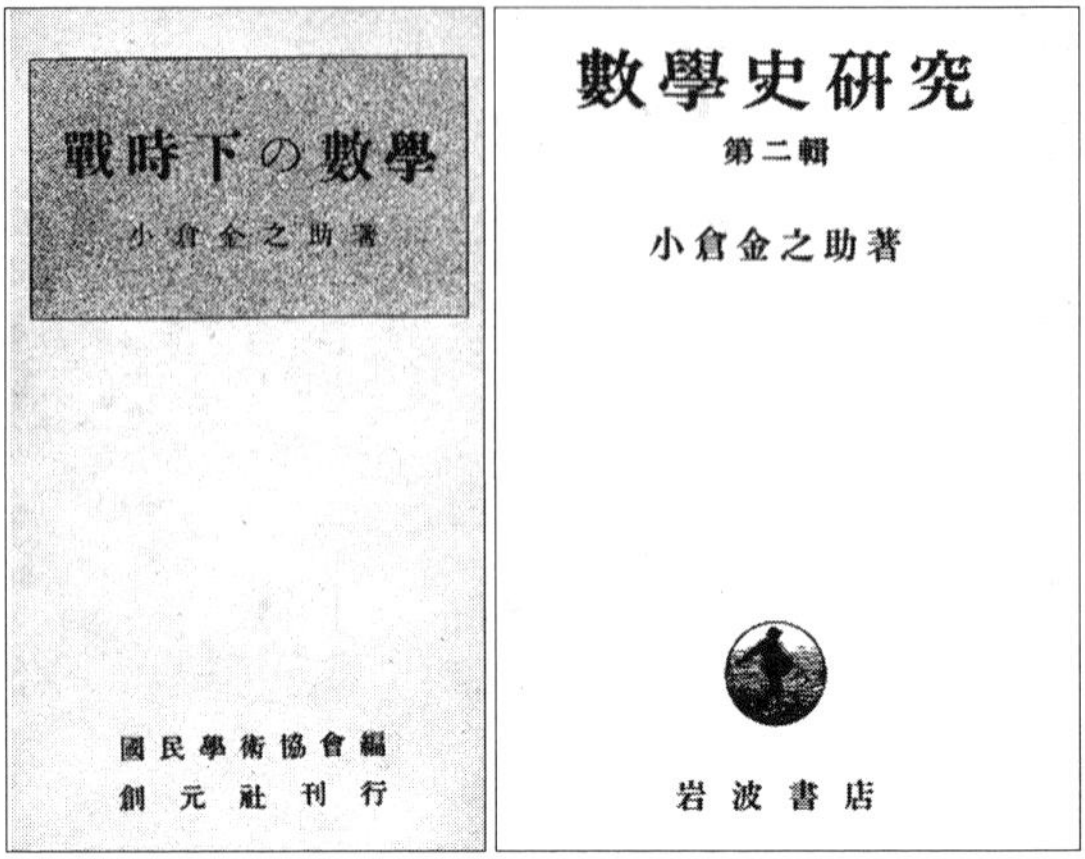

終章-2：基本的の同一の論文「戦時下に於ける科学技術学校」（左側）と「革命時代における科学技術学校」（右側）が掲載されている論文集

ない。同じ文章を頭だけ変えれば、「革命期における」ということにも通用するし、もう一方では「大東亜戦争に勝ち抜くため」にも通用するということは、そこに大きな問題があるのではないかと指摘したいためである。ここに科学主義や科学的精神の危険性や本質性が出ているのではないかと考えるべきであろう。科学的に思考することや科学的精神は大事なことで、非科学的な思考や日本的精神主義は否定されるべきであるが、科学的精神だけが自立して考えられると、かえって問題も生じる。だから科学主義というものは、戦争時であれば戦争を効果的に遂行するために役立ち、革命期であればその成就に有効である、ということになりかねない。科学主義だけを声高に叫ぶと、非常に危険な側面に流れることもありうることを認めなければならない。

「革命時代における科学技術学校」の論文は小倉金之助著作集の第一巻『数学の社会性』に再載されていて、近藤洋逸という非常に卓越した数学史の研究者がその解説を書いているが、

大戦中になされた講演が、その骨子を変えることなしに、そのまま大戦後にも通用するということは、小倉の思想の首尾一貫性を示すものであり、変節や挫折が流行した日本では珍しいことでもあった。

と、記しているが、これはないだろうと、私は思った。「革命時代における」を「現時局下における」とか「大東亜戦争」と書いているが、しかし、中身は一緒だった

と、だから首尾一貫しているということではなしに、問題は、革命時代でも、大東亜戦争の時代でも通用するという科学主義、ここが一番問題である。科学主義だけが一人歩きすると、かえって大きな間違も起こりうることへの批判がほしかった。

第四節　武谷論文「自然科学者の立場から——革命期に於ける思惟の基準——」の意味するもの

ルィセンコ紹介者であり支持者であった八杉龍一も後年「科学的人間の形成[22]」を力説するようになる。八杉自身の思想遍歴を考えた場合、特にルィセンコ支持の結末について曖昧で通した八杉に「科学的人間の形成」を説く資格があるかどうかについては疑問がないわけではない。思い出せば、石井友幸にも「科学的人間観について[23]」という論文があった。ここでは武谷三男の科学主義を検討してみよう。武谷は戦後直後の一九四六年に「自然科学者の立場から―革命期に於ける思惟の基準―[24]」という論文を発表している。武谷はこの論文を後年どういうふうに考えていたかは知らないが、また原子爆弾や原子力発電の危険性について、その後精力的に警告を発し続けたけれど、この論文では下記のような意外な記述が次から次と出てくる。

（1）今次の敗戦は、原子爆弾の例を見てもわかる様に世界の科学者が一致してこの世界から野蛮を追放したものだとも云える。原子爆弾を非人間的なりとする日本人が居たならば、それは己の非人道を誤摩化せんとする意図を示すものである。原子爆弾の完成には殆んどあらゆる反ファッショ科学者が熱心に協力した。これらの科学者達は大体に於いて熱烈な人道主義者である。彼等の仕事が非人道的たる理由はないではないか。

（2）自然科学は最も有効な、最も実力のある最も進歩せる学問である事は万人が認める所である。かかる優れた学問を正しくつかみ正しく押し進めて居る自然科学者は最も能力のある人々であり、これらの人々の考え方は必ずや一般人を導くものでなければならぬ。

（3）恐らく自然科学者達は社会科学や宗教のどんな本でも簡単に理解してしまう。しかるに宗教家や社会科学者は逆立ちしても量子力学の本などオイソレとは読めないだろう。

（4）自然科学者は自己の判断が科学的になされたものであると確信を有する限り、もっと自信を持ち、もっと勇敢であってよいのだ。

（5）自然科学者は科学の限界をとなえたり、科学では割り切れないものがあるなどと云う意見に遠慮する必要は何もないのだ。

「これらの科学者達は大体に於いて熱烈な人道主義者である。彼等の仕事が非人道的たる理由はないではないか」とか「科学の限界をとなえたり、科学では割り切れないものがあるなどと云う意見に遠慮する必要は何もないのだ」のような手放しの科学主義的発言は武谷の、特に戦後直後の論文にはしばしばみられる。もう一つだけ例を挙げておこう。

科学を教育の基礎にすることは、道徳的にも非常に重要なことである。なぜならば科学は真理を追究する。決して嘘をつかないからである。されば道徳は科学を根本にすることが一番正しいという意味であった。この考えは私は非常に正しいと思う[25]。

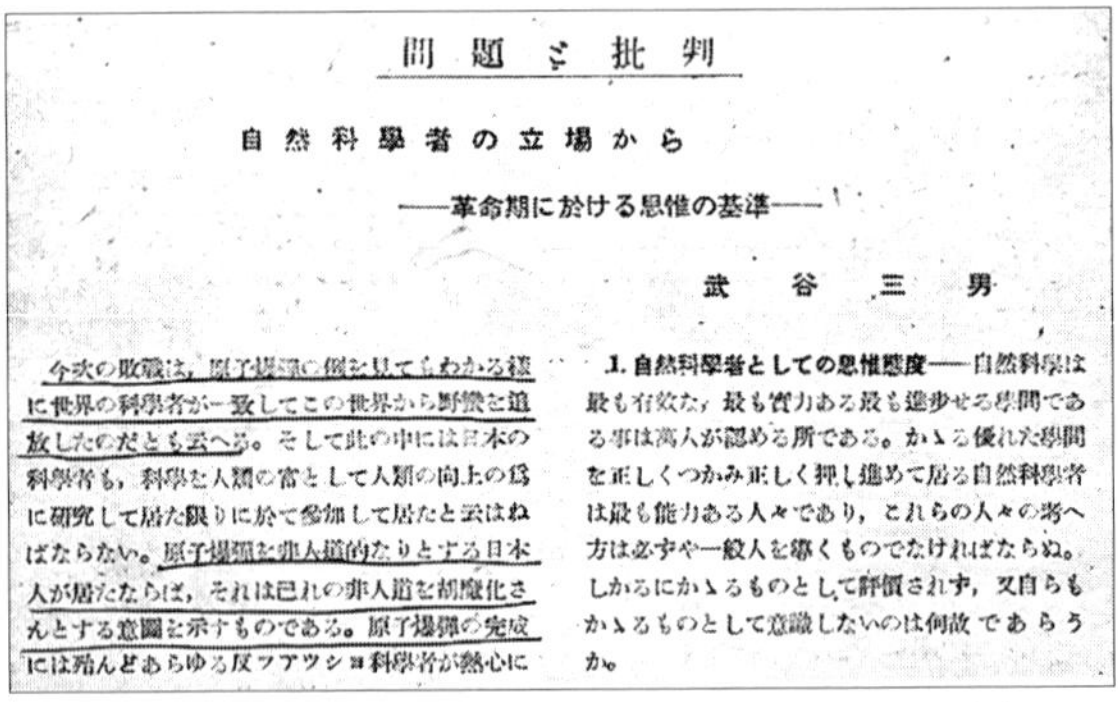
問題と批判

自然科學者の立場から

——革命期に於ける思惟の基準——

武谷三男

今次の敗戦は，原子爆彈の例を見てもわかる樣に世界の科學者が一致してこの世界から野蠻を追放したのだとも云へる。そして此の中には日本の科學者も，科學を人類の富として人類の向上の爲に研究して居た限りに於て參加して居たと云はねばならない。原子爆彈を非人道的なりとする日本人が居たならば，それは己れの非人道を胡麻化さんとする意圖を示すものである。原子爆彈の完成には殆んどあらゆる反ファッショ科學者が熱心に

1. 自然科學者としての思惟態度——自然科學は最も有效な，最も實力ある最も進歩せる學問である事は萬人が認める所である。かゝる優れた學問を正しくつかみ正しく押し進めて居る自然科學者は最も能力ある人々であり，これらの人々の考へ方は必ずや一般人を導くものでなければならぬ。しかるにかゝるものとして評價されず，又自らもかゝるものとして意識しないのは何故であらうか。

終章-3：原子爆弾を擁護した武谷の戦後直後の論文

「科学は決して嘘をつかない」などという、この驕っている科学主義、科学に対する楽観的な期待が、彼のルイセンコ支持や原子爆弾積極的支持のバックにあったのではないかと、考えられる。「自然科学者の立場から—革命期に於ける思惟の基準—」は武谷三男著作集4『科学と技術』に収録されている。その号では星野芳郎が長大な解説（一五八ページ）を執筆しているが、冒頭に収録論文の一つとして名前を挙げ、「エセ民主主義と神秘主義およびコスモポリタニズムに正面から挑んだ武谷氏の論鋒を示している」と高く評価をしてい

るが、論文の内容自身の評価は避けている。二〇〇七年に六〇歳で亡くなった小阪修平が、ある雑誌（『流動』一九七九）[26]に、

武谷たちが掘り起こしたのは、マルクス主義の成層のなかにひそむ『科学主義』あるいは『制御史観』とでも呼べる一九世紀的な幻想の楽天的な拡大だったのである。それは人間の意識性をすぐれて自然と社会に対する操作可能性を考え、この操作可能性の増大がそのまま理性的動物としての人間の普遍性の拡大であるとする思想である。

と書いている。やはり、現代の「マルクス主義」や「進歩的」な思想の中に、小阪の指摘する考え方があったことは、もうごまかすことができないのではないかと考える。

誤解のないようにしておきたいが、今までの論述は、武谷の思想の中に科学主義的な誤りが見出せるということで、彼の戦後の言動、特に原子力の利用に警鐘を鳴らし続けた言動、について批判するものではない。正直にいえば今まで検討してきた論文「自然科学者の立場から——革命期に於ける思惟の基準——」を武谷が著作集に収録し続けたことも彼の誠実さを表しているのではないかと思える。その後、彼の原爆観は完全に克服されている。例えば、現代論集2『核時代—小国主義と大国主義』、そのなかでも、「原爆を日本になぜ落としたのか」[27]を読めば明らかである。彼は戦後原子力についても発言を続け、原子力平和利用三原則を日本政府に認めさせた一人でもある。彼の原子力に関する多くの論文は、著作集二巻『原子力と科学者』、三巻『戦争と科学』、現代論集1［原子力—闘いの歴史と哲学］、2『核時代—小国主義と大国主義』、5『安全性と公害』、『死の灰』や『現水爆実験』などに収録されている。ここでは約四〇年も前の星野芳郎との対談[28]から引用しておく。

冷却機能失ったら

星野　重大事故というのはどうゆうことかというと、軽水炉は水でウラン核燃料のスピードをうまくコントロール。水はいわゆる減速材であり、原子炉を冷やす冷却剤でもある。重大なことは、もしそれが効果がなくなったらどうなるか。水がなくなったら最後、急速に温度が上がってしまうし、一分以内に次の手を打たないとウランの燃料棒が溶

け、中から放射能のあるガスが、まず出る

武谷　要するに、大事故論というものがエンジニアには非常に欠けているということが言える。大事故はめったに起こらない代わりに起ったらすごいという評価が欠けている。めったに起こらんだろうから起らん、起らんから安心だという論法だ。これは大変なことだよ。地震がそれに当たるんで、ボヤボヤしているうちにドカーンとくる。

今回の東日本大震災での福島原発の事故を考えてみると、武谷―星野対談の内容が非常に的確で、安全性に対する科学的判断が如何に重要であるかを示し、情緒的判断がいかに危険かを示している。私がこれまで述べてきたのは、科学に基づいて判断することが間違いだということではなく、科学主義が一人歩きしたときの危険性を指摘したものである。

第五節　「自然とヒトに対する驕り」としての獲得形質遺伝思想

第二節で論じたように、日本における獲得形質遺伝思想の受容者の多くには、「自然と生物を改造したいし、改造できるし、改造すべきだ」という思いがある。武谷三男は性格的に非常に傲慢な人とか、乱暴な人ではない。武谷はロマン・ロランの研究者としても非常に有名であるし、水俣問題や狭山裁判などにも取り組み、非常に人道的な考え方の持ち主である。かつて山田坂仁は武谷の生活スタイルに批判の目を向けたことがあったが、性格的には、そんなに驕っている人とは思えないが、結局こういう原子爆弾に対する言明をしてしまうのである。

それは何故かというと、その背後にある進歩的思想、特にマルクス主義における科学至上主義、科学の進歩に対する楽観的期待観、客観主義という名の主観主義があり、その結果、「自然というものは制御できるし、制御しなければいけない」とか「自然と生物を改造すべきだ。改造すべきであれば、改造できなければいけない」という考え方があって、そのことが「自然とヒトに対する驕り」を支えたのではないかと思う。

この考え方は、表面的には今はほとんど消えているように見えるが、完全に消え去ったわけではない。手っ取り早く自然を改造してやりたいという気持ちは、やはり私たちの中にも、誰の中にも持っている。従って、ある状況が来たら、こういう思想が再び開花する可能性は、やはり考えておかなければならない。

皮肉なことにメンデル・モルガン遺伝学発展の結果として、現在では遺伝子組み換え操作を自在に行えるようになり、「自然改造」や「人の改造」の危険性は非常に高まっている。現代では明らかに人為的に遺伝子を変えることができる。動物や植物のレベルでは遺伝子改造生物は既に非常にたくさん作製されている。獲得形質遺伝の立場からの「自然とヒトに対する驕り」を問題にしてきたが、その反対の立場での「自然とヒトに対する驕り」に対する警戒心を今こそもたなければならない。

私たちは自然を支配することはできない。現在地球にある生物のこの多様性を生みだした自然に対して常に畏敬の念を持ち続ける必要がある。例えば私たち人類は原子力エネルギーを制御しつくせるものではない。原子力発電は安くクリーンなエネルギーだからいいという研究者もいるが、その製造から廃棄・保管、そして地域対策までの費用を考えると決して経済的にも見合うものではないし、決してクリーンエネルギーと呼べるものでもない。いったん事故が起きるとその被害と費用は天文学的数字になることを福島原発事故は私たちに教えてくれている。私たちは原子力エネルギーを制御できるという幻想を描いてはいけない。私たちに今もとめられるのは「自然とヒトに対する驕り」を拒否し、「自然にたいする畏敬の念」を持ち続けることである。

[引用文献]

(1) 武谷三男、「日本技術の分析と産業再建―日本門主主義革命と技術者―」『技術』三月号、一九四六年
(2) 武谷三男、「国家と科学」『思索』六月号、一九四九年
(3) 武谷三男、「批判精神について：ラッセルの論文について」『ニュー・エポック』八月号、一九四九年
(4) 佐藤七郎、「遺伝学と進化学の諸問題」、武谷三男編『自然科学概論』第二巻、『現代科学と科学者』、一九六〇年
(5) 武谷三男、「私は何を言ってきたか」『思想の科学』144(9)、一九九一年
(6) 武谷三男、栗田賢三、「序に代えて―栗田賢三氏との対話―」『(現代の理論的諸問題)』(岩波書店)、一九六七年
(7) 武谷三男、「実験について」、続弁証法の諸問題、著作集I(一九四六、九、一〇)
(8) 武谷三男、「現代自然科学思想」、一九四六年七月二六・二七

日、ラジオ放送、「現代思想の展望」一二月
(9) 梯明秀、「生物学におけるダーウィン的課題」『唯物論研究』第五、六号、一九三三年。『物質の哲学的概念』(一九三三、一九四八、一九五八年)に再掲載
(10) 八杉龍一、『種の起原・ダーウィンの五節』「『種の起原』の現代的意義―再説」(霞ヶ関書房)、一九四七年
(11) 山田坂仁、『理性と信仰―大科学者の宗教観―』(ナウカ社)、一九五一年
(12) 宇佐美正一郎、「物質代謝と進化」『思想』三月号、一九五七年
(13) 中井哲三、「ルィセンコ学説の勝利(第一部)―ルィセンコ遺伝学の成立過程―」『前衛』(45)、一九五〇年
(14) 井尻正二、「科学の党派性＝ミチューリン学説の理解について＝」『赤旗』一九五〇年三月
(15) 星野芳郎、「戦後科学技術の思想」、星野芳郎編『戦後日本思想体系9「科学技術の思想」』解説、一九七一年
(16) マラー、「奴隷の科学」『自然』4(11)、一九五〇年
(17) 小倉金之助、『「革命時代における科学技術学校」『数学史研究　第二輯』(附録)』)岩波書店)、一九四八年
(18) 小倉金之助、『一数学者の回想』(筑摩書房)、一九六七年
(19) 小倉金之助、『戦時下の数学』(創元社)、一九四四年
(20) 廣重　徹、「戦後科学思想の特質」、廣重編『講座戦後日本の思想4』、一九六三年
(21) 小倉金之助、「自然科学者の任務」『中央公論』一二月号、一九三六年
(22) 八杉龍一、『科学的人間の形成』(明治図書)、一九六四年、八杉龍一、『科学的人間の形成(続)』(明治図書)、一九六五年
(23) 石井友幸、「科学的人間観について」『哲学』3(1)、一九四九年
(24) 武谷三男、「自然科学者の立場から―革命期に於ける思惟の基準―」『自然科学』創刊号、一九四六年
(25) 武谷三男、「日本の科学について」『VAN』一九四六年一〇月号
(26) 小阪修平、「技術論論争」『流動』一月特別号(昭和論争全史)、一九七九年
(27) 武谷三男、「原爆を日本になぜ落としたのか」『文芸新潮』創刊号、一九五三年。現代論集2『核時代―小国主義と大国主義』(一九七四年)に再掲載
(28) 武谷三男、星野芳郎、「<原発列島>安全性―疑問を聞く―」『新潟日報』一九七三年八月一六日。現代論集5『安全性と公害』(一九七六年)に再掲載

＊人名・事項さくいん

ひ

ふ

へ

ほ

ま

み

め

も

あとがき

　この主題の論文を構想してから、長い時間が経過しました。思い起こせば、学生時代に武谷三男氏の思想を知ってから、彼の生物学思想に問題が存在するのではないかと考えるまでに、そう時間はかからなかったという記憶があります。

　最初の武谷ノートは一九七〇年代に始まっているし、一番充実した研究ノートは国立予防衛生研究所（現国立感染症研究所）の名前が入っています。私が東京の国立予防衛生研究所に在籍したのは一九八二年からの約四年間で、今から三〇年も前のことです。東京では国会図書館で資料を集めたりしていましたが、三重に移り、大学での仕事が忙しくなるにつれて、その方面の仕事は、はかどらなくなりましたが、その主題について頭から消えることはありませんでした。二〇〇六年に中部大学にお世話になり、実験的研究があまりできなくなり、再び武谷氏の思想の再検討に力を入れることができるようになりました。二〇一〇年六月に、中部大学で「人間の安全保障」を研究しているグループから話をいただき、「日本における獲得形質遺伝思想の系譜」という講演の機会を与えられ、それを契機にして、本著作の骨子ができ上がりました。書き進めていく途中で、東日本大震災が起こり、原子力発電所災害が発生し、「自然とヒトに対する驕り」が強く感じられました。

　今や旧聞に属しますが、第二次世界大戦後、「ルィセンコ論争」というものが起こり、生物学者のみならず科学史家や哲学者をまきこんだ一大論争が起こりました。遺伝子の否定と獲得形質遺伝を主張した「ルィセンコ学説」は、今では一顧だにされませんが、何故あれほど多くの知識人が「ルィセンコ学説」を熱心に支持し、宣伝して回ったのかは殆ど解明されていません。その解明されていない最大の理由は、殆どのルィセンコ支持者が、過去の自らの言動に対して反省することなく、逃げ回り、責任を取ることがなく、ルィセンコ反対／無視に変わったからだと思われます。

それらの支持者の中で、武谷三男氏は特異な態度を取り続けました。武谷氏は、自然認識の三段階理論と意識的適用説といわれる技術論を携え、戦後の思想界で活躍しましたが、生物学思想の面でも一方の旗頭であり、生物学についても論陣を張りました。武谷氏は戦後直後の自分のルィセンコ支持言説から一歩も出ることなく、「ルィセンコ学説」の誤りと現代遺伝学の発展が明らかになっても、終生「ルィセンコ学説」を支持しつづけました。武谷氏といえば「論理の科学者」と自らも自負し、多くの人たちからもそのように見られていましたが、そのことがかえって武谷氏のルィセンコ支持の奇妙さを印象深くしています。私はこの武谷氏の奇妙さの中に、武谷氏の思想を解明する鍵が隠されていると感じ続けてきました。本書の序章でも書きましたが、生物学分野の領域に武谷三男氏を呼び込めば、自分でも武谷理論を論ずることができるのではないかと思いました。そして、武谷氏の生物学思想の解明とその問題点と、その問題点が生じる根拠を明らかにできれば、戦後の科学思想の一側面が明らかにできるのではと感じてきました。ただ、武谷氏が二〇〇〇年に逝去してから、急速に彼の思想は忘れられかけているので、武谷氏の生物学思想を通して、もう一度武谷氏が代表をした、ある戦後思想潮流に注目を向けてもらいたいというのも本書の隠れた希望です。本著作においてそれらの目的が果たせたかは、読者の皆さんが判断されることですが、世間がみていた武谷三男氏とは異なる側面は書き得たのではないかと考えています。

　武谷氏を含めた、ルィセンコの獲得形質遺伝思想の支持者の基底には、生物の人工改造への希求、「生物を改造できるし、改造しなければいけない」が存在します。その背後には科学至上主義、科学の進歩に対する楽観的期待観、客観主義という名の主観主義があり、その結果、「自然というものは制御できるし、制御しなければいけない」とか「自然とヒトを改造すべきだ。改造すべきであれば、改造できなければいけない」という考え方があって、そのことが「自然とヒトに対する驕り」を支えたのではないかというのが、本著作のもう一つの主張です。今回起きた東日本大震災と原子力発電所の事故を考えてみると、「自然とヒトに対する驕り」が依然として科学者の中に生きていることを感じます。

　国会図書館で資料を集めた時代と異なり、現在はインターネットなどを通して、多くの資料を手に入れることができ、大学図書館の機能も格段に良くなりました。本書の資料集めのためには中部大学図書館に大変お世話になりました。関係者の皆さんに感謝致します。拙い原稿を見ていただいた風媒社の劉永昇編集長に心よりのお礼を申し上げます。

　なお本書は、中部大学の出版助成を受けて、刊行されるものです。

二〇一二年一二月

伊藤　康彦

伊藤 康彦（いとう・やすひこ）
1943年、三重県生まれ。名古屋大学医学研究科博士課程修了、医学博士。中部大学生命健康科学部教授、学部長。インターフェロンの生体内産生機 構とヒト型パラインフルエンザウイルスの全体像の解明を研究テーマにしている。
著書：『生体防御の機構（食細胞とインターフェロン）』（東京大学 出版会）、『Effects of Interferon on Cells, Viruses and Immune System』（Academic Press）

装幀／夫馬デザイン事務所

武谷三男の生物学思想
「獲得形質の遺伝」と「自然とヒトに対する驕り」

2013年3月20日　第1刷発行　（定価はカバーに表示してあります）

著　者　伊藤　康彦

発行者　山口　章

発行所　名古屋市中区上前津2-9-14　久野ビル
振替 00880-5-5616 電話 052-331-0008
http://www.fubaisha.com/
風媒社

乱丁・落丁本はお取り替えいたします。　＊印刷・製本／モリモト印刷
ISBN978-4-8331-4103-1